KB003570

XGK로
PLC 프로그램
2배 즐기기

윤상현·김광태·김외조·전준형·조순봉 공저

내하출판사

PREFACE

미국 GE사에서 개발된 PLC는 초기에는 시퀀스 개념의 산업용 장치에서 활용되다가 해가 갈수록 발전을 거듭하고 있다. 최근 들어 산업 현장에서 사용되는 생산설비, 물류설비 등의 제반 시스템에서는 생산성 향상, 안전성 향상, 인건비 절감 등의 요인으로 인하여 자동화의 물결이 더욱 거세지고 있다. 다시 말하자면 자동화는 회사의 경쟁력의 필수요건 이고 이것이 없으면 현장에서 살아남기 매우 어렵게 된다. 이러한 현실에서 자동화의 핵심 기술이 PLC에 달려 있으므로 이에 대한 운용 능력을 기르면 개인의 가치와 경쟁력도 높아질 것이다.

국내에서 활용되고 있는 PLC 기종으로는 MELSEC-Q, MASTER-K, GLOFA-GM, XGK 등이 있으며 이들은 각기 그 용도에 맞게 잘 활용되고 있다. 하지만 초보자들에게 이들의 기종을 효율적으로 알리고 이해시키는 교재는 그리 많지 않으며 설령 있다고 하더라도 일반적인 내용 위주로 되어 있어 그 기종을 깊이 이해하는 데에는 다소의 어려움이 있다.

이에 저자는 PLC의 한 기종인 XGK 관련 사용설명서를 중심으로 PLC기초 프로그램을 쉽게 익힐 수 있도록 정리하였다. 다시 말하자면 XGK 하드웨어적인 내용은 간단히 서술하고 XG5000의 사용법과 명령어의 개념, 그리고 간단한 프로그램을 따라하게 하였고 마지막으로는 응용문제를 제시하여 학습자가 직접 고민해 보는 시간을 갖도록 하였다. 본 교재는 LS산전의 XGK CPU모듈 사용설명서, XG5000 사용설명서, XGK 명령어집 사용설명서 등의 자료를 정리하였으며, 이와 관련된 프로그램의 예를 들어서 PLC 프로그램을 쉽게 습득할 수 있게 작성하였다. 따라서 산업체 현장의 초보자 또는 중급자들에게 도움을 줄 것이며 대학에서 강의할 때는 1~2학기 분량의 교재로서도 적합하다.

단계별 학습 교재로서 꾸며진 이 책은 총 다섯 단계로 나눠서 그 내용을 서술하였다. 그 1단계인 스텝 1은 'XGK 하드웨어 훑어보기'로서 XGK의 CPU 모듈, 입출력 모듈, 전원 모듈베이스 및 증설케이블 등을 다루었다.
스텝 2는 '소프트웨어(XG500)의 사용해보기'로서 기본 사용법, LD 편집, 온라인, 모니터 그리고 XG-SIM에 대해서 주로 다루었다.
스텝 3은 '명령어 알아보기'로서 중요한 명령어에 대한 상세한 설명을 하였다.

스텝 4는 '프로그램 흐름 파악하기'로서 문제를 제시하고 그 문제에 대한 분석을 하며 이를 토대로 작성한 프로그램의 예를 들어 놓았으므로 이를 통해서 프로그램 훈련을 할 수 있으리라 본다.

스텝 5는 '프로그램 다지기'로서 여러 가지 다양한 문제를 제시하여 학습자가 직접 고민하여 스스로 해법을 찾게 하는 방식으로 서술하였다.

이 교재가 PLC 프로그램을 습득하려는 학생과 엔지니어 분들께 적잖은 도움이 되길 바라며, 내용 중에 다소의 오류가 발견되더라도 독자 여러분의 애정 어린 충고와 지도편달을 부탁드리며, 마지막으로 이 교재가 출판되기까지 도움과 열의를 아끼지 않은 내하출판사 모흥숙 사장님과 직원들에게 진심으로 감사의 마음을 전한다.

2011년 2월

멀리 삼각산을 바라보며

저자 씀

CONTENTS

STEP 04 프로그램 흐름 파악하기 | 405

STEP 05 프로그램 다지기 | 431

XGK 하드웨어 훑어보기

시스템 구성

XGK시리즈에는 기본 시스템에 컴퓨터 링크 및 네트워크 시스템 구성에 적합한 각종 제품들을 구비하고 있다. 본 장은 이들 각 시스템의 종류와 그 구성 방법 및 특징에 대해 설명한다.

1.1 XGK 시리즈 시스템 구성

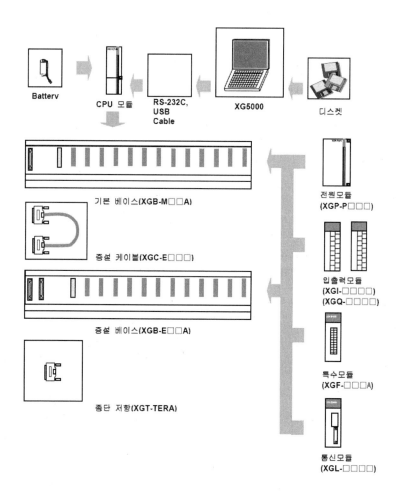

XGK 시리즈의 개략적인 시스템 구성은 아래 그림과 같다. 기본 베이스에 CPU 모듈, 전원 모듈, 입출력 모듈 등을 탑재하여 작동을 시키며, 증설 케이블을 이용하여 베이스를 확장해서 사용할 수 있다.

1.2 기본 시스템

1.2.1 기본 시스템의 구성방법

구분	XGK - CPUE	XGK - CPUS	XGK - CPUA	XGK - CPUH
최대 증설 단수	1 단	3 단	3 단	7 단
최대 입출력 모듈 장착 수	24 모듈	48 모듈	48 모듈	96 모듈
최대 입출력점수	1,536 점	3,072 점	3,072 점	6,144 점
프로그램 메모리 용량	16 kstep	32 kstep	32 kstep	64 kstep
최대 증설 거리	15 m			

입출력 번호의 할당 (고정식)	• 베이스의 각 슬롯은 모듈의 장착여부 및 종류에 관계없이 64점씩 할당된다. • 한 개의 베이스에는 16개 슬롯 분의 입출력 번호가 할당 된다. 즉 1번 베이스의 시작 번호는 P00640 이 된다(2.3.2 참조). • 12 Slot 베이스의 입출력 번호의 할당 예는 아래와 같다.

Slot 번호		0	1	2	3	4	5	6	7	8	9	10	11
P W R	C P U	입력 16	입력 16	입력 32	입력 64	출력 16	출력 32	출력 32	출력 64	입력 16	출력 32	출력 16	출력 32
		P00 ~ P3F	P40 ~ P7F	P80 ~ P11F	P120 ~ P15F	P160 ~ P19F	P200 ~ P23F	P240 ~ P27F	P280 ~ P31F	P320 ~ P35F	P360 ~ P39F	P400 ~ P43F	P440 ~ P47F

입출력 번호의 할당
(가변식)
	• 슬롯별 장착모듈의 지정에 따라 점수가 할당된다.
	  - I/O파라미터로 장착모듈을 지정하면 지정 점수 할당
	  - I/O파라미터로 지정하지 않은 슬롯은 실제 장착모듈에 따라서 자동할당
	    (주의: 8점 모듈은 16점으로 할당된다.)
	• **I/O파라미터로 지정하지 않은 빈 슬롯은 16점으로 처리**
	• I/O파라미터로 모듈지정 없이 점수만 지정도 가능
	• **특수모듈, 통신모듈이 장착된 슬롯은 16점으로 할당**
	• 12 Slot 베이스의 입출력 번호의 할당 예는 아래와 같다.

Slot 번호		0	1	2	3	4	5	6	7	8	9	10	11
P W R	C P U	입력 16	입력 16	입력 32	입력 64	출력 16	출력 32	출력 32	출력 64	입력 16	출력 32	출력 16	출력 32
		P00 ~ P0F	P10 ~ P1F	P20 ~ P3F	P40 ~ P7F	P80 ~ P8F	P90 ~ P10F	P110 ~ P12F	P130 ~ P16F	P170 ~ P18F	P190 ~ P19F	P200 ~ P21F	P220 ~ P23F

기본 베이스와 증설 베이스를 케이블로 연결하여 구성되는 기본 시스템의 특징은 아래와 같다. 증설 베이스의 단수는 CPU의 종류에 따라 제한이 있으며 입출력 번호의 할당방식은 기본 파라미터의 설정에 따라서 고정식과 가변식의 선택이 가능하다.

1.2.2 기본 시스템의 최대 구성

1) 점수 고정식

기본 베이스에서 증설 케이블을 사용하여 총 7개까지 증설할 수 있다. 증설 베이스는 1단에서 7단까지 가능한데 이 때 베이스 번호 설정 dip 스위치를 각각 1 ~ 7로 설정하면 된다. 각 베이스에는 0 ~ 7가지의 슬롯이 있고 각 슬롯에는 64점씩 무조건 할당하는 방식이다. 맨 끝단에는 종단 저항을 설치해야 한다.

2) 점수 가변식

각 슬롯에는 장착모듈을 임의 지정에 따라 점수가 할당되는 방식으로 나머지 내용은 점수 고정식과 동일하다.

3) 종단 저항의 설치

기본 베이스와 증설 베이스가 연결되는 시스템의 경우 높은 신뢰성을 위하여 종단 저항을 마지막 증설 베이스의 증설 커넥터(OUT)에 반드시 장착해야 한다.

1) 구조

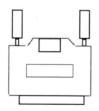

2) 장착 위치

증설 베이스의 맨 끝단, 즉 그림의 위치에 장착을 한다.

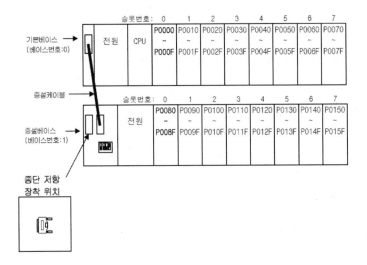

1.3 네트워크 시스템

XGK 시리즈에서는 시스템 구성의 용이성을 위하여 다양한 네트워크 시스템을 제공한다. PLC와 상위 시스템 간 또는 PLC 간의 통신을 위하여 이더넷(FEnet, FDEnet) 및 Cnet을 제공하며, 하위 제어 네트워크 시스템으로 Profibus-DP, DeviceNet, Rnet 등을 제공한다.

1.3.1 시스템 간의 네트워크

1) 로컬 네트워크

기본베이스와 증설베이스 제약 없이 최대 24대의 통신모듈을 장착 할 수 있다. 시스템 동작 성능상 통신량이 많은 모듈을 기본베이스에 설치하는 것이 좋다. 기능별 제약 사항은 다음과 같다.

즉, CPU의 형명과 상관없이 최대 고속링크 설정 모듈 수가 12개, 최대 P2P 서비스 모듈 수가 8개, 최대 전용 서비스 모듈 수가 24개로 되어 있다. 여기서 P2P 서비스는 1대 1 통신을 말한다.

2) 컴퓨터 링크(Cnet I/F) 시스템

Cnet I/F 시스템이란 Cnet 모듈의 RS-232C, RS-422(또는 RS-485) 포트를 사용하여 컴퓨터나 각종 외부기기와 CPU 모듈 사이의 데이터 교신을 하기 위한 시스템이다.

상기 "로컬 네트워크"에서 설명한 대로 Cnet 모듈도 기본베이스와 증설베이스 구별 없이 최대 24대(타 통신모듈과 합)까지 장착이 가능하다.

Cnet에서는 고속링크는 제공하지 않으며, P2P 서비스는 최대 8대까지 지원한다.

1.3.2 리모트 I/O 시스템

원거리에 설치된 입출력 모듈의 제어를 위한 네트워크 시스템으로 Smart I/O 시리즈가 있으며 네트워크 방식은 Profibus-DP, DeviceNet, Rnet, Cnet 등이 있다.

1) 네트워크 종류별 I/O 시스템 적용

리모트 I/O 모듈은 다음과 같이 분류되며, 최대 장착 대수 및 서비스별 최대 모듈 수는 로컬 네트워크와 동일하다.

네트워크 종류(마스터)	Smart I/O	
	블록형	증설형
Profibus-DP	○	○
DeviceNet	○	○
Rnet	○	○
Modbus(Cnet)	○	-
FEnet	-	○
Ethernet/IP	-	○
RAPIEnet	○	-

* 상기 내용은 기능향상에 따라서 바뀔 수 있다.

2) 블록형 리모트 I/O 시스템

❶ 시스템 구성

Profibus-DP, DeviceNet 및 Rnet으로 구성되며 시리즈에 관계없이 블록형 리모트 I/O 를 사용할 수 있다. Profibus-DP과 DeviceNet은 국제표준에 준거하여 개발되어 자사의 Smart-I/O뿐 아니라 타사의 제품과도 연결이 가능하다.

● 마스터모듈은 최대 12대까지 장착이 가능하며 증설 베이스에도 설치가 가능하다.

❷ 입출력 할당방법 및 입출력 번호 지정

● 고속링크 파라미터에 의해서 리모트 입출력에 'P', 'M', 'K', 및 'D' 등 디바이스를 할당할 수 있다. 강제 On/Off 기능 및 초기 리셋 등의 기능을 사용하기 위해서는 'P' 영역을 사용하는 것이 좋다.

● 입출력 디바이스(P 영역)의 최대 사용가능 점수는 32,768 점(P00000 ~ P2047F)이다.

CPU 모듈

2.1 성능 규격

표준형 CPU 모듈(XGK-CPUS/CPUE)과 고급형 CPU 모듈(XGK-CPUA/CPUH/CPUU)의 성능 규격은 다음과 같다.

항 목		규 격					비고
		XGK-CPUE	XGK-CPUS	XGK-CPUA	XGK-CPUH	XGK-CPUU	
연산 방식		반복연산, 정주기 연산, 고정주기 스캔					
입출력 제어 방식		스캔동기 일괄처리 방식(리프레시 방식), 명령어에 의한 다이렉트 방식					
프로그램 언어		래더 다이어그램(Ladder Diagram), 명령 리스트(Instruction List), SFC(Sequential Function Chart), ST(Structured Text)					
명령어 수	기본명령	약 40 개					
	응용명령	약 700 개					
연산처리 속도 (기본명령)	LD	0.084 μs/Step		0.028 μs/Step			
	MOV	0.252 μs/Step		0.084 μs/Step			
	실수연산	±: 1.442 μs(S), 2.87 μs(D) x : 1.948 μs(S), 4.186 μs(D) ÷ : 1.974 μs(S), 4.2 μs(D)		±: 0.602 μs(S), 1.078 μs(D) x : 1.106 μs(S), 2.394 μs(D) ÷ : 1.134 μs(S), 2.66 μs(D)			S: 단장 D: 배장
프로그램 메모리 용량		16kstep	32kstep	32kstep	64kstep	128kstep	
입출력 점수(설치가능)		1,536 점	3,072 점	3,072 점	6,144 점		
데이터 영역	P	P00000 ~ P2047F(32,768 점)					
	M	M00000 ~ M2047F(32,768 점)					
	K	K00000 ~ K2047F(32,768 점)					
	L	L00000 ~ L11263F(180,224 점)					
	F	F00000 ~ F2047F(32,768 점)					
	T	100ms: T0000 - T0999 10ms: T1000 - T1499		1ms: T1500 - T1999 0.1ms: T2000 - T2047			파라미터 설정에 의해 영역 변경이 가능함
	C	C0000 ~ C2047					
	S	S00.00 ~ S127.99					
	D	D0000 ~ D19,999			D0000 ~ D32,767		
	U	U0.0 ~ U1F.31	U0.0~U3F.31	U0.0~U3F.31	U0.0 ~ U7F.31		특수모듈 데이터 리프레시 영역
	Z	128 점					인덱스
	N	N00000 ~ N21,503					
	R	1 블록		2 블록			1 블록당 32k 워드 (R0~R32767)
플래시 영역		2 Mbyte, 32 블록					R 디바이스를 이용해서 제어 가능
프로그램 구성	총 프로그램 수	256 개					
	초기화 태스크	1 개					
	정주기 태스크	32 개					
	내부 디바이스 태스크	32 개					
운전모드		RUN, STOP, DEBUG					
자기진단 기능		연산지연감시, 메모리 이상, 입출력 이상, 배터리 이상, 전원이상 등					
프로그램 포트		RS-232C(1CH), USB(1CH)					RS-232C 포트로 Modbus slave지원
정전 시 데이터 보존방법		기본 파라미터에서 래치영역 설정					
최대 증설베이스 수		1 단	3 단	3 단	7 단		총연장 15 m
내부 소비 전류		940mA		960mA			
중 량		0.12kg					

2.2 각부 명칭 및 기능

CPU의 전면부 등 외형에 나타나는 명칭을 정리하면 다음과 같이 테이블에 정리할 수 있다.

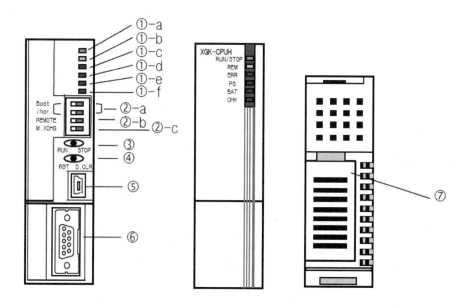

No.	명 칭	용 도
①-a	RUN/STOP LED	CPU 모듈의 동작 상태를 나타낸다. • 녹색 점등: 'RUN' 모드 상태로 운전 중임을 표시 　- RUN/STOP 모드 스위치에 의해 'RUN' 운전 중 　- RUN/STOP 모드 스위치가 'STOP'인 상태에서 '리모트 RUN' 운전 중 • 녹색 점멸: RUN운전 중에 경고 또는 에러 표시 • 적색점등: 'STOP' 모드 상태로 운전 중을 표시 　- RUN/STOP 모드 스위치에 의해 'STOP' 운전 중 　- 모드 스위치가 'STOP'인 상태에서 리모트 'STOP' 운전 중 • 적색점멸: 'STOP' 운전 중에 경고 또는 에러 표시 　- 운전을 정지하는 에러를 검출한 경우
①-b	REM LED	• 점등(황색): 리모트 허용 상태임을 표시 　- 'REMOTE' 스위치가 'On'인 경우 • 소등: 리모트 금지 상태임을 표시 　- 'REMOTE' 스위치가 'Off'인 경우
①-c	ERR LED	• 점등(적색): 운전이 불가한 에러가 발생한 경우를 표시 • 소등: 이상 없음을 표시
①-d	PS LED (Programmable Status)	• 점등(적색): 　- '사용자 지정 플래그'가 'On'인 경우 　- '에러시 운전 속행' 설정으로 에러 상태에서 운전 중인 경우 　- 'M.XCHG' 스위치가 'On'인 상태에서 모듈을 빼거나 다른 모듈을 장착한 경우 • 소등: 　- 이상 없음을 표시

No.	명칭	용도
①-e	BAT LED	• 점등(적색): 배터리 전압이 저하된 경우 • 소등: 배터리 이상 없음

①-f	CHK LED	• 점등(적색): 표준설정과 다른 내용이 설정되어 있는 경우에 표시(파라미터로 추가/삭제[해제]가 가능함)
		  - '모듈교체' 스위치가 '모듈교체'로 설정된 경우
		  - '디버그 모드'에서 운전 중인 경우
		  - '강제 ON' 설정 상태
		  - '고장마스크', 'SKIP' 플래그가 설정된 경우
		  - 운전 중 경고장(Warning)이 발생한 경우
		  - 증설베이스 전원 이상
		• 점멸: 연산에러시 운전속행 설정이 되어 있는 상태에서 에러가 발생한 경우
		• 소등: 표준설정으로 운전 중에 표시

②-a	Boot/Nor 스위치	출하 전 O/S를 다운로드 하는 경우 사용한다. • On(우측): 정상운전 모드에서 제어동작을 수행 • Off(좌측): 제조 시 사용하는 모드로 사용자 조작 금지(O/S의 다운로드 모드) • 주의 Boot/Nor 스위치는 항상 On(우측)상태로 유지해야 한다. Off(좌측) 상태로 설정하게 되면 모듈 소손의 원인이 된다.

②-b	REMOTE 허용 스위치	리모트 접속을 통한 PLC의 동작을 제한한다.
		• On(우측): 모든 기능 허용(REMOTE모드)
		• Off(좌측): 리모트 기능 제한
		  - 프로그램의 D/L, 운전모드 조작 제한
		  - 모니터, 데이터 변경 등은 조작 허용

②-c	M.XCHG (모듈교체 스위치)	운전 중 모듈교체를 실시하는 경우 사용한다. • On(우측): 모듈교체 실시 - 키스위치의 조작만으로 모듈교체가 가능 • Off(좌측): 모듈교체 완료
③	RUN/STOP 모드 스위치	CPU 모듈의 운전모드를 설정한다. • STOP → RUN: 프로그램의 연산 실행 • RUN → STOP: 프로그램의 연산 정지 REMOTE 스위치에 우선하여 동작한다.
④	리셋/ D.Clear 스위치	1) 스위치를 좌측으로 옮기면 리셋 동작을 수행한다. • 좌측이동 → 중앙복귀: RESET동작 수행 • 좌측이동 → 3초 이상 유지 → 중앙복귀: Overall RESET동작 수행 2) 스위치를 우측으로 눌렀다 놓으면 데이터 클리어 동작을 수행한다. • 우측으로 누름 → 중앙복귀: 래치1 영역 데이터와 일반 데이터영역 지움 • 우측으로 누름 → 3초 이상 유지 → 중앙복귀: 래치2 영역 데이터와 일반 데이터영역 지움 • 주의: 데이터 클리어 동작은 "STOP" 운전모드 만에서 동작한다.
⑤	USB 커넥터	주변기기(XG5000 등)와 접속하기 위한 커넥터(USB 1.1 지원)
⑥	RS-232C 커넥터	주변기기와 접속하기 위한 커넥터 • XG5000 접속: 기본적으로 지원 • Modbus 기기 접속: Modbus 프로토콜 지원 TX: 7번Pin, RX: 8번Pin, GND: 5번 Pin
⑦	배터리 장착 커버	백업 배터리 장착용 커버

프로그램의 구성과 운전 방식

3.1 프로그램의 기본

3.1.1 프로그램 수행 방식

PLC의 기본적인 프로그램 수행 방식으로 작성된 프로그램을 처음부터 마지막 스텝까지 반복적으로 연산이 수행되며 이 과정을 프로그램 스캔이라고 한다. 이와 같이 수행되는 일련의 처리를 반복연산 방식이라 한다.

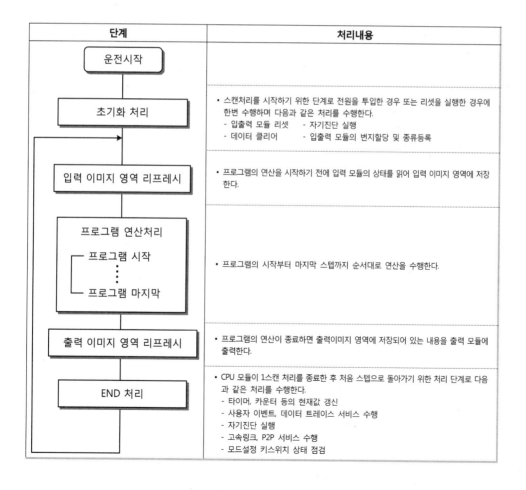

단계	처리내용
운전시작	

초기화 처리	• 스캔처리를 시작하기 위한 단계로 전원을 투입한 경우 또는 리셋을 실행한 경우에 한번 수행하며 다음과 같은 처리를 수행한다.
	  - 입출력 모듈 리셋 - 자기진단 실행
	  - 데이터 클리어 - 입출력 모듈의 번지할당 및 종류등록

입력 이미지 영역 리프레시	• 프로그램의 연산을 시작하기 전에 입력 모듈의 상태를 읽어 입력 이미지 영역에 저장한다.
프로그램 연산처리 ┌ 프로그램 시작 ⋮ └ 프로그램 마지막	• 프로그램의 시작부터 마지막 스텝까지 순서대로 연산을 수행한다.
출력 이미지 영역 리프레시	• 프로그램의 연산이 종료하면 출력이미지 영역에 저장되어 있는 내용을 출력 모듈에 출력한다.

END 처리	• CPU 모듈이 1스캔 처리를 종료한 후 처음 스텝으로 돌아가기 위한 처리 단계로 다음과 같은 처리를 수행한다.
	  - 타이머, 카운터 등의 현재값 갱신
	  - 사용자 이벤트, 데이터 트레이스 서비스 수행
	  - 자기진단 실행
	  - 고속링크, P2P 서비스 수행
	  - 모드설정 키스위치 상태 점검

2) 인터럽트 연산방식(정주기, 내부 디바이스 기동)

PLC 프로그램의 실행 중에 긴급하게 우선적으로 처리해야 할 상황이 발생한 경우에 수행 중인 프로그램 연산을 일시 중단하고 즉시 인터럽트 프로그램에 해당하는 연산을 처리하는 방식이다.

이러한 긴급 상황을 CPU 모듈에 알려주는 신호를 인터럽트 신호라 하며 정해진 시간마다 기동하는 정주기 연산방식이 있다.

그 외에 내부의 지정된 디바이스의 상태 변화에 따라서 기동하는 내부 디바이스 기동 프로그램이 있다.

3) 고정주기 스캔(Constant Scan)

스캔 프로그램을 정해진 시간마다 수행을 하는 연산방식이다. 스캔 프로그램을 모두 수행한 후 잠시 대기하였다가 지정된 시간이 되면 프로그램 스캔을 재개한다. 정주기 프로그램과의 차이는 입출력의 갱신과 동기를 맞추어 수행하는 것이다.

고정주기 운전에 스캔타임은 대기시간을 뺀 순수 프로그램 처리시간을 표시한다.

스캔타임이 설정된 '고정주기' 보다 큰 경우는 '_CONSTANT_ER [F0005C]' 플래그가 'ON' 된다.

3.1.2 스캔 타임(Scan Time)

프로그램의 0 스텝부터 다음 0 스텝 까지 즉 1 회의 제어동작을 완료하는데 걸리는 시간을 스캔타임이라고 하며, 시스템의 제어성능과 직접적인 관계가 있다.

1) XGK의 운전 방식 및 성능

프로그램 처리시간, I/O 데이터 처리시간 및 통신 서비스 시간이 스캔타임에 영향을 주는 주요 요소이다. XGK는 래더 프로그램 수행과 백플레인을 통한 데이터 수수 성능의 대폭 향상, MPU의 래더 프로그램 수행과 버스컨트롤러의 I/O 데이터 스캔의 병렬 수행 등으로 스캔타임이 획기적으로 줄었다.

기종	프로그램 처리 시간		모듈 처리 시간		
	Ladder 수행 (32Kstep)	System Task	디지털 I/O 모듈 (32 점, 1개)	Analog I/O 모듈 (8 채널, 1개)	통신 모듈(기본/증설) (200 byte, 1개 블록)
CPUH	0.896 ms	0.6 ms	20 μs	75 μs	170 + 44(200byte, 1 블록) μs
CPUS	2.688 ms	0.8 ms			

2) 스캔타임의 계산

CPU 모듈은 아래 그림과 같은 수순으로 제어동작을 수행한다. 사용자는 아래의 계산법에 의하여 자신이 구상하는 시스템의 대략의 제어성능을 추정할 수 있다.

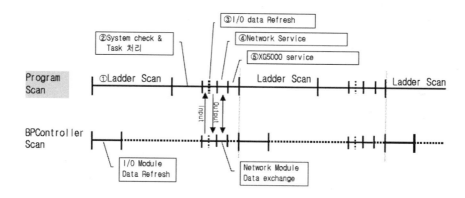

❶ 스캔타임

스캔타임 = ① 스캔 프로그램 처리 + ② System check & Task 처리 +
③ I/O data Refresh + ④ Network Service + ⑤ XG5000 Service +
⑥ User Task Program 처리

① 스캔 프로그램 처리 = 작성한 프로그램 스텝 수 × 0.028(μs) [CPUS 는 0.084 적용]

② System check & Task 처리: 600μs~1.0ms [보조기능 사용 정도에 따라 변동]

③ I/O data Refresh [특수모듈 포함]: 최소 0.06ms~0.2ms

④ Network Service

= 기본베이스 장착 통신모듈 Service + 증설베이스 장착 통신모듈 Service

= (Service 개수 × 3μs) + (송수신 데이터 총량(byte)/4 × 0.056[CPUS:0.112]μs)

+ (기본베이스 상의 통신모듈 송수신 데이터량(byte)/4 × 0.084μs)

+ (증설베이스 상의 통신모듈 송수신 데이터량(byte)/4 × 0.280μs)

* 한 스캔 내에 동시 발생되는 Service 개수와 송수신 데이터량이 계산의 기준이 된다.

⑤ XG5000 Service 처리시간: 최대 데이터 모니터시 100μs

(단, 모니터 화면 변경시 일시적 스캔 시간이 늘어난다. "USB 최대 쓰기"로 접속한 경우 6ms, "USB 보통쓰기"로 접속한 경우 1.6ms)

⑥ Task Program 처리시간: 한 스캔 내에 발생하는 Task 처리시간의 합이며, Task Program별 시간 계산법은 스캔 프로그램과 동일함.

❷ 예제

CPUH(프로그램 16kstep) + 32점 I/O 모듈 6개 + 아날로그 모듈 6개 + 통신 모듈 4 모듈 (모듈당 200byte, 8 블록 설정)으로 구성된 시스템의 스캔타임은?

스캔타임(μs) = 래더 수행시간 + 시스템 처리시간 + 디지털 모듈 I/O 처리 시간 + 아날로그 I/O 처리시간 + 통신모듈 처리시간 + XG5000 Service 처리 시간 = (16000 x 0.028) + (600) + (20 x 6) + (75 x 6) + ((170 + 44 x 8) x 4) + (100) = 3806 μs = 3.806 ms

3) 스캔타임 모니터

스캔타임은 다음과 같은 특수 릴레이(F) 영역에 저장된다.

● F0050: 스캔타임의 최대값(0.1ms 단위)
● F0051: 스캔타임의 최소값(0.1ms 단위)
● F0052: 스캔타임의 현재값(0.1ms 단위)

3.2 프로그램 수행

3.2.1 프로그램의 구성

프로그램은 특정한 제어를 실행하는 데 필요한 모든 기능 요소로 구성되며 CPU 모듈의 내장 RAM 또는 플래시 메모리에 프로그램이 저장된다. 이러한 기능 요소는 일반적으로 다음과 같이 분류된다.

기능 요소	연산 처리 내용
스캔 프로그램	• 1 스캔마다 일정하게 반복되는 신호를 처리한다.
정주기 인터럽트 프로그램	• 다음과 같이 시간 조건 처리가 요구되는 경우에 설정된 시간 간격에 따라 프로그램을 수행한다. - 1스캔 평균 처리 시간 보다 빠른 처리가 필요한 경우 - 1스캔 평균 처리 시간 보다 긴 시간 간격이 필요한 경우 - 지정된 시간간격으로 처리를 해야 하는 경우
서브루틴 프로그램	• 어느 조건이 만족할 경우만 수행한다(CALL명령의 입력조건이 On인 경우).

3.2.2 프로그램의 수행 방식

전원을 투입하거나 CPU 모듈의 키 스위치가 RUN 상태인 경우에 실행하는 프로그램 수행 방식에 대해 설명한다. 프로그램은 다음과 같은 구성에 따라 연산 처리를 수행한다.

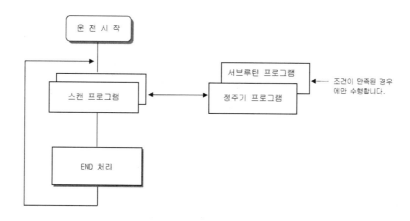

1) 스캔 프로그램

❶ 기능

- 스캔마다 일정하게 반복되는 신호를 처리하기 위하여 프로그램이 작성된 순서대로 처음 0부터 마지막 스텝까지 반복적으로 연산을 수행한다.
- 스캔 프로그램의 실행 중 정주기 인터럽트에 의한 인터럽트의 실행 조건이 성립한 경우는 현재 실행중인 프로그램을 일단 중지하고 해당되는 인터럽트의 프로그램을 수행한다.

2) 인터럽트 프로그램

❶ 기능

주기·비주기적으로 발생하는 내/외부 신호를 처리하기 위하여 스캔 프로그램의 연산을 일단 중지시킨 후 해당되는 기능을 우선적으로 처리한다.

❷ 종류

태스크 프로그램은 다음과 같이 2종류로 구분한다.

- 정주기 태스크 프로그램: 최대 32개까지 사용가능
- 내부 디바이스 태스크 프로그램: 최대 32개까지 사용가능
  - ⓐ 정주기 태스크 프로그램
    - 설정된 시간 간격에 따라 프로그램을 수행한다.
  - ⓑ 내부 디바이스 태스크 프로그램
    - 내부 디바이스의 기동 조건 발생시 해당 프로그램을 수행한다.
    - 디바이스의 기동 조건 검출은 스캔 프로그램의 처리 후 실행한다.

3.2.3 인터럽트

인터럽트 기능에 대한 이해를 돕기 위하여 XGT의 프로그래밍 S/W인 XG5000의 프로그램 설정방법에 대해서도 간단히 설명한다(XG5000에 대한 자세한 내용은 XG5000 사용설명서를 참조한다).

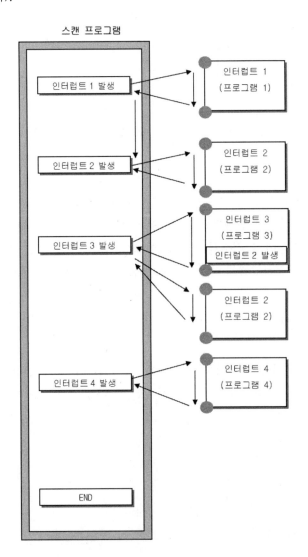

Tip & note

전원 On시 모든 인터럽트는 디스에이블 상태다.

1) 인터럽트 프로그램의 작성 방법

XG5000의 프로젝트 창에서 아래와 같이 태스크를 생성하고 각 태스크에 의해서 수행될 프로그램을 추가한다. 자세한 방법은 XG5000의 설명서를 참조한다.

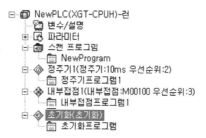

2) 태스크의 종류

태스크의 종류 및 기능은 다음과 같다.

종류 규격	정주기 태스크(인터벌 태스크)	내부 접점 태스크(싱글 태스크)
개수	32개	32개
기동 조건	정주기(1ms 단위로 최대 4,294,967.295초까지 설정가능)	내부 디바이스의 지정 조건
검출 및 실행	설정시간마다 주기적으로 실행	스캔 프로그램 실행 완료 후 조건 검색하여 실행
검출 지연 시간	최대 0.2 ms 지연	최대 스캔 타임만큼 지연
실행 우선 순위	2~7 레벨 설정 (2 레벨이 우선 순위가 가장 높음)	2~7 레벨 설정 (2 레벨이 우선 순위가 가장 높음)
태스크 번호	0~31의 범위에서 사용자가 중복되지 않게 지정	64 ~ 95의 범위에서 사용자 중복되지 않게 지정

3) 태스크 프로그램의 처리 방식

태스크 프로그램에 대한 공통적인 처리 방법 및 주의 사항에 대해 설명한다.

❶ 태스크 프로그램의 특성

- 태스크 프로그램은 스캔 프로그램처럼 매 스캔 반복처리를 하지 않고, 실행 조건이 발생할 때만 실행한다. 태스크 프로그램을 작성할 때는 이점을 고려한다.
- 예를 들어 10초 주기의 정주기 태스크 프로그램에 타이머와 카운터를 사용하였다면 이 타이머는 최대 10초의 오차가 발생할 수 있고, 카운터는 10초마다 카운터의 입력상태를 체크하므로 10초 이내에 변화한 입력은 카운트 되지 않는다.

❷ 실행 우선 순위

- 실행해야 할 태스크가 여러 개 대기하고 있는 경우는 우선순위가 높은 태스크 프로그램
  부터 처리한다. 우선순위가 동일한 태스크가 대기 중일 때는 발생한 순서대로 처리한다.
- 태스크의 우선순위는 각 태스크에서만 해당한다.
- 프로그램의 특성, 중요도 및 실행 요구 발생 시 긴급성을 고려하여 태스크 프로그램의
  우선순위를 설정한다.

4) 프로그램의 구성과 처리 예

아래와 같이 태스크와 프로그램을 등록하고,

- 태스크 등록

  T_SLOW(정주기: = 10ms, 우선순위: = 3)

  PROC_1(내부 접점: = M0, 우선순위: = 5)

- 프로그램 등록

  프로그램 →   P0   (스캔 프로그램)

  프로그램 →   P1   (태스크 T_SLOW로 기동)

  프로그램 →   P2   (태스크 PROC_1로 기동)

프로그램의 수행시간과 외부 인터럽트 신호의 발생시간이 다음과 같다면,

- 각 프로그램의 수행 시간: P0 = 17ms, P1 = 2ms, P2 = 7ms
- PROC_1의 발생: 스캔 프로그램 중에 발생 프로그램의 수행은 아래 그림과 같다.

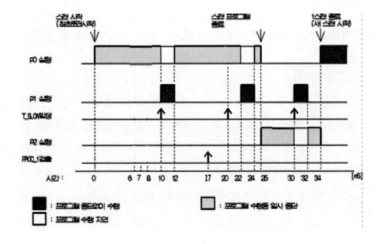

3.3 메모리

CPU모듈에는 사용자가 사용할 수 있는 두 가지 종류의 메모리가 내장되어 있다. 그 중 하나는 사용자가 시스템을 구축하기 위해 작성한 사용자 프로그램을 저장하는 프로그램 메모리이고, 다른 하나는 운전 중 데이터를 저장하는 디바이스 영역을 제공하는 데이터 메모리이다.

3.3.1 프로그램 메모리

사용자 프로그램 메모리의 구성은 아래와 같다.

항목	메모리 용량(kbyte)				
	CPUU	CPUH	CPUA	CPUS	CPUE
파라미터 설정 영역 • 기본 파라미터 영역 • I/O 파라미터 영역 • 특수 모듈 파라미터 영역 • 통신 모듈 파라미터 영역 • 사용자 이벤트 파라미터 영역 • 데이터 트레이스 파라미터 영역		320			320
프로그램 저장 영역 • 스캔 프로그램 영역1 • 스캔 프로그램 영역2 • 변수/설명문 영 256 역		704			352
시스템 영역 • 사용자 이벤트 데이터 영역 • 데이터 트레이스 데이터 영역 • 시스템 로그 영역 • 디바이스 백업 영역		896			896
실행 프로그램 영역 • 실행 프로그램 영역1 • 실행 프로그램 영역2 • 시스템 프로그램 영역	2,048	1,024	512	512	256

3.3.2 데이터 메모리

1) 비트 디바이스 영역

기능 별로 다양한 비트(Bit) 디바이스가 제공된다. 표기 방식은 첫 자리에 디바이스 종류를, 중간 자리는 10진수로 워드 위치를, 마지막 자리는 16진수로 워드내 비트 위치를 표기한다.

디바이스별 영역 표시	디바이스 특징	용 도
P00000 ~ P2047F	입출력 접점 "P", 32,768점	입출력 접점의 상태를 저장하는 이미지 영역이다. 입력모듈의 상태를 읽어 해당 대응되는 P영역에 저장하고 연산결과가 저장된 P영역 데이터를 출력모듈로 내보낸다.
M00000 ~ M2047F	입출력 접점 "M", 32,768점	프로그램에서 비트 데이터를 저장할 수 있도록 제공되는 내부 메모리다.
L00000 ~ L11263F	입출력 접점 "L", 180,224점	통신 모듈의 고속링크/P2P 서비스 상태정보를 표시하는 디바이스다.
K00000 ~ K2047F	입출력 접점 "K", 32,768점	정전 시 데이터를 보존하는 디바이스영역으로 별도로 정전보존 파라미터를 설정하지 않고 사용할 수 있다.
F00000 ~ F2047F	입출력 접점 "F", 32,768점	시스템 플래그 영역으로 PLC에서 시스템 운영에 필요한 플래그를 관리
T0000 ~ T2047	입출력 접점 "T", 2,048점	타이머 접점의 상태를 저장하는 영역
C0000 ~ C2047	입출력 접점 "C", 2,048점	카운터 접점의 상태를 저장하는 영역
S00.00 ~ S127.99	스텝 컨트롤러 "S", 128 x 100 스텝	스텝 제어용 릴레이

2) 워드 디바이스 영역

디바이스 별 영역 표시	디바이스 특징	용 도
D00000 ~ D32767 ***1	데이터 레지스터 "D", 32,768 워드	내부 데이터를 보관하는 영역. 비트 표현 가능
R00000 ~ R32767	파일 레지스터 "R", 32,768 워드	플래시 메모리를 액세스하기 위한 전용 디바이스. 2개의 뱅크로 구성. 비트 표현 가능
U00.00 ~ U7F.31 ***2	아날로그 데이터 레지스터 "U", 4,096 워드	슬롯에 장착된 특수모듈로부터 데이터를 읽어오는데 사용되는 레지스터. 비트 표현 가능
N00000 ~ N21503	통신 데이터 레지스터 "N", 21,504 워드	통신 모듈의 P2P 서비스 저장 영역. 비트 표현 불가능
Z000 ~ Z127	인덱스 레지스터 "Z", 128 워드	인덱스 기능 사용을 위한 전용 디바이스. 비트 표현 불가능
T0000 ~ T2047	타이머 현재치 레지스터 "T", 2048 워드	타이머의 현재 값을 나타내는 영역
C0000 ~ C2047	카운터 현재치 레지스터 "C", 2048 워드	카운터의 현재 값을 나타내는 영역

Tip & note

다음 디바이스들은 CPU 종류에 따라 영역 제한이 있다.

구 분	D***1	U***2	비 고
XGK-CPUE	D19999	U1F.31	-
XGK-CPUS		U3F.31	-
XGK-CPUA	D32767	U3F.31	-
XGK-CPUH		U7F.31	-
XGK-CPUU			-

3.4 데이터 메모리 구성도

3.4.1 XGK-CPUH

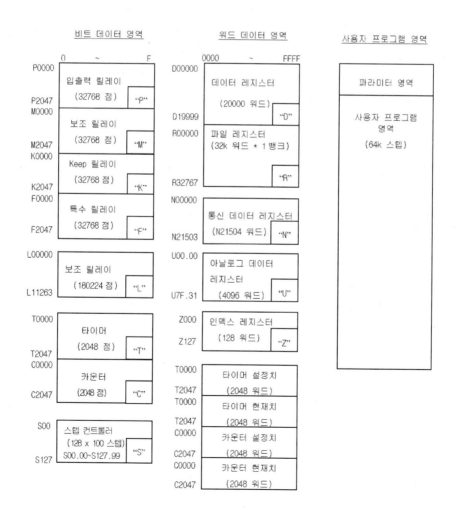

3.4.2 데이터 래치 영역 설정

운전에 필요한 데이터 또는 운전 중 발생한 데이터를 PLC가 정지 후 재 기동하였을 때도
계속 유지시켜서 사용하고자 할 경우에 데이터 래치를 사용하며, 일부 데이터 디바이스의
일정 영역을 파라미터 설정에 의해서 래치 영역으로 사용할 수 있다.

아래는 래치 가능 디바이스에 대한 특성표이다.

디바이스	1차 래치	2차 래치	특성
P	X	X	입출력 접점의 상태를 저장하는 이미지 영역
M	O	O	내부 접점 영역
K	X	X	정전 시 접점 상태가 유지되는 접점
F	X	X	시스템 플래그 영역
T	O	O	타이머 관련 영역(비트/워드 모두 해당)
C	O	O	카운터 관련 영역(비트/워드 모두 해당)
S	O	O	스텝 제어용 릴레이
D	O	O	일반 워드 데이터 저장 영역
U	X	X	아날로그 데이터 레지스터(래치 안 됨)
L	X	X	통신 모듈의 고속링크/P2P 서비스 상태 접점(래치 됨)
N	X	X	통신 모듈의 P2P 서비스 주소 영역(래치 됨)
Z	X	X	인덱스 전용 레지스터(래치 안 됨)
R	X	X	플래시 메모리 전용 영역(래치 됨)

Tip & note

1) K, L, N, R 디바이스들은 기본적으로 래치된다.
2) K, L, R 디바이스는 1차 래치와 같이 동작한다. 즉, Overall 리셋 또는 CPU모듈 D.CLR
   스위치조작으로 지워진다.
3) N 디바이스는 XG5000 온라인메뉴 PLC지우기의 메모리 지우기 창에서 지울 수 있다.
4) 자세한 사용 방법은 XG5000 사용 설명서의 '온라인' 부를 참조한다.

4) 데이터 래치 영역의 동작

래치된 데이터를 지우는 방법은 아래와 같다.

- CPU모듈의 D.CLR 스위치 조작
- XG5000으로 래치1, 래치2 지우기 조작
- 프로그램으로 쓰기(초기화 프로그램 추천)
- XG5000모니터 모드에서 '0' FILL 등 쓰기

RUN 모드에서는 D.CLR 클리어가 동작을 하지 않는다. STOP 모드로 전환 후 조작을 해야한다. 또한 D.CLR 스위치로 클리어 시 일반 영역도 초기화됨에 주의해야 한다.

D.CLR를 순시 조작 시는 래치1 영역만 지워진다. D.CLR를 3초 간 유지시키면 6개의 LED 전체가 깜박이며 이때 스위치가 복귀하면 래치2 영역까지 지워진다.

PLC의 동작에 따른 래치 영역 데이터의 유지 또는 리셋(클리어) 동작은 아래 표를 참조한다.

No.	구 분	상세 동작 구분	래치1	래치2	비 고
1	전원 변동	Off/On	유지	유지	
2	리셋 스위치	리셋	유지	유지	
		Overall 리셋	리셋	유지	
3	D.CLR 스위치	래치1 클리어	리셋	유지	
		래치2 클리어	리셋	리셋	
4	프로그램 쓰기(온라인)	-	유지	유지	
5	데이터 깨짐	(배터리 고장)으로 SRAM깨짐	리셋	리셋	
		다른 이유로 데이터 깨짐	리셋	리셋	
6	XG5000 온 라인	래치1 클리어	리셋	유지	
		래치2 클리어	리셋	리셋	

5) 데이터 초기화

메모리 지우기의 상태가 되면 모든 디바이스의 메모리는 '0'으로 지워지게 된다. 시스템에 따라서 초기에 데이터 값을 주어야 하는 경우가 있는데 이때에는 초기화 태스크를 이용한다.

CPU 모듈의 기능

4.1 자기 진단 기능

- 자기 진단 기능이란 CPU 모듈이 PLC 시스템 자체의 이상 유무를 진단하는 기능이다.
- PLC 시스템의 전원을 투입하거나 동작 중 이상이 발생한 경우에 이상을 검출하여 시스템의 오동작 방지 및 예방 보전 기능을 수행한다.

4.1.1 스캔 워치독 타이머(Scan Watchdog Timer)

WDT(Watchdog Timer)는 PLC CPU 모듈의 하드웨어나 소프트웨어 이상에 의한 프로그램 폭주를 검출하는 기능이다.

- 워치독 타이머는 사용자 프로그램 이상에 의한 연산 지연을 검출하기 위하여 사용하는 타이머다. 워치독 타이머의 검출 시간은 XG5000의 기본 파라미터에서 설정한다.
- 워치독 타이머는 연산 중 스캔 경과 시간을 감시하다가, 설정된 검출 시간의 초과를 감지하면 PLC의 연산을 즉시 중지시키고 출력을 전부 Off 한다.
- 사용자 프로그램 수행 도중 특정한 부분의 프로그램 처리(FOR~NEXT 명령, CALL 명령 등을 사용)에서 연산 지연 감시 검출 시간(Scan Watchdog Time)의 초과가 예상되면 'WDT' 명령을 사용하여 타이머를 클리어 하면 된다. 'WDT' 명령은 연산 지연 감시 타이머의 경과 시간을 초기화하여 0부터 시간 측정을 다시 시작한다(WDT 명령의 상세한 사항은 명령어 편을 참조한다).
- 워치독 에러 상태를 해제하기 위해서는 전원 재투입, 수동 리셋 스위치의 조작 또는 STOP 모드로의 모드 전환이 있다.

4.1.2 I/O 모듈 체크 기능

기동 시와 운전 중에 I/O 모듈의 이상 상태를 체크하는 기능이다.

- 기동 시 파라미터 설정과 다른 모듈이 장착되어 있거나 고장인 경우

● 운전 중에 I/O모듈이 착탈 또는 고장이 발생한 경우

이상 상태가 검출되면 CPU 모듈 전면의 고장 램프(ERR)가 켜지고 CPU는 운전을 정지한다.

4.1.3 배터리 전압 체크 기능

배터리 전압이 메모리 백업 전압 이하로 떨어지면 이를 감지하여 알려주는 기능이다.
CPU모듈 전면의 경고 램프(BAT)가 켜진다.
자세한 조치 내용은 XGK cpu 모듈 사용설명서를 참조한다.

4.1.4 에러 이력 저장 기능

CPU모듈은 에러 발생 시 에러 이력을 기록하여 에러의 원인을 쉽게 파악하여 조치할
수 있도록 하였다.
각각의 에러 코드를 특수 릴레이 F0006에 저장하는 기능이다.

4.2 시계 기능

CPU모듈에는 시계 소자(RTC)가 내장되어 있다. RTC는 전원 Off 또는 순시 정전 시에도
배터리 백업에 의해 시계 동작을 계속한다.
RTC의 시계 데이터를 이용하여 시스템의 운전 이력이나 고장 이력 등의 시각 관리에
사용할 수 있다.
RTC의 현재 시각은 시계 관련 F 디바이스에 매 스캔 경신된다.

4.3 리모트 기능

CPU모듈은 모듈에 장착된 키 스위치 외에 통신에 의한 운전 변경이 가능하다. 리모트로
조작을 하고자 하는 경우에는 CPU모듈의 'REM허용' 스위치(4 Pin 딥)를 ON 위치로
'RUN/STOP' 스위치를 STOP 위치로 설정하여 주어야 한다.

4.4 입출력 강제 On/off 기능

강제 입출력 I/O기능은 프로그램 실행 결과와는 관계없이 입출력 영역을 강제로 On/Off
할 경우 사용하는 기능이다.

4.5 즉시 입출력 연산 기능

'IORF' 명령을 사용하여 입출력 접점을 리프레시 함으로서 프로그램 수행 도중에 입력 접점의 상태를 즉시 읽어 들여 연산에 사용하거나, 연산 결과를 즉시 출력 접점에 출력하려고 할 때에 유용하게 사용될 수 있다.

4.6 운전 이력 저장 기능

운전 이력에는 에러 이력, 모드 변환 이력, 전원 차단 이력 및 시스템 이력 등 4종류가 있다. 각 이벤트가 발생한 시각, 횟수, 동작 내용 등을 메모리에 저장하며 XG5000을 통하여 편리하게 모니터 할 수 있다.
운전 이력은 XG5000 등으로 지우지 않는 한 PLC 내에 저장되어 있다.

4.7 외부 기기 고장 진단 기능

사용자가 외부 기기의 고장을 검출하여, 시스템의 정지 및 경고를 쉽게 구현하도록 제공되는 플래그다. 이 플래그를 사용하면 복잡한 프로그램을 작성하지 않고 외부 기기의 고장을 표시할 수 있으며, 특별한 장치(XG5000등)나 소스 프로그램 없이 고장 위치를 모니터링 할 수 있다.

4.8 고장 마스크 기능

- 고장 마스크는 운전 중 모듈의 고장이 발생하여도 프로그램을 계속 수행하도록 하는 기능이다. 고장 마스크로 지정된 모듈은 고장 발생 전까지 정상적으로 동작한다.
- 고장 마스크가 설정된 모듈에 에러가 발생하면 해당 모듈은 동작을 정지하지만 전체 시스템은 계속 동작을 한다.
- 운전 중 모듈의 고장이 발생하면 CPU모듈은 에러 플래그를 셋하면 전면의 "PS LED"가 "ON"된다. XG5000을 접속하면 에러 상태를 볼 수 있다.

4.9 입출력 모듈 스킵 기능

입출력 스킵 기능은 운전 중 지정된 모듈을 운전에서 배제하는 기능이다. 지정된 모듈에 대해서는 지정된 순간부터 입출력 데이터의 갱신 및 고장 진단이 중지된다. 고장 부분을 배제하고 임시 운전을 하는 경우 등에 사용할 수 있다.

4.10 운전 중 모듈 교체 기능

XGT 시스템에서는 운전 중 모듈의 교체가 가능하다. 그러나 운전 중 모듈의 교체는 전체 시스템의 오동작을 발생시킬 우려가 있으므로 사용 시 각별한 주의가 필요하다. 반드시 본 사용 설명서에 지정된 순서에 따라 실시해야 한다.

4.11 입출력 번호 할당 방법

입출력 번호의 할당이란 연산 수행 시 입력 모듈로부터 데이터를 읽고 출력 모듈에 데이터를 출력하기 위해 각 모듈의 입출력 단자에 번지를 부여하는 것이다.
입출력 번호의 할당에는 베이스 번호, 슬롯 위치, 장착 모듈의 종류 및 파라미터의 설정 등이 관련된다. XGK에서는 고정식과 가변식 두 가지의 방식을 제공한다.

4.12 운전 중 프로그램의 수정

PLC의 운전 중 제어 동작을 중지하지 않고 프로그램 및 일부 파라미터의 수정이 가능하다. 자세한 수정 방법은 XG5000의 사용 설명서를 참조하기 바란다.
운전 중 수정이 가능한 항목은 아래와 같다.

- 프로그램의 수정
- 통신 파라미터의 수정

입출력 모듈

5.1 모듈 선정 시 주의 사항

XGT시리즈에 사용되는 디지털 입출력 모듈을 선정하는 경우에 주의 사항에 대해 설명한다.

① 디지털 입력의 형식에는 전류 싱크 입력 및 전류 소스 입력이 있다. DC 입력 모듈의 경우는 이와 같은 입력형식에 따라 외부 입력 전원의 배선 방법이 달라지므로 입력접속기기의 규격 등을 고려하여 선정해야 한다.

② 최대 동시 입력 점수는 모듈의 종류에 따라 다르다. 입력 전압, 주위 온도의 조건에 따라 변한다. 적용할 입력 모듈의 규격을 검토한 후 사용한다.

③ 개폐 빈도가 높거나 유도성 부하 개폐용으로 사용하는 경우, 릴레이 출력 모듈은 수명이 단축되므로 트랜지스터 출력 모듈이나 트라이액 출력 모듈을 사용한다.

④ 출력 모듈에 있어서, 유도성(L) 부하를 구동하는 경우 최대 개폐 빈도는 1초 On, 1초 Off로 사용한다.

⑤ 출력 모듈에 있어서, 부하로서 DC/DC 컨버터를 사용한 카운터·타이머 등을 사용한 경우 On시 또는 동작 중 일정 주기에서 Inrush전류가 흐를 수 있기 때문에 평균 전류로 선정하면 고장의 원인이 된다. 따라서 앞의 부하를 사용한 경우에는 Inrush 전류의 영향을 줄이기 위하여 부하에 직렬로 저항 또는 Inductor를 접속하든지 아니면 최대 부하전류의 값이 큰 모듈을 사용한다.

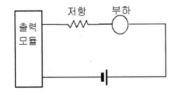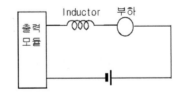

⑥ 출력 모듈에 Fuse는 교환이 불가능하다. 모듈의 출력이 단락된 경우에 외부 배선의 소손을 방지하기 위한 목적이다. 따라서 출력 모듈의 보호가 되지 않을 수도 있다. 출력 모듈이 단락 이외의 고장 모드에서 파괴된 경우 Fuse가 동작하지 않을 수도 있다.

⑦ Relay 출력 모듈의 Relay 수명을 아래 그림에 표시한다. 릴레이 출력부의 사용된 릴레이 수명의 최대값을 아래 그림에 표시한다.

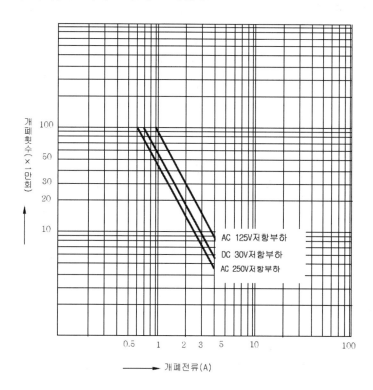

⑧ XGT 단자대에는 Sleeve가 부착된 압착 단자는 사용할 수 없다. 단자대에 접속하기에 적합한 압착 단자는 아래와 같다(JOR 1.25-3:대동전자).

⑨ 단자대에 접속하는 전선의 Size는 연선 0.3~0.75㎟, 굵기가 2.8㎜이하의 것을 사용한다. 전선은 절연 두께 등에 의해 허용 전류가 다를 수 있기 때문에 주의한다.

⑩ 모듈의 고정 나사, 단자대 나사의 체결 Torque는 아래의 범위 내에서 실시한다.

체결 부위	체결 토크(Torque) 범위
입출력 모듈 단자대 나사(M3 나사)	42 ~ 58 N·㎝
입출력 모듈 단자대 고정 나사(M3 나사)	66 ~ 89 N·㎝

⑪ 트랜지스터 출력 모듈(XGQ-TR4A, XGQ-TR8A)에는 Thermal Protector기능이 내장되어 있다. Thermal Protector 기능은 과부하 과열 보호 기능이다.

5.2 디지털 입력 모듈 규격

아래의 표는 여러 종류의 모듈 중에서 32점 DC24V 입력모듈(소스 타입)에 대한 규격에 대한 예이다.

형명 규격		DC입력모듈
		XGI-D24A
입력점수		32점
절연방식		포토 커플러 절연
정격입력전압		DC24V
정격입력전류		약4 mA
사용전압범위		DC20.4 ~ 28.8V(리플율 5% 이내)
입력 Derating		아래 Derating도 참조
On 전압/On 전류		DC19V 이상/3 mA이상
Off 전압/Off 전류		DC11V 이하/1.7 mA이하
입력저항		약 5.6 kΩ
응답시간	Off → On	1ms/3ms/5ms/10ms/20ms/70ms/100ms(CPU 파라미터로 설정), 초기값:3ms
	On → Off	1ms/3ms/5ms/10ms/20ms/70ms/100ms(CPU 파라미터로 설정), 초기값:3ms
절연 내압		AC560V rms/3 Cycle(표고 2000m)
절연 저항		절연 저항계로 10MΩ 이상
공통(Common) 방식		32점/COM
적합 전선 Size		0.3㎟
내부소비전류(mA)		50mA
동작표시		입력 On시 LED 점등
외부접속방식		40점 커넥터
중량		0.1 kg

회로구성

DC24V 커넥터번호

On율(%) — 주위온도 (Derating 그래프, DC28.8V / DC5V 표시)

No	접점	No	접점
B20	P00	A20	P10
B19	P01	A19	P11
B18	P02	A18	P12
B17	P03	A17	P13
B16	P04	A16	P14
B15	P05	A15	P15
B14	P06	A14	P16
B13	P07	A13	P17
B12	P08	A12	P18
B11	P09	A11	P19
B10	P0A	A10	P1A
B09	P0B	A09	P1B
B08	P0C	A08	P1C
B07	P0D	A07	P1D
B06	P0E	A06	P1E
B05	P0F	A05	P1F
B04	NC	A04	NC
B03	NC	A03	NC
B02	COM	A02	COM
B01	COM	A01	COM

5.3 디지털 출력 모듈 규격

아래의 표는 여러 종류의 모듈 중에서 32점 트랜지스터 출력모듈(싱크 타입)에 대한 규격에 대한 예이다.

형명 / 규격	트랜지스터 출력모듈
	XGQ-TR4A
출력점수	32점
절연방식	포토 커플러 절연
정격 부하 전압	DC 12/24V
사용 부하 전압 범위	DC 10.2 ~ 26.4V
최대 부하 전류	0.1A/1점, 2A/1COM
Off시 누설 전류	0.1mA 이하
최대 돌입 전류	0.7A/10 ms 이하
On시 최대 전압 강하	DC 0.2V 이하
서지 킬러	제너 다이오드
응답시간 Off → On	1 ms 이하
응답시간 On → Off	1 ms 이하(정격 부하, 저항 부하)
공통(Common) 방식	32점/1COM
내부소비전류	130mA(전점 On시)
외부공급 전원 전압	DC12/24V ± 10%(리플 전압 4 Vp-p이하)
외부공급 전원 전류	10mA이하(DC24V 연결시)
동작표시	입력 On시 LED 점등
외부접속방식	40 Pin Connector
적합전선 Size	0.3㎟
중량	0.1 kg

회로구성	No	접점	No	접점	
	B20	P00	A20	P10	
	B19	P01	A19	P11	
	B18	P02	A18	P12	
	B17	P03	A17	P13	
	B16	P04	A16	P14	
	B15	P05	A15	P15	
	B14	P06	A14	P16	
	B13	P07	A13	P17	
	B12	P08	A12	P18	
	B11	P09	A11	P19	
	B10	P0A	A10	P1A	
	B09	P0B	A09	P1B	
	B08	P0C	A08	P1C	
	B07	P0D	A07	P1D	
	B06	P0E	A06	P1E	
	B05	P0F	A05	P1F	
	B04	NC	A04	NC	
	B03	NC	A03	NC	
	B02	DC12/	A02	COM	
	B01	24V	A01	COM	

전원 모듈

6.1 선정 방법

전원모듈의 선정은 입력전원의 전압과 전원모듈이 시스템에 공급해야 할 전류 즉, 전원모듈과 동일베이스 상에 설치되는 디지털 입출력 모듈, 특수 모듈 및 통신모듈 등의 소비전류의 합계에 의해 정해진다. 전원모듈의 정격 출력 용량을 초과하여 사용하면 시스템이 정상동작 하지 않는다. 시스템 구성 시 각 모듈의 소비전류를 고려하여 전원모듈을 선정한다.

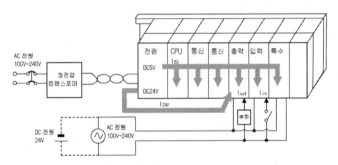

6.2 각부 명칭

전원모듈의 각부 명칭 및 용도에 대해 설명한다.

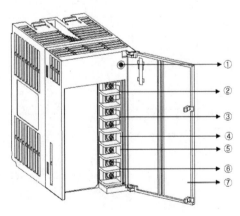

NO.	명 칭	용 도
1	전원 LED	DC5V 전원 표시용 LED
2	DC24V, 24G 단자	출력 모듈 내부에 DC24V가 필요한 모듈에 전원 공급용 - XGP-ACF2, XGP-AC23는 DC24V가 출력되지 않는다.
3	RUN 단자	시스템의 RUN상태를 표시 - CPU의 정지 Error 발생시 Off한다. - CPU의 모드가 STOP으로 바뀌면 Off한다.
4	FG 단자	감전 방지를 위한 접지 단자
5	LG 단자	전원 필터의 접지용 단자
6	전원 입력 단자	전원 입력 단자 - XGP-ACF1, XGP-ACF2: AC100 ~ 240V 접속 - XGP-AC23: AC200 ~ 240V 접속 - XGP-DC42: DC24V 접속
7	단자 커버	단자대 보호 커버

6.3 소비 전류/전력 계산 예

아래와 같은 모듈이 장착된 XGT 시스템의 경우에 어떤 전원 모듈을 사용해야 하는지 설명한다.

종류	형명	장착 대수	전압 계통	
			5V	24V
CPU 모듈	XGK-CPUH	1	0.96A	-
12 Slot 기본 베이스	XGB-B12M	-	-	-
입력 모듈	XGI-D24A	4	0.2A	-
출력 모듈	XGQ-RY2A	4	2.0A	-
FDEnet 모듈	XGL-EDMF	2	1.3A	-
Profibus-DP	XGL-PMEA	2	1.12A	-
소비 전류	계산		0.96+0.2+2+1.3+1.12	-
	결과		5.58A	-
	계산		5.58×5V	-
	결과		27.9W	-

5V의 소비 전류 계산 값이 5.58A가 나왔으므로 XGP-ACF2(5V:6A용)또는 XGP-AC23 (5V:8.5A용)을 사용한다. XGP-ACF1(5V:3A용)을 사용하면 시스템이 정상 동작하지 않 는다.

베이스 및 증설 케이블

7.1 베이스의 각 부 명칭

7.1.1 기본 베이스

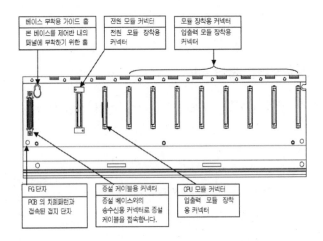

7.1.2 증설 베이스

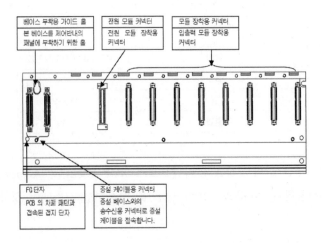

7.2 증설 케이블 규격

형명 / 항목	XGC-E041	XGC-E061	XGC-E121	XGC-E301	XGC-E501	XGC-E102	XGC-E152
길이(m)	0.4	0.6	1.2	3	5	10	15
중량(kg)	0.15	0.16	0.22	0.39	0.62	1.2	1.8

Tip & note

증설 케이블을 조합해서 사용하는 경우 15m가 넘지 않도록 한다.

유지 및 보수

8.1 보수 및 점검

입출력 모듈은 주로 반도체 소자로 구성되어, 수명이 반영구적이라 할 수 있다. 그러나 주위 환경에 영향을 받아 소자에 이상이 발생할 수 있으므로 정기적인 점검이 필요하다. 6개월에 1~2회 정도 점검하여야 할 사항에 대하여 아래 항목을 참고한다.

점검 항목		판정 기준	조 치
공급 전원		전원 변동 범위 내 (−15%/+10% 이내)	공급 전원이 허용 전압 변동 범위 내에 들도록 변경한다.
입출력용 전원		각 모듈의 입출력 규격	공급 전원이 각 모듈의 허용 전압 변동 범위 내에 들도록 변경한다.
주위 환경	온도 측정	0 ~ + 55℃	사용 온도와 사용 습도가 적당하도록 조절한다.
	습도 측정	5 ~ 95%RH	
	진동 유무	진동 없음	방진 고무를 사용하거나 기타 진동 방지 대책을 강구한다.
각 모듈의 흔들림		흔들림이 없을 것	모든 모듈이 흔들리지 않도록 한다.
단자 나사의 풀림		풀림이 없을 것	풀린 곳은 조여 준다.
예비 부품		예비 보유량과 보관 상태는 양호한지 확인	부족분은 충당하고, 보관 상태를 개선한다.

8.2 일상 점검

일상적으로 실시하여야 하는 점검은 다음과 같다.

점검 항목	점검 내용	판정 기준	조 치
베이스의 부착 상태	부착 나사의 풀림을 확인	확실하게 부착되어 있을 것	나사 조임
입출력 모듈의 부착 상태	• 모듈의 부착 나사가 확실하게 조여져 있는가를 확인 • 모듈 윗 커버의 이탈 여부 확인	확실하게 조여져 있을 것	나사 확인

점검 항목		점검 내용	판정 기준	조 치
단자대 및 증설 케이블의 접속 상태		단자 나사의 풀림	풀림이 없을 것	나사 조임
		압착 단자 간의 근접	적정한 간격일 것	교정
		증설 케이블의 커넥터부	커넥터가 풀려있지 않을 것	교정
표시 LED	전원 LED	점등 확인	점등(소등은 이상)	
	RUN LED	Run 상태에서 점등 확인	점등(소등 또는 점멸은 이상)	
	STOP LED	Run 상태에서 소등 확인	점멸은 이상	
	입력 LED	점등, 소등 확인	입력 On시 점등 입력 Off시 소등	
	출력 LED	점등, 소등 확인	출력 On시 점등 출력 Off시 소등	

8.3 정기 점검

6개월에 1~2회 정도 다음 항목을 점검하여 필요한 조치를 실시한다.

점검 항목		점검 방법	판정 기준	조 치
주위 환경	주위 온도	온도/습도계로 측정 부식성 가스 측정	0 ~ 55 ℃	일반 규격에 맞게 조정 (제어반 내 환경 기준)
	주위 습도		5 ~ 95%RH	
	주위 오염도		부식성 가스가 없을 것	
PLC 상태	풀림, 흔들림	각 모듈을 움직여 본다.	단단히 부착되어 있을 것	나사 조임
	먼지, 이물질 부착	육안 검사	부착이 없을 것	
접속 상태	나사의 풀림	드라이버로 조임	풀림이 없을 것	조임
	압착 단자의 근접	육안 검사	적당한 간격일 것	교정
	커넥터 풀림	육안 검사	풀림이 없을 것	커넥터 고정나사 조임
전원 전압 점검		전원 입력 단자의 전원 전압을 테스터를 이용하여 확인	AC100 ~ 240V: AC85 ~ 264V DC24V: DC19.2 ~ 28.8V	공급 전원 변경
배 터 리		배터리 교환 시기, 전압 저하 표시 확인	• 합계 정전 시간 및 보증 기간 확인 • 배터리 전압 저하 표시 가 없을 것	배터리 용량 저하 표시 가 없어도 보증 기간 초 과 시 교환할 것
퓨 즈		육안 검사	• 용단되어 있지 않을 것	용단되지 않아도 돌입 전류에 의한 소자의 열 화가 발생하므로 정기 적으로 교환할 것

고장 수리

9.1 고장 수리의 절차

시스템 운영시 발생하는 각종 에러의 내용, 발생원인 발견방법 및 조치방법에 대해 설명한다.

시스템의 신뢰성을 높이기 위해서는 신뢰성이 높은 기기를 사용하는 것이 중요하지만, 더불어 이상이 발생한 경우 어떤 방법으로 신속히 조치하는가도 중요한 점이다. 시스템을 신속히 가동시키려면 트러블의 발생 원인을 신속히 발견하여 조치하는 일이 무엇보다 중요한 사항으로 이러한 트러블 슈팅을 실시하는 경우에 유의하여야 할 기본적인 사항은 다음과 같다.

1) 육안에 의한 확인

다음 사항들을 육안으로 확인한다.

- 기계 동작 상태(정지 상태, 동작 상태)
- 전원 인가상태
- 입출력기기 상태
- 배선 상태(입출력선, 증설 및 통신 케이블선)
- 각종 표시기의 표시상태(Power LED, Run LED, Stop LED, 입출력 LED 등)를 확인한 후 주변기기를 접속하여 PLC 동작 상태나 프로그램 내용을 점검한다.

2) 이상 확인

다음 조작으로 이상이 어떻게 변화하는가를 관찰한다.

- 키 스위치를 Stop 위치로 하고 전원을 On/Off 한다.

3) 범위 한정

상기와 같은 방법에 의해 고장 요인이 다음의 어떤 것인가를 추정한다.

- PLC자체인가? 외부요인인가?
- 입출력 모듈인가? 기타인가?
- PLC 프로그램인가?

9.2 고장 수리

이상과 같은 내용의 발견 방법 및 에러 코드에 대한 에러 내용과 조치에 대해 현상별로
나누어 설명한다.

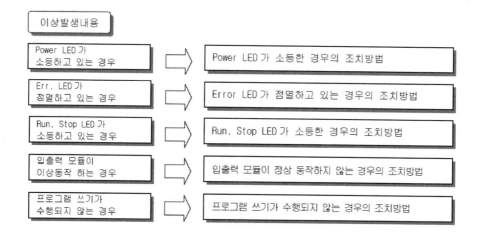

9.2.1 Power LED가 소등한 경우의 조치 방법

전원 투입 시 또는 운전 중에 Power LED 가 소등한 경우의 조치 순서에 대해 설명한다.

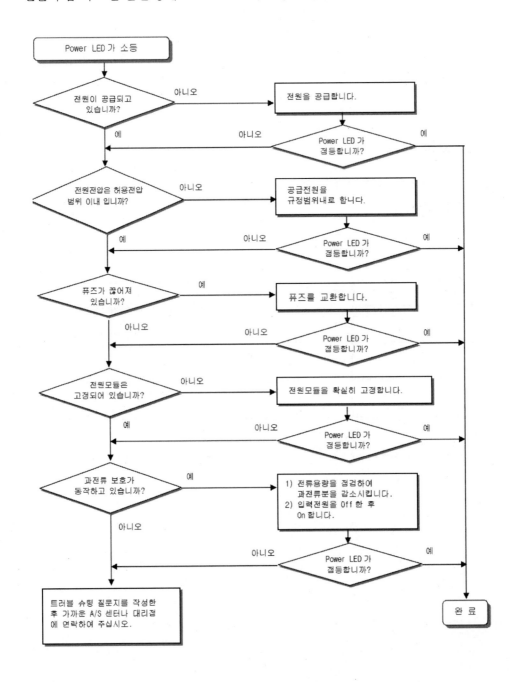

9.2.2 Error LED가 점멸하고 있는 경우의 조치 방법

전원 투입시 또는 운전 개시시, 운전 중에 Error LED가 점멸하는 경우의 조치 순서에 대해 설명한다.

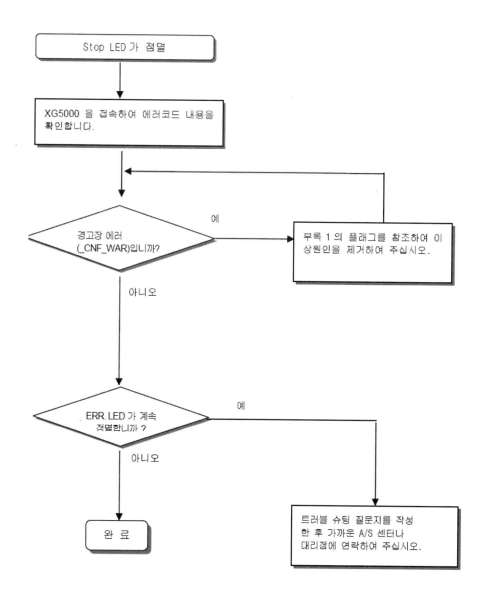

```
                 ┌─────────────────────┐
                 │  Stop LED 가 점멸      │
                 └─────────────────────┘
                           │
                 ┌─────────────────────────────┐
                 │  XG5000 을 접속하여 에러코드 내용을  │
                 │  확인합니다.                    │
                 └─────────────────────────────┘
```

경고장 에러 (_CNF_WAR)입니까?

예

아니오

무록 1 의 플래그를 참조하여 이 상원인을 제거하여 주십시오.

ERR. LED 가 계속 점멸합니까 ?

예

아니오

완 료

트러블 슈팅 질문지를 작성 한 후 가까운 A/S 센터나 대리점에 연락하여 주십시오.

Tip & note

경고장 에러가 발생하는 경우 PLC 시스템은 정지하지 않지만 신속하게 에러 내용을 확인하여 조치한다. 방치할 경우 중고장의 원인이 될 수 있다.

9.2.3 입출력 모듈이 정상 동작하고 있지 않는 경우의 조치 방법

운전 중 입출력 모듈의 정상적으로 동작 하지 않는 경우의 조치 순서에 대해 아래 프로그램의 예로 설명한다.

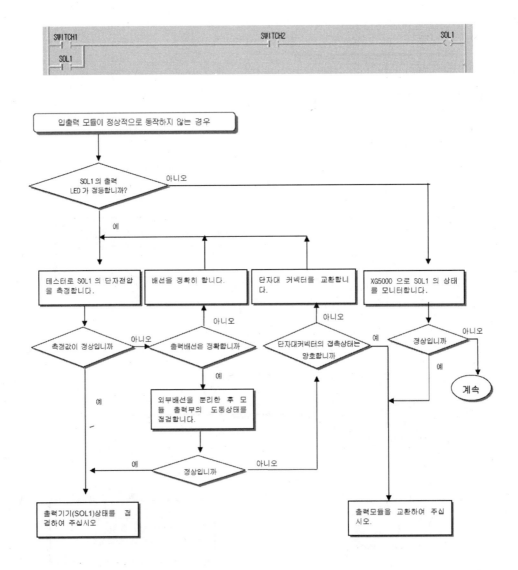

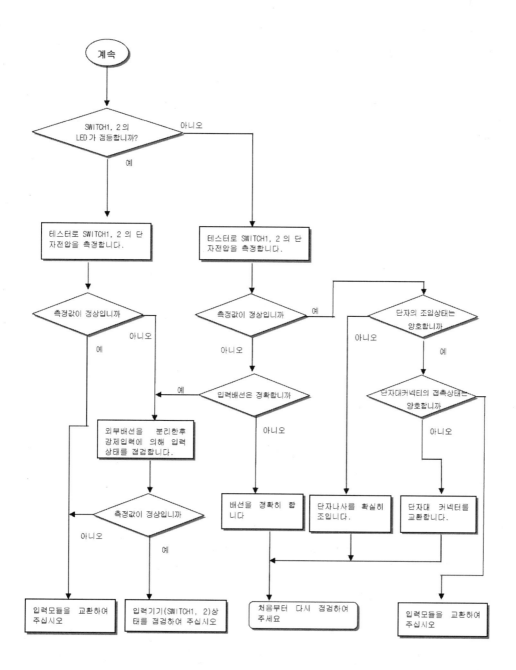

9.3 각종 사례

각종 회로에 대한 고장수리 유형 및 대책에 대하여 설명한다.

9.3.1 입력회로의 트러블 유형 및 대책

입력회로에 대한 트러블 예와 그 대책에 대해 설명한다.

현 상	원 인	대 책
입력신호가 Off 안됨	외부기기의 누설전류(근접 스위치 등으로 구동하는 경우)	• 입력모듈의 단자사이 전압이 복귀 전압값을 밑돌도록 적당한 저항 및 커패시터를 접속한다.

입력신호가 Off 안됨 (네온램프가 점등한 상태로 있는 경우도 있음)	외부기기의 누설전류(네온램프가 붙은 리미트 스위치에 의해 구동)	• CR 값은 누설전류의 값에 따라 결정된다.
		  ─ 추천값 C: 0.1 ~ 0.47μF
		           R: 47 ~ 120 Ω(1/2W)
		또는 완전하게 회로를 독립시켜 별도 표시 회로를 설치한다.

입력신호가 Off 안됨	배선 케이블의 전선사이 용량에 의한 누설전류	• 아래그림과 같이 전원을 외부기기측에 설치한다.
입력신호가 Off 안됨	외부기기의 누설전류(LED표시 붙은 스위치에 의한 구동)	• 입력모듈 단자와 공통(Common)단자 사이의 전압이 Off 전압을 상회 하도록 적당한 저항을 아래 그림과 같이 접속한다.
입력신호가 Off 안됨	• 서로 다른 복수의 전원사용에 의한 순환전류 • E1 > E2인 경우, 순환됨	• 복수의 전원을 단일전원으로 한다. • 순환전류 방지 다이오드를 접속한다.(아래 그림)

9.3.2 출력회로의 트러블 유형 및 대책

출력회로에 대한 트러블 예와 그 대책에 대해 설명한다.

현 상	원 인	대 책
출력접점의 Off시 부하에 과대전압이 인가됨	• 부하가 내부에서 반파정류되어 있는 경우(솔레노이드 밸브에 이와 같은 경우가 발생함) • 전원극성이 ←의 경우 C는 충전되고, 극성 ↑때는 C에 충전된 전압+전원전압이 다이오드(D)의 양단에 인가됨. 전압의 최대값은 약 $\sqrt{2}$ 임. 주) 이와 같이 사용하면 출력 소자는 문제가 되지 않지만, 부하에 내장되어 있는 다이오드(D)의 성능이 저하되어 문제를 일으키는 경우가 있음.	• 부하에 병렬로 수십kΩ ~ 수백kΩ의 저항을 접속한다.
부하가 Off 안됨	• 출력소자와 병렬로 접속된 서지 흡수 회로에 의한 누설전류	• 부하에 병렬로 수십kΩ 정도의 저항이나 동등한 임피던스로 된 CR을 접속한다. 주) 출력모듈로부터 부하까지의 배선길이가 긴 경우에 선간 용량에 의한 누설전류도 있기 때문에 주의가 필요하다.
부하가 C−R식 타이머의 경우 시간 이상	• 출력소자와 병렬로 접속된 서지 흡수 회로에 의한 누설전류	• 릴레이로 중개하여 C−R식 타이머를 구동한다. • C−R식 타이머 이외의 것을 사용한다. 주) 타이머에 따라 내부회로가 반파정류인 것도 있으므로 주의가 필요하다.

출력회로의 트러블 유형 및 대책(계속)

현 상	원 인	대 책
부하가 Off 안됨 (직류용)	• 서로 다른 2개의 전원사용에 의한 순환전류 • E1< E2의 경우 순환됨 • E1이 Off(E2는 On)인 경우에도 순환됨	• 복수의 전원을 단일전원으로 한다. • 순화전류 방지 다이오드를 접속한다(아래그림). 주) 부하가 릴레이 등인 경우에는 그림의 점선과 같이 역기전압 흡수용 다이오드를 접속할 필요가 있다.
부하의Off 응답시간이 이상하게 길다.	• Off시의 과도전류 [트랜지스터 출력으로 솔레노이드와 같은 큰 전류의 유동성부하(시정수 L/R이 큰 것)을 직접 구동시킨 경우 • 트랜지스터 출력의 Off 순간 다이오드를 통해 전류가 흐르기 때문에 부하에 따라서는 1초 이상 지연되는 경우도 있음.	• 아래와 같이 시정수가 작은 마그네틱 콘택터 등을 넣어서 그 접점으로 부하를 구동시킨다.
출력용 트랜지스터가 파괴된다.	백열전류의 돌입전류 점등순간 10배 이상의 돌입전류가 흐르는 경우가 있다.	• 돌입전류를 억제하기 위해서는 백열전등 정격전류의 1/3 ~ 1/5 정도의 암전류를 흘리도록 한다. 싱크형 트랜지스터 출력 소스형 트랜지스터 출력

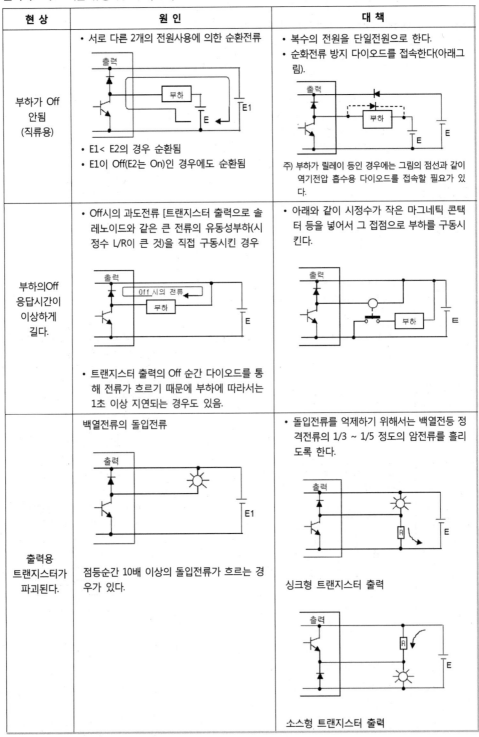

소프트웨어(XG5000)
사용해 보기

기본 사용법

XG5000을 설치한 후 바탕화면에서 실행 아이콘 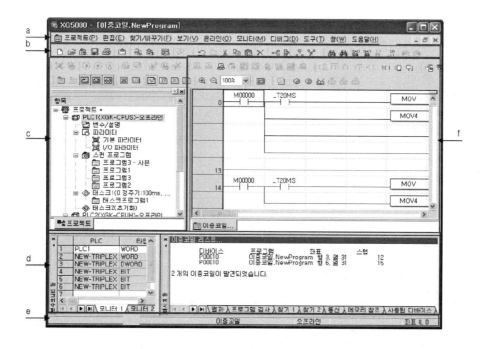을 더블클릭 하면 XG5000이 실행된다. 이때의 화면은 아래의 그림과 같다.

1.1 화면 구성

XG5000의 화면은 아래 그림과 같은 구성으로 이루어져 있다.

a. 메뉴: 프로그램을 위한 기본 메뉴다.
b. 도구모음: 메뉴를 간편하게 실행할 수 있다.
c. 프로젝트 창: 현재 열려있는 프로젝트의 구성 요소를 나타낸다.
d. 메시지 창: XG5000 사용 중에 발생하는 각종 메시지가 나타난다.
e. 상태 바: XG5000의 상태, 접속된 PLC의 정보 등을 나타낸다.
f. 편집 창: 현재 LD 편집 창이 보이고 있다.

1.1.1 메뉴 구성

메뉴를 선택하면 명령어들이 나타나고, 원하는 명령을 마우스 또는 키로 선택하면 명령을
실행할 수 있다. 단축키(Ctrl+X, Ctrl+C)가 있는 메뉴인 경우에는 단축키를 눌러서 직접
명령을 선택할 수 있다.

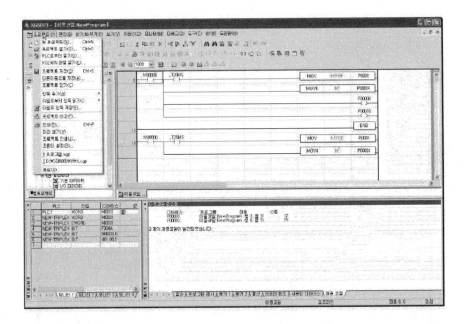

이 때 나타나는 각 메뉴에 대한 세부 명령어와 설명들이 다음의 표에 잘 나타나 있다.

1) 프로젝터

명 령	설 명
새 프로젝트	새로운 프로젝트를 생성한다.
프로젝트 열기	작성된 프로젝트를 연다.
PLC로부터 열기	PLC의 프로젝트/프로그램을 업로드한다.
KGLWIN 파일 열기	KGLWIN용 프로젝트 파일을 연다.
프로젝트 저장	프로젝트를 저장한다.
다른 이름으로 저장	프로젝트를 다른 이름으로 저장한다.
프로젝트 닫기	프로젝트를 닫는다.
항목 추가	새로운 항목(PLC/태스크/프로그램)을 프로젝트에 추가한다.
파일로부터 항목 읽기	파일로부터 (PLC 프로그램, 변수/설명, 프로그램, IO 파라미터, 기본 파라미터)를 읽어 온다.
파일로 항목 저장	프로젝트창에서 선택된 항목을 파일로 저장한다.
프로젝트 비교	두 개의 서로 다른 프로젝트를 비교하여 결과를 보여준다.
인쇄	활성화되어 있는 창의 내용을 인쇄한다.
미리 보기	인쇄될 화면을 미리 보여 준다.

명 령	설 명
프로젝트 인쇄	프로젝트를 선택하여 인쇄할 수 있는 기능을 제공한다.
프린터 설정	프린터 옵션을 설정한다.
종료	XG5000을 끝마친다.

2) 편집

명 령	설 명
편집 취소	프로그램 편집 창에서 편집을 취소하고 바로 이전 상태로 되돌린다.
재실행	편집 취소된 동작을 다시 복구한다.
잘라 내기	블록을 잡아 삭제하면서 클립보드에 복사한다.
복사	블록을 잡아 클립보드에 복사한다.
붙여 넣기	클립보드로부터 편집 창에 복사한다.
삭제	블록을 잡아 삭제한다.
모두 선택	현재 활성화된 창의 모든 내용을 블록으로 표시한다.
라인 삽입	커서 위치에 새로운 라인을 추가한다.
라인 삭제	커서 위치에 있는 라인을 삭제한다.
셀 삽입	커서 위치에 입력 가능한 셀을 추가한다.
셀 삭제	커서 위치에서 하나의 셀을 삭제한다.
프로그램 최적화	프로그램을 자동으로 최적화 시켜준다.
설명문/레이블 입력	커서 위치에 설명문/레이블을 입력할 수 있도록 한다.
비 실행문 설정	커서가 위치한 렁 또는 비 실행으로 설정된 영역을 렁 단위로 비 실행문 설정을 한다.
비 실행문 해제	커서가 위치한 렁 또는 비 실행으로 설정된 영역의 비실행문 설정을 해제한다.
북 마크	북마크의 설정, 해제, 찾아가기 기능을 제공한다.
편집 도구	각 프로그램에 사용되는 편집 도구들이 있다.

3) 찾기/바꾸기

명 령		설 명
디바이스 찾기		디바이스를 종류별로 찾는다.
문자열 찾기		원하는 문자를 찾는다.
다시 찾기		이전에 실행한 찾기(Find) 또는 바꾸기(Replace)를 반복 실행한다.
디바이스 바꾸기		원하는 디바이스를 찾아 새로운 디바이스로 바꾼다.
문자열 바꾸기		원하는 문자를 찾아 새로운 문자로 바꾼다.
찾아 가기	스텝	원하는 스텝 위치로 커서를 이동한다.
	렁 설명문	원하는 렁 설명문 위치로 커서를 이동한다.
	레이블	원하는 레이블 위치로 커서를 이동한다.
	END명령어	원하는 END 명령어 위치로 커서를 이동한다.
이전 메시지		이전 메시지 위치로 이동한다.
다음 메시지		다음 메시지 위치로 이동한다.

4) 보기

명 령	설 명
니모닉(IL)	래더 편집 중 니모닉 보기로 전환한다.
래더(LD)	니모닉 편집 중 래더 보기로 전환한다.
프로젝트 창	프로젝트 창을 보이거나 숨긴다.
메시지 창	메시지 창을 보이거나 숨긴다.
변수 모니터 창	변수 모니터 창을 보이거나 숨긴다.
메모리 참조	메모리 사용 정보를 메시지 창의 메모리 참조 탭에 나타낸다.
사용된 디바이스	사용된 디바이스 정보를 메시지 창의 사용된 디바이스 탭에 나타낸다.
프로그램 검사	프로그램을 검사를 위한 설정 창을 나타내고 결과를 메시지창의 프로그램 검사 탭에 나타낸다.
변수 보기	프로그램에 변수 이름을 나타낸다.
디바이스 보기	프로그램에 디바이스 이름을 나타낸다.
디바이스/변수 보기	프로그램에 디바이스와 변수를 모두 나타낸다.
디바이스/설명문 보기	프로그램에 디바이스와 설명문을 나타낸다.
화면 확대	화면을 확대하여 보여준다.
화면 축소	화면을 축소하여 보여준다.
높이 자동 맞춤	래더 또는 변수/설명 창에서 셀의 높이를 문자열의 높이에 자동으로 맞춘다.
전체화면	프로그램 창이 표시될 영역을 화면 전체로 확대한다.
등록 정보	프로젝트 창에 선택된 항목의 등록 정보를 보인다.

5) 온라인

명 령		설 명
접속		PLC와 접속하거나 접속을 해제한다.
접속 설정		PLC와 접속하기 위한 정보를 설정한다.
모드 전환	런	PLC 모드를 전환한다.
	스톱	
	디버그	
읽기		PLC의 데이터를 읽어 온다.
쓰기		프로그램을 PLC에 쓴다.
PLC와 비교		프로그램을 PLC에 저장된 프로그램과 비교한다.
PLC 리셋		PLC를 리셋 한다.
PLC 지우기		PLC에 있는 프로그램, 정보를 지운다.
PLC 정보		PLC 정보를 보여주는 창을 나타낸다.
PLC 이력		PLC 이력을 보여주는 창을 나타낸다.
PLC 에러/경고		PLC 에러/경고 정보를 보여주는 창을 나타낸다.
I/O 정보		PLC의 I/O 정보를 나타낸다.
강제 I/O 설정		강제 I/O 설정용 창을 보여준다.
I/O 스킵 설정		I/O 스킵 설정용 창을 보여준다.
고장 마스크 설정		고장 마스크를 설정할 수 있는 창을 보여준다.
모듈 교환 마법사		모듈 교환을 위한 대화식 창을 나타낸다.

명 령	설 명
런중 수정 시작	런중 수정을 시작한다.
런중 수정 쓰기	런중 수정된 프로그램 및 정보를 PLC에 쓴다.
런중 수정 종료	런중 수정을 종료한다.

6) 모니터

명 령	설 명
모니터 시작/끝	모니터를 시작/종료한다.
모니터 일시 정지	모니터를 일시 정지한다.
모니터 다시 시작	일시 정지된 모니터를 다시 시작한다.
모니터 일시 정지 설정	조건에 따른 모니터 일시 정지를 설정하는 창을 나타낸다.
현재 값 변경	모니터중인 디바이스의 값을 설정한다.
시스템 모니터	시스템 모니터 창을 나타낸다.
디바이스 모니터	디바이스 모니터 창을 나타낸다.
특수모듈 모니터	특수 모듈 모니터 창을 나타낸다.
트랜드 모니터	트랜드 모니터 창을 나타낸다.
사용자 이벤트	사용자 이벤트 창을 나타낸다.
데이터 트레이스	디바이스를 지정하여 데이터 변화를 PLC에 저장 후 모니터한다.

7) 디버그

명 령	설 명
디버그 시작/끝	디버그를 시작/종료한다.
런	브레이크 포인트까지 런 시킨다.
스텝 오버	한 스텝씩 런 시킨다.
스텝 인	펑션, 펑션 블록을 디버깅한다.
스텝 아웃	펑션, 펑션 블록 디버그 시 현재 블록을 빠져 나간다.
커서 위치까지 런	커서 위치까지 런 시킨다.
브레이크 포인트 설정/해제	브레이크 포인트를 설정 또는 해제한다.
브레이크 포인트 목록	설정된 브레이크 포인트의 목록을 보여준다.
브레이크 조건	브레이크 조건을 설정한다.

8) 도구

명 령	설 명
네트워크 관리자	통신 파라미터 설정/진단을 위한 XG-PD를 실행한다.
사용자 정의	도구, 명령어를 사용자가 정의 할 수 있는 창을 보인다.
단축키 설정	사용자가 단축키를 설정할 수 있도록 하는 창을 보인다.
옵션	개발 환경을 사용자에 맞게 변경할 수 있다.

9) 창

명 령	설 명
새 창	현재 창에 대해 새 창을 연다.
분할	편집 창을 분할한다.
계단식 배열	XG5000에 속해 있는 여러 창들을 계단식으로 배열한다.
수평 배열	XG5000에 속해 있는 여러 창들을 수평 배열한다.
수직 배열	XG5000에 속해 있는 여러 창들을 수직 배열한다.
아이콘 정렬	XG5000에 속해 있는 아이콘들을 정렬한다.
모두 닫기	XG5000에 속해 있는 여러 창들을 모두 닫는다.

10) 도움말

명 령	설 명
XG5000 사용 도움말	도움말을 연다.
명령어 도움말	명령어 도움말을 연다.
LS산전 홈 페이지	LG산전 홈 페이지에 인터넷 접속한다.
XG5000 정보	XG5000의 정보를 나타낸다.

Tip & note

- 잘라내기, 복사, 붙여넣기는 편집 창의 마우스 컨텍스트 메뉴를 통해서도 사용 가능하다.
- 변수/설명이나 래더/니모닉 편집에서의 복사/붙여넣기는 프로그램 중복 검사를 하지만 사용자가 필히 확인을 해야 된다.
- 잘라내기, 복사, 붙여넣기가 불가능한 영역에서 동작을 시켰을 때는 프로그램은 아무런 응답을 하지 않는다.
- 서로 다른 영역으로의 잘라내기, 복사, 붙여넣기는 심각한 프로그램 오류를 발생시킬 수 있다.
- 데이터 타입이 서로 다른 곳으로의 잘라내기, 복사 붙여넣기 시 자동 변환 기능은 제공하지 않는다. 따라서 사용자가 붙여넣기 한 영역을 확인해야 한다.

1.1.2 도구 모음

XG5000에서는 자주 사용되는 메뉴들을 단축 아이콘 형태로 제공하고 있다. 원하는 도구를 마우스로 누르면 실행된다.

1) 새 도구 모음 만들기

자주 사용하는 도구들을 모아서 도구 모음을 새로 만들 수 있다.

① 메뉴에서 [도구]-[사용자 정의]를 선택한다.

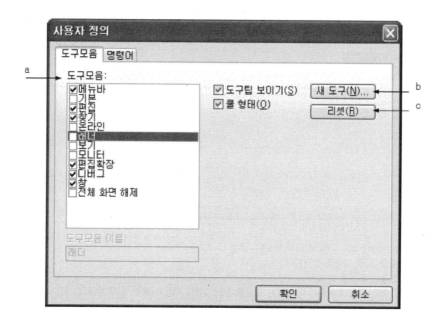

a. 도구모음: 목록에서 각 도구 모음 이름 앞의 체크 박스를 체크함으로서 도구 모음을 보이거나 사라지도록
   설정한다.
b. 새 도구: 모음을 새로 만든다.
c. 리셋: 도구 모음을 초기화 한다.

② 새 도구 버튼을 누른다.
③ 새 도구 모음 대화 상자에서 도구 이름을 입력한다.
④ 확인 버튼을 누른다. 이 때 도구가 없는 도구 모음이 생성된다.

2) 도구 모음 채우기

위에서 생성된 도구 모음에 도구를 채운다.

① 사용자 정의 대화 상자에서 명령어 탭을 선택한다.

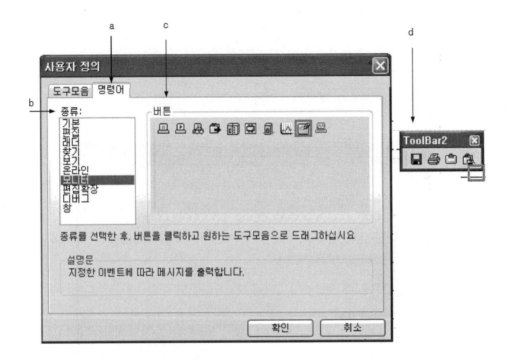

a. 명령어: 사용자 정의 대화 상자의 명령어 탭이다.
b. 종류: 기존 도구 모음을 선택한다.
c. 버튼: 원하는 도구를 선택한다.
d. 사용자 도구 모음: c 버튼에서 원하는 도구를 드래그하여 사용자 도구 상자 위에서
   마우스 버튼을 놓으면 도구가 추가된다.

② 도구 모음을 생성한 후 확인 버튼을 누른다.

1.1.3 상태 표시 줄

a. 명령 설명: 선택된 메뉴나 명령, 마우스가 위치해 있는 도구 모음에 대한 설명을 나타낸다.
b. PLC 이름: 선택된 PLC 이름을 표시한다. 하나의 프로젝트에 여러 PLC가 있을 경우 온라인 관련 명령은
   여기에 표시되는 PLC로 적용된다.
c. PLC 모드 표시: PLC의 모드를 나타낸다. 하나의 프로젝트에 여러 PLC가 있을 경우 선택된 PLC의 모드가
   표시된다.
d. 경고 표시: PLC의 이상 상태(에러)를 표시한다.
e. 커서 위치 표시: 프로그램을 편집할 때 커서의 위치를 표시한다.

1.1.4 보기 창 바꾸기

보기 메뉴에서 볼 수 있는 창(프로젝트 창, 결과 창 등)은 모두 도킹 가능한 창으로 이루어져 있다. 마우스를 이용해 창의 위치와 크기를 조절할 수 있다. 또는 창을 숨겨 놓을 수 있다.

1) 위치 이동

"✔" 표시된 부분을 마우스의 왼쪽 버튼을 이용하여 원하는 위치까지 끌어 옮긴다.
아래의 그림은 프로젝트 창을 이동하여 아래쪽에 옮겨 놓은 경우다.

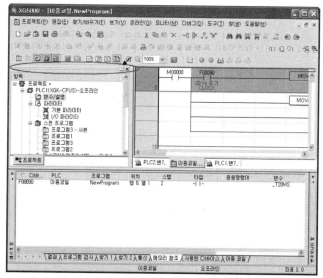

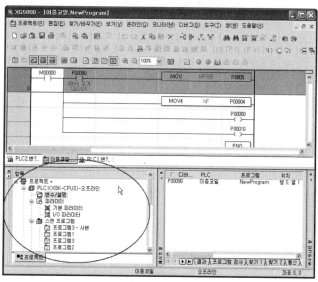

2) 떠 있는 윈도우로 변경

원하는 창 위에서 마우스 오른쪽 버튼을 클릭하여 메뉴 [떠있는 윈도우로]를 선택한다.

그러면 다음과 같이 떠 있는 윈도우로 변경된다.

3) 숨기기

원하는 윈도우 창 위에서 마우스의 오른쪽 버튼을 눌러 메뉴에서 [숨기기]를 선택한다.

1.1.5 대화 상자 사용법

대화 상자에는 입력란, 확인란, 옵션 선택, 목록 상자 등이 나타나며 사용자가 원하는 값을 입력 또는 설정할 수 있다.

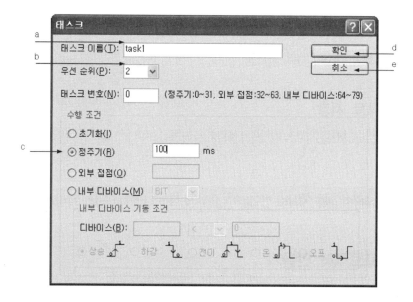

a. 입력란: 키를 이용하여 원하는 문자를 입력한다.
b. 목록 상자: 여러 목록 중 하나를 선택한다. 목록상자 화살표를 누르면 목록이 나타나고 원하는 항목을 클릭하면 선택된다.
c. 옵션: 같은 그룹 안에서 하나만 선택할 때 사용된다. 마우스로 원하는 항목을 선택한다.
d. 확인 버튼: 확인 버튼을 누르면 설정한 값이 입력된다.
e. 취소 버튼: 취소 버튼을 누르면 설정한 값이 입력되지 않고 이전 상태를 유지한다.

1.2 프로젝트 열기, 닫기

1.2.1 프로젝트 열기

① 메뉴에서 [프로젝트]–[프로젝트 열기]를 선택한다.
② 프로젝트 파일을 선택한 후 열기 버튼을 누른다.

Tip & note

> XG5000 프로젝트 파일의 확장자는 "xgp"이다. 열기 대화 상자에서 프로젝트 파일을 선택하면 설명문 영역에서 프로젝트 설명문을 확인할 수 있다.

1.2.2 프로젝트 닫기

① 메뉴에서 [프로젝트]–[프로젝트 닫기]를 선택한다. 단축키 기본 값은 설정되어 있지
   않는다.

② 프로젝트가 편집된 후 저장이 안 된 상태면 다음 메시지가 나온다.

③ 저장을 원하면 예 버튼을 누른다.

1.2.3 프로젝트 저장

① 메뉴에서 [프로젝트]–[프로젝트 저장]을 선택한다.

Tip & note

프로젝트 창의 프로젝트 이름 오른쪽에 "*" 표시가 나타나면 현재 프로젝트는 편집이 되었음을 나타낸다.

1.3 새 프로젝터 만들기

1.3.1 프로젝터 구성

프로젝트의 구성 항목은 다음과 같다.

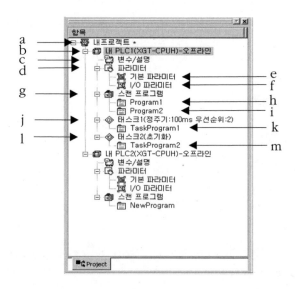

a. 프로젝트: 시스템 전체를 정의한다. 하나의 프로젝트에 여러 개의 관련된 PLC를 포함시킬 수 있다.
b. PLC: CPU 모듈 하나에 해당되는 시스템을 나타낸다.
c. 변수/설명: 디바이스에 지정된 변수와 설명문을 편집하고 볼 수 있다.
d. 파라미터: PLC 시스템의 동작 및 구성에 대한 내용을 정의한다.
e. 기본 파라미터: 기본적인 동작에 대하여 정의한다.
f. I/O 파라미터: 입출력 모듈 구성에 대하여 정의한다.
g. 스캔 프로그램: 항시 실행되는 프로그램을 하위 항목에 정의한다.
h. Program1: 사용자가 정의한 항시 실행되는 프로그램이다.
i. Program2: 사용자가 정의한 항시 실행되는 프로그램이다.
j. 태스크1: 사용자가 정의한 정주기 태스크이다.
k. Task Program1: 태스크1 조건에 따라 실행되는 프로그램이다.
l. 태스크2: 사용자가 정의한 초기화 태스크이다.
m. Task Program2: 런 모드 전환 시에 실행되는 프로그램이다.

> **Tip & note**
>
> 하나의 프로젝트에 여러 개의 PLC가 포함될 수 있다. 이 처럼, 한 프로젝트에 여러 PLC를 사용할 경우 관리가 용이하고, 하나의 XG5000을 실행한 후 여러 PLC에 동시 접속하여 모니터 할 수도 있다.

1.3.2 새 프로젝트 파일 관리

1) 새 프로젝트 만들기

프로젝트를 새로 만든다. 이때 프로젝트 이름과 동일한 폴더도 같이 만들어지고 그 안에 프로젝트 파일이 생성된다.

① 메뉴에서 [프로젝트]-[새 프로젝트]를 선택한다. 아래 그림의 설명과 같이 입력하면 새 프로젝트가 만들어진다.

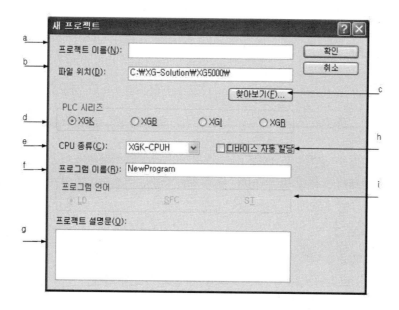

a. 프로젝트 이름: 원하는 프로젝트 이름을 입력한다. 이 이름이 프로젝트 파일 이름이 된다. 프로젝트 파일 의 확장자는 "xgp"이다.

b. 파일 위치: 사용자가 입력한 프로젝트 이름에 따라 같은 이름의 폴더에 프로젝트 파일이 생성된다. 폴더 를 자동으로 만들어 준다.

c. 찾아보기: 기존 폴더를 보고 프로젝트 파일 위치를 지정해 준다.

d. PLC 시리즈: PLC 시리즈를 선택한다.

e. cpu 종류: cpu 기종을 선택한다.

f. 프로그램 이름: 프로젝트에 기본으로 포함되는 프로젝트 이름을 입력한다.

g. 프로젝트 설명문: 프로젝트 설명문을 입력한다.

h. 디바이스 자동할당: 디바이스 자동할당을 선택하면 로컬변수, 글로벌 변수, ST언어와 SFC 언어의 기능을 이용할 수 있다.

Tip & note

> 프로젝트 파일: 새 프로젝트 만들 때 프로젝트 파일 이름과 동일한 폴더가 만들어지고 그 폴더에 안에 프로젝트 파일이 생성된다. 프로젝트 파일의 확장자는 입력 안 하셔도 "xgp"가 자동으로 붙는다.

2) 프로젝트 열기

① 메뉴에서 [프로젝트]-[프로젝트 열기]를 선택한다.

② 프로젝트 파일을 선택하면 설명문 란에 사용자가 작성한 설명문이 나온다. 이 설명문은 프로젝트 선택에 도움을 줄 수 있다. 프로젝트 파일을 선택했으면 열기 버튼을 누른다.

3) PLC로부터 열기

PLC에 저장된 내용을 읽어와 프로젝트를 새로 만들어 준다. XG5000에 이미 프로젝트가 열려 있다면 이 프로젝트는 닫고 프로젝트를 새로 만들어 준다.

① 메뉴에서 [프로젝트]-[PLC로부터 열기]를 선택한다.

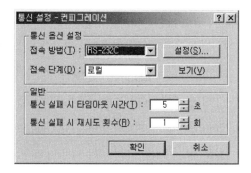

② 대화상자에서 접속할 대상을 선택하고 확인을 누른다. 통신 설정의 자세한 내용은 온라인의 접속 옵션을 참조한다.

③ 새로운 프로젝트가 생성된다.

Tip & note

현재 열려 있는 프로젝트에 PLC의 내용을 읽어오기 위해서는 메뉴에서 [온라인]-[읽기]를 선택해야 한다.

4) 프로젝트 저장

변경된 프로젝트를 저장한다.

① 메뉴에서 [프로젝트]-[프로젝트 저장]을 선택한다.

Tip & note

프로젝트가 편집되어 저장할 필요가 있을 경우에는 프로젝트 창에 프로젝트 이름 옆에 "*"가 나타난다.

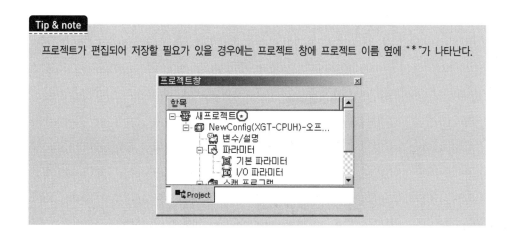

1.3.3 프로젝트 항목

1) 항목 추가

프로젝트에 PLC, 태스크, 프로그램을 추가로 삽입할 수 있다.

❶ PLC 추가

① 프로젝트 창에서 프로젝트 항목을 선택한다.

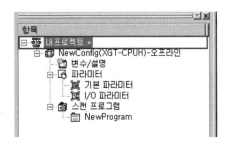

② 메뉴에서 [프로젝트]-[항목 추가]-[PLC]를 선택한다.

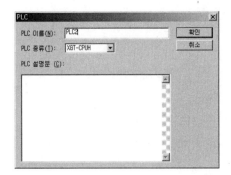

③ PLC 이름, 종류, 설명문을 입력하고 확인을 누른다. 다음과 같은 새로운 PLC가 만들어
진다.

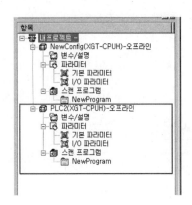

Tip & note

PLC란 프로젝트라고 할 수 있다. XG5000에서는 사용자에 편의성을 제공하기 위하여 프로젝트를 PLC라는 단위로 지정하여 하나의 프로젝트에 여러 프로젝트(PLC)를 포함시켜 관리할 수 있다.

❷ 태스크 추가

① 프로젝트 창에서 PLC 항목을 선택한다.

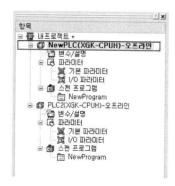

② 메뉴에서 [프로젝트]-[항목 추가]-[태스크]를 선택한다.

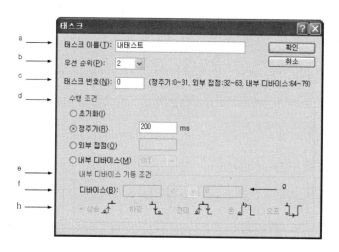

a. 태스크 이름: 원하는 태스크 이름을 입력한다. 특수문자를 제외하고 한글, 영문, 숫자를 사용할 수 있다.
b. 우선 순위: 태스크의 우선 순위를 설정한다. 숫자가 작을수록 우선 순위가 높다.
c. 태스크 번호: PLC에서 태스크를 관리하는 용도로 사용된다. 수행 조건에 따라 오른쪽에 지정된 번호를 사용해야 한다. 예) 정주기: 0 ~ 31
d. 수행 조건: 태스크가 수행되는 조건을 설정한다.
e. 내부 디바이스 기동 조건: 내부 디바이스의 타입에 따라 설정해야 할 내용이 다르다.
f. 디바이스: 기동 조건을 내부 디바이스로 했을 경우 디바이스 이름을 입력한다. 내부 디바이스 기동 조건에 따라 BIT 또는 WORD 디바이스를 입력한다.
g. 워드 디바이스 기동 조건: 내부 디바이스 기동 조건을 WORD 타입으로 선택했을 경우 기동 조건을 설정한다.
h. 비트 디바이스 기동 조건: 내부 디바이스 기동 조건을 BIT 타입으로 선택했을 경우 기동 조건을 설정한다.

③ 태스크 이름, 우선 순위, 태스크 번호, 수행 조건 등을 입력하고 확인을 누른다. 그림과
   같이 새로운 태스크가 만들어진다.

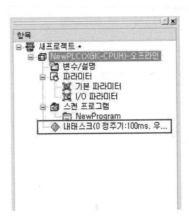

❸ 프로그램 추가

① 프로젝트 창에서 추가될 프로그램의 위치를 선택한다.
   프로그램은 스캔 프로그램 또는 태스크 항목에 추가될 수 있다.

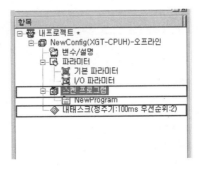

② 메뉴에서 [프로젝트]−[항목 추가]−[프로그램]을 선택한다.

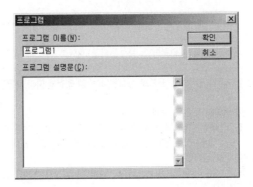

③ 프로그램 이름, 프로그램 설명문을 입력하고 확인을 누른다.

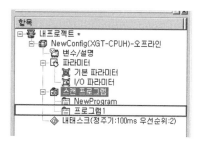

2) 파일로부터 항목 읽기

다음 항목들을 별도의 파일로 읽기/저장이 가능하다.

항 목	파일 확장자
PLC	cfg
변수/설명	cmt
I/O 파라미터	iop
기본 파라미터	bsp
프로그램	prg

파일로 저장된 항목 내용을 읽어온다. PLC, 프로그램은 읽어 온 내용이 프로젝트에 삽입되고, 변수/설명, 기본 파라미터, I/O 파라미터 등은 기존 항목에 덮어 쓴다.

❶ PLC

① 프로젝트 창에서 프로젝트 항목을 선택한다.

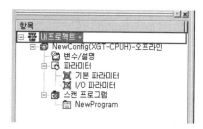

② 메뉴에서 [프로젝트]-[파일로부터 항목 읽기]-[PLC]을 선택한다.
③ 파일을 선택한 후 확인 버튼을 누른다.

Tip & note

기타 항목 읽기도 위와 같은 방법으로 하면 된다.

3) 파일로 항목 저장

다음 항목들은 별도의 파일로 저장이 가능하다.

항 목	파일 확장자
PLC	cfg
변수/설명	cmt
I/O 파라미터	iop
기본 파라미터	bsp
프로그램	prg

❶ PLC

① 프로젝트 창에서 PLC 항목을 선택한다.

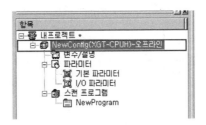

② 메뉴에서 [프로젝트]−[파일로 항목 저장]−[PLC]을 선택한다.
③ 파일 이름을 입력한 후 확인 버튼을 누른다.

> **Tip & note**
>
> – 나머지 항목도 위와 같은 방법으로 하면 된다.
> – 드래그 & 드롭 기능을 이용하여 프로젝트 간에 항목을 쉽게 복사/이동할 수 있다.
> – 특히 XG5000을 두 개 실행 시킨 후 원하는 항목을 드래그하여 다른 프로젝트에 복사할 수 있다.

4) 항목 등록 정보

각 항목의 이름과 설명문을 보고 변경할 수 있다.

❶ 프로젝트 등록 정보

① 프로젝트 창에서 프로젝트 항목을 선택한다.

② 메뉴에서 [보기]-[등록 정보]를 선택한다.

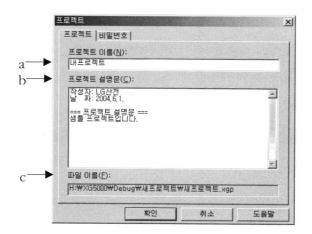

a. 프로젝트 이름: 프로젝트 이름을 보여준다. 원하면 수정할 수 있다.
b. 프로젝트 설명문: 프로젝트 설명문을 보여준다. 원하면 수정할 수 있다.
c. 파일 이름: 프로젝트가 저장되어 있는 파일 이름을 보여준다. 다른 파일로 저장하기 위해서는 메뉴에서
   [프로젝트] - [다른 이름으로 저장]을 선택해야 한다.

③ 수정 후 확인 버튼을 누른다.

Tip & note

기타 항목 등록도 위와 같은 방법으로 하면 된다.

5) 프로그램 순서 변경

스캔 프로그램 또는 태스크에 연결된 프로그램은 위에서부터 순서대로 실행된다. 따라서
실행 순서를 변경하기 위해서는 프로그램 위치를 변경해야 한다.

❶ 메뉴를 이용한 순서 변경
① 순서를 변경하려는 프로그램에 커서를 이동시킨다.
② 마우스 오른쪽 버튼을 눌러 메뉴에서 [위로(프로그램)] 또는 [아래로(프로그램)]을 선택
   한다.

❷ 드래그 & 드롭을 이용한 순서 변경
① 순서를 변경하려는 프로그램에 커서를 이동시킨다.
② 마우스 왼쪽 버튼을 눌러 이동하고 싶은 위치로 드래그한다.
③ 원하는 위치에서 드롭한다.

1.3.4 프로젝트 비교

두 개의 프로젝트를 항목별로 비교할 수 있다. 비교 결과는 메시지 창에 출력된다.

① 메뉴에서 [프로젝트]-[프로젝트 비교]를 선택한다.
② 대화상자에서 [파일 읽기] 버튼을 누른다.
③ 비교할 대상 프로젝트 파일을 선택한다.

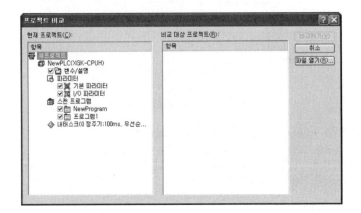

④ 비교할 항목을 선택한다. 이 때 양쪽에 선택된 항목이 동일해야 한다.

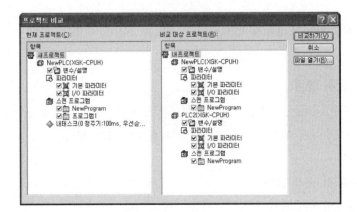

⑤ 비교하기 버튼을 누른다.
⑥ 비교 결과가 메시지 창에 나타난다.

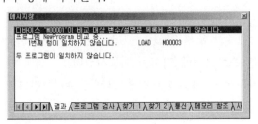

1.4 편리한 편집 기능

래더(LD), 니모닉(IL), 변수/설명 및 변수 모니터는 프로젝트 창에서 편집이 가능하다.
그리고 변수/설명과 엑셀은 서로 편집된 내용을 교환할 수 있다.

1.4.1 잘라내기–붙여넣기

이 기능은 블록을 설정하여 다른 곳으로 이동시킬 때 사용한다.

① [잘라내기]–[붙여넣기] 기능은 선택된 영역의 데이터를 새로 붙여 넣을 자리로 이동하
여 준다. 다음은 변수/설명 창에서 [잘라내기]–[붙여넣기]를 적용한 예이다.

1.4.2 복사-붙여넣기

[복사-[붙여넣기] 기능은 선택된 영역과 같은 데이터를 하나 더 생성하는 기능을 제공한다. 이 때 변수/설명에서와 같이 변수 명이 중복되어서는 안 되는 경우에는 사용자에게 경고하게 되는데 이에 대한 자세한 설명은 각 편집 창 설명 부분에서 다루기로 하겠다. 다음 예제는 LD 그림에서 [복사-[붙여넣기]를 적용한 예이다.

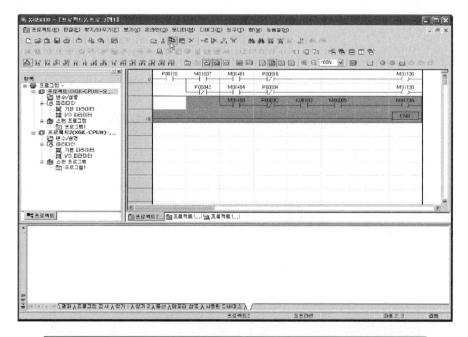

1.4.3 드래그 & 드롭

드래그 & 드롭은 마우스를 이용한 편집 방법으로 데이터의 복사 또는 데이터의 이동 등에
편리하게 사용할 수 있다(데이터의 복사는 메뉴에서 [복사]-[붙여넣기], 데이터의 이동은
메뉴에서 [잘라내기]-[붙여넣기]와 동일하게 동작한다).
XG5000에서 드래그는 마우스의 왼쪽 버튼을 누름으로써 시작되며, 눌렸던 마우스 왼쪽
버튼이 해제되면 드래그 종료 즉, 데이터의 드롭이 발생한다. 드래그가 시작이 되면 다음
과 같이 커서가 변경된다.

⊘	데이터의 드롭이 불가능 한 경우
⦓	데이터의 복사
⦓	데이터의 이동

XG5000에서는 다음과 같은 드래그 & 드롭 기능을 제공한다.

항 목		내 용
프로젝트 트리	PLC	항목간 내용을 복사한다. 프로그램(태스크)의 경우 프로그램 간 순서를 변경할 수 있다.
	파라미터	
	프로그램	
	변수/설명	
변수/설명		변수/설명의 각 항목을 드래그 & 드롭 할 수 있다. 변수/설명 창에서는 다음의 창에 데이터를 복사할 수 있다. • LD 프로그램(접점 및 응용 명령어 오퍼랜드) • 변수 모니터(모니터 할 디바이스) • 트렌드 모니터(모니터 할 디바이스) • 마이크로소프트 엑셀
LD 프로그램		접점, 코일, 응용 명령어, 가로/세로선 등의 항목을 드래그 & 드롭 할 수 있다. 한 프로그램 내에서는 데이터의 복사 및 이동이 모두 가능하며, 서로 다른 프로그 램 간에는 데이터의 복사만 지원한다. LD 프로그램 창에서는 다음의 창에 데이터를 복사할 수 있다. • 변수 모니터(모니터 할 디바이스) • 트렌드 모니터(모니터 할 디바이스)
변수 모니터		같은 변수 모니터 창에서는 데이터의 이동만 가능하다. 또한 모니터 창 간에는 데이터의 복사만 할 수 있다. 변수 모니터 창에서는 다음의 창에 데이터를 복사 할 수 있다. • 트렌드 모니터(모니터 할 디바이스) • 마이크로 소프트 엑셀

Tip & note

- 드래그 & 드롭에서 데이터의 복사는 컨트롤 키를 누른 상태에서 마우스 왼쪽 버튼을 누르면 된다.
- 일반적으로 프로그램 간에는 컨트롤 키를 누르지 않아도 데이터의 이동으로 동작한다.
- 두 개의 XG50000간에도 드래그 & 드롭을 지원한다.

1.5 단축키 설정하기

모든 명령에 대해서 단축키를 설정할 수 있다. 이때 이미 설정된 단축키는 삭제된다.

① 메뉴에서 [도구]−[단축키 설정]을 선택한다.

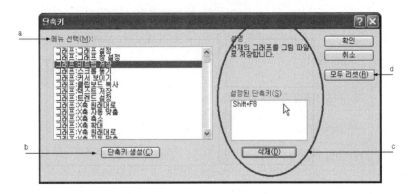

　a. 메뉴 선택: 목록에서 단축키를 설정할 메뉴를 선택한다.
　b. 단축키 생성: 선택된 메뉴에 대해서 단축키를 생성한다.
　c. 삭제: 설정된 단축키를 삭제한다.
　d. 모두 리셋: 사용자 단축키를 모두 삭제하고 모든 단축키를 기본 값으로 설정한다.

② 메뉴 선택 목록에서 단축키를 설정할 메뉴를 선택한다.
③ 단축키 생성 버튼을 누른다.

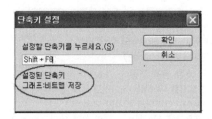

④ 설정할 단축키를 누른다. 예를 들어, Ctrl + P를 사용하고자 한다면 키보드의 Ctrl을 누르고 손을 떼지 않은 상태에서 P를 누른다. 이 때 편집 창에 단축키가 표시된다. 만일 이 키 조합이 이미 사용되고 있다면 설정된 단축키에 해당 메뉴가 표시된다.
⑤ 확인 버튼을 누른다.

1.6 편집 창 확대, 축소

편집 창을 특정 비율로 확대 또는 축소해서 본다. 적용 배율의 최소 단위는 5%씩 변경이 되며, 최소 40%~200%까지 배율 조절이 가능하다.

① 메뉴에서 [보기]-[확대] 또는 메뉴에서 [보기]-[축소]를 선택한다. 또는 콤보 박스에서
원하는 배율을 선택하거나 직접 입력한다. 또는 Ctrl을 누른 상태에서 마우스의 휠로
조절한다. 아래의 두 그림은 각각 50% 보기와 200% 보기의 예제이다.

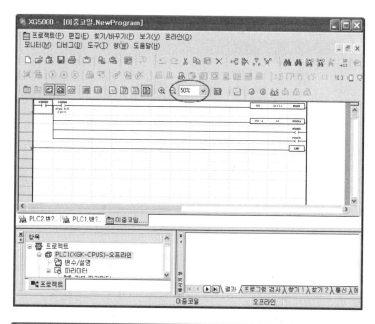

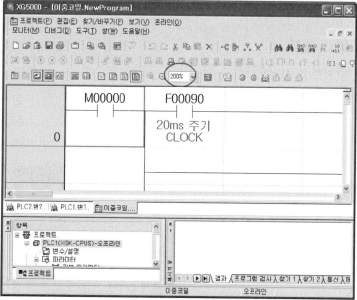

Tip & note

편집창의 기본 글꼴은 굴림체로 설정되어 있다. 굴림체는 95%이하의 특정 배율로 설정 시 글자를 판독하기
어려울 수도 있다. [도구]-[옵션]에서 글꼴을 Microsoft Sans Serif로 변경하면 문제를 해결할 수 있다.

1.7 옵션

1.7.1 옵션 구성

XG5000의 옵션은 다음과 같이 구성되어 있다.

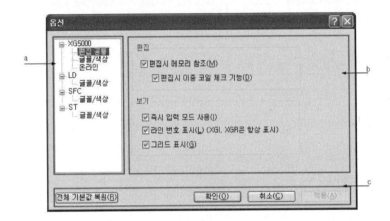

a. 카테고리: XG5000 전체 프로그램에 적용되는 XG5000 옵션과 언어별로 적용될 수 있는 옵션을 트리 형태로 분류해 놓은 것이다.
b. 설정 내용: a의 카테고리를 선택하면 각 카테고리에 해당되는 내용을 보여준다.
c. 전체 버튼: 선택되어 있는 카테고리에 관계없이 모든 카테고리에 해당되는 공통 버튼들이다.
   전체 기본값 복원 버튼은 모든 옵션들의 기본값을 복원시키고자 할 때 사용한다.

1.7.2 XG5000 옵션

프로젝트 관련 사항을 설정한다.

① 메뉴에서 [도구]－[옵션]을 선택한다.
② 옵션 대화 상자에서 XG5000을 선택한다.

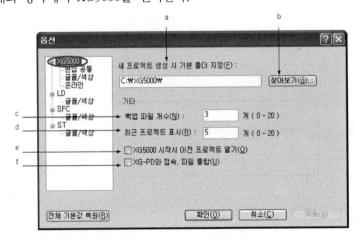

a. 새 프로젝트 생성 시 기본 폴더 지정: 새 프로젝트를 만들 때 생성되는 위치이다.
b. 찾아보기: 폴더를 검색한다.
c. 프로젝트 파일을 복구하기 위한 백업 파일 개수를 설정한다. 최대 20개까지 설정할 수 있다.
d. 메뉴에서 [프로젝트] - [최근 프로젝트] 목록에 표시될 최근에 열었던 프로젝트 목록의 개수를 설정한다.
　 최대 20개까지 설정할 수 있다.
e. 체크하면 XG5000을 시작할 때 가장 최근에 작업했던 프로젝트를 자동으로 연다.
f. XG5000 메뉴를 통해 XG-PD를 실행할 때, XG5000의 접속 옵션과 PLC 이름을 XG-PD에 동일하게 표시되
　 도록 한다.

1.7.3 XG5000 편집 공통 옵션

① 메뉴에서 [도구]−[옵션]을 선택한다. XG5000 카테고리 하단의 [편집 공통]을 선택한
후 편집 탭에서 원하는 옵션을 선택한다.

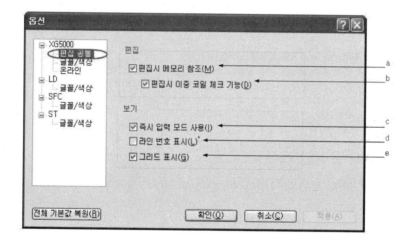

a. 편집 시 메모리 참조: LD 편집 중에 선택된 디바이스에 대해서 메모리 참조 내용을 자동으로 보여준다.
　 이 옵션이 선택되지 않았을 때는 메뉴에서 [보기] - [메모리 참조]를 선택하여 메모리 사용 결과를 확인할
　 수 있다.
b. 편집 시 이중 코일 체크기능: 편집 중에 이중 코일을 검사하여 이중 코일 창에서 결과를 확인할 수 있다.
c. 즉시 입력 모드 사용: 임의의 접점을 입력했을 때 사용자가 디바이스를 바로 입력할 수 있도록 디바이스
　 입력 창을 띄운다. 즉시 입력 모드 사용이 선택되지 않았을 때는 사용자가 접점에 커서를 옮긴 후 더블
　 클릭 또는 Enter를 입력하여 편집할 수 있다.
d. 라인 번호 표시: 편집 창에서 라인 번호를 표시한다.
e. 그리드 표시: 편집 창 화면에 그리드를 표시한다.

1.7.4 XG5000 글꼴/색상 옵션

편집 창에 공통으로 사용되는 글꼴/색상을 변경할 수 있다.

① 메뉴에서 [도구]−[옵션]을 선택한다.
② XG5000 카테고리 하단의 [글꼴/색상]을 선택한 후, 변경할 글꼴/색상 항목을 지정한다.

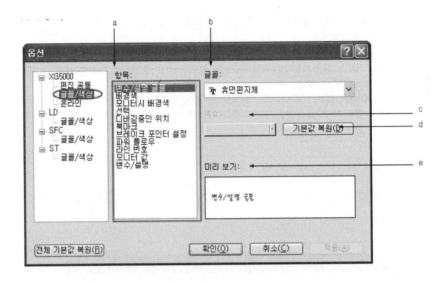

a. 항목: 글꼴 혹은 색상을 설정할 항목을 선택한다.
b. 글꼴: 항목이 변수/설명 글꼴일 경우 활성화되며, 변수/설명의 글꼴을 지정한다.
c. 색상: 항목이 변수/설명 글꼴이 아닐 경우 활성화되며, 버튼을 선택해서 색상을 지정한다.
d. 기본값 복원: 선택된 항목에 대한 글꼴 혹은 색상의 기본 값을 복원한다.
e. 미리 보기: 선택된 항목의 현재 설정 값을 표시한다.

1.7.5 XG5000 온라인 옵션

XG5000 온라인 관련 옵션을 설정할 수 있다.

① 메뉴에서 [도구]-[옵션]을 선택한다.
② XG5000 카테고리 하단의 [온라인]을 선택한다.

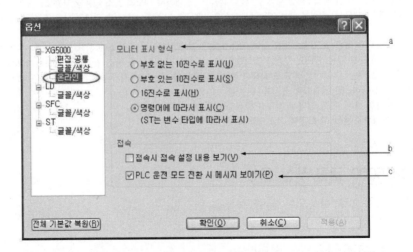

a. 모니터 표시 형식: 데이터 값의 모니터 표시 형식을 설정한다. 예) 모니터 표시 형식에서 16진수로 표시를
   선택하면, 모니터 시 변수의 값이 16진수로 표현된다.

모니터 표시 형식	예) 응용 명령어 ADD		
부호 없는 10 진수 표시	65504	22	65526
	ADD MO022 D00000 MO024		
부호 있는 10 진수 표시	-32	22	-10
	ADD MO022 D00000 MO024		
16 진수로 표시	hFFE0	h0016	hFFF6
	ADD MO022 D00000 MO024		
명령어에 따라서 표시	-32	22	-10
	ADD MO022 D00000 MO024		

b. 접속 시 접속 설정 내용 보기: PLC와 접속할 때, 접속 설정 내용을 자동으로 보이도록 선택한다. 접속 시 접속 설정 내용 보기를 선택한 경우, 접속 시마다 다음의 대화 상자가 표시된다.

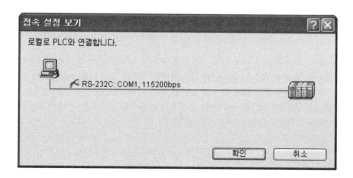

③ PLC 운전 모드 전환 시 메시지 보이기: PLC의 운전 모드를 전환할 때, 전환 메시지를 자동으로 보이도록 선택한다. 스톱 모드에서 런 모드로 전환할 때 다음과 같은 메시지 가 나타난다.

반대로 런 모드에서 스톱 모드로 전환할 때는 다음과 같은 메시지가 나타난다.

1.7.6 LD 옵션

LD 편집기의 텍스트 표시 및 컬럼 너비를 변경할 수 있다.

① 메뉴에서 [도구]-[옵션]을 선택한다.

② LD 카테고리를 선택한 후, 변경할 항목을 지정한다.

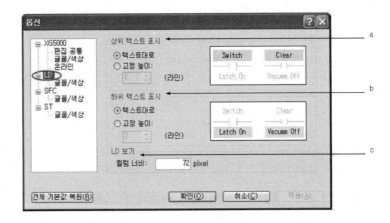

a. 상위 텍스트 표시: 다이어그램 위에 오는 텍스트를 표시할 때 텍스트의 높이를 텍스트 글자 수 만큼 가변적으로 표시할 것인지 설정한 높이만큼 고정적으로 표시할 것인지를 선택한다.
b. 하위 텍스트 표시: 다이어그램 밑에 오는 텍스트를 표시할 때 텍스트의 높이를 텍스트 글자 수 만큼 가변적으로 표시할 것인지 설정한 높이만큼 고정적으로 표시할 것인지를 선택한다.
c. LD 보기: LD 다이어그램의 컬럼 너비를 지정한다.

1.7.7 LD 글꼴/색상 옵션

LD 편집기에 사용되는 글꼴/색상을 변경할 수 있다.

① 메뉴에서 [도구]-[옵션]을 선택한다.

② LD 카테고리 하단의 [글꼴/색상]을 선택한 후, 변경할 글꼴/색상 항목을 지정한다.

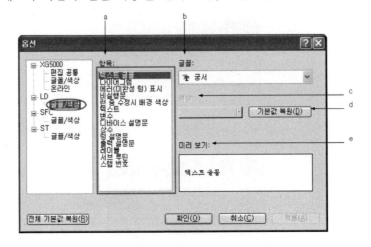

a. 항목: 글꼴 혹은 색상을 설정할 항목을 선택한다.
b. 글꼴: 항목이 텍스트 글꼴일 경우 활성화되며, 변수/설명의 글꼴을 지정한다.
c. 색상: 항목이 텍스트 글꼴이 아닐 경우 활성화되며, 버튼을 선택해서 색상을 지정한다.
d. 기본값 복원: 선택된 항목에 대한 글꼴 혹은 색상의 기본 값을 복원한다.
e. 미리 보기: 선택된 항목의 현재 설정 값을 표시한다.

1.7.8 SFC 옵션

SFC 프로그램을 편집할 때 사용되는 옵션이다.

① 메뉴에서 [도구]-[옵션]을 선택한다.
② SFC 카테고리를 선택한다.

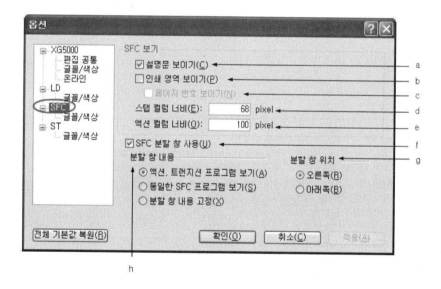

a. 설명문 보이기: 스텝, 트랜지션, 액션, 블록의 설명문을 화면에 보이게 한다.
b. 인쇄 영역 보이기: 인쇄 가능 영역을 화면에 굵은 점선으로 표시한다.
c. 페이지 번호 보이기: 인쇄 가능 영역 내에 인쇄될 페이지 번호를 표시한다.
d. 스텝 컬럼 너비: 스텝, 트랜지션 위치의 세로열의 너비를 설정할 수 있다.
e. 액션 컬럼 너비: 액션 위치의 세로열의 너비를 설정할 수 있다.
f. SFC 분할 창 사용: SFC 분할 창을 사용할 수 있다.
g. 분할 창 위치: SFC 창을 어떤 방향으로 분할할지 결정할 수 있다.
h. 분할 창 내용: 분할된 창에 어떤 프로그램의 내용을 보여줄지 결정할 수 있다.

Tip & note

- 스텝 세로열 너비의 범위는 20 ~ 2000이다.
- 액션 세로열 너비의 범위는 70 ~ 400이다.

1.7.9 SFC 글꼴/색상 옵션

SFC 편집기에 사용되는 글꼴/색상을 변경할 수 있다.

① 메뉴에서 [도구]-[옵션]을 선택한다.

② SFC 카테고리 하단의 [글꼴/색상]을 선택한 후, 변경할 글꼴/색상 항목을 지정한다.

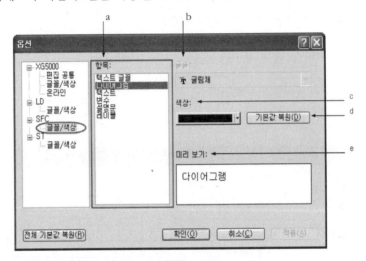

a. 항목: 글꼴 혹은 색상을 설정할 항목을 선택한다.
b. 글꼴: 항목이 텍스트 글꼴일 경우 활성화되며, 변수/설명의 글꼴을 지정한다.
c. 색상: 항목이 텍스트 글꼴이 아닐 경우 활성화되며, 버튼을 선택해서 색상을 지정한다.
d. 기본값 복원: 선택된 항목에 대한 글꼴 혹은 색상의 기본 값을 복원한다.
e. 미리 보기: 선택된 항목의 현재 설정 값을 표시한다.

1.7.10 ST 옵션

ST 프로그램을 편집할 때 사용되는 옵션이다.

① 메뉴에서 [도구]-[옵션]을 선택한다.

② ST 카테고리를 선택한다.

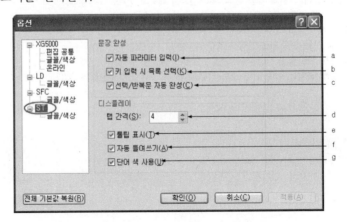

a. 자동 파라미터 입력: XGK CPU 사용 시 제외.
b. 키 입력 시 목록 선택: 키보드로 문자 입력 시 입력된 문자열로 시작하는 응용명령 및 변수 이름을 나열한다.
c. 선택/반복문 자동 완성: ST 프로그램의 제어문인 IF, WHILE, SWITCH 등의 제어문을 입력 후 엔터키 입력
   시 ST 문법에 맞게 자동 완성한다.
d. 탭 간격: Tab 키 입력 시 띄어쓰기 할 개수를 입력한다.
e. 툴팁 표시: ST 프로그램 내 문자열 위로 마우스 이동 시 문자열의 설명하는 내용이 표시된다.
f. 자동 들여쓰기: 엔터키 입력으로 줄 바꾸기 시 이전 열의 탭 수만큼 들여 쓴다.
g. 단어 색 사용: ST 프로그램에 문자열을 변수, 예약어, 설명문, 응용명령 등에 따라 다양한 색깔을 표시한다.

1.7.11 ST 글꼴/색상 옵션

ST 편집기에 사용되는 글꼴/색상을 변경할 수 있다.

① 메뉴에서 [도구]-[옵션]을 선택한다.
② ST 카테고리 하단의 [글꼴/색상]을 선택한 후, 변경할 글꼴/색상 항목을 지정한다.

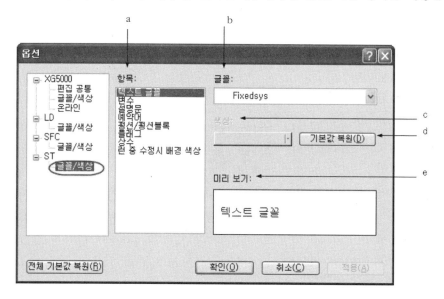

a. 항목: 글꼴 혹은 색상을 설정할 항목을 선택한다.
b. 글꼴: 항목이 텍스트 글꼴일 경우 활성화되며, 변수/설명의 글꼴을 지정한다.
c. 색상: 항목이 텍스트 글꼴이 아닐 경우 활성화되며, 버튼을 선택해서 색상을 지정한다.
d. 기본값 복원: 선택된 항목에 대한 글꼴 혹은 색상의 기본 값을 복원한다.
e. 미리 보기: 선택된 항목의 현재 설정 값을 표시한다.

프로그램과 관련된 변수/설명

일반적으로 프로그램에 디바이스들을 직접 많이 사용하며, 프로그램에서 디바이스들이 무슨 용도로 사용되는지 참조할 필요가 있다. 즉, 간단한 방법으로는 디바이스에 설명문을 입력할 수 있고, 더 좋은 방법은 디바이스에 변수를 설정하고, 디바이스가 사용되는 곳에 변수를 사용하는 것이다.

2.1 변수/설명 열기

(1) 프로젝트 창에서 [변수/설명] 아이콘을 더블 클릭한다.

(2) 변수 창을 열기 위해서는 다음과 같다.

① 변수보기 V 탭 아이콘을 클릭한다.

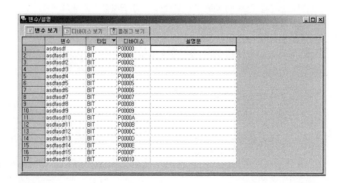

(3) 디바이스 창을 열기 위해서는 다음과 같다.

① 디바이스 보기 D 탭 아이콘을 클릭한다.

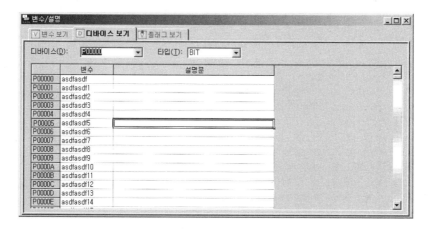

(4) 플래그 창을 열기 위해서는 다음과 같다.

① 플래그 보기 V 탭 아이콘을 클릭한다.

Tip & note

– 플래그 창은 읽기 전용으로 플래그를 선언할 수 없다.
– 탭 아이콘을 클릭 시 해당 창의 이름이 상태 바에 표시된다.

Tip & note

변수는 심볼에서 선택적으로 설정할 수 있으며, 변수를 설정하지 않은 경우는 반드시 설명문이 설정되어 있어야 한다.

2.2 변수/설명 편집

현재 설정된 심볼에서 변수, 타입, 디바이스, 설명문 항목을 수정할 수 있고, 또한 프로그램에서 사용할 새로운 심볼을 추가하거나 기존에 사용 안 하는 심볼을 삭제할 수 있다. 프로그램에서 사용되는 변수/설명 목록을 편집하기 위한 복사, 잘라내기, 삭제, 붙여넣기, 라인 삽입, 라인 삭제 등이 가능하다.

2.2.1 셀 편집

심볼의 각각의 항목들을 추가, 수정, 삭제하여 해당 심볼을 편집할 수 있다.
해당 셀의 편집 순서는 다음과 같다.

① 해당 셀을 마우스로 선택 하거나, 키보드로 선택한 후 셀을 편집한다.
② 해당 셀의 문자열 부분을 마우스로 더블 클릭하면 셀이 편집 모드로 변경되고 문자열 중간의 커서 위치부터 셀을 편집한다.

Tip & note

셀 입력 시 에러가 발생하면, 다음 셀로 이동하지 않고 에러가 발생한 위치로 다시 커서가 이동한다.

- 셀 편집 시 ESC 키를 누르면 이전 값으로 설정된다.
- 변수 창과 디바이스 창에서만 가능하다.
- 시스템 플래그(F0000 ~ F1040), 고속링크 플래그(L0000 ~ L0391), P2P 플래그(L0625 ~ L3696), 통신 정보(L3750 ~ L11263) 영역은 변수/설명에 등록할 수 없다.

Tip & note

라인 유효성 체크(변수창에서만 사용)

1. 라인 전체가 비어있는 경우 흰색 배경색으로 설정한다.
2. 심볼로 등록이 유효한 경우 흰색 배경색으로 설정한다.
3. 심볼로 등록이 유효하지 않은 경우 분홍색으로 설정한다.

2.2.2 자동 채우기

프로그램에서 심볼에 선언된 변수 및 디바이스가 순차적으로 증가되거나 감소하는 것을 쉽게 입력하기를 원할 때 사용한다. 오토필의 사용 순서는 다음과 같다.

① 해당 셀의 끝 부분에서 마우스를 가져가면 마우스 커서가 + 형태로 변한다.
② 그 상태로 마우스의 왼쪽 버튼을 누른 상태로 위/아래로 이동 시키고 마우스를 놓으면 된다.

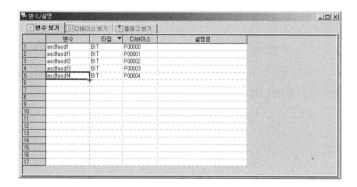

Tip & note

- 빈 셀을 가지고 오토필을 수행하면 삭제가 수행된다.
- 여러 셀을 선택하여 오토필을 수행하면 해당 컬럼에 맞게 수행된다.
- 변수 창과 디바이스 창에서만 가능하다.

2.2.3 드래그 앤 드롭

선택된 항목들을 복사해서 다른 위치에 붙이기를 수행한다.

① 드래그 앤 드롭 할 영역을 선택한다.
② 마우스 커서가 드래그 앤 드롭 가능한 상태로 변경된 상태에서 마우스의 왼쪽 버튼을
   누른 상태로 붙이기 할 위치로 이동하여 놓는다.

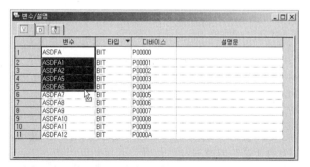

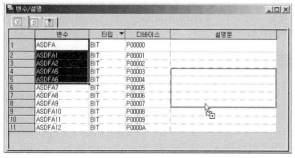

2.2.4 디바이스 찾기 처리

선언된 심볼 목록에서 디바이스만 찾기 위해 사용되며 다음과 같은 순서로 진행한다.

(1) 디바이스 찾기를 선택한다.

① [찾기/바꾸기]→[디바이스 찾기] 메뉴를 클릭한다.

② 키보드로 단축키를 설정하여 사용할 수 있다. 기본 단축키는 Ctrl+F로 설정되었다.

③ 마우스 오른쪽 컨텍스트 메뉴에서 [디바이스 찾기]를 선택한다.

(2) 찾을 내용에 해당 디바이스를 입력하고, 타입 및 방향을 설정한 다음 [다음 찾기]를
   수행하거나, [모두 찾기]를 수행하여 일치하는 디바이스를 찾는다.

(3) [닫기]를 눌러 디바이스 찾기 대화상자를 닫는다.

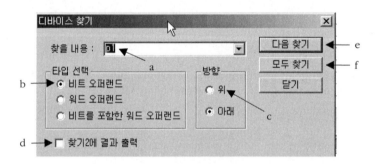

a. 찾을 내용: 찾을 디바이스 명을 입력한다. 이전에 찾은 내용이 콤보에 저장되어 있어 다시 선택하여 찾을
   수 있다.

b. 타입 선택: 찾을 디바이스가 타입에 따라 찾기를 수행한다.

  1. 비트 오퍼랜드: 찾을 내용이 비트형태로 찾기를 수행한다.

  2. 워드 오퍼랜드: 찾을 내용이 워드형태로 찾기를 수행한다.

  3. 비트를 포함한 워드 오퍼랜드: 찾을 내용이 워드형태로 비트 및 워드 형태를 찾기를 수행한다.

c. 방향: 찾기를 수행한 방향을 결정한다.

  1. 위: 현재 셀에서 위 방향으로 찾기를 수행한다.

  2. 아래: 현재 셀에서 아래 방향으로 찾기를 수행한다.

d. 찾기2에 결과 출력: 모두 찾기 시 선택 되어 있으면 찾기2 출력 창에 찾은 결과를 표시하고, 선택 되지
   않으면 찾기1 출력 창에 찾기 결과를 표시한다.

e. 다음 찾기: 찾을 내용에 대해 타입 선택 및 방향을 보고 찾기를 수행한다.

  1. 현재 셀에서 찾을 내용을 아래 방향으로 찾을 경우 문서의 맨 끝까지 찾은 후 일치하는 것이 없는
     경우 에러 메시지를 나타낸다.

메시지에서 확인을 선택하면 처음부터 찾기 시작하여 처음 찾기 시작한 셀까지 수행하며 못 찾은
경우 다음 에러 메시지를 표시한다.

2. 현재 셀에서 찾을 내용을 위 방향으로 찾을 경우 문서의 맨 끝까지 찾은 후 일치하는 것이 없는 경우
   에러 메시지를 나타낸다.

메시지에서 확인을 선택하면 마지막부터 찾기 시작하여 처음 찾기 시작한 셀까지 수행하며 못 찾은
경우 다음 에러 메시지를 표시한다.

f. 모두 찾기: 찾을 내용은 체크한 내용에 따라 출력 창에 결과를 표시한다.

Tip & note

– 모두 찾기 시 찾은 내용을 더블 클릭하면 해당 위치로 찾아 간다.
– 디바이스 창에서는 사용되지 않는다.

2.2.5 찾기 처리

선언된 심볼 목록에서 변수 및 설명문에서 텍스트 찾기 위해 수행되며 찾기를 수행하기
위해서는 다음과 같은 순서로 진행한다.

(1) 찾기를 선택한다.
① [찾기/바꾸기]→[찾기] 메뉴를 클릭한다.
② 키보드로 단축키를 설정하여 사용할 수 있다. 기본 단축키는 Ctrl+K로 설정되었다.
③ 마우스 오른쪽 컨텍스트 메뉴에서 [찾기]를 선택한다.

④ 툴바에서 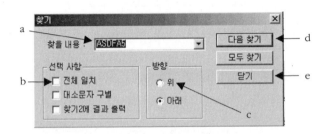 아이콘을 클릭한다.

(2) 찾을 내용에 해당 텍스트를 입력하고, 선택사항 및 방향을 설정한 다음 [다음 찾기]
    를 수행하거나, [모두 찾기]를 수행하여 일치/부분일치 하는 텍스트를 찾는다.

(3) 닫기를 눌러 찾기 대화상자를 닫는다.

a. 찾을 내용: 찾을 텍스트를 입력한다. 이전에 찾은 내용이 콤보에 저장되어 있어 다시 선택하여 찾을 수
   있다.

b. 선택사항: 찾을 디바이스가 타입에 따라 찾기를 수행한다.

  1. 전체 일치: 선택 되면 전체 일치하는 찾을 내용을 찾고, 선택되지 않으면 부분 일치되는 찾을 내용을
   찾는다.

  2. 대소문자 구별: 선택 되면 대소문자 구별하여 찾기를 수행하고, 선택되지 않으면 대소문자 구별하지
   않고 찾기를 수행한다.

  3. 찾기2에 결과 출력: 모두 찾기 시 선택되어 있으면 찾기2 출력 창에 찾은 결과를 표시하고, 선택되지
   않으면 찾기1 출력 창에 찾기 결과를 표시한다.

c. 방향: 찾기를 수행한 방향을 결정한다.

  1. 위: 현재 셀에서 위 방향으로 찾기를 수행한다.

  2. 아래: 현재 셀에서 아래 방향으로 찾기를 수행한다.

d. 다음 찾기: 찾을 내용을 선택 사항 및 방향을 보고 찾기를 수행한다.

  1. 현재 셀에서 찾을 내용을 아래 방향으로 찾을 경우 문서의 맨 끝까지 찾을 경우 일치하는 것이 없는
   경우 에러 메시지를 나타낸다.

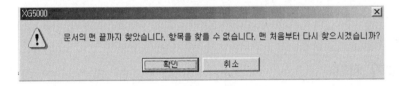

메시지에서 확인을 선택하면 처음부터 찾기 시작하여 처음 찾기 시작한 셀까지 수행하여 못 찾은 경우
다음 에러 메시지를 표시한다.

  2. 현재 셀에서 찾을 내용을 위 방향으로 찾을 경우 문서의 맨 끝까지 찾을 경우 일치하는 것이 없는
   경우 에러 메시지를 나타낸다.

메시지에서 확인을 선택하면 마지막부터 찾기 시작하여 처음 찾기 시작한 셀까지 수행하여 못 찾은 경우 다음 에러 메시지를 표시한다.

e. 모두 찾기: 찾을 내용을 선택 사항에 따라 출력 창에 결과를 표시한다.

Tip & note

모두 찾기 시 찾은 내용을 더블 클릭하면 해당 위치로 찾아 간다.

2.2.6 디바이스 바꾸기 처리

선언된 심볼 목록에서 디바이스만 바꾸기를 수행하며, 디바이스 바꾸기를 수행하기 위해서는 다음과 같은 순서로 진행한다.

(1) 디바이스 바꾸기를 선택한다.
① [찾기/바꾸기]→[디바이스 바꾸기] 메뉴를 클릭한다.
② 키보드로 단축키를 설정하여 사용할 수 있다. 기본 단축키는 Ctrl+H로 설정되었다.
③ 마우스 오른쪽 컨텍스트 메뉴에서 [디바이스 바꾸기]를 선택한다.

(2) 찾을 내용에 해당 디바이스를 입력하고, 바꿀 내용에 바뀔 디바이스를 입력하며 타입 및 방향 등을 설정한 다음 [다음 찾기], [바꾸기], [모두 바꾸기]를 각각 수행한다.
(3) [닫기]를 눌러 디바이스 바꾸기 대화상자를 닫는다(아래 그림 참조).

2.2.7 문자열 바꾸기 처리

선언된 심볼 목록에서 변수 및 설명문에서 텍스트 바꾸기를 위해 수행되어 지며, 바꾸기 메뉴를 수행하기 위한 순서는 다음과 같다.

(1) 문자열 바꾸기를 선택한다.

① [찾기/바꾸기]→[문자열 바꾸기] 메뉴를 클릭한다.

② 키보드로 단축키를 설정하여 사용할 수 있다. 기본 단축키는 Ctrl+J로 설정되었다.

③ 마우스 오른쪽 컨텍스트 메뉴에서 [문자열 바꾸기]를 선택한다.

④ 툴바에서 🔎 아이콘을 클릭한다.

(2) 찾을 내용과 바꿀 내용에 해당하는 텍스트를 입력하고, 선택사항 및 방향을 설정한 다음 [다음 찾기]를 수행하거나, [바꾸기] 또는 [모두 바꾸기]를 수행한다.

(3) 닫기를 눌러 바꾸기 대화상자를 닫는다.

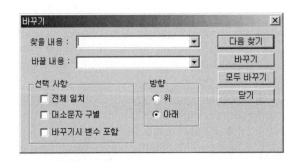

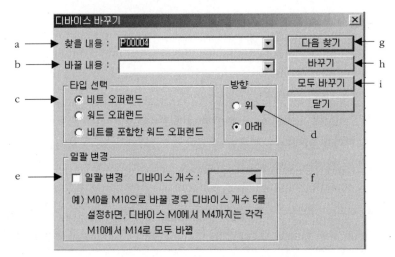

a. 찾을 내용: 찾을 디바이스 명을 입력한다. 이전에 찾은 내용이 콤보에 저장되어 있어 다시 선택하여 찾을 수 있다.

b. 바꿀 내용: 바꿀 디바이스 명을 입력한다. 이전에 바꾼 내용이 콤보에 저장되어 있어 다시 선택하여 바꿀 수 있다.

c. 타입 선택: 찾을 디바이스가 타입에 따라 찾기를 수행한다.

  1. 비트 오퍼랜드: 찾을 내용이 비트형태로 찾기를 수행한다.

  2. 워드 오퍼랜드: 찾을 내용이 워드형태로 찾기를 수행한다.

  3. 비트를 포함한 워드 오퍼랜드: 찾을 내용이 워드형태로 비트 및 워드형태로 찾기를 수행한다.

d. 방향: 찾기를 수행한 방향을 결정한다.

   1. 위: 현재 셀에서 위 방향으로 찾기를 수행한다.

   2. 아래: 현재 셀에서 아래 방향으로 찾기를 수행한다.

e. 일괄 변경: 일괄 변경이 선택된 경우 디바이스 개수 입력 창이 활성화 되어 찾을 내용에서 디바이스 개수만큼 바꾸기를 수행한다.

f. 디바이스 개수: 일괄 바꾸기 할 개수를 입력한다.

g. 다음 찾기: 찾을 내용이 타입 선택 및 방향을 보고 찾기를 수행한다.

   1. 현재 셀에서 찾을 내용을 아래 방향으로 찾을 경우 문서의 맨 끝까지 찾은 후 일치하는 것이 없는 경우 에러 메시지를 나타낸다.

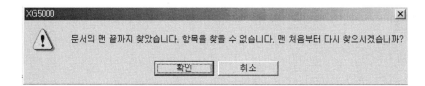

메시지에서 확인을 선택하면 처음부터 찾기 시작하여 처음 찾기 시작한 셀까지 수행하며 못 찾은 경우 다음 에러 메시지를 표시한다.

   2. 현재 셀에서 찾을 내용을 위 방향으로 찾을 경우, 문서의 맨 끝까지 찾은 후 일치하는 것이 없을 때 에러 메시지를 나타낸다.

메시지에서 확인을 선택하면 마지막부터 찾기 시작하여 처음 찾기 시작한 셀까지 수행하며 못 찾은 경우 다음 에러 메시지를 표시한다.

h. 바꾸기: 해당 셀의 내용이 찾을 내용인 경우 바꾸기를 수행하고 다음 찾기를 수행한다. 일괄 변경이 선택된 경우는 비활성화 된다.

i. 모두 바꾸기: 타입 선택 및 일괄 변경 상태를 확인하여 모두 바꾸기를 수행한다.

   1. 처음 셀에서 마지막 셀 까지 찾을 내용을 찾을 경우, 일치하는 것이 없으면 에러 메시지를 나타낸다.

2. 바꾸기 시 에러가 발생한 경우 결과 창에 에러 내용을 표시한다. 해당 라인을 클릭하면 에러가 발생한 위치로 찾아가기를 수행한다.

Tip & note

변수 창에서만 사용된다.

2.2.8 다시 찾기 처리

이전에 찾기 및 바꾸기 시 찾은 내용이 있으면 이전 설정 값을 가지고 찾기를 수행하며, 다시 찾기를 수행하기 위한 순서는 다음과 같다.

(1) 다시 찾기를 선택한다.

① [찾기/바꾸기]→[다시 찾기] 메뉴를 클릭한다.

② 키보드로 단축키를 설정하여 사용할 수 있다. 기본 단축키는 Ctrl+F3로 설정되었다.

③ 마우스 오른쪽 컨텍스트 메뉴에서 [다시 찾기]을 선택한다.

④ 툴바에서 🔍 아이콘을 클릭한다.

(2) 찾은 경우 찾은 위치로 선택된 셀로 이동하고 못 찾은 경우는 에러 메시지 나타낸다.

2.2.9 편리한 기능

1) 정렬 기능

① 열 헤더 부분을 더블 클릭하면 내림 차순 및 올림 차순으로 정렬을 수행한다.

② 현재 정렬이 이루어진 위치를 화살표 방향으로 표시하고 있다.

Tip & note

　– 글로벌 변수 및 플래그에서만 가능하다.
　– 플래그 모드가 변경되어, 글로벌 변수를 표시할 때는 변수로 정렬해서 표시한다.

2) 보기 수행

① 화면 확대 기능: 화면을 확대해서 보여준다.

② 메뉴에서 [보기]-[화면 확대]를 선택하면 된다.

③ 화면 축소 기능: 화면을 축소해서 보여준다.

④ 메뉴에서 [보기]-[화면 축소]를 선택하면 된다.

⑤ 화면 확대/축소의 콤보 박스 처리

⑥ 툴바의 콤보 박스에서 배율을 선택하면 된다.

⑦ 너비 자동 맞춤: 열 사이즈를 셀의 텍스트 길이에 맞게 조절한다.

⑧ 메뉴에서 [보기]-[너비 자동 맞춤]을 선택하면 된다.

⑨ 높이 자동 맞춤: 라인의 높이를 셀의 텍스트 높이에 맞게 조절한다.

⑩ 메뉴에서 [보기]-[높이 자동 맞춤]을 선택하면 된다.

3) 단축키 기능

단축키	설 명
Home	셀 안에서 처음으로 이동한다.
End	셀 안에서 끝으로 이동한다.
Ctrl + Home	처음 셀 위치로 이동한다.
Ctrl + End	마지막 셀 위치로 이동한다.
Shift + Ctrl + Home	현재 셀에서 최상위 셀 위치까지 선택된다.
Shift + Ctrl + End	현재 셀에서 최하위 셀 위치까지 선택된다.
Shift + Page Up	셀에서 page up한 위치까지 선택된다.
Shift + Page Down	셀에서 page down한 위치까지 선택된다.
Shift + Tab, Shift + Enter	right→left, bottom→top으로 다음 셀로 이동하고 처음 셀에서는 마지막 셀로 이동한다.
Tab, Enter	left→right, top→bottom으로 다음 셀로 이동한다. 마지막 셀에서 새로운 라인을 생성한다.
Ctrl+Enter	설명문 열에서는 멀티 라인이 입력된다.

래더 프로그램(Ladder Program) 편집

Ladder(LD) 프로그램은 릴레이 논리 다이어그램에서 사용되는 코일이나 접점 등의 그래픽 기호를 통하여 PLC 프로그램을 표현한다.

3.1 프로그램 편집

3.1.1 편집 도구

LD 편집 요소의 입력은 LD 도구 모음에서 입력할 요소를 선택한 후 지정한 위치에서 마우스를 클릭하거나 단축키를 눌러 시작한다.

기호	단축키	설명	기호	단축키	설명
Esc	Esc	선택 모드로 변경	⊣/⊢ F11	F11	역 코일
⊣ ⊢ F3	F3	평상시 열린 접점	(S) sF3	Shift + F3	셋(latch) 코일
⊣/⊢ F4	F4	평상시 닫힌 접점	(R) sF4	Shift + F4	리셋(unlatch) 코일
⊣P⊢ sF1	Shift + F1	양 변환 검출 접점	(P) sF5	Shift + F5	양 변환 검출 코일
⊣N⊢ sF2	Shift + F2	음 변환 검출 접점	(N) sF6	Shift + F6	음 변환 검출 코일
⎯ F5	F5	가로선	{F} F10	F10	응용 명령어
⎮ F6	F6	세로선	⊣ ⊢ c3	Ctrl+3	평상시 열린 OR 접점
→ sF8	Shift + F8	연결선	⊣/⊢ c4	Ctrl+4	평상시 닫힌 OR 접점
✳ sF9	Shift + F9	반전 입력	⊣P⊢ c5	Ctrl+5	양 변환 검출 OR 접점
⊣ ⊢ F9	F9	코일	⊣N⊢ c6	Ctrl+6	음 변환 검출 OR 접점

다음의 단축키는 커서 이동에 관한 단축키다. 해당 단축키는 XG5000에서 재정의 할 수 없다.

단축키	설 명
Home	열의 시작으로 이동한다.
Ctrl+Home	프로그램의 시작으로 이동한다.
Back space	현재 데이터를 삭제하고 왼쪽으로 이동한다.
→	현재 커서를 오른쪽으로 한 칸 이동한다.
←	현재 커서를 왼쪽으로 한 칸 이동한다.
↑	현재 커서를 위쪽으로 한 칸 이동한다.
↓	현재 커서를 아래쪽으로 한 칸 이동한다.
End	열의 끝으로 이동한다.
Ctrl+End	편집된 가장 마지막 줄로 이동한다.

Tip & note

- 편집 도구모음의 단축키 표현에서 s는 Shift 키를, c는 Ctrl 키를 표시한다. 예) 양 변환 검출 접점: Shift
  + F1 → s + F1 → sF1
- 편집 도구에서 설명한 단축키는 XG5000에서 기본으로 제공하는 단축키를 기준으로 설명한다.

3.1.2 접점 입력

여러 가지의 접점 즉, 평상시 열린 접점, 평상시 닫힌 접점, 양변환 검출 접점, 음변환
검출 접점을 입력하기 위한 순서는 다음과 같다.

① 입력하고자 하는 위치에 커서를 이동시킨다.

② 도구 모음에서 입력할 접점의 종류를 선택하고 편집영역을 클릭한다. 또는 입력하고
   자 하는 접점에 해당하는 단축키를 누른다.
③ 변수 입력 대화상자에서 디바이스 명을 입력한 후 확인을 누른다. 변수 입력 대화상자
   에 대한 상세한설명은 3.1.4의 변수/디바이스 입력을 참고한다.

3.1.3 OR 접점 입력

여러 가지의 접점 즉, 평상시 열린 OR 접점, 평상시 닫힌 OR 접점, 양변환 검출 OR
접점, 음변환 검출 OR 접점을 입력하기 위한 순서는 다음과 같다.

① 입력하고자 하는 위치에 커서를 이동시킨다.

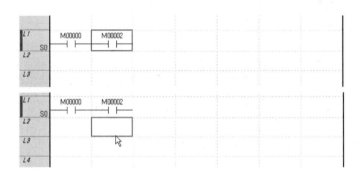

② 도구 모음에서 입력할 접점의 종류를 선택하고 편집영역을 클릭한다. 또는 입력하고
자 하는 OR 접점에 해당하는 단축키를 누른다.

③ 변수 입력 대화상자에서 디바이스 명을 입력한 후 확인을 누른다. 변수 입력 대화상자
에 대한 상세한 설명은 3.1.4의 변수/디바이스 입력을 참고한다.

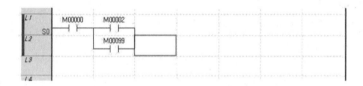

3.1.4 변수/디바이스 입력

디바이스 및 변수/설명을 입력하기 위한 과정은 다음과 같다.

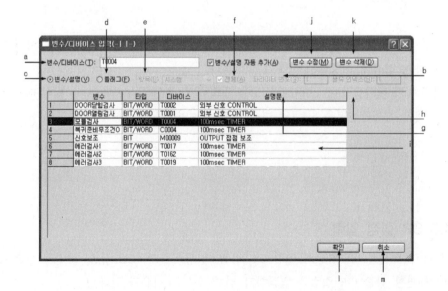

a. 변수/디바이스: 디바이스 또는 선언된 변수 명을 입력한다. 입력한 문자열이 변수 형태이며 해당 문자열이 변수/설명에 변수로 등록되어 있지 않은 경우 변수/설명 추가 대화 상자가 표시되도록 한다.

b. 변수/설명 자동 추가: 입력한 디바이스를 변수/설명에 자동으로 추가할 지 여부를 선택하면 된다. 변수/설명 자동 추가를 선택된 경우, 변수/설명 목록에 등록되지 않은 디바이스를 입력할 경우 변수/설명 추가 대화 상자가 표시되도록 한다.

c. 변수/설명: 목록에 선언된 변수/설명을 표시한다.

d. 플래그: 목록에 플래그를 표시한다. 플래그의 상세 종류는 플래그 항목에서 선택할 수 있다.

e. 항목: 플래그의 종류를 표시하는 선택 상자로, 시스템/고속링크/P2P/PID 플래그를 선택할 수 있다.

f. 전체: 항목에서 선택한 플래그 전체를 표시할 지, 입력한 파라미터 번호/블록 인덱스에 해당하는 플래그만 표시할 지 여부를 선택하면 된다.

g. 파라미터 번호: 선택한 플래그의 항목별 설정 번호를 입력한다. 고속링크는 0 ~ 12, P2P 는 0 ~ 8, PID 는 0 ~ 63이다.

h. 블록 인덱스: 선택한 플래그의 항목별 블록 번호를 입력한다. 고속링크는 0 ~ 127, P2P 는 0 ~ 63이다.

i. 변수/설명 목록: 변수/설명 및 플래그에 대한 내용을 표시한다.

j. 변수 수정: 선택한 변수/설명을 수정한다.

k. 변수 삭제: 선택한 변수/설명을 삭제한다.

l. 확인: 입력 또는 선택한 사항을 적용하고 대화 상자를 닫는다.

m. 취소: 대화 상자를 닫는다.

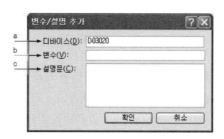

a. 디바이스: 추가할 디바이스를 입력한다.

b. 변수: 추가할 변수 명을 입력한다.

c. 설명문: 추가할 설명문을 입력한다.

Tip & note

– 변수/디바이스 입력 대화 상자에서 변수 명으로 입력하는 경우, 현재 표시되는 변수/설명 목록을 기준으로 자동 완성된다. 예를 들어, 현재 플래그가 표시되고 있는 경우 FA를 입력하면 F000A 디바이스로 자동 완성된다. 만일 변수/설명이 표시되고 있는 경우에는 FA를 입력하면 FA로 시작하는 변수 이름을 찾아 해당 변수 명으로 자동 완성된다.

– 편집 한 변수/설명은 실행 취소 및 재실행 되지 않는다.

3.1.5 선 입력

래더 편집 시 수평선은 각 요소 간에 가로 연결을 위하여 수직선은 세로 연결을 위하여 사용한다.

(1) 수평선 연결 순서는 다음과 같다.

① 연결하고자 하는 곳으로 커서를 이동한다.

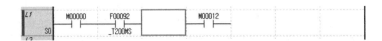

② 수평선 입력 단축키(F5)를 선택하면 된다. 또는 도구 모음에서 수평선을 선택하고 가로
선을 입력할 편집 영역을 선택하면 연결이 된다.

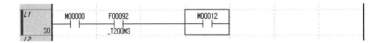

(2) 수직선 연결 순서는 다음과 같다.

① 연결하고자 하는 곳으로 커서를 이동한다.

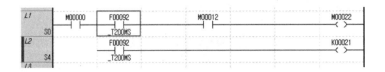

② 수직선 입력 단축키(F6)를 선택하면 된다. 또는 도구 모음에서 수직선을 선택하고 세로
선을 입력할 편집 영역을 선택하면 연결이 된다.

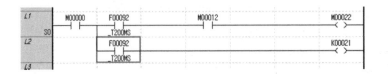

Tip & note

수직선은 현재 커서를 기준으로 왼쪽 아래 방향으로 입력된다.

3.1.6 코일 입력

여러 가지의 코일 즉, 코일, 역코일, 양변환 검출코일, 음변환 검출 코일을 입력하기 위한
순서는 다음과 같다.

① 연결하고자 하는 곳으로 커서를 이동한다.

② 입력하고자 하는 코일의 단축키를 선택하면 된다. 또는 도구 모음에서 입력하고자 하
   는 코일을 선택하면 된다.

③ 변수 입력 대화 상자에서 디바이스 명을 입력한 후 확인을 누른다.

Tip & note

- 코일류 및 출력 관련 응용 명령어를 입력하면 왼쪽 요소와의 연결을 위하여 수평선이 자동 입력된다.
- 하나의 프로그램 내 이중 코일 출력을 작성 시 마지막 코일 값에 따라 출력 모듈로 출력된다.

3.1.7 응용 명령어 입력

연산을 위한 응용 명령어를 입력하기 위하여 다음과 같은 순서로 작업한다.

① 응용 명령어를 입력하고자 하는 위치로 커서를 이동시킨다.

② 도구 모음에서 입력할 응용 명령어를 선택하고 편집 영역을 클릭한다. 또는 응용 명령
   어 입력 단축키를 누른다. 대화창에서 응용 명령어를 다음과 같이 입력하거나, 입력한
   응용 명령어를 편집한다.

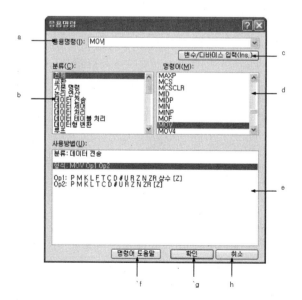

    a. 응용명령: 응용 명령어를 입력한다. 입력한 응용 명령어를 편집하는 경우 이전의 응용 명령어가 초기값으로 표시되도록 한다.

    b. 분류: 응용 명령어의 분류를 표시한 것으로, 특정 분류를 선택하면 해당 분류에 속하는 명령어들이 명령어 리스트에 표시되도록 한다.

    c. 변수/디바이스 입력: 변수/디바이스 대화상자를 표시한다. 변수/디바이스 대화상자에서 선택한 디바이스는 현재 커서 위치에 삽입된다.

    d. 명령어: 지정한 분류에 속하는 명령어 리스트가 표시되도록 한다. '전체'를 선택한 경우 모든 명령어가 표시되도록 한다.

    e. 사용방법: 입력한 응용 명령어의 분류, 사용 방법 및 오퍼랜드별 가능 영역을 표시한다.

    f. 명령어 도움말: 선택 또는 입력한 명령어에 대한 도움말을 표시한다.

    g. 확인: 입력한 내용을 적용하고 대화 상자를 닫는다.

    h. 취소: 대화상자를 닫는다.

③ 응용 명령어 입력 대화 상자에서 응용 명령어를 입력한 후 확인 버튼을 누른다.

3.1.8 설명문 입력

렁 및 출력 설명문을 입력하기 위한 것으로, 렁의 시작 위치에 표시되는 설명문을 '렁 설명문', 출력 요소에 대한 설명문을 '출력 설명문'이라고 한다.

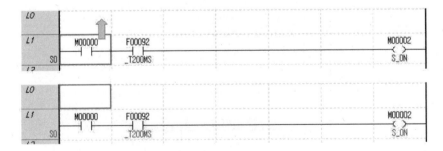

1) 렁 설명문

① 렁(사다리의 가로1줄) 설명문을 입력하고자 하는 위치로 커서를 이동시킨다.

② 메뉴의 [편집]-[설명문/레이블 입력]을 선택하면 된다. 설명문 및 레이블을 입력한다.

a. 설명문: 링 설명문 입력을 선택하면 된다.
b. 레이블: 레이블 입력을 선택하면 된다.
c. 확인: 선택한 내용을 적용하고 대화 상자를 닫는다.
d. 취소: 대화 상자를 닫는다.

③ 링 설명문 대화상자가 표시되며 설명문 입력하고 확인 버튼을 누른다.
링 설명문 또는 출력 설명문을 입력하거나 편집한다.

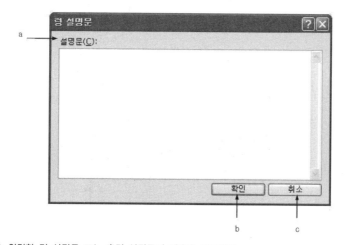

a. 설명문: 입력할 링 설명문 또는 출력 설명문의 내용을 입력한다.
b. 확인: 입력한 내용을 적용하고 대화상자를 닫는다.
c. 취소: 대화 상자를 닫는다.

2) 출력 설명문

① 출력 설명문을 입력하고자 하는 위치로 커서를 이동시킨다.

② 마우스 왼쪽 버튼을 더블 클릭하거나, 엔터 키를 누른다.
③ 출력 설명문 대화 상자에 설명문을 입력하고 확인을 누른다.

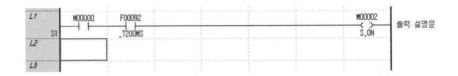

3.1.9 레이블 입력

응용 명령어 JMP에서 참조할 레이블을 입력한다.

① 레이블을 입력하고자 하는 위치로 커서를 이동시킨다.

② 메뉴에서 [편집]-[설명문/레이블 입력]을 선택하면 된다.
③ 대화 상자에서 레이블을 선택하고 엔터 키 혹은 확인 버튼을 누른다.

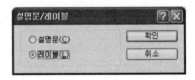

④ 레이블 대화 상자에서 추가할 레이블을 입력한 후 확인 버튼을 누른다.

a. 레이블: 사용할 레이블을 입력한다.
b. 사용 중인 레이블: 현재 같은 스캔 프로그램에서 사용 중인 레이블을 표시한다.

Tip & note

- 레이블은 영문 16자, 한글 8자까지 입력 가능하다.
- 레이블은 대/소문자를 구별하며, 레이블의 첫 글자는 숫자 혹은 특수 문자로 시작할 수 없다.
- 레이블 입력 규칙은 변수/설명 입력 규칙을 따른다.

3.1.10 셀 삽입

현재 커서 위치에 새로운 셀을 삽입한다.

① 셀을 삽입하고자 하는 위치로 커서를 이동시킨다.

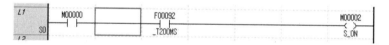

② 메뉴에서 [편집]-[셀 삽입]을 선택하면 된다.

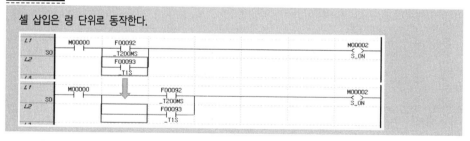

Tip & note

셀 삽입은 렁 단위로 동작한다.

3.1.11 라인 삽입

현재 커서 위치에 새로운 라인을 삽입한다.

① 라인을 삽입하고자 하는 위치로 커서를 이동시킨다.

② 메뉴에서 [편집]−[라인 삽입]을 선택한다.

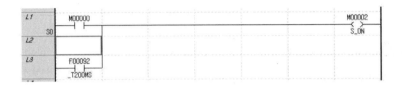

Tip & note

– 라인 삽입 시 현재 커서 위치에 새로운 라인이 삽입된다.
– 라인 삽입 시 영역이 선택되어 있으면, 선택된 영역의 라인 수만큼 새로운 라인이 삽입된다.

3.1.12 요소 삭제

입력한 접점, 코일, 응용 명령어, 선, 렁/출력 설명문, 레이블을 선택하여 삭제한다.

① 삭제하고자 하는 요소 위치로 커서를 이동시킨다.
② 메뉴에서 [편집]−[삭제]를 선택한다.

3.1.13 셀 삭제

입력된 접점, 수평선과 같은 요소를 선택하여 삭제하면 다음 위치의 셀은 당겨진다.

① 삭제하고자 하는 셀의 위치로 커서를 이동시킨다.

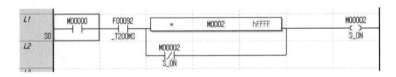

② 메뉴에서 [편집]−[셀 삭제]를 선택한다.

Tip & note

– 셀 삭제는 렁 단위로 동작한다.
– 현재 커서 위치에 OR로 연결된 요소들 중 수평선을 제외한 다른 요소가 포함된 경우 셀 삭제는 동작하지 않는다.

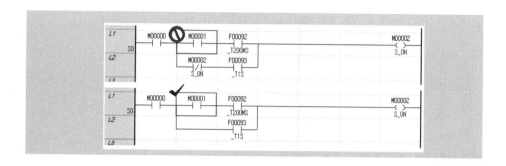

3.1.14 라인 삭제

선택된 영역의 모든 라인을 삭제하는 기능이다.

① 삭제하고자 하는 라인으로 커서를 이동시킨다.

② 메뉴에서 [편집]-[라인 삭제]를 선택한다.

3.1.15 복사/잘라내기/붙여넣기

선택된 영역의 데이터를 복사하거나, 잘라내어 지정한 위치로 복사할 수 있다. 복사와 다르게 잘라내기는 현재 선택된 영역의 데이터를 삭제한다.

1) 복사

① 복사하고자 하는 영역을 선택한다.

② 메뉴에서 [편집]-[복사를 선택한다.

③ 붙여넣고자 하는 영역으로 커서를 이동하여 붙인다.

④ 메뉴에서 [편집]−[붙여넣기]를 선택한다.

2) 잘라내기

① 잘라내고자 하는 영역을 선택한다.

② 메뉴에서 [편집]−[잘라내기]를 선택한다.

③ 붙여넣고자 하는 영역으로 커서를 이동하여 붙인다.

3.1.16 드래그 & 드롭

드래그 & 드롭을 이용하면 마우스를 이용하여 보다 편리하게 편집할 수 있다. LD 프로그램에서는 드래그 & 드롭을 이용한 LD 데이터의 이동, 복사를 지원한다. 또한 변수/설명창으로부터 변수/설명에 대한 정보를 드래그 하여 접점, 코일 및 응용 명령어의 오퍼랜드에 드롭할 수 있다.

1) 드래그 & 드롭의 시작

드래그할 영역을 선택한 후 해당 영역으로 마우스 커서를 이동시킨다. 해당 위치에서 마우스 왼쪽 버튼을 누르고 있으면 커서의 모양이 다음과 같이 변경된다. 마우스 커서의 변경은 드래그 & 드롭이 준비되었음을 의미한다.

① 데이터의 이동

② 데이터의 복사

③ 데이터의 복사 및 이동이 불가능한 경우

2) 데이터의 이동

특정 영역의 데이터를 이동하고자 하는 경우에 사용한다. 데이터 이동 후에는 이전의 선택된 영역의 데이터는 삭제된다. 드래그 & 드롭을 이용한 데이터의 이동은 다음과 같은 순서를 따른다.

① 이동할 데이터의 영역을 선택한다.

② 선택 영역에 마우스 커서를 위치시키고 왼쪽 마우스 버튼을 누르고, 커서 모양이 변경
될 때까지 기다린다.

③ 이동하고자 하는 위치로 마우스 커서를 이동한 후, 누르고 있던 마우스 왼쪽 버튼을
해제한다.

3) 데이터의 복사

특정 영역의 데이터를 복사 하고자 하는 경우에 사용한다. 데이터의 이동과 다르게 선택
된 이전의 데이터는 유지된다. 데이터를 복사 하고자 하는 경우에는 드래그 시작 전 혹은
시작 이후에 키보드의 컨트롤 키를 누른다. 드래그 & 드롭을 이용한 데이터의 복사는
다음과 같은 순서를 따른다.

① 복사할 데이터 영역을 선택한다.

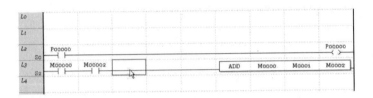

② 선택 영역에 마우스 커서를 위치시키고 컨트롤키와 함께 왼쪽 마우스 버튼을 누르고,
커서 모양이 변경될 때까지 기다린다.

③ 붙여 넣고자 하는 위치로 마우스 커서를 이동한 후, 누르고 있던 마우스 왼쪽 버튼을
해제한다.

4) 변수/설명 데이터 붙여넣기

변수/설명 창으로부터 디바이스(변수/설명 포함)데이터를 붙여넣기를 하는 프로그램이
다. 변수/설명을 붙여넣기 하는 경우에는 반드시 접점, 코일, 명령어 등이 있어야 하며,
오퍼랜드 타입이 다른 경우에는 붙여넣기 할 수 없다. 드래그 & 드롭을 이용한 변수/설명
의 붙여넣기는 다음의 순서와 같다.

① 변수/설명 창에서 복사할 항목을 선택한 후, 셀의 경계로 마우스 커서 위치를 이동
시킨 후 왼쪽 마우스 버튼을 눌러 드래그 & 드롭을 시작한다.

	변수	타입	디바이스	설명문
1	SW1	BIT	M00000	
2	SW2	BIT	M00001	

② 마우스를 드래그하여 붙여 넣고자 하는 항목위로 마우스 커서를 위치시킨다. 이 때
붙여 넣기가 가능한 경우에 커서 모양이 아래 그림과 같이 변경된다.

③ 마우스 왼쪽 버튼을 해제한다.

Tip & note

‒ 변수 모니터 창으로 디바이스에 대한 정보를 복사할 수 있다.
‒ 트렌드 모니터 창으로 디바이스에 대한 정보를 복사할 수 있다.

3.1.17 편집 취소 및 재실행

프로그램 편집 시 편집한 내용을 이전 상태로 취소시키거나, 취소한 내용을 재실행할 수 있다.

1) 편집 취소(삭제 예)

① 삭제하고자 하는 위치로 커서의 위치를 이동시킨다.

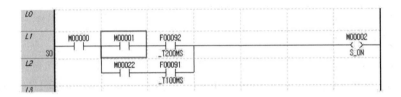

② 메뉴에서 [편집]-[삭제]를 선택한다.

③ 메뉴에서 [편집]-[편집 취소]를 선택한다.

2) 재실행(삭제 예)

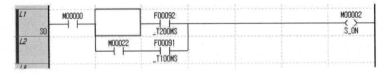

Tip & note

- 편집한 모든 내용에 대해 실행 취소 및 재실행이 가능하다.
- 실행 취소의 횟수에는 제한이 없다.
- [편집 취소]의 단축키는 "Ctrl + Z", [재실행]의 단축키는 "Ctrl + Y" 이다.

3.1.18 접점 수 조절

화면에 표시되는 접점 수, 즉 도면의 가로 폭을 조절할 수 있다.

1) 접점 수 선택

① 메뉴에서 [보기]−[접점 수 변경]을 선택한다.
② 표시하고자 하는 접점 수를 선택할 수 있다. 여기서는 10, 12, 16, 20, 24, 28, 32개의
   접점을 선택할 수 있다.

2) 접점 수 증가

보기 툴바에서 접점 수 증가 툴을 선택하면 가로폭이 늘어난다.

3) 접점 수 감소

보기 툴바에서 접점 수 감소 툴을 선택하면 가로폭이 줄어든다.

3.1.19 LD 화면 속성

LD 화면의 보기 속성을 지정한다. 화면 속성에서는 디바이스, 변수, 설명문 보기 옵션에
대한 설정 및 배율, 접점 수를 한 번에 설정할 수 있다. 또한 LD 화면 전체에 대해서
동일한 속성을 지정할 수 있다.

① 메뉴에서 [보기]−[LD 화면 속성]을 선택한다.
② LD 화면 속성을 변경한 후 확인을 누른다.

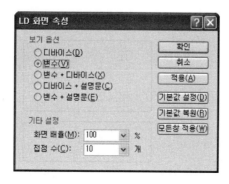

3.2 프로그램 보기

LD 프로그램으로 작성된 것을 여러 가지 보기 옵션을 이용하여 편리하게 볼 수 있다.

3.2.1 IL 프로그램으로 보기

LD(ladder) 프로그램으로 작성한 프로그램을 IL(mnemonic, 문자 표현) 형태로 변환하여 IL 프로그램으로 표시하거나, IL 프로그램으로 편집할 수 있다.

① 대상 프로그램을 선택한다.

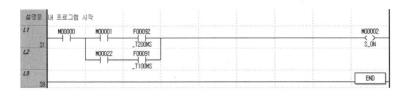

② 메뉴에서 [보기]−[IL]을 선택하면 다음과 같이 변환된다.

링	스텝	명령어	OP 1	OP 1 변수	OP 2	OP 2 변수	OP 3	OP 3 변
0	0	설명문	내 프로그램 시작					
1	1	LOAD	M00000					
	2	LOAD	M00001					
	3	AND	F00092	_T200MS				
	4	LOAD	M00022					
	5	AND	F00091	_T100MS				
	6	OR LOAD						
	7	AND LOAD						
	8	OUT	M00002	S_ON				
2	9	END						

Tip & note

미완성된 렁이 있는 경우에는 LD 프로그램을 IL으로 변환할 수 없다.

3.2.2 프로그램 배율 변경

LD 프로그램이 화면에 표시되는 배율을 변경한다.

1) 확대

메뉴에서 [보기]−[화면 확대]를 선택한다.

2) 축소

메뉴에서 [보기]−[화면 축소]를 선택한다.

Tip & note

- 휠이 있는 마우스에서 Ctrl+위쪽 휠은 한 단계씩 축소한다.
- 휠이 있는 마우스에서 Ctrl+아래쪽 휠은 한 단계씩 확대한다.
- 보기 도구 모음의 선택 상자에서 배율을 선택하거나, 직접 입력할 수 있다.

3.2.3 디바이스 보기

접점, 코일 및 응용 명령어의 오퍼랜드로 사용된 디바이스에 대하여 해당 디바이스의 이름만 표시되도록 한다.

① 메뉴에서 [보기]-[디바이스 보기] 항목을 선택한다.

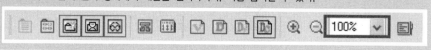

3.2.4 변수 보기

접점, 코일 및 응용 명령어의 오퍼랜드로 사용된 디바이스에 대하여 변수 명으로 표시한다. 해당 디바이스에 변수가 선언되어 있지 않은 경우는 디바이스 명으로 표시되도록 한다.

① 메뉴에서 [보기]-[변수 보기] 항목을 선택한다.

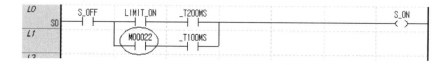

3.2.5 디바이스/변수 보기

접점, 코일 및 응용 명령어의 오퍼랜드로 사용된 디바이스에 대하여 디바이스/변수 명으로 표시한다. 해당 디바이스에 변수가 선언되어 있지 않은 경우 디바이스 명만 표시되도록 한다.

① 메뉴에서 [보기]-[디바이스/변수 보기] 항목을 선택한다.

```
LO    M00000   M00001   F00092                           M00002
S0    S_OFF    LIMIT_ON  _T200MS                          S_ON
                ─┤ ├─     ─┤ ├─     ─┤ ├─                  ─( )─
L1             M00022   F00091
               ─┤ ├─     ─┤ ├─
                         _T100MS
```

3.2.6 디바이스/설명문 보기

접점, 코일 및 응용 명령어의 오퍼랜드로 사용된 디바이스에 대하여 디바이스/설명문으로 표시한다. 해당 디바이스에 설명문이 없는 경우 디바이스 명만 표시되도록 한다.

① 메뉴에서 [보기]-[디바이스/설명문 보기] 항목을 선택한다.

```
LO    M00000    M00001     F00092                          M00002
      스위치 OFF  리미트 스위  200ms 주기                       스위치 ON
S0             치 ON      CLOCK
L1             M00022     F00091
                         100ms 주기
                         CLOCK
```

3.2.7 변수/설명문 보기

접점, 코일 및 응용 명령어의 오퍼랜드로 사용된 디바이스에 대하여 변수/설명문으로 표시한다. 해당 디바이스에 변수 명과 설명문이 표시되도록 한다.

① 메뉴에서 [보기]-[변수/설명문 보기] 항목을 선택한다.

```
LO    S_OFF   | LIMIT_ON |  _T200MS |                        S_ON
      스위치 OFF  리미트 스위  200ms 주기                        스위치 ON
S0             치 ON      CLOCK
L1             M00022     _T100MS
                         100ms 주기
                         CLOCK
```

3.3 편집 부가 기능

편집의 편리성을 위한 부가 기능들은 다음과 같다.

3.3.1 프로그램 최적화

접점과 접점 사이의 가로선 및 비어있는 라인을 삭제하여, LD 다이어그램이 그려지는 위치를 최적화한다.

① 메뉴에서 [편집]-[프로그램 최적화]를 선택한다.

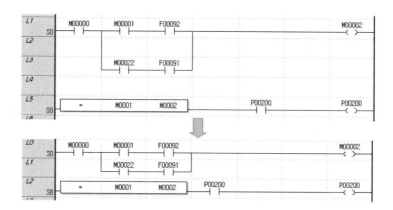

Tip & note

- 프로그램 최적화 기능은 실행 취소를 통하여 이전 상태로 되돌릴 수 없다.
- 프로그램의 크기에 따라 다소 시간이 소요될 수 있다.
- LD 로직이 미완성인 경우에는 프로그램 최적화 기능이 동작하지 않는다.

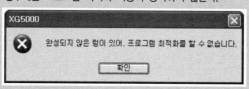

3.3.2 비실행문

LD 프로그램 중 PLC에서 실행되지 않을 영역을 설정하거나 해제한다.

1) 비실행문 설정

① 비실행문을 설정할 렁으로 커서를 이동시킨다.

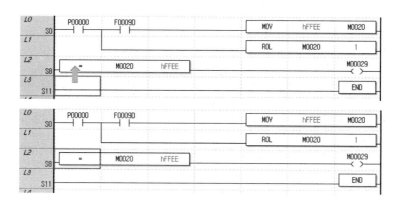

② 메뉴에서 [편집]-[비 실행문 설정]을 선택한다.

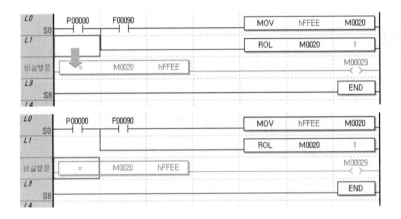

2) 비실행문 해제

① 비실행문을 해제할 렁으로 커서를 이동시킨다.

② 메뉴에서 [편집]-[비실행문 해제]를 선택한다.

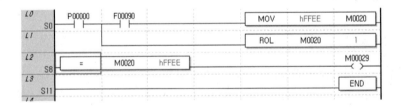

> **Tip & note**
>
> - 비실행문으로 설정한 영역은 프로그램 용량에 포함되지 않으며, 설명문 용량에 포함된다.
> - 비실행문으로 설정한 영역은 설명문과 동일하게 PLC로 쓰기, 읽기가 가능하다.
> - 비실행문은 [런 중 수정]이 불가하다. 비실행문을 런 중에 수정하기 위해서는 [쓰기] 메뉴를 사용하여 설명문 쓰기를 해야 한다.

3.3.3 북 마크

라인에 북 마크를 설정하여, 관심 있는 부분으로 쉽게 이동할 수 있다.

1) 북 마크 설정

① 북 마크를 설정하고자 하는 라인으로 커서를 이동시킨다.

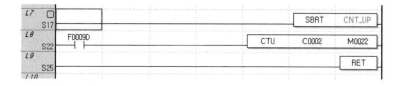

② 메뉴에서 [편집]-[북 마크]-[설정/해제]를 선택한다.

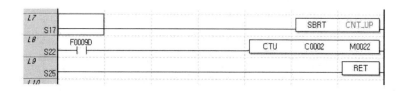

2) 북 마크 해제

① 북 마크를 해제하고자 하는 라인으로 커서를 이동시킨다.
② 메뉴에서 [편집]-[북 마크]-[설정/해제]를 선택한다.

3) 모든 북 마크 해제

① 메뉴에서 [편집]-[북 마크]-[모두 해제]를 선택한다.

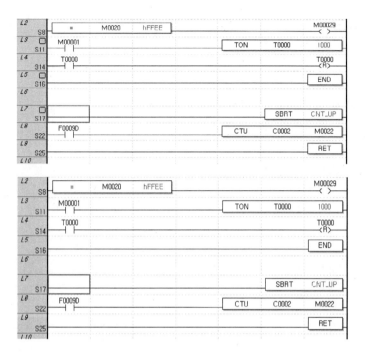

4) 이전 북마크 이동

① 메뉴에서 [편집]-[북 마크]-[이전 북마크]를 선택한다.

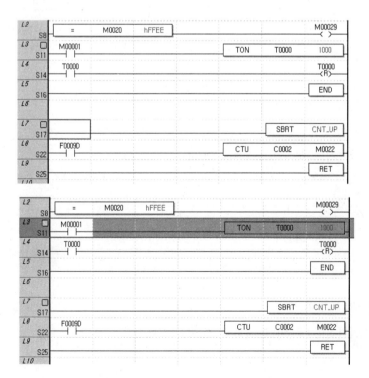

5) 다음 북마크 이동

① 메뉴에서 [편집]-[북 마크]-[다음 북마크]를 선택한다.

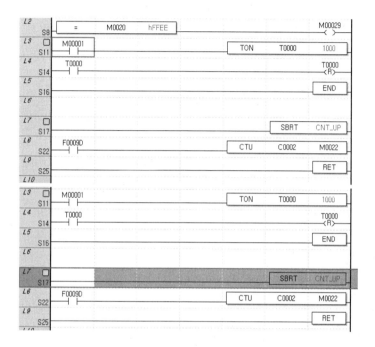

Tip & note

- 북 마크는 라인 단위로 설정된다.
- [이전 북 마크 이동]과 [다음 북 마크 이동]은 동일한 프로그램 내에서 가능하다
- 북 마크는 편집 사항이 아니므로, 설정/해제에 관한 사항은 편집 취소 및 재실행에 포함되지 않는다.

3.3.4 찾아가기

프로그램이 지정한 스텝의 위치로 이동하거나, 편집한 레이블, 렁 설명문 위치로 찾아갈
수 있다.

1) 스텝 찾아가기

① 메뉴에서 [찾기/바꾸기]-[찾아가기]-[스텝]을 선택한다.

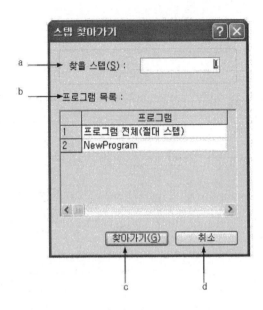

a. 찾을 스텝: 이동하고자 하는 스텝을 입력한다.
b. 프로그램 목록: 현재 PLC의 프로그램 목록을 표시한다.
c. 찾아가기: 대화 상자를 닫고 선택한 프로그램의 찾을 스텝으로 이동한다.
d. 취소: 대화 상자를 닫는다.

② 대화 상자에서 이동할 스텝을 입력한다.

Tip & note

지금까지는 LD에 관한 편집 내용이었는데 IL에 대한 편집도 LD와 유사한 방법이므로 여기서는 생략하기로
한다.

프로그래밍 편리성

4.1 메모리 참조

프로그램에서 사용한 모든 디바이스의 사용 내역을 표시한다. 디바이스에는 접점(평상시 열린 접점, 평상시 닫힌 접점, 양 변환 검출 접점, 음 변환 검출 접점), 코일(코일, 역 코일, 양 변환 검출 코일, 음 변환 검출 코일) 및 응용 명령어의 오퍼랜드로 사용되는 모든 디바이스가 포함된다.

4.1.1 모든 디바이스 보기

현재 PLC에서 사용 중인 모든 디바이스를 표시한다.
메뉴에서 [보기]-[메모리 참조]를 선택한다.

[메모리 참조 창]

디바...	PLC	프로그램	위치	스텝	타입	응용명령어	변수	설명문
C0011	PLC1	프로그램1	행 2, 열 4	10	-[F]-	> : 1번째 인자		
C0011	PLC1	프로그램1	행 3, 열 4	13	-[F]-	> : 1번째 인자		
C0011	PLC1	프로그램1	행 9, 열 4	47	-[F]-	> : 1번째 인자		
C0012	PLC1	프로그램1	행 5, 열 4	27	-[F]-	> : 1번째 인자	작업개수	100msec TIMER
C0012	PLC1	프로그램1	행 6, 열 4	30	-[F]-	> : 1번째 인자	작업개수	100msec TIMER
C0013	PLC1	프로그램1	행 8, 열 4	44	-[F]-	> : 1번째 인자		
D03020	PLC1	프로그램1	행 2, 열 5	10	-[F]-	> : 2번째 인자		
D03020	PLC1	프로그램1	행 3, 열 5	13	-[F]-	> : 2번째 인자		
D03020	PLC1	프로그램1	행 5, 열 5	27	-[F]-	> : 2번째 인자		
D03020	PLC1	프로그램1	행 6, 열 5	30	-[F]-	> : 2번째 인자		
D03020	PLC1	프로그램1	행 8, 열 5	44	-[F]-	> : 2번째 인자		
D03020	PLC1	프로그램1	행 9, 열 5	47	-[F]-	> : 2번째 인자		
K0010D	PLC1	프로그램1	행 11, 열 1	54	-| |-		
M00380	PLC1	프로그램1	행 14, 열 31	80	-( )-		
M00474	PLC1	프로그램1	행 11, 열 2	56	-| |-		
M00475	PLC1	프로그램1	행 1, 열 1	3	-| |-		
M00482	PLC1	프로그램1	행 1, 열 3	6	-|/|-		
M00482	PLC1	프로그램1	행 3, 열 31	18	-(S)-		
M00483	PLC1	프로그램1	행 1, 열 31	7	-(S)-		
M00483	PLC1	프로그램1	행 2, 열 31	17	-(R)-		
M00484	PLC1	프로그램1	행 2, 열 2	9	-| |-		
M00485	PLC1	프로그램1	행 3, 열 2	12	-| |-		
M00500	PLC1	프로그램1	행 14, 열 2	68	-| |-		

[메모리 참조 창 설명]

열	내용
디바이스	현재 PLC에서 사용하고 있는 모든 디바이스 명을 표시한다.
PLC	현재 프로그램이 속해있는 PLC 명을 표시한다.
프로그램	해당 디바이스를 사용하고 있는 프로그램 이름을 표시한다.
위치	프로그램 내의 좌표 값을 표시한다.

열	내용
스텝	프로그램 내의 스텝을 표시한다.
타입	명령어가 사용되고 있는 타입으로, 다음과 같은 기호로 표시된다. -( )-: 코일 　　　　　　　　　　　-| |-: 평상시 열린 접점 -(/)-: 역 코일 　　　　　　　　　　-|/|-: 평상시 닫힌 접점 -(S)-: 셋 코일 　　　　　　　　　　-|P|-: 양 변환 검출 접점 -(R)-: 리셋 코일 　　　　　　　　　-|N|-: 음 변환 검출 접점 -(P)-: 양 변환 검출 코일 　　　　　-[F]-: 응용 명령어 -(N)-: 음 변환 검출 코일
응용 명령어	응용 명령어의 오퍼랜드로 사용된 경우, 사용한 응용 명령어와 몇 번째 오퍼랜드인지 표시한다.
변수 명	디바이스에 대해 변수가 선언되어 있는 경우, 변수 명을 표시한다.
설명문	디바이스에 대해 설명문이 입력되어 있는 경우, 설명문을 표시한다.

1) 데이터 정렬

열 헤더를 클릭하면, 해당 열에 대해 정렬한다. 열을 클릭할 때마다 오름차순, 내림차순 정렬이 전환된다. 현재 정렬의 기준이 되고 있는 열에는 삼각형이 표시되며 삼각형은 오름차순, 역 삼각형은 내림차순을 표시한다.

[예 1] 디바이스 명에 의한 오름차순 정렬

∠ 디바이스명	PLC	프로그램	위치	스텝	타입	응용명령어	변수	설명문

[예 2] 디바이스 명에 의한 내림차순 정렬

▽ 디바이스명	PLC	프로그램	위치	스텝	타입	응용명령어	변수	설명문

2) 찾아가기

선택한 디바이스를 사용하고 있는 프로그램의 위치로 찾아가는 기능으로, 해당 행을 더블 클릭 하거나, 마우스 오른쪽 버튼에서 [찾아가기]를 선택한다.

찾아가기
열 선택 　　▶
데이터 고정 데이터 삭제
데이터 갱신

3) 열 선택

화면에 원하는 데이터만 표시할 수 있다. 마우스 오른쪽 버튼 [열 선택]에서 각 항목을 선택할 수 있다.

4) 데이터 고정

메모리 참조 창의 내용은 프로그램 내 커서 이동 시 갱신되므로, 갱신을 원치 않는 경우 고정 속성을 설정할 수 있다. 마우스 오른쪽 버튼 [데이터 고정]을 선택한다.

5) 데이터 삭제

메모리 참조 창의 내용을 모두 삭제한다.

Tip & note

데이터의 정렬 시 사용하고 있는 디바이스 개수에 따라 다소 시간이 소요될 수 있다.

4.1.2 편집 시 메모리 참조

프로그램에서 디바이스가 선택되면, 사용된 스텝 및 용도를 표시한다.

① 메모리 참조 결과가 표시될 메모리 참조 탭을 선택한다.
② 용도를 표시하고 싶은 디바이스 위치로 커서를 이동시킨다.

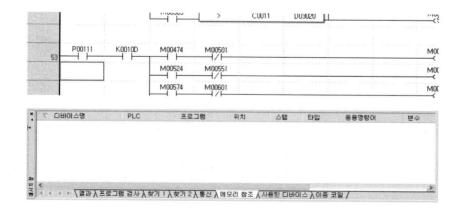

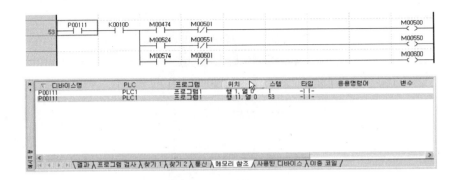

> **Tip & note**
> – '편집 시 메모리 참조'를 사용하는 경우, 편집 속도가 느려질 수 있다.
> – '편집 시 메모리 참조' 사용 여부는 메뉴 [도구]–[옵션]–[옵션 대화 상자]의 LD/IL 편집 페이지에서 '편집 시 메모리 참조'에서 설정할 수 있다.

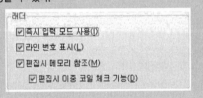

4.1.3 편집 시 이중 코일 검사

코일이 편집될 때마다 해당 디바이스의 중복 사용 여부를 표시한다. 디바이스가 PLC 내의 다른 위치에서 코일로 사용되면 프로그램 명, 위치, 스텝에 대한 목록이 표시된다.

① 코일을 추가한다.

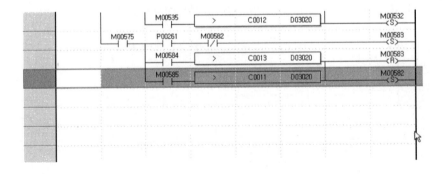

② 해당 코일을 포함한 라인을 선택하여 복사하고 다음 라인으로 이동하여 붙여넣기 한다.

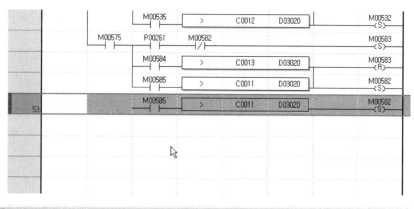

Tip & note

- '편집 시 이중 코일 검사'를 사용하는 경우, 편집 속도가 느려질 수 있다.
- '편집 시 이중 코일 검사' 여부는 메뉴 [도구]-[옵션]-[옵션 대화 상자]의 LD/IL 편집 페이지에서 '편집 시 이중 코일 체크 기능'에서 설정할 수 있다.

> ☑ 편집시 메모리 참조(M)
> ☑ 편집시 이중 코일 체크 기능(D)

- '편집 시 이중 코일 검사'는 코일, 역 코일만 검사한다.

4.2 사용된 디바이스

프로그램(LD, IL)에서 사용된 디바이스를 모두 보여주는 기능이다. 각 디바이스 영역별로 사용된 디바이스의 개수를 입력, 출력으로 구분해서 보여주게 된다.

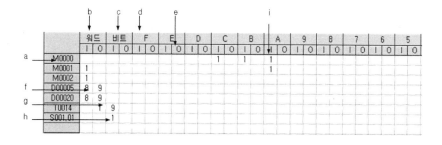

a. 디바이스 표시: 프로그램에서 사용된 각 디바이스를 워드 단위로 표시한다. S디바이스는 비트 단위로 표시된다. #디바이스, 인덱스 디바이스, #인덱스 디바이스는 나타내지 않는다.

b. 워드 컬럼: 프로그램에서 해당 워드가 사용된 개수를 표시한다.

c. 비트 컬럼: 프로그램에서 해당 비트 디바이스가 사용된 개수를 표시한다. S영역, T영역, C영역의 비트 디바이스만 표시한다.

d. 비트 영역: 워드 단위로 표시된 디바이스의 비트 영역을 16진수 비트 단위로 나누어 표시한다.

e. 입출력 구분: 해당 비트 디바이스가 입력(I), 출력(O)인지 구분해서 개수를 표시한다.

f. D00005 워드 디바이스가 입력으로 8개, 출력으로 9개가 사용 중임을 표시한다.

g. T0014 워드 디바이스가 출력으로 1개, T0014 비트 디바이스가 입력으로 9개 사용 중임을 표시한다.

h. S001.01 비트 디바이스가 입력으로 1개 사용 중임을 표시한다.

i. M0000A 비트 디바이스가 입력으로 1개 사용 중임을 표시한다.

4.2.1 사용된 디바이스 실행하기

① 메뉴에서 [보기]─[사용된 디바이스]를 선택한다.

② 사용된 디바이스 선택 대화 상자에서 원하는 디바이스를 선택한다.

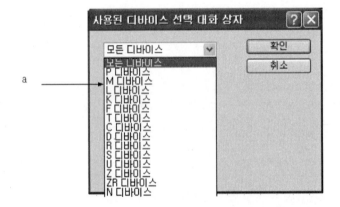

a. 특정 디바이스를 선택할 수 있다. 여기서 선택한 영역에 사용된 디바이스만 결과를 표시한다.

Tip & note

– 컨텍스트 메뉴의 [사용된 디바이스 갱신]을 선택해도 사용된 디바이스를 알 수 있다.

– 사용된 디바이스를 실행한 후, 프로그램을 편집하면 사용된 디바이스 창의 내용은 자동으로 업데이트 되지 않는다. 새로 수정한 프로그램 내용의 사용된 디바이스를 보려면, [사용된 디바이스 갱신]을 다시 선택해야 한다.

4.2.2 디바이스 용도 보기

사용된 I/O 숫자가 표시된 셀에서 마우스로 더블 클릭을 하거나, 컨텍스트 메뉴의 '디바이스 용도 보기'를 클릭한다.

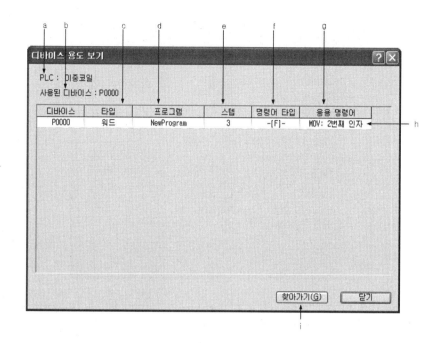

a. PLC: 해당 디바이스가 사용되고 있는 PLC 이름을 보여준다.
b. 사용된 디바이스: 디바이스 용도 보기 대화 상자가 보여주고 있는 디바이스다.
c. 타입: 디바이스 타입을 보여준다.
d. 프로그램: 해당 디바이스가 사용된 프로그램명을 보여준다.
e. 스텝: 해당 디바이스가 사용되고 있는 스텝 위치를 보여준다.
f. 명령어 타입: 해당 디바이스가 어떤 명령어 타입의 오퍼랜드로 사용되고 있는지 보여준다(LD 편집기의 명령어 툴바와 동일한 형태로 보여준다).
g. 응용 명령어: 해당 디바이스가 응용 명령어의 오퍼랜드로 사용되었다면, 어떤 응용 명령어의 몇 번째 오퍼랜드로 사용되고 있는지 보여준다.
h. 라인 선택
i. 찾아가기: 선택된 라인의 디바이스가 사용된 프로그램으로 찾아가는 기능이다.

4.3 프로그램 검사

작성한 LD 프로그램에 오류가 있는지 검사한다. 검사 항목은 다음과 같다.

● 논리에러: LD의 연결 오류를 검사한다.

● 문법에러: SBRT/CALL, FOR/NEXT와 같은 문법상의 오류를 검사한다.

● 이중 코일 에러: 출력 요소를 중복 사용한 경우에 대하여 오류를 검사한다.

4.3.1 프로그램 검사 설정

메뉴에서 [보기]-[프로그램 검사]를 선택한다.

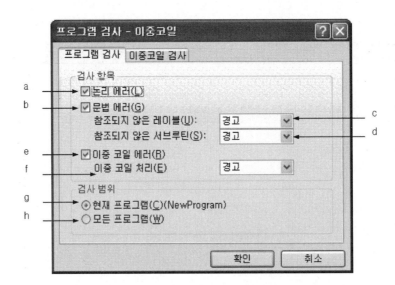

a. 논리 에러: LD의 결선 여부 및 쇼트 회로 등 프로그램의 논리적인 오류에 대한 검사 여부를 선택한다.

b. 문법 에러: CALL/SBRT, MCS/MCSCLR 등의 응용 명령어 오류 검사 여부를 선택한다.

c. 참조되지 않은 레이블: 선언한 레이블이 사용되지 않았을 경우 처리에 대한 범위를 지정한다. [무시], [경고], [오류]를 선택할 수 있다.

Tip & note

– 무시: 오류 유/무를 검사하지 않는다.

– 경고: 오류가 발생한 경우 결과 창에 [경고]로 표시되며 PLC에 프로그램 쓰기를 할 수 있다.

– 오류: 오류가 발생한 경우 결과 창에 [오류]로 표시되며 PLC에 프로그램 쓰기를 할 수 없다.

d. 참조되지 않은 서브루틴: 선언한 서브루틴이 사용되지 않았을 경우 처리에 대한 범위를 지정한다. [무시], [경고], [오류]를 선택할 수 있다.

e. 이중 코일 에러: 이중 코일 검사 여부를 선택한다.

f. 이중 코일 처리: 이중 코일에 대하여 [오류] 또는 [경고]를 선택할 수 있다.

g. 현재 프로그램: 현재 프로그램만 검사한다.

h. 모든 프로그램: 현재 PLC 항목에 있는 모든 프로그램을 검사한다.

Tip & note

– 논리 에러 및 문법 에러는 본 장의 4.3.3 및 4.3.4 절을 참고하기 바란다.

– 현재 PLC 항목에 한 개 이상의 프로그램이 있는 경우, 현재 프로그램만 선택하면 CALL/SBRT에 대한 검사는 수행하지 않는다.

– PLC에 프로그램 쓰기를 하는 경우, 이중 코일을 제외한 모든 항목이 사용자의 선택 여부와 관계없이 항상 검사된다.

Tip & note

XGT 시리즈 PLC에서는 PLC 항목에 여러 개의 프로그램을 추가할 수 있으며, 프로그램 간에 SBRT 호출이 가능하다.

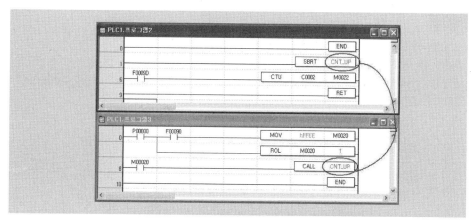

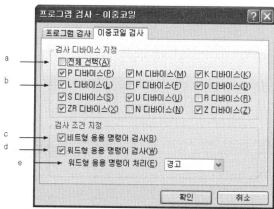

a. 전체 선택: 모든 디바이스 영역을 검사한다.
b. 디바이스 선택: 이중 코일을 검사할 디바이스 영역을 지정한다.
c. 비트형 응용 명령어 검사: 비트형 응용 명령어의 오퍼랜드를 검사할지 선택한다.
d. 워드형 응용 명령어 검사: 워드형 응용 명령어의 오퍼랜드를 검사할지 선택한다.
e. 워드형 응용 명령어 처리: 항목 d에서 이중 코일로 검사된 경우 [경고] 또는 [오류]를 선택할 수 있다.

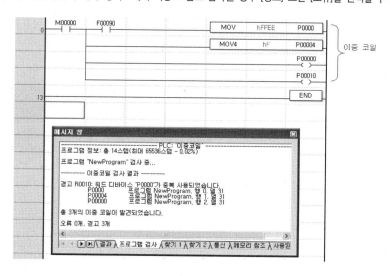

> **Tip & note**
>
> – 셋 코일(–(S)–), 리셋코일(–(R)–)은 이중 코일 검사 대상이 아니다.
> – 워드형 응용 명령어 검사는 응용 명령어 출력 오퍼랜드의 데이터 타입에 따라 그 범위가 결정된다. 예를
>   들어, LMOV M0100 P0000인 경우 그림과 같이 워드 M0100~M0103의 4 워드를 워드 P0000~P0003
>   으로 이동하는 명령어이므로 P0000~P0003 워드가 이중 코일 검사 범위가 된다.
>
>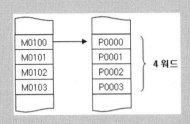

4.3.2 검사 결과 추적

프로그램에 오류가 있는 경우, 메시지 창의 프로그램 검사 탭에 내용이 표시된다. 오류
내용을 더블 클릭하면 발생 위치로 이동한다.

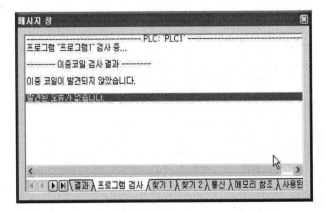

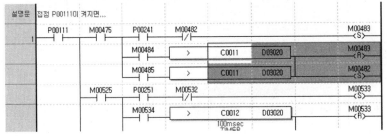

4.3.3 논리 에러

논리 에러의 유무를 검사하고 논리 에러가 발생하였을 경우 발생 내용과 위치를 표시한다.

① L0000: 입력 또는 출력이 연결되지 않았다.

- 접점이 파워 라인과 연결되지 않았을 경우, 에러가 발생한다.

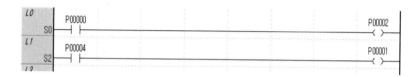

- 조치: 입력과 출력에 단선이 없도록 LD 프로그램을 수정한다.

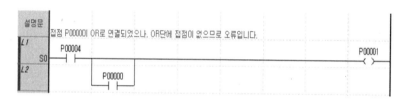

② L0100: 쇼트 회로다.

- OR로 연결된 부분에 접점 없이 가로선으로 연결된 경우, 에러가 발생한다.

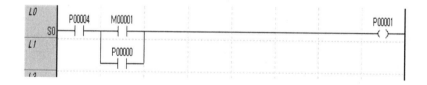

- 조치: 더 이상 OR 연결이 필요 없는 경우 OR을 제거하거나, 해당 위치에 접점을 입력한다.

③ L0200: 디바이스 혹은 변수가 입력되지 않았다.

- 접점, 코일에 디바이스 혹은 변수를 입력하지 않았을 경우 발생한다.

- 조치: 오류가 발생한 접점, 코일에 적절한 디바이스 값을 입력한다.

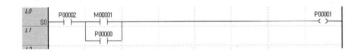

④ L0300: OR-LOAD가 잘못 연결되었다.
- OR-LOAD 연결에 오류가 있는 경우 발생한다.

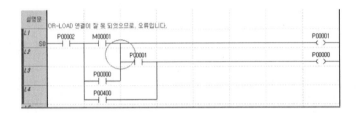

- 조치: 잘못된 OR-LOAD 연결을 찾아 LD 프로그램을 수정한다.

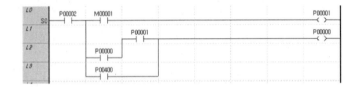

⑤ L0400: 지정 접점 수 초과다.
- 연속적인 LOAD 명령어가 32개 이상 초과하였을 경우 발생한다.

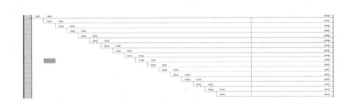

- 조치: LOAD 명령어가 32개를 초과하지 않도록 LD 프로그램을 수정한다.

⑥ L0401: 잘못된 입력이다.
- 입력이 필요하나, 해당 입력이 존재하지 않는 경우 발생한다.

● 조치: 입력 단에 적절한 입력을 추가한다.

⑦ L0402: 잘못된 입력이다.
   ● 입력이 필요 없으나, 입력이 존재하는 경우 발생한다.

● 조치: 입력 단의 불필요한 입력을 제거한다.

⑧ L0404: 최대 MPUSH 수를 초과하였다.
   ● 연속적인 MPUSH/MPOP이 16개 이상인 경우 발생한다.

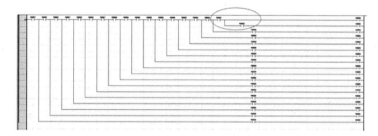

● 조치: 연속적인 MPUSH-MPOP이 16개를 넘지 않도록 LD 프로그램을 수정한다.

⑨ L0406: 응용 명령어 오류다.
   ● XGT 시리즈 PLC에 없는 응용 명령어를 사용하였을 경우 발생한다.

● 조치: XGT 시리즈 PLC에서 제공하는 명령어로 대체한다.

Tip & note

MK 시리즈 PLC 프로젝트 파일을 XGT 프로젝트로 변환하는 경우 발생한다.

4.3.4 문법 에러

응용 명령어 사용 시 발생하는 문법 에러에 대해 검사한다.

① E4000: END 명령어가 존재하지 않는다.
- 프로그램에 스캔을 완료하는 END가 없는 경우에 오류 처리한다.

- 조치: 프로그램 끝에 END 명령어를 삽입한다.

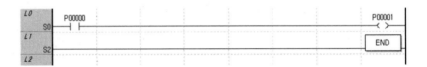

② E0001: MCS 명령어가 중복되어 사용되었다.
- MCS 번호가 중첩된 경우에 발생한다.

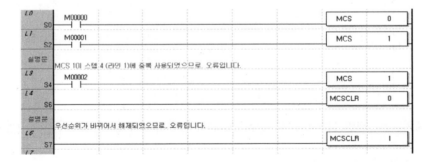

- 조치: 중복 사용된 MCS 명령어를 수정하거나, 상응하는 MCSCLR 명령어를 추가한다.

③ E0002: MCSCLR이 없거나, 이미 해제되었다.
- MCS 명령어가 단독으로 사용되었다.

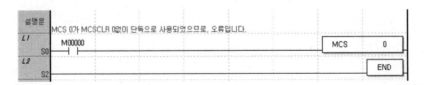

- 조치: 상응하는 MCSCLR 명령어를 입력한다.

④ E0003: MCS 명령어가 없다.

- MCSCLR 명령어가 단독으로 사용되었다.

- 조치: 상응하는 MCS 명령어를 입력하거나, MCSCLR 명령어를 삭제한다.

⑤ E1001: 레이블이 중복 선언되었다.

- 중복된 LABEL의 사용은 오류다.

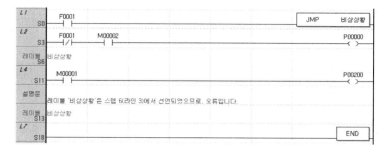

- 조치: 중복된 레이블을 삭제하거나, 레이블의 이름을 변경한다.

⑥ E1002: 레이블 '레이블 명'이 존재하지 않는다.

- 존재하지 않는 LABEL을 참조하는 JMP는 오류다.

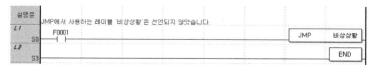

- 조치: 오류가 발생한 레이블을 추가하거나, 레이블을 사용하는 JMP 명령어를 수정
  한다.

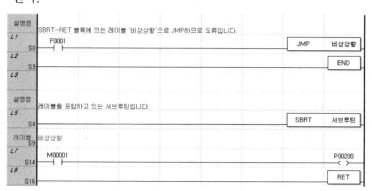

⑦ E1003: 레이블 '레이블 명'이 사용되지 않았다.

● 레이블은 존재하나 사용하는 JMP 명령어가 없는 경우 발생한다.

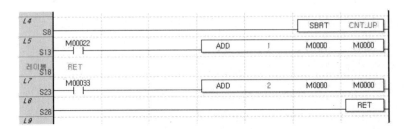

● 조치: 레이블을 삭제하거나, JMP 응용 명령어를 추가한다.

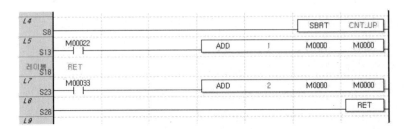

⑧ E1004: 서브루틴에 있는 레이블 '레이블 명'이 사용되지 않았다.

● 서브루틴 내의 레이블은 존재하나 사용하는 JMP 명령어가 없는 경우 발생한다.

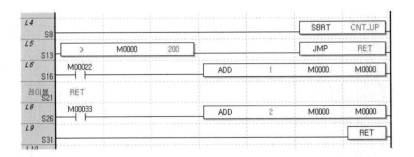

● 조치: 서브루틴 내에 레이블을 삭제하거나, JMP 응용 명령어를 추가한다.

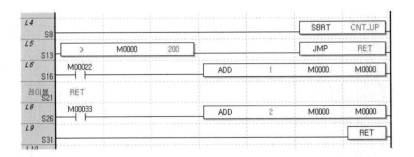

Tip & note

오류 번호 E1003/E1004는 문법 에러 검사 항목의 참조되지 않은 레이블에 대하여 [경고] 또는 [오류]로 선택하였을 경우에만 발생한다. 자세한 사항은 4.3.1의 프로그램 검사 설정을 참고한다.

⑨ E1005: 서브루틴에 레이블 '레이블 명'이 존재하지 않는다.

- 서브루틴 내에 존재하지 않는 레이블을 사용하는 JMP는 오류다.

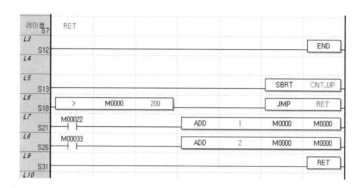

- 조치: 레이블을 서브루틴 내에 추가하거나, JMP 명령어를 수정한다.

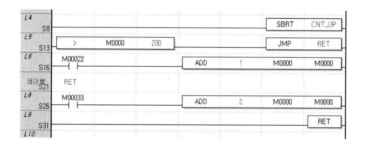

⑩ E2015: 최대 레이블 개수를 초과하였다.

- PLC 타입에 따른 최대 레이블의 개수를 초과하였다.
- 조치: 사용하고 있는 레이블의 개수를 확인한다.

Tip & note

PLC 타입에 따라 사용할 수 있는 최대 레이블의 개수가 다르다. 자세한 사항은 XGK CPU 사용설명서를 참고한다.

⑪ E2001: 서브루틴 '서브루틴 명'에 리턴 명령어가 없다.

- 서브루틴은 RET 명령으로 마감되어야 한다.

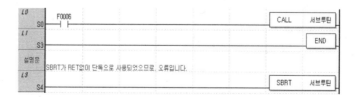

● 조치: 서브루틴 블록에 RET 명령어를 추가한다.

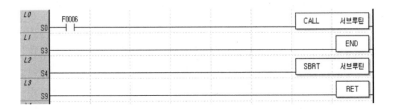

⑫ E2010: 존재하지 않는 서브루틴 호출이다.
  ● 존재하지 않는 SBRT에 대한 호출은 오류다.

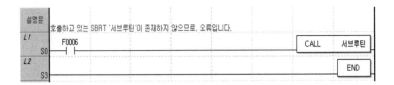

● 조치: 호출하고자 하는 서브루틴 명의 SBRT~RET 블록을 추가한다.

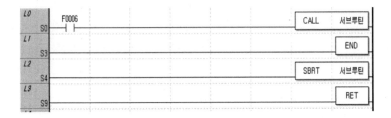

⑬ E2003: 서브루틴 '서브루틴 명'이 END 명령어 이전에 위치하고 있다.
  ● END 명령어 앞에 존재하는 SBRT, RET은 오류다.

● 조치: END 명령어보다 선행하는 응용 명령어 SBRT, RET을 END 이후로 이동시킨다.

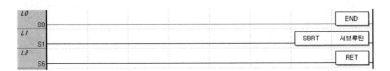

⑭ E2011: 사용되지 않는 서브루틴이다.

- SBRT ~ RET 블록은 존재하나 해당 서브루틴을 사용하는 CALL 명령어가 없다.

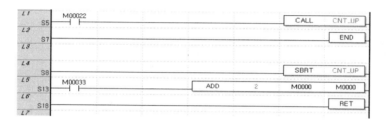

- 조치: 사용하지 않을 서브루틴인 경우 삭제하거나, CALL 명령어를 추가한다.

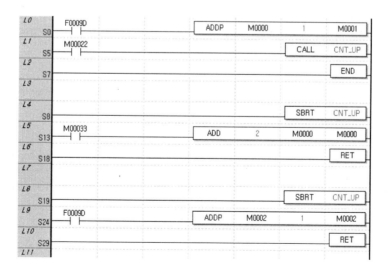

Tip & note

오류 번호 E2011은 문법 에러 검사 항목의 참조되지 않은 서브루틴에 대하여 [경고] 또는 [오류]로 선택하였을 경우에만 발생한다. 자세한 사항은 4.3.1의 프로그램 검사 설정을 참고한다.

⑮ E2012: 서브루틴이 중복 선언되었다.

- 동일한 이름의 서브루틴을 사용할 수 없다.

- 조치: 중복된 이름의 서브루틴을 변경한다.

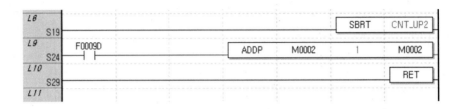

⑯ E2014: 최대 서브루틴 개수를 초과하였다.

- PLC 타입에 따른 최대 서브루틴의 개수를 초과하였다.
- 조치: 사용하고 있는 서브루틴의 개수를 확인한다.

⑰ E3001: 일치하는 NEXT문을 찾을 수 없다.

- FOR/NEXT 명령어의 사용 회수가 일치하지 않으면 오류다.

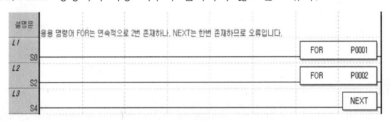

- 조치: FOR 명령어의 개수와 NEXT 명령어의 개수를 일치시킨다.

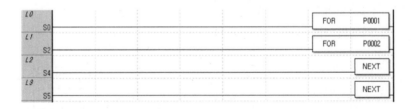

⑱ E3002: 일치하는 FOR를 찾을 수 없다.

- FOR/NEXT 명령어의 사용 회수가 일치하지 않으면 오류다.

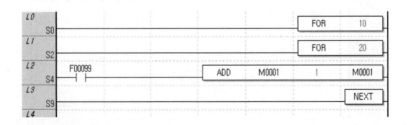

- 조치: FOR 명령어의 개수와 NEXT 명령어의 개수를 일치시킨다.

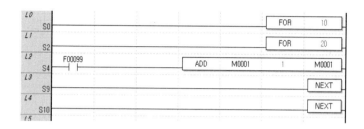

⑲ E3003: FOR-NEXT문은 16회 이상 중첩될 수 없다.

- FOR/NEXT 블록은 16개까지 중첩 가능하다. 만일 중첩된 FOR/NEXT 블록의 개수가 16개를 넘으면 오류다.

- 조치: 중첩된 FOR문이 16개가 넘지 않도록 해당 FOR/NEXT 블록을 수정한다.

⑳ E3004: FOR-NEXT문 사이에 RET 혹은 END가 올 수 없다.

- FOR, NEXT 사이에 RET, END를 포함하면 오류다.

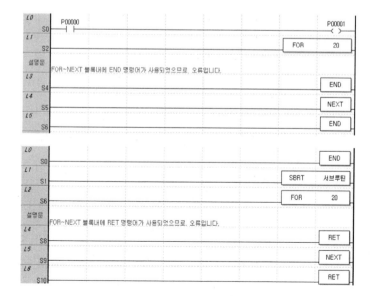

- 조치: FOR/NEXT 블록 내에 END, RET 명령어의 위치를 변경시킨다.

㉑ E3005: BREAK 문이 단독 사용되었다.

- BREAK 명령어는 FOR/NEXT 블록 내에서만 사용할 수 있다.

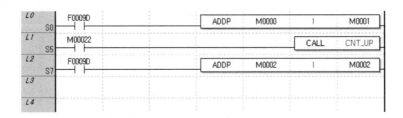

- 조치: BREAK 문의 위치를 변경한다.

㉒ E4000: END 명령어가 존재하지 않는다.

- 프로그램 당 적어도 한 개 이상의 END 명령어가 필요하다.

- 조치: 프로그램 끝에 END 명령어를 삽입한다.

㉓ 00001: 최대 프로그램 용량을 초과하였다.

- 프로그램 가능한 최대 스텝을 초과하였다.
- 조치: 프로그램 용량을 초과하였으므로, 프로그램을 수정한다.

Tip & note

PLC 타입에 따라 프로그램 용량이 다르다. 자세한 사항은 XGK CPU 사용설명서를 참고한다.

㉔ 00002: 한 개 이상의 스캔 프로그램이 필요하다.

- 현재 PLC 항목에 스캔 프로그램이 없으므로 오류다.
- 조치: 프로젝트 [스캔 프로그램] 항목에 프로그램 항목을 추가한다.

파라미터 설정하기

5.1 기본 파라미터

PLC 동작에 관계된 기본 파라미터를 설정한다.

(1) 프로젝트 트리의 [파라미터]→[기본 파라미터]를 두 번 누른다.

❶ 기본 설정 대화 상자

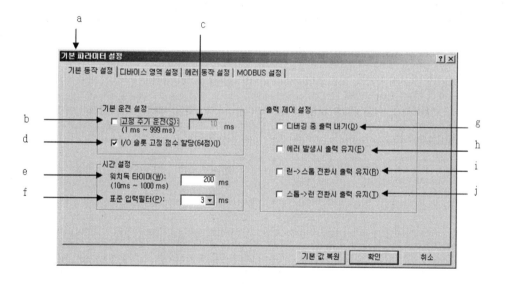

a. 기본 파라미터 정보 중 기본 운전, 시간, 출력 제어 설정을 위한 탭이다.
b. PLC 프로그램을 고정된 주기에 따라 동작을 시킬 것인지, 스캔 타임에 의해 동작 시킬 것인지 결정한다.
c. b번의 고정 주기 설정이 체크되어 있을 때 동작 시간을 사용자가 ms 단위로 입력한다.
d. I/O 슬롯에 메모리 할당을 고정된 64점으로 할 것인지, 프로그램에 의해 유동적으로 할당할 것인지 결정한다.
e. 프로그램 오류에 의해 PLC가 멈추는 현상을 제거하기 위한 스캔 워치독 타이머의 시간 값 설정한다.
f. 표준 입력 값을 설정한다.
g. 디버깅 중에도 출력 모듈에 데이터를 정상적으로 출력할지 결정한다.
h. 에러나 특정한 입력이 발생될 때에도 모듈에 데이터를 정상적으로 출력할지 결정한다.
i. PLC 동작 모드 RUN 에서 STOP로 전환 중에 모듈에 데이터를 정상적으로 출력할지 결정한다.
j. PLC 동작 모드 STOP 에서 RUN으로 전환 중에 모듈에 데이터를 정상적으로 출력할지 결정한다.

❷ 디바이스 영역 설정

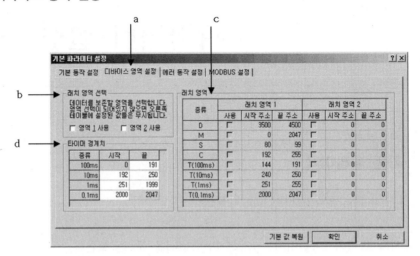

a. [기본 파라미터] 정보 중 PLC 전원이 꺼져도 데이터를 보존할 영역(래치영역) 설정을 위한 탭이다.
b. 보존할 데이터 영역을 설정한다. 오른쪽의 래치영역 테이블의 영역1과 영역2의 사용을 제어하는 대표 플래그다. 체크박스를 선택하지 않으면 오른쪽 래치영역 테이블에 설정된 값들은 무시됩니다.
c. 각 디바이스 별로 래치를 원하는 영역을 설정한다. 각 디바이스 별로 사용 여부와 영역을 선택할 수 있다. 영역1과 영역2 는 서로 겹쳐서 설정할 수 없고 각 래치 영역의 최대 크기는 디바이스 영역의 최대 크기가 된다. 디바이스의 최대 크기는 XGT PLC 스펙을 참조한다.
d. 타이머 영역은 100ms, 10ms, 1ms, 0.1ms 로 나누어져 있다. 이 영역을 왼쪽 타이머 경계치 영역에 설정된 값 내에서 래치 영역을 선택할 수 있다. 다른 디바이스와 같이 영역이 서로 중복되서 설정할 수는 없다. 사용하고자 하는 타이머의 수를 조정할 수 있다. 여기서 설정된 값은 래더 다이어그램이나 니모닉 프로그램의 타이머 사용에 큰 영향을 미치게 된다. 각 타이머 설정 값에 따른 기본 값은 다음과 같다.

T100ms	시작: 0	끝: 999
T10ms	시작: 1000	끝: 1499
T1ms	시작: 1500	끝: 1999
T100us	시작: 2000	끝: 2047

기본 값으로 타이머 경계치가 설정이 되어 있는 경우 래더 다이어그램에서 T100을 사용하게 되면 이 타이머는 자동적으로 100ms 단위의 타이머가 된다. T100 은 T100ms의 영역에 있기 때문이다. 기본 설정에서 10ms 주기의 타이머를 쓰기 위해서는 T1000 ~ T1499까지 중 임의 번지를 사용하면 되는 것이다. 사용자가 각 주기의 타이머 영역을 설정하여 많이 사용하고자 하는 주기에 더 많은 메모리 영역을 할당할 수 있다. 타이머 경계치 설정에서 서로 주기가 다른 타이머가 겹쳐서 설정될 수 없다. 또한 영역 시작과 끝은 항상 0과 2047로 고정되어 있으므로 변경이 불가능하다. 각 주기는 이 영역에서 크기를 분할하여 사용해야 한다.

❸ 에러 동작 설정

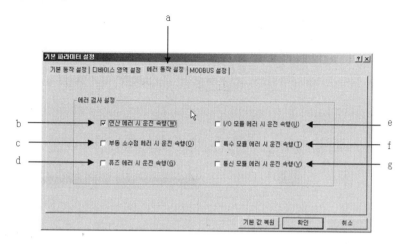

a. [기본 파라미터] 정보 중 PLC에 에러가 발생되었을 때 동작 방법 설정을 위한 탭이다.
b. PLC 동작 중 연산 에러가 발생하였을 때에도 PLC가 계속 동작할지 결정할 수 있다.
c. PLC 동작 중 부동 소수점 에러가 발생하였을 때에도 PLC가 계속 동작할지 결정할 수 있다.
d. PLC 동작 중 모듈의 퓨즈 연결 상태에 에러가 발생하였을 때에도 PLC가 계속 동작할지 결정할 수 있다.
e. PLC 동작 중 I/O 모듈에 에러가 발생하였을 때에도 PLC가 계속 동작할지 결정할 수 있다.
f. PLC 동작 중 특수 모듈에 에러가 발생하였을 때에도 PLC가 계속 동작할지 결정할 수 있다.
g. PLC 동작 중 통신 모듈에 에러가 발생하였을 때에도 PLC가 계속 동작할지 결정할 수 있다.

❹ MODBUS 설정

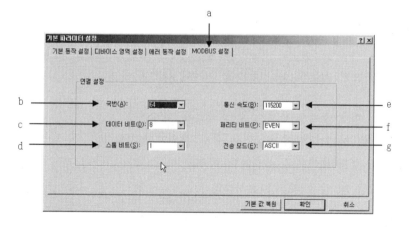

a. 기본 파라미터 정보 중 모드버스 기본 정보 설정을 위한 탭이다.
b. 모드버스를 사용하기 위한 국번 설정[0 ~ 64]을 한다.
c. 데이터 비트를 설정한다.
d. 스톱 비트를 설정한다.
e. 통신 속도를 설정한다.
f. 전송 방식을 설정한다.
g. 전송 모드를 설정한다.

5.2 I/O 파라미터

PLC의 슬롯에 사용할 I/O 종류를 설정하고, 해당 슬롯 별로 파라미터를 설정한다.

(1) 프로젝트 트리의 [파라미터]-[I/O 파라미터] 항목을 선택한다.

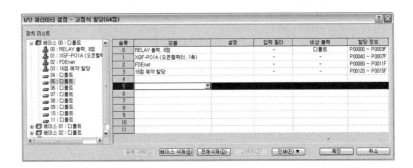

① 장치 리스트: 전체 베이스 모듈에 대한 정보와, 각 베이스 별로 설정된 슬롯의 종류를
　 표시한다. 베이스는 총 8개의 베이스가 표시되며, 베이스 별로 최대 12개의 슬롯을
　 설정할 수 있다. 각 슬롯 별로 모듈을 지정하지 않은 경우 '디폴트'로 표시된다.
② 슬롯 그리드: 현재 선택된 베이스에 슬롯 별 모듈 종류를 편집하거나 열람하기 위한
　 그리드다. 모듈에 대한 설명 및 모듈 별로 상세 설정할 수 있으며, 입출력 모듈의 경우,
　 해당 상세 정보가 간략히 표시된다. 모듈을 설정함에 따라 할당 정보가 표시된다.

> **Tip & note**
>
> 모듈의 할당정보는 기본 파라미터에서 지정한 입출력 할당방식에 따라 다르게 표현된다. 기본 파라미터에서
> 설정한 할당 방식은 I/O 파라미터 설정 대화상자의 타이틀에 표시된다.

③ 슬롯 삭제: 현재 선택된 슬롯의 모든 정보를 삭제한다.
④ 베이스 삭제: 현재 선택된 베이스의 모든 정보를 삭제한다.
⑤ 전체 삭제: 모든 베이스의 정보를 삭제한다.
⑥ 상세히: 모듈 별 상세 정보를 표시한다.

> **Tip & note**
>
> 특수 모듈 중 위치 결정 모듈 및 모든 종류의 통신 모듈은 I/O 파라미터 설정 창에서 상세 정보를 설정할
> 수 없다.

⑦ 인쇄: 슬롯에 설정된 모듈의 종류 및 모듈 별 파라미터 정보를 인쇄한다.

5.2.1 베이스 모듈 정보 설정

1) 베이스 모듈 정보 설정

베이스 모듈에 대한 정보를 설정하기 위한 것으로 그 순서는 다음과 같다.

① 장치 리스트에서 설정할 베이스 모듈을 선택한다.
② 마우스 오른쪽 버튼을 눌러 [컨텍스트 메뉴]−[베이스 설정] 항목을 선택한다.

    a. 슬롯 수: 최대 슬롯의 개수를 입력한다.
    b. 확인: 변경 사항을 적용하고 대화 상자를 닫는다.
    c. 취소: 대화 상자를 닫는다.

Tip & note

  설정한 슬롯 수가 최대 슬롯 수 보다 작은 경우, 나머지 영역은 편집이 불가능하다.

2) 베이스 모듈 삭제

① 장치 리스트에서 삭제할 베이스 모듈을 선택한다.
② 마우스 오른쪽 버튼을 눌러 [컨텍스트 메뉴]−[베이스 삭제] 항목을 선택한다.
③ 베이스 정보 삭제 확인을 위한 메시지 박스가 출력되며, 메시지 박스에서 엔터 혹은
   확인 버튼을 누르면, 해당 베이스 모듈의 모든 정보가 삭제된다.

5.2.2 슬롯 별 모듈 정보 설정

슬롯 별 모듈 종류 및 모듈 별 상세 정보를 설정하기 위한 것으로 그 순서는 다음과 같다.

① 슬롯 그리드에서 모듈을 설정할 슬롯으로 커서를 이동시킨다.
② 모듈 열을 선택하면, 열의 마지막에 모듈의 종류를 선택할 수 있는 선택상자가 표시된
   다. 혹은 오른쪽 마우스 버튼을 눌러 [컨텍스트 메뉴]−[편집] 항목을 선택한다.

슬롯	모듈	설명	입력 필터	비상 출력	할당 정보
0					
1					
2					
3					
4					
5					
6					
7					
8					
9					
10					
11					

③ 해당 선택상자를 클릭하면, 디지털 모듈 리스트, 특수 모듈 리스트, 통신 모듈 리스트, 모듈 예약의 범주가 표시된다.

④ 원하는 모듈의 범주에서 '+' 버튼을 선택하여 해당 범주를 확장시키고, 슬롯에 할당할 모듈을 설정한다.

슬롯	모듈	설명	입력 필터	비상 출력	할당 정보
0	DC 24V 입력, 16점		3 ms[표준]	-	P00000 ~ P0000F
1					
2					

⑤ 설명 열을 선택하고 오른쪽 마우스 버튼을 눌러 [컨텍스트 메뉴]–[편집] 항목을 선택한다. 해당 슬롯에 대한 설명문을 입력하고 엔터 버튼을 누른다.

Tip & note

모듈에 대한 설명문은 최대 영문 128자(한글 64자)까지 입력 가능하다.

5.2.3 모듈 별 상세 정보 설정

본 절에서는 모듈 별 상세 정보 설정에 관한 사항을 설명한다. 모듈에 대한 상세 정보 설정은, 설정하고자 하는 모듈로 이동한 후 마우스를 더블 클릭하거나 자세히 버튼을 누른다.

1) 입력 모듈

① 필터 값: 입력에 대한 필터 상수 값을 설정한다.

Tip & note

– 입력이 AC인 입력 모듈은 필터 값을 설정할 수 없다.
– 입력 필터의 표준 값은 기본 파라미터에서 설정한다. 기본 파라미터에 대한 내용은 5.1 기본 파라미터 항목을 참고한다.

– 입력 필터는 입력 신호에 대한 샘플링 시간으로, 입력신호가 일정시간 같은 값으로 샘플링 되면, 정상적인 입력신호로 보게 된다. 동일 모듈에 대해 SW적으로 입력 특성을 지정할 수 있어, 다양한 응답속도에 반응할 수 있도록 설정할 수 있다. 자세한 사항은 PLC 메뉴얼을 참고한다.

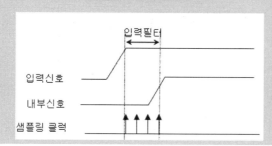

2) 출력 모듈

여기서 각 항목별 세부 내용은 다음과 같다.

① 채널: 8점당 하나의 채널로 할당되며, 채널 별로 비상출력 모드를 설정할 수 있다.
② 비상출력: 비상시 출력을 홀드(유지)할지, 클리어(초기화)할지 선택한다. 비상출력이 홀드로 설정이 되면, 슬롯 그리드에 홀드로 설정된 채널이 표시된다.

슬롯	모듈	설명	입력 필터	비상 출력	할당 정보
0	DC 24V 입력, 8점		3 ms[표준]	–	P00000 ~ P00007
1	RELAY 출력, 16점		–	홀드(0)	P00008 ~ P00017
2	DC 24V 입력/RELAY 출력, 16점		3 ms[표준]	홀드(0,1)	

Tip & note

– 비상출력은 출력 모듈이 CPU에 비상상황이 발생한 경우, 안전을 위해 출력 모듈의 출력을 홀드할지, 클리어 할지 설정하기 위하여 지정한다.
– 비상출력에 대한 기본값은 홀드이다.

3) 입출력 모듈

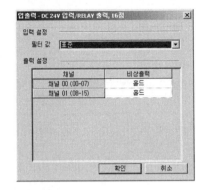

a. 입력 설정: 입력에 대한 상세 정보를 설정한다.
b. 필터 값: 입력에 대한 필터 상수 값을 설정한다.
c. 출력 설정: 출력에 대한 상세 정보를 설정한다.
d. 채널: 8점당 하나의 채널로 할당되며, 채널 별로 비상출력 모드를 설정할 수 있다
e. 비상출력: 비상시 출력을 홀드(유지)할지, 클리어(초기화)할지 선택한다. 비상출력이 홀드로 설정이 되면, 슬롯 그리드에 홀드로 설정된 채널이 표시된다.

> **Tip & note**
>
> - 입출력 모듈은, 입력모듈과 출력모듈의 혼합 형태로, 입출력 모듈에서 입력 부분은 입력모듈과, 출력 부분은 출력모듈과 동일한 특성을 갖는다.

4) A/D 모듈

I/O 파라미터 설정 대화상자에서 A/D 모듈을 선택한 후 [상세히] 버튼을 누르면 아래와 같은 파라미터 설정 대화상자가 나타난다.

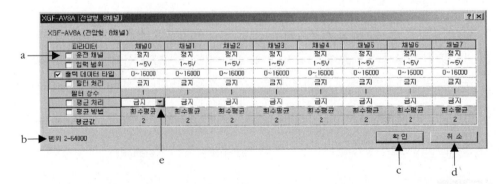

a. 파라미터 전체 설정: 파라미터 이름 왼쪽 흰색 체크박스를 선택한 후 파라미터 항목 값을 변경하면 전 채널의 해당 파라미터 값이 모두 변경된다.
b. 최대/최소값 표시: 값을 입력해야 하는 파라미터 항목의 경우, 대화 상자 하단부에 범위가 자동으로 표시된다. 초기값과 다른 값으로 변경하였을 경우 글자색이 [검정색]→[파란색]으로 변경된다.
c. 확인: 변경 사항을 적용하고 대화 상자를 닫는다.

d. 취소: 대화 상자를 닫는다.

e. 파라미터 설정: 콤보 박스 및 값을 입력하는 방식으로 해당 파라미터의 값을 설정할 수 있으며, 개별 파라미터 항목에 대한 설정값들은 아래 표를 참조한다.

[표 5.1] A/D 모듈 파라미터 설정

파라미터	설정 항목	초기값
운전 채널	정지/운전	정지
입력 범위	1 ~ 5V/0 ~ 5V/0 ~ 10V/-10 ~ 10V(전압형), 4 ~ 20mA/0 ~ 20mA(전류형)	1~5V, 4~20mA
출력 데이터 타입	0 ~ 16000/-8000 ~ 8000/1000-5000/0~1000%(입력범위 항목에 따라 변경됨)	0~16000
필터 처리	금지/허용	금지
필터 상수	1-99	1
평균 처리	금지/허용	금지
평균 방법	횟수평균/시간평균	횟수평균
평균값	횟수평균 2-64000, 시간평균 4-16000	2

5) D/A 모듈

I/O 파라미터 설정 대화상자에서 D/A 모듈을 선택한 후 [상세히] 버튼을 누르면 아래와 같은 파라미터 설정 대화상자가 나타난다.

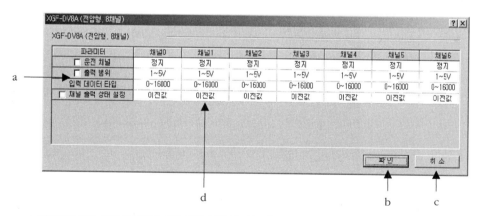

a. 파라미터 전체 설정: 파라미터 이름 왼쪽 흰색 체크박스를 선택한 후 파라미터 항목 값을 변경하면 전 채널의 해당 파라미터 값이 모두 변경된다.

b. 확인: 변경 사항을 적용하고 대화 상자를 닫는다.

c. 취소: 대화 상자를 닫는다.

d. 파라미터 설정: 콤보 박스 입력 방식으로 해당 파라미터를 설정할 수 있으며, 개별 파라미터 항목에 대한 설정 값들은 아래 표를 참조한다.

[표 5.2] D/A 모듈 파라미터 설정

파라미터	설정 항목	초기값
운전 채널	정지/운전	정지
출력 범위	1~5V/0~5V/0~10V/-10~10V(전압형), 4~20mA/0~20mA(전류형)	1~5V, 4~20mA
입력 데이터 타입	0~16000/-8000~8000/1000-5000/0~1000%(출력범위에 따라 변경됨)	0~16000
채널출력상태 설정	이전값/최소/중간/최대	이전값

온라인으로 활용하기

6.1 접속 옵션

PLC와의 연결 네트워크 설정을 한다.

6.1.1 로컬 접속 설정

로컬 접속 설정은 RS-232C 또는 USB 연결이 가능하다.

(1) 메뉴 [온라인]−[접속 설정]을 선택한다.

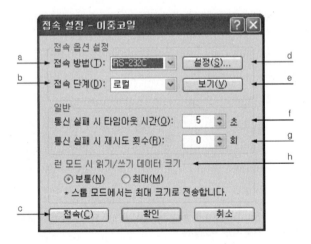

a. 접속 방법: PLC와 연결 시 통신 미디어를 설정한다. RS-232C, USB, Ethernet, Modem으로 설정을 할
   수 있다.
b. 접속 단계: PLC와의 연결 구조를 설정한다. 로컬, 리모트 1단, 리모트 2단 연결 설정을 할 수 있다.
c. 접속: 설정된 접속 옵션 사항으로 PLC와 연결을 시도한다.
d. 설정: a.에 선택된 접속 방법에 따른 상세 설정을 할 수 있다.
e. 보기: 전체적인 접속 옵션을 한 눈에 확인할 수 있다.
f. 타임 아웃 시간: 설정된 시간 내에 PLC와의 통신 연결을 재개하지 못할 경우 타임아웃이 발생하여 연결
   재시도를 할 수 있다.
g. 재시도 횟수: PLC와의 통신 연결 실패 시 몇 회를 더 다시 통신 연결 할지를 설정한다.
h. 런 모드 시 읽기/쓰기 데이터 크기: 데이터 전송 프레임의 크기를 설정한다. 이 옵션은 PLC 운전모드가
   런 일 때만 적용되며 그 외 운전모드는 최대 프레임 크기로 전송한다.

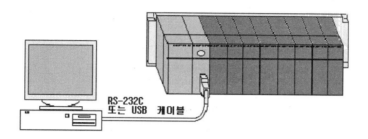

❶ 로컬 RS-232C 연결 [순서]

- 접속 방법을 RS-232C로 선택한다.
- 설정 버튼을 눌러 통신 속도 및 통신 COM 포트를 설정한다.
- 확인 버튼을 눌러 접속 옵션을 저장한다.

Tip & note

– 기본 설정이 RS232C COM1에 통신 속도가 115200bps이다.
– 통신 속도는 38400bps와 115200bps를 지원한다.
– 통신 포트는 COM1~COM8까지 지원한다.
– USB to Serial 장치를 사용할 경우 통신 포트는 가상의 COM 포트를 사용한다. 설정된 포트 번호를 확인하려
  면 장치관리자를 확인한다.
– XG5000에서의 접속과 XG-PD, 디바이스 모니터, 시스템 모니터에서의 접속이 하나의 PLC에 동시에 가능
  하다. 단 접속 옵션의 사항이 동일할 시에만 가능하다.

❷ 로컬 USB 연결

- 접속 방법을 USB로 설정한다.
- USB는 세부 설정 사항이 없다. 그러므로 설정 버튼이 비활성화 된다.
- 확인 버튼을 눌러 접속 옵션을 저장한다.

Tip & note

USB로 PLC를 연결하기 위해서는 USB 장치 드라이버가 설치되어 있어야 한다. 설치가 되어 있지 않다면 먼저 설치하고 연결한다.

6.1.2 리모트 1단 접속 설정

1) Ethernet 연결

① 접속 방법을 Ethernet으로 설정한다.

② 설정 버튼을 눌러 Ethernet IP를 설정한다.

③ 확인 버튼을 눌러 접속 옵션을 저장한다.

Tip & note

- Ethernet 연결을 위해서는 PC에 Ethernet 연결이 되어 있어야 한다.
- IP 설정은 PLC의 Ethernet 모듈의 대상 IP이다.
- 설정된 IP로 정상적 접속이 가능한지 여부를 접속하기 전에 미리 윈도우 시작메뉴의 실행에서 Ping으로 확인한다.

2) 모뎀 연결

① 접속 방법을 Modem으로 설정한다.

② 설정 버튼을 눌러 모뎀 상세 설정을 한다.

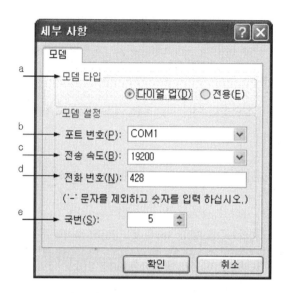

a. 모뎀 타입: 연결 가능한 모뎀의 타입을 설정한다. 전용 모뎀은 Cnet 통신 모듈이 전용 모뎀 기능을 한다.
b. 포트 번호: 모뎀 통신 포트를 설정한다.
c. 전송 속도: 모뎀의 통신 속도를 설정한다.
d. 전화 번호: 다이얼 업 모뎀인 경우 모뎀의 전화번호를 입력한다.
e. 국번: 리모트 1단 쪽 통신 모듈에 설정된 국번 번호를 입력한다.

3) RS-232C 또는 USB로 리모트 연결

① 접속 타입을 RS-232C로 설정한다.

② 접속 단계를 리모트 1단으로 설정한다.

③ 설정 버튼을 눌러 리모트 1단 설정한다.

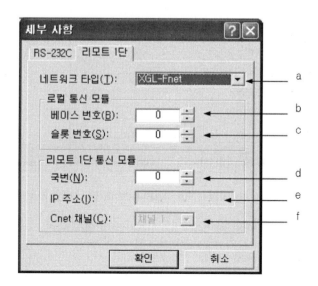

a. 네트워크 타입: 리모트 연결 시 PLC 통신 모듈 타입을 설정한다. 통신 모듈은 Fnet, Enet, FDnet, Cnet, FEnet, FDEnet이 가능하다.
b. 베이스 번호: 로컬 쪽 PLC 베이스의 통신 모듈의 베이스 번호를 설정한다.
c. 슬롯 번호: 로컬 쪽 PLC 베이스의 통신 모듈의 슬롯 번호를 설정한다.
d. 국번: 리모트 1단 쪽 통신 모듈에 설정된 국번 번호를 입력한다.
e. IP 주소: 리모트 1단 쪽 통신 모듈에 설정된 IP 주소를 입력한다.
f. Cnet 채널: 리모트 1단 접속 통신 모듈이 Cnet 모듈인 경우 접속 채널 포트를 선택한다.

Tip & note

– 네트워크 타입이 Enet, FEnet인 경우에만 IP 주소가 활성화 되고, 그렇지 않은 경우에는 국번이 활성화 되고 IP 주소는 비활성화 된다.
– 베이스 번호는 0~7까지 가능하고, 슬롯 번호는 0~15까지 가능하다.

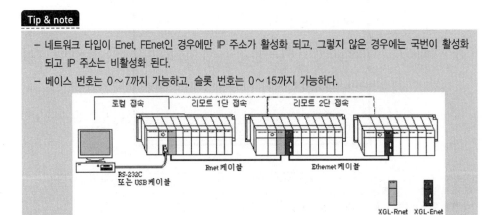

6.1.3 리모트 2단 접속 설정

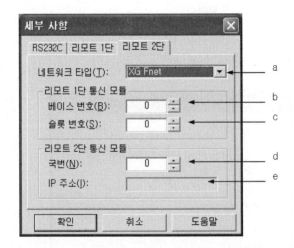

a. 네트워크 타입: 리모트 연결 시 PLC 통신 모듈 타입을 설정한다. 통신 모듈은 Fnet, Enet, FDnet, Cnet, FEnet, FDEnet이 가능하다.
b. 베이스 번호: 로컬 쪽 PLC 베이스의 통신 모듈의 베이스 번호를 설정한다.
c. 슬롯 번호: 로컬 쪽 PLC 베이스의 통신 모듈의 슬롯 번호를 설정한다.
d. 국번: 리모트 1단 쪽 통신 모듈에 설정된 국번 번호를 입력한다.
e. IP 주소: 리모트 1단 쪽 통신 모듈에 설정된 IP 주소를 입력한다.

6.2 접속/접속 끊기

6.2.1 접속

설정된 접속 옵션에 따라 PLC와의 연결을 시도한다.

① 메뉴 [온라인]-[접속]을 선택한다.
② 접속 중 대화상자가 나온다.

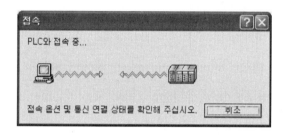

③ PLC와의 연결이 성공하면 온라인 메뉴 및 온라인 상태가 표시된다.
④ PLC에 비밀번호가 설정되어 있는 경우에는 비밀번호 입력 대화상자가 나온다.

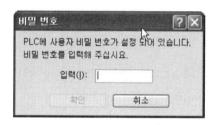

⑤ 입력된 비밀번호가 PLC의 비밀번호와 일치하면 접속된다.

Tip & note

– PLC와의 접속이 빨리 성공할 경우 접속 중 대화상자가 빠르게 나타났다 사라질 수 있다.
– 접속된 후 PLC의 상태는 프로젝트 창의 프로젝트 이름 옆과 상태 표시줄에 표시된다.

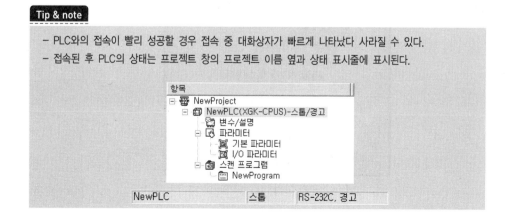

– 접속 시 이미 다른 응용 프로그램이 접속되어 있다면 주요 온라인 기능을 수행할 수 없다.

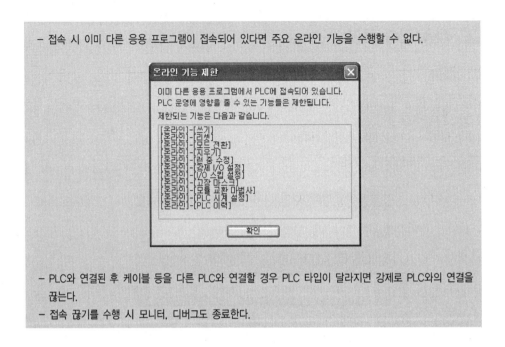

– PLC와 연결된 후 케이블 등을 다른 PLC와 연결할 경우 PLC 타입이 달라지면 강제로 PLC와의 연결을 끊는다.
– 접속 끊기를 수행 시 모니터, 디버그도 종료한다.

6.3 쓰기

사용자 스캔 프로그램 및 각 파라미터, 설명문 등을 PLC로 전송한다.

① 메뉴 [온라인]−[접속]을 선택하여 PLC와 온라인으로 연결한다.
② 메뉴 [온라인]−[쓰기]를 선택한다.
③ PLC로 전송할 데이터를 선택한 후 확인 누르면 선택된 데이터를 PLC로 전송한다.

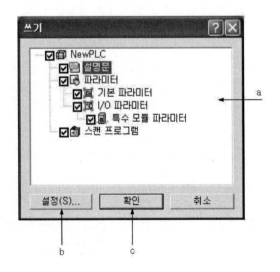

a. 선택 트리: PLC로 전송할 데이터를 선택한다.
b. 설정 버튼: a.에서 설명문이 선택되어 있을 때 PLC로 전송할 설명문의 종류를 선택할 수 있다.
c. 확인 버튼: 확인 버튼을 누를 시 PLC로 데이터를 전송한다.

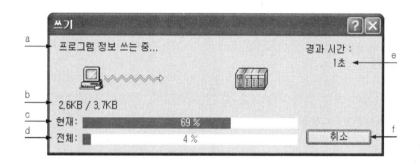

a. 현재 쓰기/읽기 중인 항목을 표시한다.
b. 항목의 데이터 크기를 표시한다(현재 항목의 크기/항목 전체 크기).
c. 현재 항목의 진행 비율을 표시한다.
d. 모든 항목의 진행 비율을 표시한다.
e. 현재까지 전송 진행된 시간을 표시한다.
f. 취소: 데이터 전송을 취소한다.

[설명문 선택 설정 대화 상자]

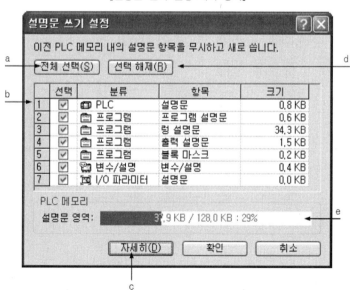

a. 전체 선택: 선택항목을 모두 선택한다.
b. 선택 항목 리스트: PLC 설명문 메모리 내에 쓸 수 있는 설명문의 항목을 표시한다.
c. 크기 표시를 byte 또는 kB 단위로 표시한다.
d. 선택 해제: b 선택항목에서 선택된 항목을 모두 선택 해제한다.
e. 선택된 항목에 따라 PLC내의 설명문 메모리에서 차지하는 비율을 표시한다(예: 선택된 설명문 37.7KB/PLC의 설명문 메모리 128KB).

Tip & note

– 특수 모듈 파라미터 쓰기는 I/O 파라미터 쓰기가 선택이 된 경우에만 쓸 수 있다.
– 런 중 수정 쓰기 시에 쓰는 시간은 PLC 스톱 모드에서 쓰기 시간보다 더 많이 걸린다.

6.4 읽기

PLC내에 저장되어 있는 스캔 프로그램 및 각 파라미터, 설명문 등을 PLC로부터 업로드하여 현재 프로젝트에 적용한다.

① 메뉴 [온라인]-[접속]을 선택하여 PLC와 연결한다.
② 메뉴 [온라인]-[읽기]를 선택한다.
③ PLC로부터 업로드할 항목을 설정한 후 확인버튼을 누르면 PLC로부터 업로드한다. 업로드 된 항목들은 현재 프로젝트에 적용된다.

6.5 모드 전환

PLC의 운전 모드를 전환할 수 있다

① 메뉴 [온라인]-[접속]을 선택하여 PLC와 연결한다.
② 메뉴 [온라인]-[모드 전환]-[런/스톱/디버그]를 선택한다.
③ PLC의 운전 모드가 사용자가 선택한 운전 모드로 전환한다.

Tip & note

– PLC 키 스위치의 위치가 리모트-스톱의 위치에 있어야 XG5000으로 PLC의 운전 모드를 변경할 수 있다.
– 디버그 모드는 PLC 내의 프로젝트와 연결된 프로젝트의 내용이 같아야만 정상적인 디버그 기능을 수행할 수 있다.
– 스톱 모드에서 런 모드로 전환 시 PLC 내부에서 프로그램을 실행 코드로 변환 중임을 표시하는 대화상자가 나온다. 프로그램의 크기에 따라 최대 30초가량 걸린다.

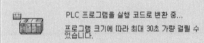

– 런 모드로 전환 시 초기화 태스크가 수행 중이면 다음의 대화상자가 발생한다. 초기화 태스크 수행이 끝나거나 접속을 끊을 시 대화상자는 사라진다.

> – 런 또는 디버그로 모드 전환 시 PLC에 에러가 발생한 경우는 런 또는 디버그 기능을 정상적으로 수행
> 할 수 없다. PLC의 에러를 해결한 후 운전 모드로 전환한다.
> – 모드 전환 시 확인 메시지를 안 보려면 [옵션]-[온라인 탭]의 대화창에서 해당란을 체크하지 않으면 된다.

6.6 PLC와 비교

PLC내의 데이터와 현재 열려있는 프로젝트의 파일을 비교할 수 있다.

① 메뉴 [온라인]-[접속]을 선택하여 PLC와 연결한다.
② 메뉴 [온라인]-[PLC와 비교]를 선택한다.
③ 비교할 대상을 선택하고 비교하기를 누른다.

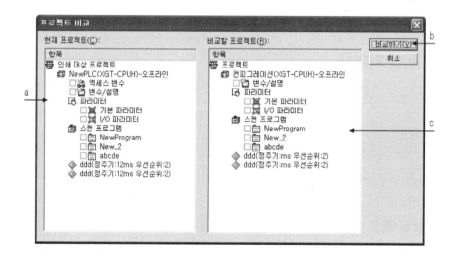

a. 현재 프로젝트 선택 트리: XG5000에 열려 있는 프로젝트다.
b. 비교하기 버튼: 선택된 항목끼리 비교를 수행한다.
c. 비교할 프로젝트 선택 트리: PLC 내의 프로젝트다.

6.7 PLC 리셋

소프트웨어적으로 PLC를 리셋시키는 기능을 할 수 있다.

① 메뉴 [온라인]-[접속]을 선택하여 PLC와 연결한다.
② 메뉴 [온라인]-[PLC 리셋]을 선택한다.
③ 리셋 타입을 선택 후 확인 버튼을 눌러서 PLC를 리셋시킨다.

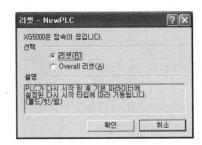

Tip & note

- 리셋 타입은 "리셋"과 "Overall 리셋"이 있다.
- 리셋: PLC가 다시 기동될 때 기본 파라미터에서 설정된 기동타입으로 기동한다.
- Overall 리셋: PLC가 다시 기동될 때 콜드 Restart로 재기동된다. 리테인 영역 중 래치1 영역은 보존되지 않는다.
- 리셋 후에는 PLC는 다시 기동된다.
- XG5000은 PLC와의 연결이 끊긴다.

6.8 PLC 지우기

PLC 내의 프로그램, 각 파라미터, 설명문 및 메모리 영역을 지울 수 있다.

① 메뉴 [온라인]-[접속]을 선택하여 PLC와 연결한다.
② 메뉴 [온라인]-[PLC 지우기]를 선택한다.
③ 각 지울 항목들을 선택 후 실행 버튼을 눌러 PLC 지우기를 실행한다.

6.8.1 프로젝트 지우기

PLC에 저장된 프로젝트 내용을 지운다.

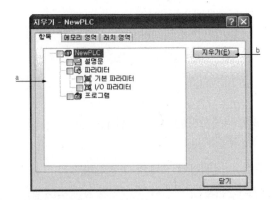

a. 항목 선택 목록: PLC 내에 저장된 항목을 보여준다.
b. 지우기 버튼: 선택된 항목의 지우기를 실행한다.

6.8.2 메모리 지우기

PLC의 메모리 값을 지운다.

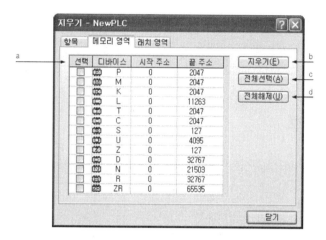

a. 메모리 영역 선택 목록: PLC 내의 메모리 영역을 보여준다. 사용자가 지우려고 하는 시작 주소와 끝
   주소를 지정할 수 있다.
b. 지우기 버튼: 선택된 항목의 지우기를 실행한다.
c. 전체 선택: 모든 메모리 영역을 선택한다.
d. 전체 해제: 모든 메모리 영역의 선택을 해제한다.

6.8.3 래치 데이터 지우기

래치 영역으로 설정된 디바이스의 값을 지운다.

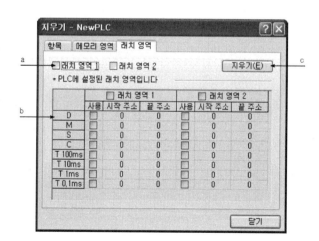

a. 래치 영역 체크 박스: 체크된 래치 영역은 실행 버튼을 누를 시 PLC의 선택된 래치 영역의 디바이스영역
   의 값이 지워진다.
b. 래치 설정 영역: PLC 내에 기본 파라미터에서 설정한 래치 설정 영역 및 설정 내용을 보여준다. 편집은
   되지 않는다.
c. 지우기 버튼: 선택된 항목의 지우기를 실행한다.

> **Tip & note**
>
> - 지우기 동작은 PLC의 키 스위치가 "리모트/스톱"이고, PLC의 운전 모드는 스톱일 때만 가능하다.
> - 메모리 지우기 시 시작 주소가 끝 주소보다 큰 경우는 지우기를 수행할 수 없다.
> - 지우기 기능은 지운 후 원상태로 복구할 수 없으므로 신중하게 지워야 한다.
> - 래치 영역은 설정된 디바이스 영역의 값을 지운다. 래치 설정 영역은 지워지지 않는다. 래치 설정 영역을 지우기 위해선 기본 파라미터를 수정한 후 PLC로 기본 파라미터를 다운로드 하면 된다.

6.9 PLC 정보

연결된 PLC의 정보를 볼 수 있고, 비밀번호, PLC 시계를 설정할 수 있다.

6.9.1 CPU 정보

PLC CPU의 자세한 정보를 확인할 수 있다.

① 메뉴 [온라인]-[접속]을 선택하여 PLC와 연결한다.
② 메뉴 [온라인]-[PLC 정보]를 선택한다.
③ CPU 탭을 선택한다.

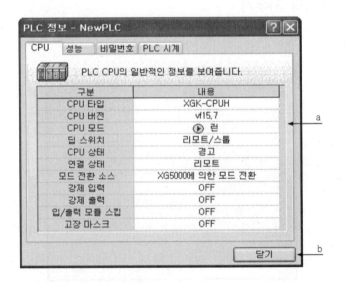

a. 접속된 PLC CPU의 설정 사항 및 상태를 보여준다.
b. 대화 상자를 닫는다.

6.9.2 CPU 성능

PLC의 스캔 타임 및 메모리 사용 사항을 확인할 수 있다.

① 메뉴 [온라인]−[접속]을 선택하여 PLC와 연결한다.
② 메뉴 [온라인]−[PLC 정보]를 선택한다.
③ 성능 탭을 선택한다.

a. 스캔 타임: 접속된 PLC의 최대/최소/현재 스캔 타임을 볼 수 있다. 기본 파라미터의 [고정 주기 운전]이
   설정되어 있으면 설정된 고정 주기를 표시한다.
b. 프로그램 메모리 사용량: 다운로드 된 프로그램의 크기/PLC 전체 프로그램 영역의 크기를 보여준다.
c. 상세: PLC에 다운로드 된 프로그램의 목록을 보여준다.
d. 설명문 메모리 사용량: 다운로드 된 설명문의 크기/PLC 전체 설명문 영역의 크기를 보여준다.
e. 상세: PLC에 저장된 설명문의 목록을 보여준다.

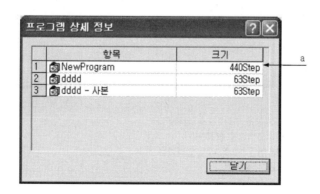

a. 목록: 저장된 프로그램의 목록과 각 프로그램의 스텝 수를 보여준다.

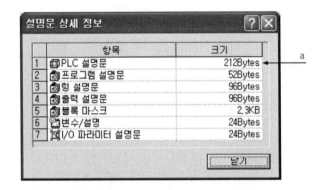

a. 목록: 저장된 설명문의 목록과 각 설명문의 크기를 보여준다.

6.9.3 비밀 번호

PLC 정보를 보호하기 위해 사용자 비밀 번호를 설정, 변경, 삭제할 수 있다.

① 메뉴 [온라인]-[접속]을 선택하여 PLC와 연결한다.
② 메뉴 [온라인]-[PLC 정보]를 선택한다.
③ 비밀번호 탭을 선택한다.

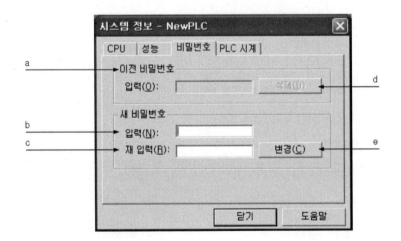

a. 이전 비밀번호: PLC에 저장된 비밀번호를 입력한다.
b. 새 비밀번호 입력: 새 비밀번호를 입력한다.
c. 새 비밀번호 재입력: 새 비밀번호를 다시 입력한다.
d. 삭제: PLC의 비밀번호를 삭제한다.
e. 변경: PLC의 비밀번호를 변경한다.

● 비밀번호 설정 순서

  1. 새 비밀번호 입력 편집 상자 b.에 새로운 비밀번호를 입력한다.

  2. 새 비밀번호 재입력 편집 상자 c.에 1번에서 입력한 비밀번호와 동일한 비밀번호를 입력한다.

  3. 변경 버튼 e.를 누른다. PLC에 비밀번호가 설정된다.

● 비밀번호 변경 순서

  1. 이전 비밀번호 입력 편집 상자 a.에 PLC에 저장된 비밀번호를 입력한다.

  2. 새 비밀번호 입력 편집 상자 b.에 새로운 비밀번호를 입력한다.

  3. 새 비밀번호 재입력 편집 상자 c.에 2번에 입력한 비밀번호와 동일한 비밀번호를 입력한다.

  4. 변경 버튼 e.를 누른다. PLC의 비밀번호가 변경된다.

● 비밀번호 삭제 순서

  1. 이전 비밀번호 입력 편집 상자 a.에 PLC에 저장된 비밀번호를 입력한다.

  2. 삭제 버튼 d.를 누른다. PLC의 비밀번호가 삭제된다.

Tip & note

  – 비밀번호 수는 8자로 제한되어 있다.

  – 비밀번호 입력 시 대/소문자는 구분된다.

  – 특수 문자로 비밀번호 입력이 가능하다.

6.10 PLC 이력

PLC가 저장하고 있는 에러/경고, 모드전환, 전원 차단 이력을 표시한다.

6.10.1 에러 이력

① 메뉴 [온라인]–[접속]을 선택하여 PLC와 연결한다.

② 메뉴 [온라인]–[PLC 이력]을 선택한다.

③ PLC 이력 대화 상자에서 에러 이력 탭을 선택한다.

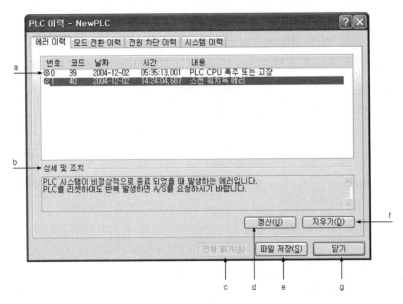

a. 목록: 에러 이력을 표시한다.
b. 상세 및 조치: 이력에서 선택된 에러의 상세 정보 및 에러를 조치하기 위한 방법이 표시된다.
c. 전체 읽기: PLC의 이력을 모두 읽어서 표시한다.
d. 갱신: PLC 이력을 다시 읽어온다.
e. 저장: PLC 이력을 파일로 저장한다.
f. 지우기: PLC 이력을 지운다.
g. 닫기: 대화 상자를 닫는다.

6.10.2 모드 전환 이력

PLC의 운전 모드 전환 이력을 보여준다.

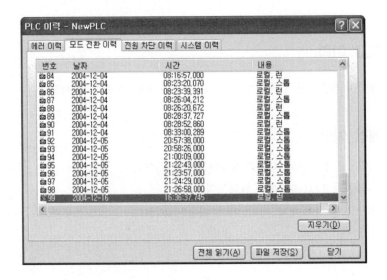

6.10.3 전원 차단 이력

PLC에 전원이 공급되지 않은 이력을 보여준다.

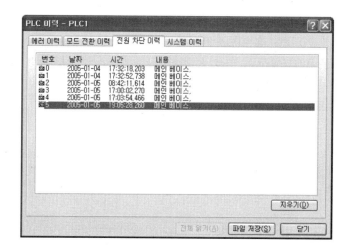

6.10.4 시스템 이력

PLC 운영 중 XG5000으로 수행한 이력을 보여준다.

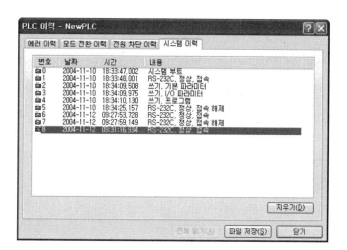

Tip & note

- 각 이력은 시간 순으로 정렬되어 있다.
- 각 이력 저장은 "csv" 파일로 저장된다. 이 파일은 엑셀 및 다른 텍스트 편집 툴에서 열 수 있다.
- 목록의 Column을 더블 클릭 할 시 정렬 방법을 바꿀 수 있다.
- 대화상자가 발생할 때 각 이력을 100개씩 읽는다. 더 많은 PLC의 이력을 읽으려면 전체 읽기 버튼을 누른다.
- PLC 내의 각 이력이 100개가 넘지 않으면 전체 읽기 버튼은 비활성화 된다.

6.11 PLC 에러/경고

PLC가 현재 가지고 있는 에러/경고 및 이전의 에러 이력을 확인할 수 있다.

① 메뉴 [온라인]-[접속]을 선택하여 PLC와 연결한다.
② 메뉴 [온라인]-[PLC 에러/경고]를 선택한다.

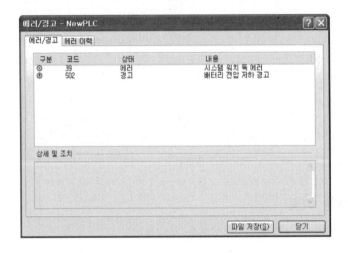

Tip & note

- 접속 중 에러/경고가 발생시 즉시 에러/경고 대화상자가 나타난다.
- 발생된 에러가 "I/O 파라미터 불일치, I/O 착탈 에러, 퓨즈 에러, I/O 읽기 쓰기 에러, 특수 통신 모듈 에러"일 경우는 해당 에러의 슬롯 정보를 같이 표시한다.
- 프로그램 에러(PLC가 스톱에서 런 진입 시 발생하는 에러) 또는 실행 프로그램 에러(PLC가 런 수행 중에 발생하는 에러)가 발생시 마우스로 프로그램 이름 영역을 선택 시 PLC와 프로그램이 같다면 해당 스텝으로 이동한다.

6.12 강제 I/O 설정

PLC에서 I/O 리프레시 영역의 강제 입/출력을 설정한다.

① 메뉴 [온라인]-[강제 I/O 설정]을 선택한다.

Tip & note

강제 I/O 정보는 115200bps의 RS-232C로 연결한 경우 약 5sec, USB를 이용한 경우 약 1sec 정도 소요된다.

강제 I/O 정보를 읽는 중입니다. 잠시만 기다려 주십시오.

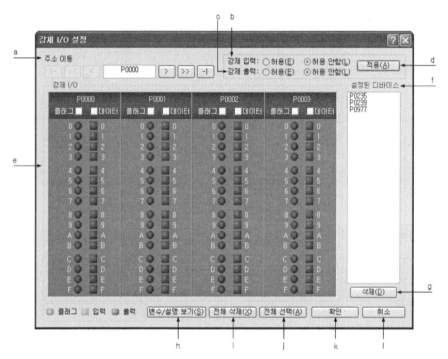

a. 주소 값 이동: 영역의 주소 값을 변경한다. 버튼을 이용하여 이동하거나, 편집 상자에 이동하고자 하는 주소 값을 직접 입력할 수 있다.

버튼	설명
<< 버튼	8워드 이전 주소로 이동한다.
< 버튼	1워드 이전 주소로 이동한다.
> 버튼	1워드 이후 주소로 이동한다.
>> 버튼	8워드 이후 주소로 이동한다.
|- 버튼	첫 주소로 이동한다.
-| 버튼	마지막 주소로 이동한다.

b. 강제 입력: 강제 입력 허용 여부를 선택한다. 강제 입력이 허용 상태인 경우에만 비트 별 강제 입력 값이 적용된다.

c. 강제 출력: 강제 출력 허용 여부를 선택한다. 강제 출력이 허용 상태인 경우에만 비트 별 강제 출력 값이 적용된다.

d. 적용: 대화 상자를 닫지 않고 변경 사항을 PLC에 저장한다.

e. 강제 I/O: 비트 별 플래그 및 데이터를 설정한다.

f. 설정된 디바이스: 강제 I/O 플래그 또는 데이터가 설정된 디바이스를 표시한다.

g. 삭제: 설정된 디바이스 리스트 중에서, 선택한 디바이스에 설정된 플래그 및 데이터를 삭제한다.

h. 변수/설명 보기: 변수/설명에 대한 리스트를 표시한다.
i. 전체 선택: 모든 영역에 대하여 플래그 및 데이터를 설정한다.
j. 전체 삭제: 모든 영역에 대하여 설정한 플래그 및 데이터를 해제한다.
k. 확인: 변경 사항을 적용하고 대화 상자를 닫는다.
l. 취소: 대화 상자를 닫는다.

Tip & note

– 플래그는 비트 별 강제 I/O 사용 여부를 표시한다. 플래그가 선택된 경우는 허용, 그렇지 않은 경우는 허용하지 않음을 표시한다.
– 데이터는 강제 값을 표시한다. 선택된 경우는 1, 그렇지 않은 경우에는 0이 강제 값이 된다. 단, 플래그가 허용 상태인 경우에만 유효하다.

플래그	데이터	강제 값
0 (선택 안 함)	0 (선택 안 함)	X
0 (선택 안 함)	1 (선택 함)	X
1 (선택 함)	0 (선택 안 함)	0
1 (선택 함)	1 (선택 함)	1

6.12.1 강제 I/O 설정

강제 I/O 설정의 예로서, P0000 워드의 4번째 비트의 강제 출력을 1로 하고, 7번째 비트의 강제 출력을 0으로 한다.

① P0004로 이동한다. 영역의 이동은 버튼을 이용하거나 직접 입력한다.

② 비트 3의 플래그와 데이터를 선택한다.

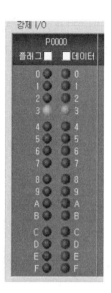

③ 비트 7의 플래그를 선택한다. 비트 7의 강제 출력 값은 0이므로 데이터는 선택하지 않는다.

④ 강제 값을 적용하기 위하여 강제 출력 허용 플래그를 선택하고 적용 버튼을 누른다.

6.12.2 강제 I/O 해제

(예: P0000 워드의 4번째, 7번째 비트의 강제 값 해제)

① P0000으로 이동한다. 영역의 이동은 버튼을 이용하거나 직접 입력한다.

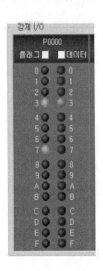

② 강제 출력 값을 해제하기 위하여 비트 3, 7의 플래그의 선택을 해제한다.

③ 적용 버튼을 누른다.

Tip & note

모니터링은 프로그램 연산 결과의 값을 표시하는 것으로써, 강제 입력인 경우, 강제 입력 값이 모니터 영역에 갱신되므로 강제 값으로 모니터링 된다. 강제 출력인 경우, 연산 결과에 관계없이 강제 값이 실제 출력이 되므로 모니터링 되지 않는다.

프로그램 모니터하기

7.1 모니터관련 공통 기능

XG5000의 모니터 기능 중 공통적인 기능 즉, 모니터 시작/끝, 현재값 변경, 모니터 일시 정지, 모니터 다시 시작, 모니터 일시 정지 설정에 대하여 설명한다.

7.1.1 모니터 시작/끝

1) 모니터 시작

① 메뉴에서 [온라인]-[접속] 항목을 선택하여 PLC와 온라인으로 연결한다.
② 메뉴에서 [모니터]-[모니터 시작/끝]을 선택하여 모니터를 시작한다.
③ LD 또는 IL 프로그램이 활성화되어 있으면 모니터 모드로 변경된다.

2) 모니터 끝

① 메뉴에서 [모니터]-[모니터 시작/끝] 항목을 선택하여 모니터를 정지한다.

Tip & note

이전에 모니터 시작이 되어 있으면 모니터 끝이 수행된다. 모니터를 수행하지 않았으면 모니터 시작이 수행된다.

7.1.2 현재 값 변경

모니터 중에 선택된 디바이스의 현재 값 또는 강제 I/O 설정을 변경할 수 있다.

① 메뉴에서 [온라인]-[접속] 항목을 선택하여 PLC와 온라인으로 연결한다.
② 메뉴에서 [모니터]-[모니터 시작] 항목을 선택하여 모니터를 수행한다.
③ 프로그램 또는 변수 모니터 창에서 디바이스나 변수를 선택한다.

④ 메뉴에서 [모니터]-[현재 값 변경] 항목을 선택한다.
⑤ 대화 상자에 현재 값을 입력 후 확인을 선택 시 현재 값이 변경된다.

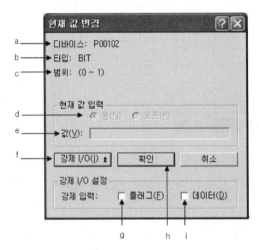

a. 디바이스: 현재 값 변경 대상 디바이스의 이름이다.
b. 타입: 현재 값 변경 대상 디바이스의 타입이다.
c. 범위: 타입에 따른 현재 값의 입력 가능 범위이다.
d. 온/오프: 타입이 BIT인 경우 디바이스의 On/Off를 설정한다.
e. 값: 타입이 BIT가 아닌 경우, 디바이스의 설정 값을 입력한다.
f. 강제 I/O: 디바이스가 "P"영역이고 BIT 타입인 경우 강제 I/O 설정을 가능하게 한다.
g. 플래그: 강제 I/O 설정 시 강제 I/O 설정을 사용하기 위한 플래그다.
h. 확인: 설정된 값을 PLC로 전송한다.
i. 데이터: 강제 I/O 데이터 값을 설정한다.

Tip & note

1. 값의 초기 값은 디바이스의 디스플레이 타입에 따라 표시된다. 즉, 모니터 시 16진수로 표시되고 있으면 현재 값 변경은 16진수로 표시된다.
2. 값 입력은 디스플레이 타입에 따라 입력하지 않아도 된다. 즉, 16진수로 표시되고 있을 때 부호 없는 10진수로 입력 가능하다.
3. 확인 버튼을 누를 시 입력 값의 유효성 및 범위를 검사하여 에러 메시지가 발생할 수도 있다.
4. 16진수로 입력 방법은 "h1234" 같이 "h"로 시작한다.
5. STRING 타입인 경우 작은 따옴표('abcde') 사이에 현재 값(문자열)을 입력해야 한다.
6. 디바이스가 "P" 디바이스이고, 타입이 비트인 경우에만 강제 I/O 버튼이 활성화 된다.
7. 강제 I/O 버튼이 활성화 된 경우 현재 값 입력 편집 상자와 On/Off 설정 버튼은 비활성화 된다.
8. 현재 값 변경과 강제 I/O 설정이 동시에 수행되지는 않는다.
9. 강제 I/O 설정에 대한 자세한 사항은 6.12절 강제 I/O 설정을 참고한다.

7.1.3 모니터 일시 정지

모니터 중 사용자의 설정에 의해서 또는 사용자가 직접 모니터 일시 정지, 모니터 다시 시작을 할 수 있다.

(1) 모니터 일시 정지

사용자가 직접 모니터 일시 정지를 한다.

① 메뉴에서 [온라인]-[접속]을 선택하여 PLC와 연결한다.
② 메뉴에서 [모니터]-[모니터 시작/끝]을 선택하여 모니터 한다.
③ 메뉴에서 [모니터]-[모니터 일시 정지]를 선택하여 모니터를 일시 정지한다.

(2) 모니터 다시 시작

사용자가 직접 모니터 일시 정지된 상태에서 다시 시작한다.

① 메뉴에서 [모니터]-[모니터 다시 시작]을 선택하여 모니터를 다시 시작한다.

> **Tip & note**
> 1. 모니터가 일시 정지되어도, PLC는 런 운전 모드 상태이다.
> 2. 모니터가 일시 정지되어 있어야 다시 시작이 가능하다.
> 3. 모니터가 일시 정지된 상태에서 프로그램 화면을 이동하면 모니터 값이 갱신되지 않는다.
> 4. 모니터가 일시 정지된 상태에서 현재 값 변경을 하면 PLC의 값은 변하지만 프로그램 화면의 모니터 값은 갱신되지 않는다.

(3) 모니터 일시 정지 설정

설정된 디바이스가 모니터 일시 정지 조건이 만족되면 모니터를 일시 정지한다.

① 메뉴에서 [모니터]-[모니터 일시 정지 설정]을 선택한다.
② 모니터 일시 정지 설정 대화 상자에서 디바이스를 설정한다.
③ 확인을 눌러 내용을 저장한다.

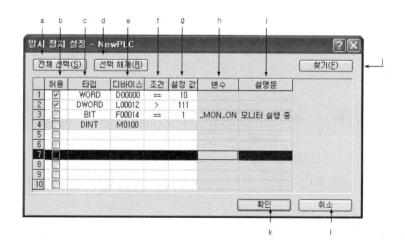

a. 전체 선택: 목록에 오류가 없는 모든 항목의 허용을 체크한다.
b. 허용: 모니터 일시 정지 설정 여부를 체크할 수 있다.
c. 타입: 디바이스의 타입을 선택할 수 있다.
d. 선택 해제: 모든 항목의 허용 체크를 푼다.
e. 디바이스: 모니터 일시 정지할 디바이스 이름을 입력할 수 있다.
f. 조건: 모니터 일시 정지할 조건을 선택할 수 있다.
g. 설정 값: 모니터 일시 정지할 조건 값을 입력할 수 있다.
h. 변수: 디바이스에 선언된 변수를 보여준다.
i. 설명문: 디바이스에 선언된 설명문을 보여준다.
j. 찾기: 변수/설명 목록에서 모니터 일시 정지할 디바이스를 찾을 수 있다.
k. 확인: 변경된 내용을 저장하고 대화 상자를 닫는다.
l. 취소: 변경된 내용을 저장하지 않고 대화 상자를 닫는다.

Tip & note

1. 모니터 일지 정지 조건은 최대 10개까지 설정할 수 있다.
2. 오류가 있는 항목은 확인 버튼을 눌러도 저장하지 않는다.
3. 오류는 분홍색으로 표시된다.
4. STRING 타입은 모니터 일시 정지를 지원하지 않는다.
5. #디바이스(#D00001), 인덱스 디바이스(P0000[Z0100]), 이중 디바이스(#P0000[Z0100])는 모니터 일시 정지를 지원하지 않는다.
6. 모니터 일시 정지할 조건은 [==, 〉, 〈, 〉=, 〈=] 다섯 가지 중 하나를 선택할 수 있다.

7.2 LD 프로그램 모니터

XG5000이 모니터 상태에서 LD 다이어그램에 작성된 접점(평상시 열린 접점, 평상시 닫힌 접점, 양 변환 검출 접점, 음 변환 검출 접점), 코일(코일, 역 코일, 셋 코일, 리셋 코일, 양 변환 검출 코일, 음 변환 검출 코일) 및 응용 명령어의 현재 값을 표시한다.

7.2.1 모니터 시작 순서

① 메뉴에서 [모니터]-[모니터 시작/끝] 항목을 선택한다.
② LD 프로그램이 모니터 모드로 변경된다.

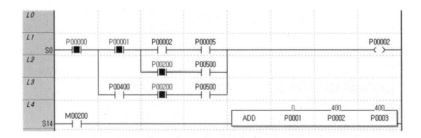

③ 현재 값 변경: 메뉴에서 [모니터]-[현재 값 변경] 항목을 선택한다.

7.2.2 접점의 모니터 표시

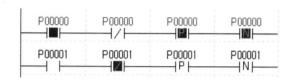

① 평상시 열린 접점: 해당 접점의 값이 온 상태인 경우 디바이스(혹은 변수)의 값은 붉은
색으로 표시되며, 접점 안에 파워 플로우가 파란색으로 표시된다.

Tip & note

> 본 사용설명서에서 언급한 모니터 관련 색상은 XG5000에서 기본으로 제공하는 색상이다. 해당 색상은 메뉴에
> 서 [도구]-[옵션]에서 변경할 수 있다.

② 평상시 닫힌 접점: 해당 접점의 값이 온 상태인 경우 디바이스의 값은 붉은 색으로
표시되며, 접점 안에 파워 플로우는 표시되지 않는다.
③ 양 변환 검출 접점: 평상시 열린 접점과 동일하게 표시된다.
④ 음 변환 검출 접점: 평상시 닫힌 접점과 동일하게 표시된다.

7.2.3 코일의 모니터 표시

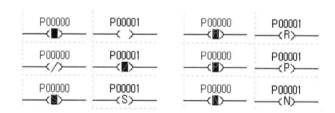

① 코일: 해당 코일의 값이 온 상태인 경우 디바이스(혹은 변수)의 값은 붉은 색으로 표시
되며, 코일 안의 파워 플로우는 파란색으로 표시된다.
② 역 코일: 해당 코일의 값이 온 상태인 경우 디바이스(혹은 변수)의 값은 붉은 색으로
표시되며, 코일 안의 파워 플로우는 표시되지 않는다.
③ 셋 코일: 코일과 동일하게 표시된다.
④ 리셋 코일: 코일과 동일하게 표시된다.
⑤ 양 변환 검출 코일: 코일과 동일하게 표시된다.
⑥ 음 변환 검출 코일: 코일과 동일하게 표시된다.

7.2.4 응용 명령어의 모니터 표시

응용 명령어의 오퍼랜드에 해당 값이 직접 표시된다. 응용 명령어의 데이터 표시는 모니터 표시 형식에 따라 표시된다.

> **Tip & note**
>
> 응용 명령어의 데이터 표시는 메뉴에서 [도구]-[옵션]의 모니터/디버거 페이지에서 설정 가능하다.
>
>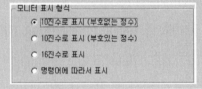

7.2.5 모니터 정지

① 메뉴에서 [모니터]-[모니터 시작/끝] 항목을 선택한다.

> **Tip & note**
>
> – 모니터 시 런 중 수정 모드를 제외하고 모든 편집이 불가능하다.
> – 모니터 일시 정지 및 현재 값 변경은 본 장 1절을 참고한다.
> – 모니터 시작 및 종료 시, 응용 명령어의 현재 값을 표시하기 위하여 LD 다이어그램 높이가 변경되며, 이는 작성된 프로그램 양에 따라 다소 시간이 걸릴 수 있다.

7.3 변수 모니터

특정 변수 또는 디바이스를 등록하여 모니터 할 수 있다.

1) 변수 모니터 창

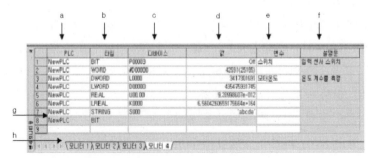

a. PLC: 등록 가능한 PLC의 이름을 보여준다. XG5000은 멀티 PLC 구성이 가능하다. 그러므로 변수 모니터 창에서도 구별해준다.

b. 타입: 등록 디바이스의 타입을 설정한다. 등록 가능한 타입으로는 BIT, WORD, DWORD, LWORD, INT, DINT, LINT, REAL, LREAL, STRING가 있다.

c. 디바이스: 디바이스 이름을 입력한다. # 디바이스 또는 이중 디바이스 설정도 가능하다.

d. 값: 모니터 시 해당 디바이스의 값을 표시한다. 모니터 현재 값 변경을 통해 값을 변경할 수 있다.

e. 변수: 디바이스 이름이 변수/설명 목록에 등록되어 있고 변수 이름이 있을 경우 변수 이름을 표시한다. 변수/설명 목록에 등록되어 있지 않으면 빈 칸으로 표시된다. 변수 컬럼 위치에서 Enter 키 또는 마우스를 더블 클릭하면 변수 목록에서 변수를 선택할 수 있다.

f. 설명문: 디바이스 설명문을 표시한다.

g. 에러 표시: 붉게 표시된다.

2) 모니터시 에러 발생 사유

① PLC 이름, 디바이스, 타입 중 하나 라도 입력하지 않은 경우

② 디바이스 주소가 잘못된 경우

③ 타입에 따라 디바이스가 영역을 벗어난 경우

④ 지원하지 않는 디바이스 타입이나, 존재하지 않는 PLC 이름인 경우

⑤ 변수 모니터 탭에서 변수 모니터 창은 4개의 창으로 구성된다.

Tip & note

1. 값, 변수, 설명문 컬럼은 사용자에 의해 편집될 수 없는 영역이다.
2. 4개의 변수 모니터 탭은 동시에 모니터 될 수 없다.
3. 변수 모니터에 등록될 수 있는 디바이스의 개수는 제한이 없다.
4. 모니터 시 화면에 보이는 부분만 모니터 된다.
5. 디바이스의 수가 많을 경우 모니터 갱신이 느려질 수 있다.
6. 모니터 모드가 아니어도 변수 모니터에 등록할 수 있다.

7.3.1 모니터 등록

1) 변수/설명에서 등록

변수 모니터 창의 변수/설명 목록에서 모니터 항목을 등록할 수 있다. 모니터의 등록 순서는 다음과 같다.

① 모니터 창에서 마우스 오른쪽 버튼을 눌러 [변수/설명에서 등록] 메뉴를 선택한다.

② 프로젝트 내에 포함된 PLC가 두 개 이상일 경우 [선택] 대화 상자가 나온다. 등록할 PLC를 선택한다.

③ [디바이스 선택] 대화 상자가 나오고 변수 선택 후 변수를 변수 모니터 창에 등록한다.

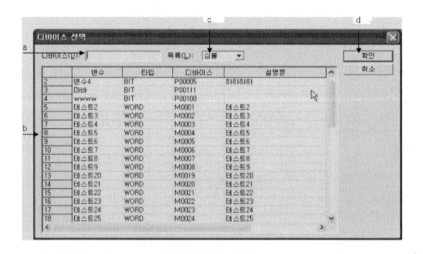

a. 디바이스: 찾을 디바이스 이름을 입력한다.
b. 목록: 변수/설명 또는 플래그 목록에 등록된 항목들을 보여준다.
c. 목록: 변수/설명 또는 플래그 목록을 선택하여 항목들을 보여준다.
d. 확인: 선택된 항목을 변수 모니터 창에 등록할 수 있다.

Tip & note

1. 디바이스 선택 대화 상자에서 여러 개의 항목을 동시에 선택할 수 있다.
2. 선택된 항목은 변수 모니터 창의 맨 마지막 라인부터 추가된다.
3. 이전 등록된 항목과 동일한 항목을 등록할 경우에도 등록된다.

7.3.2 보기 기능

1) 자세히 보기/간단히 보기

변수 모니터 창에서 화면에 최대한 많은 변수를 보기를 원할 때 유용한 기능이다. 그 순서는 다음과 같다.

① 변수 모니터 창에서 마우스 오른쪽 버튼에 의해 발생되는 메뉴에서 [간단히 보기]를
선택한다.
② 그림과 같이 보이게 된다.

	디바이스	값	디바이스	값
1	M00001		M0001	
2	M0002		P00000	
3	P0001		P00001	
4	P0002		P0003	
5	P00004		P0005	
6	P0006		P00007	
7	P0008		P0009	
8	P00010		P0011	
9	P0012			

③ 다시 한 번 [자세히 보기]를 선택 시 그림과 같이 여러 열로 보인다.

	PLC	타입	디바이스	값	변수	설명문
1	NewPLC	REAL	M0000		ddeeff	테스트1
2	NewPLC	WORD	M0001		테스트2	테스트2
3	NewPLC	WORD	M0002		테스트3	테스트3
4	NewPLC	WORD	P0001			
5	NewPLC	BIT	P00001		dddd	gkgkgk
6	NewPLC	WORD	P0002			
7	NewPLC	WORD	P0003			
8	NewPLC	BIT	P00004		변수3	gkgkgk3
9	NewPLC	WORD	P0005			
10	NewPLC	WORD	P0006			
11	NewPLC	BIT	P00007		ppdp1	zdsf
12	NewPLC	WORD	P0008			
13	NewPLC	WORD	P0009			
14	NewPLC	BIT	P00010		ppdp10	zdsf
15	NewPLC	BIT	M00001			
16	NewPLC	BIT	P00000			
17	NewPLC	WORD	P0011			
18	NewPLC	WORD	P0012			
19						

Tip & note

1. 간단히 보기 시 PLC, 타입, 변수, 설명문 컬럼은 숨긴다.
2. 간단히 보기 시에도 숨겨진 컬럼을 보이기 기능을 통해서 볼 수 있다.
3. 열의 개수는 변수 모니터 창의 크기에 따라 결정된다.
4. 간단히 보기 모드에서 변수 모니터 창의 크기를 변화 시킬 때 열의 개수가 변한다.
5. 간단히 보기 모드에서도 등록, 삭제, 편집 등 모든 편집 기능이 가능하다(단, 편집 취소, 재실행 기능은 지원하지 않는다).
6. 간단히 보기 모드일 때는 마우스 툴 팁을 지원한다.
7. 마우스 툴 팁은 PLC, 타입 디바이스, 변수만 표시한다. 단 변수가 선언되어 있으면 변수가 표시된다.

	디바이스	값	디바이스	값
1	M00001		M0001	
2	M0002		P00000	
3	P0001		P00001	
4	P0002		P0003	콘피그레이션: NewPLC, 타입: BIT, 디바이스: P00001,
5	P00004		P0005	
6	P0006		P00007	
7	P0008		P0009	
8	P00010		P0011	
9	P0012			

2) 보이기 기능

사용자의 기호에 따라 보고 싶은 컬럼을 선택할 수 있다. 그 선택 순서는 다음과 같다.

① 변수 모니터 창에서 마우스 오른쪽 버튼에 의해서 발생되는 메뉴에서 [보이기]−[컬럼
    이름(PLC, 타입, 디바이스, 값, 변수, 설명문)]을(를) 선택한다.

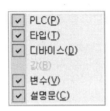

② 선택한 컬럼을 숨긴다.
③ 다시 같은 메뉴를 선택 시 선택한 컬럼이 보이게 된다.

> **Tip & note**
>
> 1. 초기화 상태는 모두 보이기다.
> 2. 자세히 보기 모드에서도 가능하다.
> 3. 값 컬럼은 숨기기 기능을 지원하지 않는다.
> 4. 자세히 보기, 또는 간단히 보기 모드로 전환 시 숨겨진 컬럼도 보이는 초기화 상태가 된다.
> 5. 숨겨져 있는 컬럼은 복사 시 TEXT 복사는 되지 않는다. 따라서 다른 TEXT 편집기로 붙여넣기 시 숨겨진
>   열의 TEXT는 붙여넣기가 되지 않는다.

7.3.3 모니터 동작

(1) 모니터 시작

변수 모니터에 등록된 디바이스의 모니터를 시작하기 위하여 다음과 같은 순서로 진행한다.

① 메뉴에서 [모니터]−[모니터 시작/끝]을 선택한다.
② 모니터 시작 PLC 이름이 같은 항목과 오류가 없는 항목은 모니터를 수행한다. 아래의
    그림은 모니터 중인 변수 모니터 창을 나타내고 있다.

	PLC	타입	디바이스	값	변수	설명문
1	NewPLC	BIT	P00003	Off	스위치	입력 센서 스위치
2	NewPLC	WORD	#D00000	42591(25185)		
3	NewPLC	DWORD	L0000	3417301691	모터온도	온도 계수를 측정
4	NewPLC	LWORD	D00000	435475931745		
5	NewPLC	REAL	U00.00	9.20998607e-012		
6	NewPLC	LREAL	K0000	6.5604260659175664e+164		
7	NewPLC	STRING	S000	'abcde'		
8	NewPLC	BIT				
9						

모니터 1 │ 모니터 2 │ 모니터 3 │ 모니터 4

Tip & note

1. 모니터 중이 아닌 PLC의 디바이스는 값을 표시하지 않는다.
2. 오류가 있는 항목은 모니터를 하지 않는다.
3. 모니터 중에도 편집, 추가, 삭제가 가능하다.

(2) 현재 값 변경

모니터 모드 중에 디바이스의 현재 값을 변경할 수 있다. 그 변경 순서는 다음과 같다.

① 메뉴에서 [모니터]-[모니터 시작/끝]을 선택한다.
② 디바이스를 선택한다.
③ 메뉴에서 [모니터]-[현재 값 변경]을 선택한다. 또는 변수 모니터 창에서 선택한 디바이스의 값 셀을 더블 클릭하거나 Enter 키를 누른다.
④ 현재 값 변경 대화 상자가 나온다. 사용자가 직접 현재 값을 입력한다.
⑤ 확인 버튼을 누르면 설정된 현재 값을 PLC로 전송한다.

7.4 시스템 모니터

시스템 모니터는 PLC의 슬롯 정보, I/O 할당 정보를 표시한다. 모듈 상태 및 데이터 값을 표시한다.

7.4.1 기본 사용법

시스템 모니터를 실행시키는 방법은 2가지가 있다.

① XG5000 메뉴에서 [모니터]-[시스템 모니터]를 선택한다.
② 시작 메뉴에서 [프로그램]-[XG5000]-[시스템 모니터]를 선택한다.

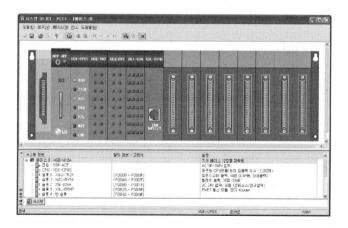

모듈 정보 창은 PLC에 설치된 슬롯 정보를 표시한다. PLC에 있는 모듈 정보를 읽어
와서 모듈 정보 창의 데이터 표시 화면에 표시한다.

베이스 보기는 다음 방법 중 하나를 선택한다.

③ 모듈 정보 창의 항목들을 선택한다(예, 베이스 0, 베이스 1, …).
④ 메뉴에서 [베이스] 항목들을 선택한다(처음, 이전, 다음, 마지막 베이스 선택).
⑤ 모듈의 커서에서 키보드의 방향키로 베이스를 선택한다.

Tip & note

시스템 모니터를 XG5000 메뉴에서 실행시킨 경우는 접속. 모니터 상태다.

7.4.2 접속/접속 해제

시스템 모니터는 XG5000에서 호출하여 생성할 수도 있고, 단독으로도 실행이 가능하다.
따라서 PLC와 접속 옵션을 가지고 접속을 할 수 있다. PLC와 접속을 하면 PLC에서 베이
스 정보를 읽어와 모듈 정보 창에 표시한다. 그 표시 순서는 다음과 같다.

① 접속 옵션을 설정한다.
② 접속 방법에 맞는 케이블 유무를 확인한다.
③ 접속 시, 메뉴에서 [PLC]−[접속]을 선택한다.
④ 접속 해제 시, 메뉴에서 [PLC]−[접속 해제]를 선택한다.

Tip & note

1. 시스템 모니터를 실행할 때는 저장된 접속 옵션을 가지고 접속한다.
2. XG5000에서 실행할 때는 XG5000의 접속 옵션을 가지고 실행한다.
3. 초기 값으로 베이스 0이 화면에 표시된다.

7.4.3 시스템 동기화

PLC에 설정된 베이스 정보, I/O 할당 방식 및 슬롯 정보를 읽어 와서 화면에 표시한다.
모니터 시, 현재 값 변경을 하기 위해 I/O 스킵 정보, I/O 강제 입/출력 정보를 읽어온다.
그 표시 순서는 다음과 같다.

① PLC와의 접속 상태를 확인한다.
② 메뉴에서 [PLC]−[시스템 동기화]를 선택한다.

Tip & note

1. 시스템 동기화를 수행하면 모듈 정보만 다시 갱신한다.
2. I/O 할당 방식은 기본 파라미터 정보를 참조한다.

7.4.4 전체 I/O 모듈 ON/OFF

PLC에 장착된 모든 I/O모듈의 출력 값을 체크하기 위해서 사용된다.

(1) 전체 I/O 모듈 ON

PLC에 장착된 모든 I/O 모듈의 데이터 값을 ON으로 설정한다. 그 설정 순서는 다음과
같다.

① PLC와 접속 상태를 확인한다.
② 메뉴에서 [PLC]−[전체 I/O 모듈 ON]을 선택한다.

(2) 전체 I/O 모듈 OFF

PLC에 장착된 모든 I/O 모듈의 데이터 값을 OFF로 설정한다. 그 설정 순서는 다음과
같다.

① PLC와 접속 상태를 확인한다.
② 메뉴에서 [PLC]−[전체 I/O 모듈 OFF]를 선택한다.

7.4.5 모니터 시작/끝

PLC의 I/O 데이터를 읽어 와서 화면에 표시한다.

1) 모니터 시작 조작 순서

① PLC와 접속 상태를 확인한다.
② 메뉴에서 [PLC]−[모니터 시작]을 선택한다.

2) 모니터 끝 조작 순서

① PLC와 접속 상태를 확인한다.
② 메뉴에서 [PLC]−[모니터 종료]를 선택한다.

7.5 디바이스 모니터

디바이스 모니터는 PLC의 모든 디바이스 영역의 데이터를 모니터링 할 수 있다. PLC의 특정 디바이스에 데이터 값을 쓰거나 읽어올 수 있다. 데이터 값을 화면에 표시하거나 입력할 때, 비트 형태 및 표시 방법에 따라 다양하게 나타낼 수 있다.

7.5.1 기본 사용법

디바이스 모니터를 실행시키는 방법은 다음과 같이 2가지가 있다.

① XG5000 메뉴에서 [모니터]−[디바이스 모니터]를 선택한다.
② 시작 메뉴에서 [프로그램]−[XG5000]−[디바이스 모니터]를 선택한다.

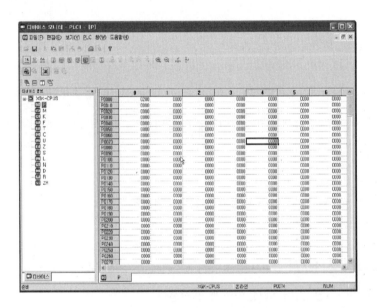

디바이스 정보 창은 CPU 타입에 따른 PLC의 모든 디바이스 영역들을 표시한다.

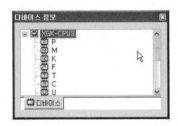

디바이스 열기를 수행하는 방법은 다음과 같다. 디바이스 아이콘을 더블 클릭한다(예, P, T, …). 또는 마우스 오른쪽 버튼 메뉴에서 [디바이스 열기]를 선택한다.

Tip & note

- 디바이스 모니터를 XG5000 메뉴에서 실행시킨 경우는 접속, 모니터 상태이다.
- 모니터 모드가 아닌 경우 디바이스를 열면 이전 데이터 값을 표시한다.
,- 기본적으로 데이터 값은 0으로 초기화 된다.

7.5.2 디바이스 영역들

데이터의 다양한 타입은 효율적이고 정확한 제어를 수행하기 위해 필요하다. PLC는 이러한 데이터를 효과적으로 관리할 수 있도록 하기 위해 데이터의 다양한 디바이스 영역을 제공한다. 사용자는 프로그램에서 이 영역들을 참조할 수 있도록 데이터 영역들을 분류해야 한다. 각각의 디바이스 영역은 PLC 사용설명서를 참고한다.

7.5.3 데이터 형태 및 표시 항목들

데이터를 화면에 표시하는 방법으로는 크게 4가지로 구분할 수 있다.

표시 설정	설 명
데이터 크기	16 비트형, 32 비트형, 64 비트형
표시 형식	2진수, BCD, 부호 없는 10진수, 부호 있는 10진수, 16진수, 실수형, 문자형
T, C 디바이스 데이터 보기/숨기기	현재값 보기, 설정값 보기, 비트값 보기
T, C 디바이스 비트 값 표시 형식	문자 비트형, 숫자 비트형

1) 16 비트형

디바이스의 데이터 크기를 16 비트형으로 표시할 경우 그 순서는 다음과 같다.

① 메뉴에서 [보기]-[보기 옵션]-[16 비트형]을 선택한다.

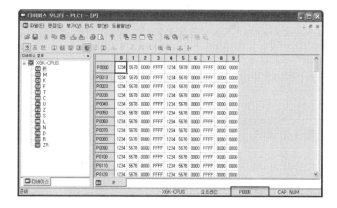

Tip & note

선택된 셀의 할당된 디바이스는 위의 그림과 같이 상태 바에 표시한다.

런 중 수정

PLC 운전 모드 런 상태에서 PLC의 프로그램을 변경할 수 있다.

8.1 런 중 수정 순서

8.1.1 런 중 수정 순서

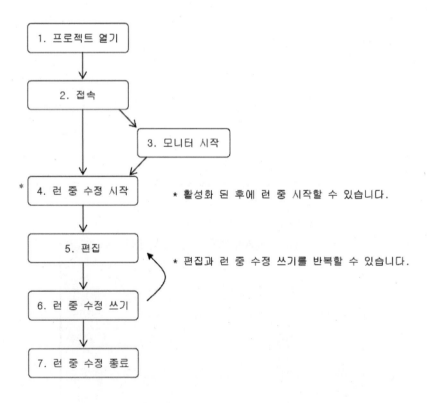

* 각 단계별 세부 내용은 다음과 같다.

1) 프로젝트 열기

메뉴에서 [프로젝트]-[프로젝트 열기]를 선택한다. 런 중 수정하기 위한 PLC 프로젝트와
동일한 프로젝트를 연다. 또는 메뉴 [프로젝트]-[PLC로부터 열기]를 선택한다.

2) 접속

메뉴에서 [온라인]-[접속]을 선택하여 PLC와 연결한다.

3) 모니터 시작

① 메뉴에서 [모니터]-[모니터 시작]을 선택한다.
② 모니터를 하면서 런 중 수정이 가능하다.
③ 런 중 수정 중에도 모니터 시작 또는 모니터 끝이 가능하다.

4) 런 중 수정 시작

① 메뉴에서 [온라인]-[런 중 수정 시작]을 선택한다. 프로그램이 편집되었거나 PLC안에
있는 프로그램과 다르면 다음과 같은 메시지가 나온다.

a. '예'를 선택하면 XG5000이 자동으로 비교를 하고 런 중 수정을 진행한다.
b. '아니오'를 선택하면 PLC로부터 열기를 한 후 런 중 수정을 다시 진행한다.

② 프로그램 창이 활성화 된 후에는 프로그램이 선택된 후에 런 중 수정이 가능하다.
③ 런 중 수정 시작 후에 프로그램 창은 런 중 수정 모드로 전환한다.

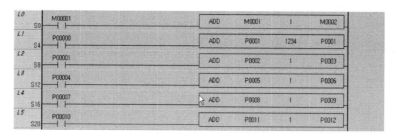

④ 그리고 동시에 두 개 이상의 프로그램을 런 중 수정할 수 없다.

⑤ 런 중 수정 시작 시 프로그램의 배경 색상은 옵션에서 변경할 수 있다.

5) 편집

런 중 수정 편집은 오프라인에서의 편집과 동일하다.

6) 런 중 수정 쓰기

① 메뉴에서 [온라인]-[런 중 수정 쓰기]를 선택한다.

② 해당 프로그램만 PLC로 전송한다.

7) 런 중 수정 종료

메뉴에서 [온라인]-[런 중 수정 종료]를 선택한다.

> **Tip & note**
>
> – 런 중 수정 쓰기 시에는 설명문(렁 설명문, 출력 설명문, 비 실행문……)은 PLC로 쓰기 되지 않는다. 직접
>   [온라인]-[쓰기] 메뉴를 선택하여 설명문 쓰기를 한다.
> – 두 개의 프로그램 블록을 동시에 런 중 수정할 수 없다.
> – 런 중 수정 중에는 프로그램 블록을 추가 또는 삭제할 수 없다.
> – 런 중 수정 된 렁에는 *표가 표시되며, 런 중 쓰기를 하거나, 런 중 수정을 종료하는 경우 해당 표시가
>   사라진다.

XG 시뮬레이터(XG-SIM)

9.1 시작하기

9.1.1 XG-SIM 특징

XG 시뮬레이터(XG-SIM)는 XGT PLC 시리즈를 위한 윈도우 환경의 가상 PLC이다. XG-SIM을 이용하면 PLC 없이도 작성한 프로그램을 실행할 수 있으며, 입력 조건 설정 및 모듈 시뮬레이션 기능을 이용하여 PLC 프로그램을 디버깅할 수 있다. XG-SIM은 다음 과 같은 기능을 제공한다.

1) 프로그램 시뮬레이션

XG5000에서 LD 또는 IL 언어로 작성된 프로그램을 시뮬레이션 할 수 있다. 또한 XG-SIM 에서 실행 중인 프로그램을 런 상태에서 변경 사항을 적용할 수 있는 런 중 수정 기능을 지원하며, 사용자가 작성한 프로그램을 스텝 단위로 트레이스 할 수 있는 디버깅 기능을 제공한다.

2) PLC 온라인 기능

XG5000에서 제공하는 프로그램 모니터링 기능 이외에, 시스템 모니터, 디바이스 모니터, 트렌드 모니터, 데이터 트레이스, 사용자 이벤트 등 온라인 진단 기능을 그대로 사용할 수 있다.

3) 모듈 시뮬레이션

디지털 입/출력 모듈 및 A/D 변환 모듈, D/A 변환 모듈, 고속 카운터, 온도 제어 모듈, 위치 결정 모듈 등 XGK 랙 형 PLC에 설치 가능한 모듈에 대한 간략한 시뮬레이션 기능을 제공한다. 모듈 시뮬레이션 기능을 이용하여 모듈로부터의 입력 값을 이용하여 프로그램 을 시뮬레이션 할 수 있다.

4) I/O 입력 조건 설정

특정 디바이스의 값 혹은 모듈 내부의 채널 값을 입력 조건으로 하여 디바이스의 값을
설정할 수 있다. I/O 입력 조건 설정 기능을 이용하면 작성한 PLC 프로그램을 테스트
하기 위한 별도의 PLC 프로그램을 작성하지 않고도 작성한 그대로의 프로그램을 시뮬레
이션 할 수 있다.

9.1.2 XG-SIM 실행에 필요한 시스템 요구 사양

- 최소 사양: 펜티엄3(900MHz, 램 256MB)
- 권장 사양: 펜티엄4(1.5GHz, 램 512MB) 이상

XG-SIM은 XG5000보다 다소 높은 시스템 사양을 요구한다. 최소 사양의 경우, 설정한
고정주기보다 스캔주기가 더 길어져 고정주기 스캔이 정상적으로 동작하지 않을 수 있으
며 접속이 끊기는 현상이 일어날 수 있다. 또한 권장 사양을 사용할지라도 시스템 부하가
심한 경우 동일한 현상이 일어날 수 있다. 그리고 시스템 사양과는 무관하게 시스템의
슬립(SLEEP)모드 등 사용자 설정에 따라 접속이 끊길 수 있다.

> **Tip & note**
>
> 고정 주기 사용 시, 고정 주기 에러/경고 대화상자는 표시되지 않는다.

9.1.3 XG-SIM 실행

XG5000을 실행하여 XG-SIM에서 실행할 프로그램을 작성한다.

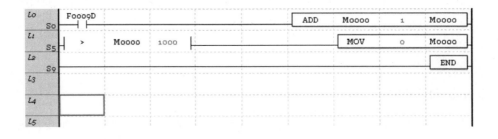

그리고 XG5000 메뉴에서 [도구]-[시뮬레이터 시작] 항목을 선택한다. XG-SIM이 실행되
면 작성한 프로그램이 XG-SIM으로 자동으로 다운로드 된다. XG-SIM이 실행되면 온라인,
접속, 스톱 상태가 된다.

XG5000의 메뉴에서 [온라인]−[모드 전환]−[런] 항목을 선택하여 다운로드 한 프로그램을 실행한다. XG-SIM이 실행 시 XG5000이 지원하는 온라인 메뉴 항목은 다음의 표를 참고하면 된다.

[표 9-1] XG5000에서 지원되는 온라인 메뉴

메뉴항목	지원여부	메뉴항목	지원여부
PLC로부터 열기	○	고장 마스크 설정	X
모드 전환(런)	○	모듈 교환 마법사	X
모드 전환(중지)	○	런 중 수정 시작	○
모드 전환(디버그)	○	런 중 수정 쓰기	○
접속 끊기	X	런 중 수정 종료	○
읽기	X	모니터 시작/끝	○
쓰기	○	모니터 일시 정지	○
PLC와 비교	X	모니터 다시 시작	○
플래시 메모리 설정(설정)	X	모니터 일시 정지 설정	○
플래시 메모리 설정(해제)	X	현재 값 변경	○
PLC 리셋	X	시스템 모니터	○
PLC 지우기	○	디바이스 모니터	○
PLC 정보(CPU)	○	특수모듈 모니터	○
PLC 정보(성능)	○	사용자 이벤트	○
PLC 정보(비밀번호)	○	데이터 트레이스	○
PLC 정보(PLC 시계)	○	디버그 시작/끝	○
PLC 이력(에러 이력)	○	디버그(런)	○
PLC 이력(모드전환이력)	○	디버그(스텝 오버)	○
PLC 이력(전원차단이력)	○	디버그(스텝 인)	○
PLC 이력(시스템 이력)	○	디버그(스텝 아웃)	○
PLC 에러 경고	○	디버그(커서위치까지 이동)	○
I/O 정보	○	브레이크 포인트 설정/해제	○
강제 I/O 설정	○	브레이크 포인트 목록	○
I/O 스킵 설정	○	브레이크 조건	○

9.2 XG-SIM

9.2.1 프로그램 창 구성

XG-SIM 프로그램은 다음과 같이 구성되어 있다.

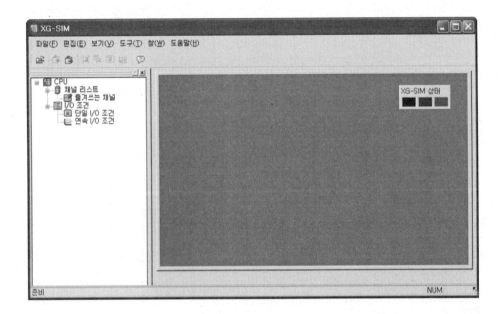

1) 채널 리스트

모듈별 채널 및 사용자 선택에 의한 즐겨 쓰는 채널이 표시된다. 모듈의 경우에는 I/O 파라미터에서 설정한 모듈만 표시된다. 모듈의 표시는 'B0(베이스 번호)S00(슬롯 번호): 모듈 이름' 형태로 표시된다.

2) I/O 조건

단일 I/O 조건 및 연속 I/O 조건을 표시한다.

3) 상태 창

상태 창은 시뮬레이터의 상태를 표시한다.

상 태	설 명	창
초 기	초기 상태를 나타낸다. 시뮬레이터로 접속이 불가능하다.	XG-SIM 상태
접속 가능	접속 준비 완료 상태를 나타내며 적색의 LED가 켜진다.	XG-SIM 상태
단일 I/O 조건 실행	단일 I/O 조건이 실행 중임을 나타낸다. 실행 중인 경우 초록색의 LED가 점멸한다.	XG-SIM 상태
연속 I/O 조건 실행	연속 I/O 조건이 실행 중임을 나타낸다. 실행 중인 경우 노란색의 LED가 점멸한다.	XG-SIM 상태

9.2.2 채널 리스트

1) 모듈 채널

트리 창에서, 채널을 열람하고 싶은 항목을 더블 클릭한다. 만일 특정 채널을 즐겨 쓰는 채널로 사용하고자 하는 경우, '즐겨 쓰는 채널'의 체크 상자를 선택한다.

번호	채널 명	타입	입/출력	채널 값	단위	즐겨쓰는 채널
1	B0S00.OUT00	BOOL	OUT			
2	B0S00.OUT01	BOOL	OUT			
3	B0S00.OUT02	BOOL	OUT			
4	B0S00.OUT03	BOOL	OUT			
5	B0S00.OUT04	BOOL	OUT			
6	B0S00.OUT05	BOOL	OUT			
7	B0S00.OUT06	BOOL	OUT			
8	B0S00.OUT07	BOOL	OUT			
9	B0S00.OUT08	BOOL	OUT			
10	B0S00.OUT09	BOOL	OUT			
11	B0S00.OUT10	BOOL	OUT			
12	B0S00.OUT11	BOOL	OUT			
13	B0S00.OUT12	BOOL	OUT			
14	B0S00.OUT13	BOOL	OUT			
15	B0S00.OUT14	BOOL	OUT			

2) 채널 모니터

❶ 모니터 시작

메뉴에서 [도구]-[채널 모니터 시작] 항목을 선택한다.

❷ 채널 현재 값 변경

- 현재 값을 변경하고자 하는 채널을 선택한다.
- 선택한 채널에서 현재 값 칼럼으로 이동한다.
- 마우스 더블 클릭 또는 엔터키를 눌러 채널 값 변경 대화상자를 표시한다.

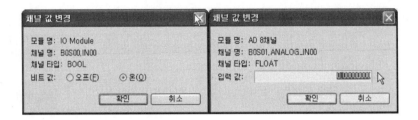

a. 모듈 명: 선택한 모듈 명을 표시한다.
b. 채널 명: 선택한 채널 명을 표시한다.
c. 채널 타입: 선택한 채널의 데이터 타입을 표시한다.
d. 비트 값: 비트 타입인 경우 오프/온을 선택한다.
e. 입력 값: 비트 타입이 아닌 경우 값을 직접 입력한다.

Tip & note

> 입/출력 방향이 OUT인 경우에는 해당 채널의 현재 값을 변경할 수 없다.

❸ 모니터 끝

메뉴에서 [도구]-[채널 모니터 끝] 항목을 선택하면 된다.

9.2.3 I/O 조건

I/O 조건이란 사용자가 입력한 사항을 조건으로 하여 해당 조건이 만족하였을 경우, 특정 디바이스에 사용자가 설정한 값을 강제로 기록하는 기능이다. 예들 들면, '비트 디바이스 P00000가 1이 되는 경우 비트 디바이스 M00000~M00100의 값을 모두 1로 설정한다' 라는 내용에서 비트 디바이스가 P00000가 1이 되는 경우가 '조건'이 되며, 비트 디바이스 M0000~M00100의 값을 모두 1로 기록 하는 것을 '사용자가 설정한 값을 강제로 기록'이 된다.

XG-SIM에서 I/O 조건 기능을 제공하는 것은, 사용자가 작성한 PLC 프로그램을 테스트하기 위해서는 XG5000의 모니터 현재 값 변경 등을 이용하여 디바이스의 값을 주기적으로 변경해 주거나, PLC 프로그램을 테스트하기 위한 또 다른 PLC 프로그램을 작성하여야 하는데 이러한 불편함을 해소하기 위해서이다. 또한 모듈로 출력하는 데이터 또는 모듈로부터 입력 받는 데이터를 프로그램에 반영시킬 수 있는 장점도 제공한다.

1) 조건식

단일 입력 조건 및 연속 입력 조건에서 사용하는 조건식을 설명한다. 한 개의 조건식은 한 개 이상의 조건으로 구성되며, 조건식은 조건 간의 조합을 통하여 한 개 이상의 조건을 조건식으로 사용할 수 있다.

종 류	연산자	우선 순위	내 용
단일 비교	==	4	같다
	!=	5	같지 않다
	>	6	크다
	>=	7	크거나 같다
	<=	8	작거나 같다
	<	9	작다
사칙 연산	+	2	더하기
	-	3	빼기
	*	0	곱하기
	/	1	나누기
비트 연산	&	12	비트곱
	|	13	비트합
	^	14	배타적 비트합
논리연산	&&	10	논리곱
	||	11	논리합
기 타	(	-	-
	)	-	-

비교 대상이 되는 것은 디바이스 또는 채널이 된다. 예를 들어, 워드 디바이스 M0000이 100보다 크고 비트 디바이스 M00010이 ON인 경우를 조건식으로 나타내면 다음과 같이 표시된다.

(M0000 > 100) && (M00010 == TRUE)

또한 디바이스의 경우, 다음과 같이 표현하여 메모리의 크기를 표시한다.

종 류	데이터 크기	비 고
X	1 비트	비트 지원 디바이스의 디폴트 타입
B	1 바이트	워드 디바이스의 하위 바이트만 지정한다.
W	2 바이트	비트 미 지원 디바이스의 디폴트 타입
D	4 바이트	-
L	8 바이트	-

2) 기본 기능 살펴보기

단일 I/O 조건과 연속 I/O 조건 모두 다음과 같은 인터페이스를 가지고 있다.

번호	사용	이름	상태	설명
1	☐			
2	☐		잘라내기(X) Ctrl+X	
3	☐		복사(C) Ctrl+C	
4	☐		붙여넣기(P) Ctrl+P	
5	☐		삭제(D) Delete	
6	☐			
7	☐		라인 삽입(L) Ctrl+L	
8	☐		라인 삭제(R) Ctrl+D	
9	☐			
10	☐		속성(P) Ctrl+Enter	

❶ I/O 조건 입력

- 새로운 I/O 조건을 입력할 위치로 이동한다.
- 메뉴에서 [편집]-[속성] 항목을 선택한다.
- I/O 조건 대화상자를 편집하고 확인을 누른다.

번호	사용	이름	상태	설명
1	☑	수정 전 조건		
2	☐			
3	☐			
4	☐			

❷ I/O 조건 편집

- 편집할 I/O 조건을 선택한다.
- 메뉴에서 [편집]-[속성] 항목을 선택한다.
- I/O 조건 대화상자에서 항목을 변경하고, 확인을 누른다.

번호	사용	이름	상태	설명
1	☑	수정 후 조건		
2	☐			
3	☐			
4	☐			

❸ I/O 조건 잘라내기/붙여넣기

- 잘라내기 할 I/O 조건을 선택한다.
- 메뉴에서 [편집]-[잘라내기] 항목을 선택한다.
- 붙여넣기 할 위치로 이동하고, 메뉴에서 [편집]-[붙여넣기] 항목을 선택한다.

번호	사용	이름	상태	설명
1	☑	잘라내기		
2	☐		잘라내기(X) Ctrl+X	
3	☐		복사(C) Ctrl+C	
4	☐		붙여넣기(P) Ctrl+P	
5	☐		삭제(D) Delete	

번호	사용	이름	상태	설명
1	☐			
2	☑	잘라내기		
3	☐			
4	☐			
5	☐			
6	☐			

잘라내기(X)	Ctrl+X
복사(C)	Ctrl+C
붙여넣기(P)	Ctrl+P
삭제(D)	Delete

❹ I/O 조건 복사/붙여넣기

- 복사할 I/O 조건을 선택한다.
- 메뉴에서 [편집]−[복사] 항목을 선택한다.
- 붙여넣기 할 위치로 이동하고, 메뉴에서 [편집]−[붙여넣기] 항목을 선택한다.

번호	사용	이름	상태	설명
1	☐			
2	☑	잘라내기		
3	☐			
4	☐			
5	☐			
6	☐			
7	☐			

잘라내기(X)	Ctrl+X
복사(C)	Ctrl+C
붙여넣기(P)	Ctrl+P
삭제(D)	Delete

번호	사용	이름	상태	설명
1	☐			
2	☑	잘라내기		
3	☑	잘라내기		
4	☐			
5	☐			
6	☐			
7	☐			

잘라내기(X)	Ctrl+X
복사(C)	Ctrl+C
붙여넣기(P)	Ctrl+P
삭제(D)	Delete

❺ I/O 조건 삭제

- 삭제할 I/O 조건을 선택한다.
- 메뉴에서 [편집]−[삭제] 항목을 선택한다.

번호	사용	이름	상태	설명
1	☐			
2	☑	잘라내기		
3	☑	잘라내기		
4	☐			
5	☐			
6	☐			
7	☐			
8	☐			

잘라내기(X)	Ctrl+X
복사(C)	Ctrl+C
붙여넣기(P)	Ctrl+P
삭제(D)	Delete
라인 삽입(L)	Ctrl+L

번호	사용	이름	상태	설명
1	☐			
2	☐			
3	☑	잘라내기		
4	☐			

❻ 라인 삽입

- 라인을 삽입할 위치를 선택한다.
- 메뉴에서 [편집]-[라인 삽입] 항목을 선택한다.

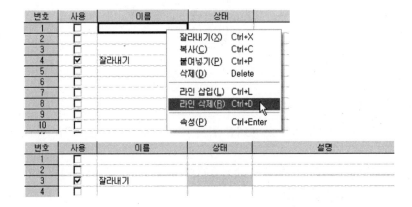

❼ 라인 삭제

- 라인을 삭제할 위치를 선택한다.
- 메뉴에서 [편집]-[라인 삭제] 항목을 선택한다.

3) 단일 I/O 조건

단일 I/O 조건은 동작 옵션이 만족되었을 경우, 선택한 디바이스/채널에 입력한 값을 복사한다.

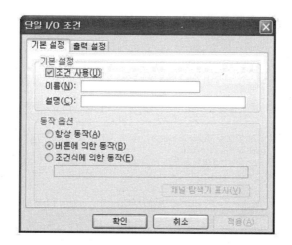

a. 조건 사용: 단일 I/O 조건 사용 여부를 설정한다. 조건 사용을 허용하지 않으면 XG-SIM은 사용자가 설정 한 조건을 사용하지 않는다.
b. 이름: I/O 조건의 이름을 입력한다.
c. 설명: I/O 조건에 대한 간단한 설명을 입력한다.
d. 항상 동작: 사용자가 지정한 조건에 상관없이 실행하는 순간부터 동작하도록 한다.
e. 버튼에 의한 동작: 사용자가 버튼을 누르는 경우에만 설정한 조건을 동작하도록 한다.
f. 조건식에 의한 동작: 사용자가 지정한 조건식이 만족되는 경우에만 동작하도록 한다.
g. 채널 탐색기 표시: 채널 탐색기를 표시한다. 해당 버튼은 조건식에 의한 동작을 선택하였을 경우 활성화 된다.

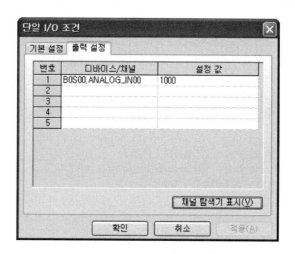

a. 디바이스/채널: 출력 값을 기록할 채널 또는 디바이스 명을 입력한다.
b. 설정 값: 설정할 값을 입력한다. 디바이스, 채널, 상수가 입력 가능하다.

4) 연속 I/O 조건

연속 I/O 조건은 동작 옵션이 만족되었을 경우, 선택한 디바이스/채널에 입력한 값을 스 캔마다 연속적으로 입력한다.

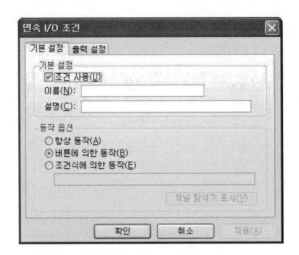

a. 조건 사용: 연속 I/O 조건 사용 여부를 설정한다. 조건 사용을 허용하지 않으면 XG-SIM은 사용자가 설정
   한 조건을 사용하지 않는다.
b. 이름: I/O 조건의 이름을 입력한다.
c. 설명: I/O 조건에 대한 간단한 설명을 입력한다.
d. 항상 동작: 사용자가 지정한 조건을 무시하고 실행하는 순간부터 동작하도록 한다.
e. 버튼에 의한 동작: 사용자가 버튼을 누르는 경우에만 설정한 조건을 동작하도록 한다.
f. 조건식에 의한 동작: 사용자가 지정한 조건식이 만족되는 경우에만 동작하도록 한다.
g. 채널 탐색기 표시: 채널 탐색기를 표시한다. 해당 버튼은 조건식에 의한 동작을 선택하였을 경우 활성화
   된다.

a. 반복 동작: 출력 값을 반복적으로 입력할지를 선택한다.
b. 실행 중 조건 무시: 연속 값 입력 도중 동작 조건 검사여부를 선택한다.
c. 출력 설정하기: 연속 값 설정 대화상자가 표시된다.

Tip & note

XG-SIM에서는 성능을 고려하여 단일 I/O와 연속 I/O에서 다음과 같은 제약을 두고 있다.

해당 I/O	제한 사항	제한 개수
단일/연속	활성화 할 수 있는 I/O 조건 개수	각 20개
단일/연속	조건식에 입력할 수 있는 채널/디바이스 개수	각 8개
단일/연속	출력 설정에서 입력할 수 있는 채널/디바이스 개수	각 10개

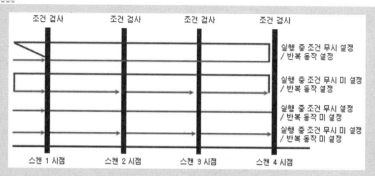

XG-SIM은 연속 I/O 설정 시, 매 스캔마다 연속 값 설정에 기입되어 있는 모든 값들을 해당 디바이스/채널에 차례로 쓰게 된다. 이 때 '실행 중 조건 무시'를 미설정하게 되면 동작 옵션에서 항상 동작을 지정하지 않거나 참인 조건식을 쓰지 않는 한 연속 값 중 첫 번째 값만 계속 쓰게 된다. 만일 '실행 중 조건 무시'를 설정하게 되면 한 스캔 내에 연속 값 설정에 기입되어 있는 모든 값들을 연속적으로 쓴다. 또한, 반복 동작을 설정하게 되면 모든 스캔을 마친 후에 다시 첫 스캔부터 반복적으로 동작하게 된다.

연속 값 번호	1	2	3	4	5	6	7
지정할 값	7	6	5	4	3	2	1

위의 연속 값을 예를 들면,

① 실행 중 조건 무시 미설정/반복 동작 미설정(버튼 동작/조건식이 거짓인 경우)

   7 → 7 → 7 → 7 → 7 → 7 → 7 → 7

② 실행 중 조건 무시 미설정/반복 동작 미설정(항상 동작/조건식이 참인 경우)

   7 → 6 → 5 → 4 → 3 → 2 → 1

③ 실행 중 조건 무시 설정/반복 동작 미설정

   7 → 6 → 5 → 4 → 3 → 2 → 1

④ 실행 중 조건 무시 미설정/반복 동작 설정(버튼 동작/조건식이 거짓인 경우)

   7 → 7 → 7 → 7 → 7 → 7 → 7 → 7 → 7 → 7 → 7 → 7 → 7 → 7 → …

⑤ 실행 중 조건 무시 미설정/반복 동작 설정(항상 동작/조건식이 참인 경우)

   7 → 6 → 5 → 4 → 3 → 2 → 1 → 7 → 6 → 5 → 4 → 3 → 2 → 1 → …

⑥ 실행 중 조건 무시 설정/반복 동작 설정

   7 → 6 → 5 → 4 → 3 → 2 → 1 → 7 → 6 → 5 → 4 → 3 → 2 → 1 → …

5) 연속 값 입력 대화상자

❶ 설정 값 입력

연속 I/O 조건에서 출력 값으로 설정할 값을 입력한다.

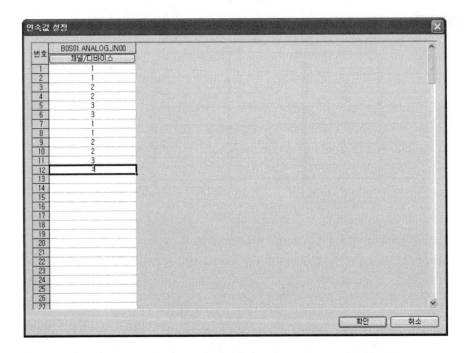

a. 디바이스/채널: 값을 설정할 디바이스 또는 채널을 입력한다.
b. 값: 정수, 실수, 16진수, TRUE/FALSE와 같은 상수만 입력 가능하다.
c. 확인: 편집된 사항을 저장하고 대화상자를 종료한다.
d. 취소: 입력 사항을 취소한다.

❷ 디바이스/채널 선택

연속 값을 입력할 디바이스 또는 채널을 선택한다.

- 디바이스/채널을 입력할 칼럼을 더블클릭한다.
- 디바이스/채널 입력 대화상자가 표시된다.
- 디바이스 또는 채널을 입력하고 확인 버튼을 누른다.

a. 채널/디바이스 명: 채널 또는 디바이스 명을 입력한다.
b. 채널 탐색기 표시: 채널 탐색기를 표시한다.
c. 확인: 편집 사항을 저장하고 대화상자를 닫는다.
d. 취소: 편집 사항을 취소하고 대화상자를 닫는다.

❸ 값 입력

- 값을 입력할 위치로 커서를 이동한다.
- 값을 입력한다.

❹ 자동 채움

- 영역을 선택한다.

- 마우스를 영역의 오른쪽 하단 모서리에 이동하면 커서가 변경된다.

- 마우스의 왼쪽 버튼을 누른 상태로 위 또는 아래로 드래그한다.

Tip & note

자동 채움 시 컨트롤 키를 이용하면, 마우스 드래그 방향에 따라 단조 증가/단조 감소된 연속 값을 입력할 수 있다.

6) I/O 조건 모니터

❶ 모니터 시작

- 메뉴에서 [도구]−[단일 I/O조건 사용] 또는 [도구]−[연속 I/O조건 사용] 항목을 선택한다.

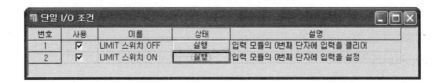

❷ 모니터 끝

• 메뉴에서 [도구]-[단일 I/O조건 사용] 또는 [도구]-[연속 I/O조건 사용] 항목을 해제한다.

Tip & note

PLC의 기본적인 프로그램 수행 방식으로 작성된 프로그램을 처음부터 마지막 스텝까지 반복적으로 연산이 수행되며 이 과정을 프로그램 스캔이라고 한다. XG-SIM 역시 스캔을 통해 연산을 수행하며 다음과 같은 일련의 절차를 갖는다.

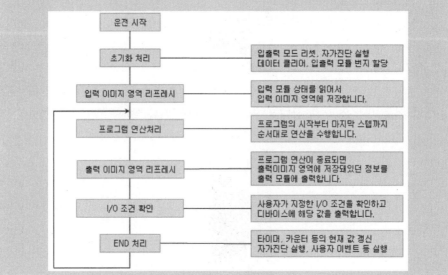

9.2.4 모듈 시뮬레이션

XG-SIM은 I/O 모듈 및 특수 모듈에 대하여 간략한 시뮬레이션 기능을 제공한다. 디지털 입출력 모듈의 경우에는 P 영역에 대한 입출력 기능을 제공하며, 특수 모듈의 경우에는 외부로부터 입력 받는 아날로그 값 혹은 외부로의 아날로그 출력 값 모니터링 등의 기능을 제공한다.

1) 모듈의 설정

XG-SIM에서 제공하는 모듈 시뮬레이션 기능은 XG5000의 I/O 파라미터에서 설정한 정보를 이용한다. 따라서 모듈을 시뮬레이션 하여, 프로그램에 반영하기 위해서는 해당 모듈을 I/O 파라미터에서 설정해야 한다.

예를 들어, 다음과 같은 구성을 갖는 PLC 시스템을 시뮬레이션하기 위해서는 그림과 같이 I/O 파라미터를 설정해야 한다.

베이스	슬 롯	모듈 명	모듈 종류
기본 베이스	0	XGI-D21A	DC 24V 8점 입력 모듈
기본 베이스	1	XGF-AV8A	전압 형 A/D 변환 모듈(8채널)
기본 베이스	2	XGF-HO2A	오픈 컬렉터 타입 고속 카운터 모듈(2채널)

슬롯	모듈	설명	입력 필터
0	DC 24V 입력, 8점		3 표준[ms]
1	XGF-AV8A (전압형, 8채널)		-
2	XGF-HO2A (오픈컬렉터, 2채		-

XG-SIM이 실행된 이후, 시스템 모니터에는 다음과 같이 I/O 파라미터에서 설정한 모듈이 표시된다.

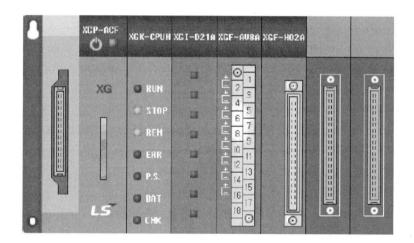

Tip & note

- I/O 파라미터 편집 기능 및 모듈별 파라미터 상세 정보 설정에 대한 상세 사항은 XG5000 사용설명서를 참고한다.
- XG5000에서 설정한 I/O 파라미터의 상세 설정을 적용하기 위해서는 I/O 파라미터를 XG-SIM으로 다시 다운로드 해야 한다. 만일, 선택한 모듈의 종류가 변경된 경우에는 XG-SIM을 다시 실행해야 한다.

2) 디지털 입/출력 모듈

디지털 입/출력 모듈의 시뮬레이션은 접점의 현재 값을 변경하거나, 프로그램에서 출력으로 사용된 출력 값이 정상적으로 출력되는지 여부를 시뮬레이션 할 수 있다. I/O 파라미터에서 입/출력 모듈을 설정여부에 따라 다음과 같은 차이가 있다.

	입/출력 모듈 미 설정	입/출력 모듈 설정
입력 값 변경	모니터 현재 값 변경 이용	XG-SIM 채널 값 변경 이용
출력 값 변경	변경할 수 없음	변경할 수 없음
강제 I/O 입력	적용 안됨	설정한 강제 입력 값 입력
강제 I/O 출력	적용 안됨	설정한 강제 출력 값 출력

3) 아날로그입력 모듈(A/D 변환 모듈)

XG-SIM에서 지원하는 아날로그 입력 모듈은 다음의 표를 참고한다.

모듈 명	지원 여부
XGF-AV8A(전압형 8채널)	○
XGF-AC8A(전류형 8채널)	○
XGF-AD4S(절연형 4채널)	X

XG-SIM에서는 4가지 형태의 입력 전압 범위와 디지털 데이터 출력 포맷, 그리고 2가지 형태의 입력 전류 범위를 지원하며 다음과 같다.

입력 전압 범위	입력 전류 범위	디지털 데이터 출력 포맷
1 ~ 5V	4 ~ 20mA	0 ~ 16000
0 ~ 5V	0 ~ 20mA	-8000 ~ 8000
0 ~ 10V	-	1000 ~ 5000
-10 ~ 10V	-	0 ~ 10000(%)

아날로그입력 값은 XG-SIM 창에서 직접 설정할 수 있으며, 입력 범위는 파라미터에서 설정한 입력 전압(전류) 범위 내에서만 유효하다.

Tip & note

아날로그 입력 모듈의 파라미터 상세 내용 및 프로그래밍 방법은 해당 모듈의 사용 설명서를 참고한다.

XG-SIM 창의 채널 항목에서 아날로그 입력 값을 설정할 수 있다

번호	채널 명	타입	입/출력	채널 값	단위	즐겨쓰는 채널
1	B0S00, ANALOG_IN00	FLOAT	IN		volt	☐
2	B0S00, ANALOG_IN01	FLOAT	IN		volt	☐
3	B0S00, ANALOG_IN02	FLOAT	IN		volt	☐
4	B0S00, ANALOG_IN03	FLOAT	IN		volt	☐
5	B0S00, ANALOG_IN04	FLOAT	IN		volt	☐
6	B0S00, ANALOG_IN05	FLOAT	IN		volt	☐
7	B0S00, ANALOG_IN06	FLOAT	IN		volt	☐
8	B0S00, ANALOG_IN07	FLOAT	IN		volt	☐

4) 아날로그출력 모듈(D/A 변환 모듈)

XG-SIM에서 지원하는 아날로그 출력 모듈은 다음의 표를 참고한다.

모듈 명	지원 여부
XGF-DV4A(전압형 4채널)	○
XGF-DV8A(전압형 8채널)	○
XGF-DC4A(전류형 4채널)	○
XGF-DC8A(전류형 8채널)	○
XGF-DV4S(절연형 전압출력 4채널)	X
XGF-DC4S(절연형 전류출력 4채널)	X

XG-SIM에서는 다음과 같은 전압(전류) 범위와 입력 데이터 타입을 지원한다.

입력 데이터 타입	출력 전압 범위	출력 전류 범위
0 ~ 16000	1 ~ 5V	4 ~ 20mA
-8000 ~ 8000	0 ~ 5V	0 ~ 20mA
1000 ~ 5000	0 ~ 10V	-
0 ~ 10000(%)	-10 ~ 10V	-

XG-SIM에서는 다음과 같은 아날로그 출력 파라미터를 지원한다.

파라미터	지원 여부
운전 채널	○
출력 전압(전류) 범위	○
입력 데이터 타입	○
채널 출력상태	X

디지털 입력 값은 프로그램에서 U 디바이스를 통하여 입력 가능하며, 파라미터에서 설정한 범위 내에서만 유효하다.

Tip & note

아날로그 출력 모듈의 파라미터 상세 내용 및 프로그래밍 방법은 해당 모듈의 사용 설명서를 참고한다.

XG-SIM 창의 채널 항목에서 변환된 아날로그 출력 값을 확인할 수 있다.

번호	채널 명	타입	입/출력	채널 값	단위	즐겨쓰는 채널
1	B0S01.ANALOG_OUT00	FLOAT	OUT		volt	☐
2	B0S01.ANALOG_OUT01	FLOAT	OUT		volt	☐
3	B0S01.ANALOG_OUT02	FLOAT	OUT		volt	☐
4	B0S01.ANALOG_OUT03	FLOAT	OUT		volt	☐
5	B0S01.ANALOG_OUT04	FLOAT	OUT		volt	☐
6	B0S01.ANALOG_OUT05	FLOAT	OUT		volt	☐
7	B0S01.ANALOG_OUT06	FLOAT	OUT		volt	☐
8	B0S01.ANALOG_OUT07	FLOAT	OUT		volt	☐

5) 고속 카운터 모듈(HSC 모듈)

XG-SIM에서 지원하는 고속 카운터 모듈은 다음의 표를 참고한다.

모듈 명	지원 여부
XGF-HO2A(오픈컬렉터 2채널)	○
XGF-HD2A(오픈드라이버 2채널)	○

XG-SIM에서는 다음과 같은 고속 카운터 파라미터를 지원한다.

파라미터	지원 여부	파라미터	지원 여부
카운터 모드	X	비교출력 0 최대 설정값	○
펄스 입력 모드	X	비교출력 1 최소 설정값	○
프리셋	○	비교출력 1 최대 설정값	○
링카운터 최소값	X	출력상태 설정	○
링카운터 최대값	X	부가 기능 모드	X
비교출력 0 모드	○	구간 설정값(ms)	X
비교출력 1 모드	○	1회전당 펄스 수	X
비교출력 0 최소 설정값	○	주파수 표시 모드	X

Tip & note

고속 카운터 모듈의 파라미터 상세 내용 및 프로그래밍 방법은 해당 모듈의 사용 설명서를 참고한다.

XG-SIM 창의 채널 항목에서 현재 카운트 값을 변경할 수 있다. 고속 카운터 시뮬레이션에서는 입력된 카운트 값과 파라미터 설정한 값을 비교하여 비교 출력 신호로 이용한다.

번호	채널 명	타입	입/출력	채널 값	단위
1	B0S02.CH0_CURRENT_COUNT	DINT	IN		count
2	B0S02.CH1_CURRENT_COUNT	DINT	IN		count

9.3 제약 사항

XG-SIM은 실제 PLC와 비교하여 다음과 같은 제약 사항이 있다.

9.3.1 워치독 타이머

XGK PLC에서는 작성한 PLC 프로그램이 비정상적으로 동작하는 것을 방지하기 위하여 워치독 타이머를 설정한다. XG-SIM은 실제 XG 시리즈 PLC보다 느린 속도로 스캔 동작이 이루어지므로, 기본 파라미터에서 설정한 워치독 타이머는 정상적으로 동작하지 않는다.

9.3.2 통신 모듈

XG-SIM은 통신 모듈 관련 기능을 제공하지 않는다. 따라서 프로그램에서 작성한 다음과 같은 명령어는 XG-SIM 내부의 데이터로만 저장되며 실제 통신에는 사용되지 않는다.

분류	명칭	기능
국번 설정	P2PSN	통신시 상대방의 국번 지정
읽기 영역지정(WORD)	P2PWRD	워드 데이터 읽기 영역 지정
쓰기 영역지정(WORD)	P2PWWR	워드 데이터 쓰기 영역 지정
읽기 영역지정(BIT)	P2PBRD	비트 데이터 읽기 영역 지정
쓰기 영역지정(BIT)	P2PBWR	비트 데이터 쓰기 영역 지정

9.3.3 비 랙형 PLC

(1) 명령어

다음의 명령어는 정상적으로 동작하지 않는다.

명령어	내용
PIDAT	PID 자동동조 가동 명령어
PIDHBD	PID 정/역 혼합 운전 명령어

(2) 모듈 시뮬레이션

XG-SIM은 XGK의 랙형 PLC를 기준으로 동작한다. XGB-XBMS와 같은 소형 PLC의 경우에는 PITAT와 같은 전용 명령어 및 기본 파라미터/내장 파라미터와 같은 일부 항목에 대해서는 정상적으로 동작하지 않는다.

명령어 알아보기

CPU 모듈 활용하기

1.1 데이터의 종류 및 사용방법

1.1.1 데이터의 종류

1.1.2 비트(bit) 데이터

비트 데이터는 접점이나 코일과 같이 1비트로 On/Off를 표시하거나 입출력은 되지 않고 메모리 내에서 1비트 단위로 처리되는 데이터를 말한다. 비트 디바이스 혹은 워드 디바이스의 비트지정 방법으로 비트 데이터를 사용할 수 있다.

1) 비트 디바이스

한 점 단위로 저장되거나 읽어올 수 있는 디바이스로 P, M, L, K, F, T, C, S 등이 있다(자세한 내용은 1.2 디바이스 영역 설명 참조). 비트 데이터를 액세스하기 위해 한 점(비트) 단위로 지정해서 사용한다. 이때 가장 아래 자리는 16진수로 표기한다. 이런 표현방식은 비트 디바이스로 워드 데이터의 표현을 쉽게 하게 한다.

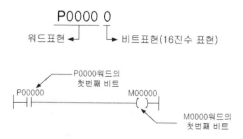

2) 워드 디바이스의 비트지정 방법

워드 디바이스에 비트 No를 지정함으로써 비트 데이터를 사용할 수 있다. 표현 방법은
다음과 같다.

여기서 워드 디바이스 번호는 10진수로 표기하고 비트 No는 16진수로 표기한다. 예를
들어, D00010의 두 번째 비트를 표현하려면, D00010.1과 같이 지정한다. D00010의 11번
째 비트는 D00011.A와 같이 지정한다.

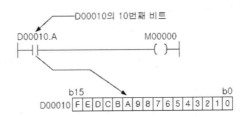

Tip & note

비트 디바이스도 워드 디바이스처럼 워드 단위의 데이터 처리가 가능하다. 하지만 워드 디바이스처럼 P0010.1
과 같은 표현은 사용할 수 없다.

1.1.3 니블/바이트 데이터(NIBBLE/BYTE)

니블과 바이트는 XGT에 새로 추가된 데이터 종류로서 각각의 명령어 이름 뒤에 4나 8이
붙은 명령어에서 사용되는 데이터다. 니블과 바이트의 시작 비트를 입력함으로써 사용할
수 있고 입력한 접점부터 4/8비트가 처리할 데이터가 된다.

1) 표현 범위

- 니블: 0 ~ 15(4비트)
- 바이트: 0 ~ 255(8비트)

2) 사용 방법

① 비트 디바이스(P, M, K, F, L)의 경우: 오퍼랜드로 사용된 비트 디바이스의 접점부터
  4 또는 8비트를 취한다. 이때, 4비트나 8비트를 취할 때 해당 비트 디바이스의 영역을
  넘어갈 경우에는 넘어가는 비트만 0으로 처리한다. 만약 Destination으로 지정된 오퍼

랜드였다면, 영역을 넘어가는 부분의 데이터는 소실된다.

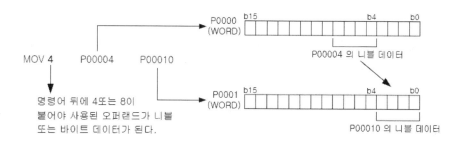

② 워드 디바이스의 경우: 오퍼랜드로 사용된 워드 디바이스의 비트 접점부터 4 또는 8비트를 취한다. 이때, 지정한 비트 접점이 Source로 사용되었고 지정한 접점부터 4비트나 8비트를 취할 때 워드 단위를 넘어가게 되면 넘어간 비트에 대해서는 0으로 처리한다. 마찬가지로 지정한 비트 접점이 Destination으로 사용되었다면 워드를 넘어가는 데이터는 소실된다.

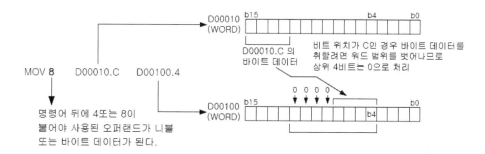

자세한 설명은 MOV4/8 명령을 참조한다.

Tip & note

T, C 디바이스는 니블/바이트 명령어에 사용할 수 없다. T와 C는 사용되는 명령어에 따라 비트 데이터로 사용되기도 하고 워드 데이터로 사용되기도 하기 때문에 사용상 혼란의 우려가 있기 때문에 니블/바이트 명령어에서는 사용이 불가능하다.

1.1.4 워드 데이터(WORD)

워드 데이터는 16비트의 수치 데이터를 말한다. 표기방법은 10진수와 16진수로 할 수 있고, 16진수로 표기할 경우에는 숫자 앞에 H를 붙이다.

- 10진수: -32,768 ~ 32,767(Signed 연산) 또는 0 ~ 65,535(Unsigned 연산)
- 16진수: H0 ~ HFFFF 워드 디바이스나 비트 디바이스로 워드 데이터 표현이 가능하다.

1) 워드 디바이스

워드 디바이스의 1점(워드) 단위로 지정한다.

2) 비트 디바이스

비트 디바이스 표기법에서 가장 하위 자리(16진수로 표기하는 자리-비트를 나타내는 위치)를 빼고 표기하면 워드 데이터로 지정하게 된다.

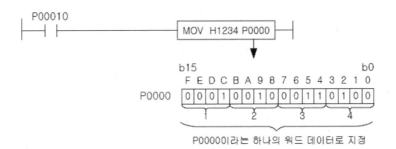

Tip & note

> XGK/XGB의 명령어는 Signed 연산을 기본으로 하고 있다. Unsigned 연산인 경우 명령어에 U가 붙는다.
> 예) ADD: Signed 연산, ADDU: Unsigned 연산

1.1.5 더블워드 데이터(DWORD)

더블워드 데이터는 32비트의 수치 데이터를 말한다. 표기방법은 10진수와 16진수로 할 수 있고, 16진수로 표기할 경우에는 숫자 앞에 H를 붙이다.

- 10진수: -2,1474,83,648 ~ 2,147,483,647(Signed 연산) 또는 0 ~ 4,294,967,295 (Unsigned 연산)
- 16진수: h0 ~ hFFFFFFFF 워드 디바이스나 비트 디바이스로 더블워드 데이터 표현이 가능하다.

1) 워드 디바이스

32비트 데이터 중 하위 16비트 데이터에 해당하는 디바이스 번호를 지정한다. (지정한 디바이스 번호)와 (지정한 디바이스 번호 + 1)의 데이터를 더블워드 데이터로 사용하게 된다.

P00010

DMOV 1234 D21

D21,D22 2점(워드)이 대상
더블 워드 명령

2) 비트 디바이스

워드 데이터를 표기할 때와 마찬가지로 가장 하위 자리를 빼고 표기하며, (지정된 디바이스 번호)와 (지정된 디바이스 번호 + 1)의 데이터를 더블워드 데이터로 사용하게 된다.

P00010

DMOV 1234 P0001

P0001,P0002 2점(워드)이 대상
더블 워드 명령

1.1.6 실수 데이터(REAL, LREAL)

실수 데이터는 32비트/64비트 부동 소수점 데이터를 말한다. 여기서 32비트 부동 소수점 데이터를 단장형 실수, 64비트 부동 소수점 데이터를 배장형 실수라고 한다. 표기방법은 10진수형태(소수점 표현)로만 가능하다. 워드 디바이스와 비트 디바이스 모두 사용 가능하다.

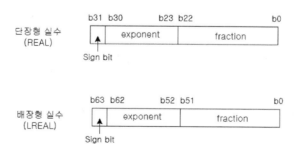

단장형 실수
(REAL)

b31 b30   b23 b22   b0

exponent   fraction

Sign bit

배장형 실수
(LREAL)

b63 b62   b52 b51   b0

exponent   fraction

Sign bit

(1) 표현범위

① 단장형 실수: -3.402823466e+038 ~ -1.175494351e-038 또는

0 또는 1.175494351e -038 ~ 3.402823466e+038

② 배장형 실수: - 1.7976931348623157e+308 ~ -2.2250738585072014e-308 또는
0 또는 2.2250738585072014e-308 ~ 1.7976931348623157e+308

(2) 지원되는 연산명령

사칙연산, 변환, 비교, 삼각함수 등의 명령어를 지원한다.

(3) 표현 불가능한 부분이 존재한다(음수 부분도 대칭적으로 표현 불가능한 부분이 존재한다).

① 단장형 실수: Unsigned 0 ~ 1.40129846e-45
Signed - 1.175494351e-038 ~ 1.175494351e-038
② 배장형 실수: Unsigned 0 ~ 4.9406564584124654e-324
Signed-2.2250738585072014e-308 ~ 2.2250738585072014e-308

1.1.7 문자 데이터

응용 명령 중에 문자열 관련 명령어에서 사용 가능한 데이터 타입으로 숫자, 알파벳, 특수 기호 등을 아스키 코드의 형태로 저장한다. 또한 한글, 한자 등 16비트 코드를 요하는 문자열도 사용 가능하다.

문자 데이터의 구분은 NULL코드(h00)가 나올 때까지를 하나의 문자열로 취급하며 한 문자열의 최대 길이는 32바이트(NULL 포함)까지 사용 가능하다. 즉, 영문만 사용할 때는 31글자, 국문만 사용하면 15글자까지 사용가능하며 혼합해서도 사용 가능하다.

직접 입력하는 문자열의 크기가 최대 크기를 넘어갈 경우, 프로그래밍 툴인 XG5000에서 경고 메시지가 발생하여 최대 크기를 넘어가는 문자열을 입력할 수 없다. 최대 문자 입력의 경우 데이터 구조는 31바이트 + NULL(1바이트) 이다. 그 사용 예는 다음과 같다.

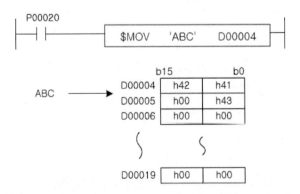

* $MOV 명령어 사용 시 문자열은 D00004 ~ D00019까지 무조건 16워드(31글자+null) 크기로 전송된다.

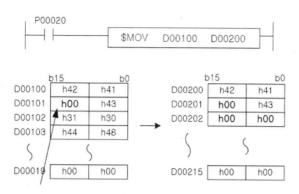

* 문자열 사이에 null코드가 있을 경우에는 null코드까지를 유효한 문자열로 보고 처리된다.

1.2 디바이스 영역 설명

1.2.1 디바이스의 구분

디바이스는 크게 표현방법 및 오퍼랜드 처리 방법에 따라 비트 디바이스와 워드 디바이스로 나뉜다.

1) 비트 디바이스

① LOAD나 OUT과 같은 기본 명령어에 사용할 때, .(점)없이 비트 표현이 가능한 디바이스
② P, M, K, F, T(비트접점), C(비트접점), L, S
③ 인덱스 기능 사용 시: 비트 디바이스에 인덱스 기능을 사용하면 비트의 위치에 인덱스 레지스터의 값을 더한 비트를 가리키게 된다. 단, 비트 디바이스를 응용명령에서 사용했고, 그 명령어의 오퍼랜드가 워드 데이터인 경우에는 워드로 계산된다.
   예) LOAD P00001[Z1] → Z1=8이면, LOAD P(1+8) = LOAD P00009
       MOV P00001[Z1] D10 → Z1=8이면, MOV P00009 D00010

2) 워드 디바이스

① 디바이스의 기본 표현이 워드 단위로 되는 디바이스다.
② 디바이스 번호의 원하는 비트 위치를 지정하고자 할 경우 .(점)을 사용한다.
   예) D10의 BIT4의 표현은 D10.4가 된다.
③ 해당 디바이스: D, R, U, T(현재값 영역), C(현재값 영역), Z
④ 인덱스 기능 사용 시: 워드 단위의 인덱싱을 한다. 또한, 워드 디바이스의 비트 표현을 한 오퍼랜드에 인덱스를 사용했을 경우 역시 워드 단위로 인덱싱을 한다. 예를 들어, D10.4인 오퍼랜드에 Z10을 사용하고자 할 경우, 표기는 D10[Z10].4와 같이 하고 의미는 D(10+Z10의 값).4와 같다.

1.2.2 디바이스별 입력 범위

1) XGK–CPUH의 입력 범위

영역	크기	비트접점	워드데이터	비고
P	32,768 점	P00000 ~ P2047F	P0000 ~ P2047	
M	32,768 점	M00000 ~ M2047F	M0000 ~ M2047	
K	32,768 점	K00000 ~ K2047F	K0000 ~ K2047	
F	32,768 점	F00000 ~ F2047F	F0000 ~ F2047	
T [*1)]	2,048 점	T0000 ~ T2047	T0000 ~ T2047	
C [*2)]	2,048 점	C0000 ~ C2047	C0000 ~ C2047	
U	3,072 Word	U00.00.0 ~ U7F.31.F	U00.00 ~ U7F.31	
Z	128 Word	사용불가	Z0 ~ Z127	
S	100 Word	S00.00 ~ S127.99	사용불가	
L	180,224 점	L000000 ~ L11263F	L00000 ~ L11263	
N	21K Word	사용불가	N00000 ~ N21503	
D	32K Word	D00000.0 ~ D32767.F	D00000 ~ D32767	
R (내부램)	32K Word n[*3)]	R00000.0 ~ R32767.F	R00000 ~ R32767	
ZR (내부램) [*4)]	(32K n) Word	사용불가	ZR00000 ~ ZR65535	

*1) 타이머에서 워드데이터는 해당 비트접점의 현재값을 나타낸다.
*2) 카운터에서 워드데이터는 해당 비트접점의 현재값을 나타낸다.
*3) 내부 램을 32K워드 이상을 사용하는 기종이라도 표현 가능한 비트접점은 R00000.0 ~ R32767.F이다.
　　또한 워드 데이터도 R00000 ~ R32767까지만 표현이 가능하다.
*4) ZR표현 범위는 내부 램의 크기에 따라 달라진다.

1.2.3 입출력 P

입출력 P는 외부기기와 대응되는 영역으로서 입력기기로 사용되는 푸시-버튼, 절환 스위치, 리미트 스위치 등의 신호를 받아들이는 입력부와 출력기기로 사용되는 솔레노이드, 모터, 램프 등에 연산결과를 전달하는 출력부로 이루어진 영역이다.

입력부 P에 대해서는 PLC 내부의 메모리에 입력상태가 보존되므로 a, b접점사용이 가능하고 출력부 P 역시 a, b접점의 출력 모두 가능하다.

P 영역중 입출력으로 사용되지 않는 부분은 보조 릴레이 M과 동일하게 사용할 수 있다. 명령어에 따라 워드 단위로 사용이 가능하다. 다음 그림은 입출력회로의 구성 예이다.

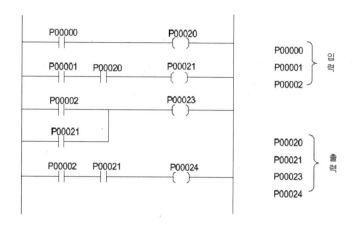

아래의 그림은 P영역의 구현 방법에 관한 그림이다.

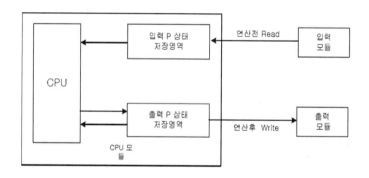

위의 그림에서 P영역은 입출력 모듈의 각 접점 하나하나에 대해서 1:1로 대응되는 영역을 가지고 있어서, PLC가 스캔중(연산중)일 때는 입출력 모듈의 접점 상태와는 관계없이 CPU내부의 메모리(P영역) 상태를 가지고 연산을 하고, 연산이 끝난 후 출력 접점에 대응되는 내부메모리 P영역의 내용을 출력 모듈에 일괄 출력하고, 다음번 연산을 위하여 입력 모듈의 접점 상태를 입력접점에 대응되는 내부 메모리 P영역에 저장한다. 입력, 출력의 접점 상태는 구분 없이 모두 P영역에 할당되므로 프로그래밍 시 입력 P영역과 출력 P영역의 혼동에 따른 오류가 없도록 주의한다.

1.2.4 보조 릴레이 M

PLC 내의 내부 릴레이로서 외부로 직접 출력이 불가능하나 입·출력 P와 연결하여 외부 출력이 가능하다. 전원 On시와 RUN시에 파라미터 설정에 의해 래치 영역으로 지정되지 않은 영역은 전부 0으로 지워진다. a, b접점의 사용이 가능하다.

1.2.5 킵 릴레이 K

보조 릴레이 M과 사용 용도는 동일하나 전원 On시나 RUN시에는 그전의 데이터를 보존하는 래치 영역으로 기본 파라미터의 래치 영역1로 설정한 영역과 같은 동작을 한다. a, b접점의 사용이 가능하다. 아래와 같은 3가지의 경우에만 데이터가 0으로 지워진다(래치 영역1의 동작 특성과 동일함).

- 프로그램을 작성하여 실행
- XG5000의 PLC 지우기 메뉴 중 메모리 지우기 기능 실행
- CPU 모듈의 리셋 키조작 또는 XG5000을 통한 Overall 리셋

1.2.6 링크 릴레이 L

통신모듈 장착시 해당 통신모듈의 정보(OS 정보(XGB는 지원안함), 서비스 정보, 플래그 정보)를 제공하는 영역으로 통신모듈 전용 플래그 영역이다. 래치영역1의 동작 특성과 동일하게 데이터를 유지한다. 통신모듈을 사용하지 않는 경우에는 보조릴레이 M과 동일하게 사용할 수 있다.

1.2.7 타이머 T

기본주기 0.1ms(XGB는 지원안함), 1ms, 10ms, 100ms의 4 종류가 있으며 5종의 명령어(TON, TOFF, TMR, TMON, TRTG)에 따라 계수 방법이 각각 다르게 된다.
최대 설정치는 hFFFF(65535)까지 10진 또는 16진수로 설정이 가능하다.

1.2.8 카운터 C

입력조건의 Rising Edge(Off→On)에서 카운트하며 Reset입력에서 카운터의 동작을 중지하고 현재치를 0으로 소거하거나 설정치로 대치한다.
4종의 명령어(CTU, CTD, CTUD, CTR) 에 따라 각 계수 방법이 다르고 최대 설정치는 hFFFF까지 가능하다.

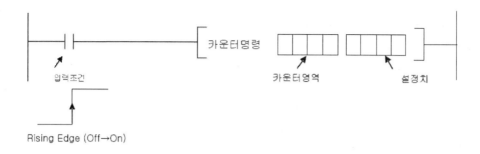

Rising Edge (Off→On)

1.2.9 데이터 레지스터 D

내부 데이터를 보관하는 곳으로 16비트, 32비트로 읽고 쓰기가 가능할 뿐만 아니라, 비트 표현을 이용하여 한 비트씩 읽고 쓰기도 가능하다. 32비트 경우에는 (지정된 번호)가 하위 16비트, (지정한 번호 + 1)이 상위 16비트 처리된다.

데이터 레지스터의 비트 표현방법은 "지정된 번호.지정된 비트"의 형식으로 사용한다. 이 때 지정된 비트의 표현은 16진수로 한다(1.1장 참조).

전원 On시와 RUN 시작 시에는 파라미터로 지정한 불휘발성 영역을 제외한 부분을 0으로 소거하고 불휘발성 영역은 이전상태를 그대로 유지한다. 불휘발성 영역설정은 파라미터 설정을 참조한다.

[예 1] 32 비트명령 사용시 D10을 지정한 경우

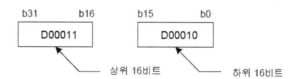

[예 2] 데이터 레지스터 D의 비트 표현

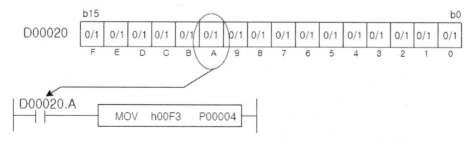

* D00020의 A번째 비트의 값에 따라 MOV명령의 실행 여부가 결정된다.

1.2.10 스텝 제어 릴레이 S

스텝 제어용 릴레이로 명령어(OUT, SET)사용에 따라서 후입우선, 순차제어로 구분된다.
전원 On시와 RUN 시작시에 파라미터로 지정한 영역 이외는 첫 단계인 0으로 소거된다.

① 같은 조건 내에서 마지막으로 프로그램된 단계를 우선으로 한다(후입우선).

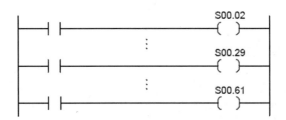

② 반드시 전단계가 이루어진 경우에만 현 단계가 공정을 처리하는 것으로 순차제어를
실행한다(순차제어). 그리고 클리어 조건인 SET xx.00은 공정순서에 관계없이 실행가
능하다.

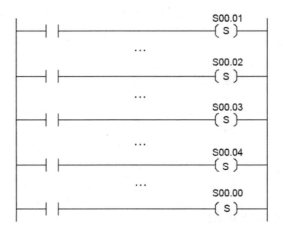

1.2.11 특수 릴레이 F

시스템 관련 정보를 제공하는 영역으로 F0000~F1023(XGB의 경우 F200)워드까지는 읽
기만 가능한 영역이다. PLC의 현재 상태, O/S정보, RTC 데이터, 시스템 클록 등 PLC
운영에 필요한 전반적인 정보가 제공된다. F1024(XGB의 경우 F199)워드 이후 영역의
경우 전용명령을 이용하여 제한적으로 쓰기가 가능한 영역이다. 이 영역은 외부기기의
경고장 및 중고장 검출에 사용될 수 있다.

1.2.12 특수모듈 데이터 레지스터 U(리프레시 영역)

슬롯에 장착된 특수모듈로부터 데이터를 읽어오는 데 사용되는 레지스터다. 백플레인 컨
트롤러에 의해 장착된 특수모듈의 데이터가 리프레시 영역에 자동으로 갱신된다. U영역
은 한 슬롯당 32개 워드가 할당되어 있다. 따라서 U영역은 XGK의 경우 총 4,096워드(8베
이스 * 16 슬롯 * 32워드 = 4,096 워드)로 XGB의 경우 총 256워드(1베이스 * 16 슬롯
* 32워드 = 256 워드)로 이루어져 있다. 각 슬롯에 따라 사용하는 U영역 값은 고정된
값으로, 모듈이 장착된 슬롯이건 빈 슬롯이건 상관없이 고정된 값으로 사용된다.

U영역의 기본적인 표현방법은 Uxy.z로 표현하며 여기서 x는 베이스번호 0~7를 설정하
고, y는 슬롯번호인 0~F를 설정하며, z는 특수모듈 내부메모리의 워드번호를 설정한다.
U영역 또한 비트표현이 가능하며 이때 표현 방법은 U3A.12.x(x:비트위치, 16진수표기)이
다. 실제로 지정된 슬롯에 특수모듈이 없거나 유효한 데이터 영역을 벗어나게 지정했을
경우, 그 지정된 영역의 값은 0이 되고 에러는 발생하지 않는다. 예를 들어, 3번 베이스의
1번 슬롯에 장착된 특수모듈의 리프레시 영역이 4개(0번~3번)의 워드까지만 유효한 영역
이라면, 4번워드(U31.04)는 0으로 읽혀지게 된다. 따라서 D00004에는 h00F3이 저장된다.

```
     P00052
 ┤ ├──┤ ├───  ADD   h00F3  U31.04  D00004  ├
```

장착된 특수모듈의 리프레시 영역 이외의 값을 읽거나 쓰고자 할 경우에는 PUT(P),
GET(P)명령을 사용한다. 각 모듈의 영역에 대한 정보는 해당 모듈 설명서를 참조한다.
장착된 모듈이 D/A변환모듈일 경우에는 해당 모듈의 U영역에 데이터를 쓰면 스캔 END
에서 리프레시되어 출력된다. 만약, D/A변환모듈이 아닌 모듈이 장착된 위치에 데이터를
저장하는 명령어를 사용했을 경우에는 NOP처리 한다. 이 경우 에러가 발생하지 않는다.

1.2.13 파일 레지스터 R

파일 레지스터는 내부 플래시 메모리 사용을 위한 전용 레지스터다. 플래시 메모리는 데이터를 저장하는데 약간의 시간이 소요되어 스캔 프로그램 수행 중에 데이터를 저장할 수 없다. 이런 문제 때문에 플래시 메모리 데이터를 파일 레지스터로 옮겨서 스캔 프로그램에서 사용하고, 데이터 저장이 필요할 경우 다시 플래시 메모리로 저장하는 방식으로 사용된다.

1) 특징

① 내부 플래시 메모리 사용을 위한 전용 레지스터로 내부 플래시의 블록 한 개를 파일 레지스터의 블록으로 읽어오거나 쓰는데 사용된다.

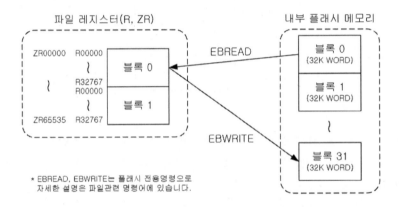

② 한 블록의 크기는 32K워드(XGK), 10K워드(XGB 콤팩트형)로 내부 플래시 메모리의 블록 크기와 같다.

③ 파일 레지스터의 데이터를 EBWRITE 명령을 이용해 플래시 메모리에 WRITE하면 데이터를 영구적으로 보존할 수 있다.

④ 파일 레지스터는 래치영역1과 동일하게 동작한다. 즉, 리셋 스위치를 통한 Overall리셋, D.CLR키를 이용한 리셋, XG5000을 통한 리셋시에 데이터가 0으로 지워진다.

⑤ 파일레지스터의 블록을 플래시 메모리의 블록으로 READ/WRITE하기 위해서는 여러 스캔이 걸린다. 완료 여부는 F160(_RBLOCK_RD_FLAG), F162(_RBLOCK_WR_FLAG)의 해당 블록의 비트로 확인할 수 있다.

⑥ 인덱스 기능과 간접지정 모두 사용이 가능하다. 이때, ZR의 경우 간접지정의 범위는 ZR0~ZR32767워드까지만 가능하고, 인덱스 기능([Z])은 사용한 ZR의 디바이스 번호에서 -32768~32767범위 내에서 사용 가능하다. R의 경우는 간접지정, 인덱스 모두

설정한 블록 범위 내에서 사용 가능하다. 해당 블록을 벗어날 경우 인덱스 초과 에러가 발생한다.

2) 크기

구 분	XGK-CPUU/CPUH/CPUA
파일 레지스터	32K WORD * 2블록
내부 플래시 메모리	32K WORD * 32블록

3) 표현방법

① R - 파일 레지스터 블록단위 표현(1블록당 32Kword 고정)

② ZR - 파일 레지스터 전체 표현(표현범위는 기종에 따라 다름)

③ 플래시 영역은 디바이스명이 없고, 전용명령어로 액세스할 수 있다.

디바이스명	비트표현	워드표현(DW포함)	쓰기	읽기	#	[Z]	데이터 보관
R	O	O	O	O	O	O	래치영역1 수준
ZR	X	O	O	O	O	O	래치영역1 수준
내부 플래시	X	X	전용명령	전용명령	X	X	영구적

1.3 명령어의 이해

1.3.1 명령어의 종류

XGK 명령어는 크게 기본명령, 응용명령, 특수명령으로 나눌 수 있다.

1) 기본명령

기본명령은 LOAD/OUT 등과 같이 접점/코일에 관한 명령어들과 타이머/카운터, 마스터 컨트롤, 스텝 컨트롤명령으로 이루어져 있다.

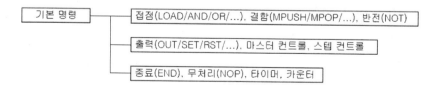

2) 응용명령

응용명령에는 기본 명령을 제외한 대부분의 명령어들을 말한다. 명령어를 기능별로 분류할 수 있다. 여기서는 XGK/XGB 명령어를 이해하기 쉽도록 오퍼랜드 타입에 따라 분류하였다. 오퍼랜드 타입은 비트, 니블/바이트, 워드/더블워드, 실수, 문자열 등이 있다.

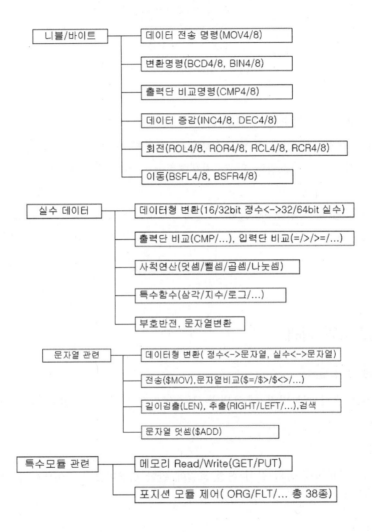

```
니블/바이트 ─┬─ 데이터 전송 명령(MOV4/8)
             ├─ 변환명령(BCD4/8, BIN4/8)
             ├─ 출력단 비교명령(CMP4/8)
             ├─ 데이터 증감(INC4/8, DEC4/8)
             ├─ 회전(ROL4/8, ROR4/8, RCL4/8, RCR4/8)
             └─ 이동(BSFL4/8, BSFR4/8)

실수 데이터 ─┬─ 데이터형 변환(16/32bit 정수<->32/64bit 실수)
             ├─ 출력단 비교(CMP/...), 입력단 비교(=/>/>=/...)
             ├─ 사칙연산(덧셈/뺄셈/곱셈/나눗셈)
             ├─ 특수함수(삼각/지수/로그/...)
             └─ 부호반전, 문자열변환

문자열 관련 ─┬─ 데이터형 변환( 정수<->문자열, 실수<->문자열)
             ├─ 전송($MOV),문자열비교($=/$>/$<>/...)
             ├─ 길이검출(LEN), 추출(RIGHT/LEFT/...),검색
             └─ 문자열 덧셈($ADD)

특수모듈 관련 ─┬─ 메모리 Read/Write(GET/PUT)
              └─ 포지션 모듈 제어( ORG/FLT/... 총 38종)
```

1.3.2 니모닉 생성 규칙

1) 데이터 타입

- 없음: 워드
- L: 배장형 실수
- 8: 바이트
- D: 더블 워드
- $: 문자열
- B: 비트
- R: 단장형 실수
- 4: 니블

2) 기타 표현

- G: 그룹
- P: 펄스 타입 명령
- B: BCD형 데이터
- U: Unsigned형 데이터

한 명령어를 기준으로 파생될 수 있는 명령어는 몇 가지 예외를 제외하고 일반적으로 다음의 규칙을 따른다. 기준 명령어의 앞에는 하나의 문자만이 올 수 있고, 뒤쪽에는 2개 이상의 문자가 올 수 있다.

[예] DADDBP

* 예외인 경우: 입력단 비교명령에서는 데이터 타입이 명령어 뒤쪽에 위치한다. 명령어의 맨 앞이나 맨 뒤에 위의 접두사
   나 접미사가 있다고 모두 파생명령어는 아니다.(예) GET, SUB, STOP

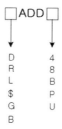

1.3.3 Signed 연산과 Unsigned 연산의 이해

XGK/XGB의 기본 명령어 체계는 Signed 연산이다. 연산 명령어 중 사칙연산과 증감연산, 그리고, 비교연산은 Signed/Unsigned 연산 모두 가능하다.

1) 연산 명령어

① Signed 연산 명령어: ADD, SUB, MUL, DIV, DADD, DSUB, DMUL, DDIV, INC, DEC, DINC, DDEC.

② Unsigned 연산 명령어: ADDU, SUBU, MULU, DIVU, DADDU, DSUBU, DMULU, DDIVU, INCU, DECU, DINCU, DDECU.

③ 차이점: Signed 연산의 경우, 연산 결과에 따라 CY, Z플래그를 셋하지 않는다. 즉, ADD명령어를 사용해서 h7FFF에 1을 더하는 프로그램이었다고 가정하면, 그 결과는 h8000(-32768)이 되고, 어떤 플래그도 셋하지 않는다. 반면, Unsigned 연산 명령어는 CY, Z플래그를 연산 결과에 따라 갱신한다.

2) 비교 명령어

① Signed 명령어: LOAD X, AND X, OR X, LOADR X, ANDR X, ORR X, LOAD$ X,

AND$ X, OR$ X, LOAD3 X, AND3 X, OR3 X 등

② Unsigned 명령어: CMP, DCMP, CMP4, CMP8, TCMP, GCMP 등

③ 비교 명령어의 경우는 발생하는 플래그(CY, Z)가 없으므로 Signed 비교와 Unsigned 비교의 차이만 있을 뿐이다.

1.3.4 간접지정 방식(#)

① 한 디바이스 내에서 지정한 디바이스의 데이터 값이 가리키는 번호의 값을 데이터로 취하는 방식이다.

② 예를 들어 D10에 있는 값이 20이라고 가정했을 때, #D10을 사용했다면 이 의미는 D10에 있는 값인 20, 즉 D영역의 20번째인 D20을 지정하게 된다.

③ 사용가능 디바이스: P영역, M영역, K영역, L영역, N영역, D영역, R영역, ZR영역

④ 이때, 각 간접지정은 각 디바이스의 범위를 벗어날 수 없다. 즉, #P를 사용해서 M영역을 가리킬 수는 없다.

⑤ 간접지정한 디바이스의 값이 해당 디바이스의 영역을 벗어나는 값이 들어 있을 경우, 연산 에러 플래그인 F110이 On된다.

⑥ 비트, 니블, 바이트 오퍼랜드에는 간접지정을 사용할 수 없다.

[예]

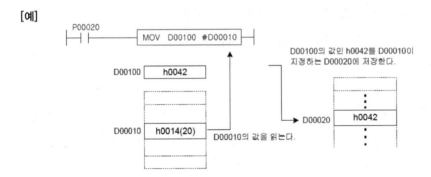

Tip & note

1. XGK의 경우 각 디바이스의 간접지정 가능한 범위는 다음과 같다.

   P영역, M영역, L영역, K영역: 각각 0~2047

   D영역: 0~32767

   R영역: 0~32767

   ZR영역: 0~65535(기종에 따라 제한될 수 있음)

2. 간접 지정한 디바이스의 값이 해당 디바이스의 영역을 벗어날 경우, 연산 에러 플래그(F110)가 셋(Set)된다. 기본 파라미터의 연산에러시 운전속행으로 설정되어 있을 경우 연산 에러 플래그가 셋(Set)되고 해당 명령어는 스킵처리하고, 연산에러시 운전속행이 미설정으로 되어 있으면 연산에러 플래그는 셋(Set)되고 CPU 모듈은 에러가 발생함과 동시에 연산이 정지된다.

1.3.5 인덱스 기능(Z)

1) 특징

① 인덱스 레지스터를 사용해서 디바이스를 설정하는 방법으로 시퀀스 프로그램에서 인 덱스 기능을 사용하면, 사용되는 디바이스는 직접 지정하는 디바이스 번호에 인덱스 레지스터의 값을 더한 위치를 가지게 된다. 예를 들어, P10[Z1]을 사용했을 경우, Z1의 내용이 5였다면, P(10+5)=P15가 사용대상이 된다.

② 인덱스 레지스터 Z0~Z127(128개)

③ 지정할 수 있는 값의 범위: -32768~32767

④ 워드/비트 디바이스의 인덱스 기능

⑤ 간접지정에도 사용가능: #D00100[Z12]

⑥ 인덱스 결과 영역 초과 시 연산 에러 플래그(F110) SET된다. 기본 파라미터의 연산에 러 시 운전속행으로 설정되어 있을 경우 연산 에러 플래그가 셋(Set)되고 해당 명령어 는 스킵 처리한다.

2) 사용 가능 디바이스

① 비트 디바이스: P, M, L, K, F, T, C

② 워드 디바이스: U, D, R, N, T의 현재값, C의 현재값
  예) MOV T1[Z1] D10: Z1의 값이 5라면, T(1+5) → T6의 현재값을 D10으로 전송한다.

③ U디바이스에 대한 인덱스 사용법: U10.3[Z10]과 같이 슬롯 번호에는 인덱스를 사용할 수 없고 채널에만 인덱스 사용이 가능하다. 그러나 인덱스 값에 따라 다른 슬롯의 채널을 지정하는 것은 가능하다.

3) 사용방법

① 사용하고자 하는 오퍼랜드 뒤에 [ ]를 이용하여 사용

② 비트 디바이스의 경우: 해당 명령어에 사용되는 오퍼랜드의 종류(비트/워드)에 따라 비트/워드 단위로 인덱스 처리.
  [예 1] LOAD P10[Z1]: 만약 Z1의 값이 5라면 LOAD P(10+5) → LOAD P15(비트)가 된다.
  [예 2] MOV P10[Z1] D10: 여기서 P10은 워드를 의미하므로 P10[Z1]은 P(10+5) = P15워드가 된다.

③ 워드 디바이스의 경우: 워드 단위로만 인덱스 처리. 절대 비트 단위 인덱스 처리 불가능
  [예] LOAD D10[Z1].5: 만약 Z1의 값이 5라면, LOAD D(10+5).5 → LOAD D15.5가 된다.
  [주의] LOAD D10.5[Z1]과 같은 표현은 사용할 수 없다.

④ 인덱스 기능은 배열의 의미를 갖는 변수에서, 인덱스로 지정된 변수 값을 취하거나 인덱스로 지정된 변수에 값을 저장할 때 유용하게 사용할 수 있다.

⑤ 간접지정에 대한 인덱스 수식도 사용 가능하다.

- 표기법: #D00010[Z010]
- 설명: 먼저 #D00010을 처리한다. 즉, D00010의 값이 100이었다면, #D00010 → D00100을 의미한다. 그런 다음, D00100[Z010]처리를 하게 된다.
- 활용법: 다음 그림과 같이 구조체의 배열 개념으로 활용할 수 있다. 즉, 간접지정을 이용해서 D00100, D00200, D00300 등과 같이 시작위치를 잡고 인덱스 기능을 이용해서 세부적인 위치를 찾아가도록 활용할 수 있다.

[프로그램 예]

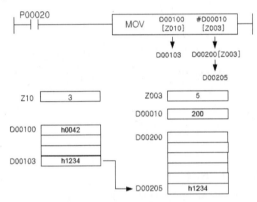

1.4 프로그램 작성 시 유의사항

(1) 에러 발생 상황

① 각 명령어 설명부분에서 에러로 기재된 에러가 있는 경우

② 링크 디바이스 사용시, 해당 네트워크가 존재하지 않을 경우

③ 아날로그 데이터 레지스터 사용시, 해당 모듈이 존재하지 않을 경우

④ 인덱스 수식 사용시, 해당 디바이스의 범위를 넘어가는 경우

⑤ 간접지정 사용시, 해당 디바이스의 범위를 넘어가는 경우

⑥ 데이터 변환 시 변환된 값이 저장할 크기가 표현할 수 있는 범위를 벗어날 경우(R2I 명령 사용시 실수 값이 -32,768~32,767 범위를 넘어가는 값일 때 연산에러가 발생한다.)

(2) 디바이스 범위 검사

① 가변 길이의 디바이스를 취급하는 명령어(GMOV, FMOV, GSWAP 등 전송 개수를 지정하는 명령어)의 경우 디바이스의 범위를 검사한다. 범위를 초과할 경우 연산 에러 (F110)를 발생한다. 이 경우는 각 명령어의 에러 부분에 기재되어 있다.

② 인덱스 수식을 사용했을 경우, 사용한 디바이스의 범위를 벗어나면 연산 에러(F110)가 발생한다.

③ 간접지정을 사용했을 경우, 사용한 디바이스의 범위를 벗어나면 연산 에러(F110)가 발생한다.

④ 문자열 명령을 사용했을 경우, 지정한 문자열 선두번호부터 31문자 이전에 해당 디바이스 범위를 넘는 경우, 연산 에러(F110)가 발생한다.

⑤ 디바이스의 마지막 번호를 32비트나 64비트 관련 명령에 사용할 수 없다. 이 경우는 XG5000에서 입력이 제한된다.

(3) 디바이스의 데이터 검사

BCD데이터의 경우, 다음 표와 같은 범위 이외인 경우에는 연산 에러(F110)가 발생한다.

명령어	데이터 크기	BCD 포맷
BCD4(P)	4비트	0 ~ 9
BCD8(P)	8비트	0 ~ 99
BCD(P)	16비트	0 ~ 9,999
DBCD(P)	32비트	0 ~ 99,999,999

문자열 데이터는 검사하지 않는다. 만약 XG5000에서 해당 디바이스 값을 모니터링 시 데이터 값이 표현 불가능한 값일 경우에는 비정상적으로 표현될 수 있다. 실수 데이터의 경우, 표현 가능한 범위를 벗어나면 연산 에러(F110)가 발생한다.

1.5 파라미터 설정

파라미터 설정은 XG5000의 기본 파라미터 설정을 통해서 할 수 있다. 아래 그림은 XG5000의 기본 파라미터 설정 그림이다.

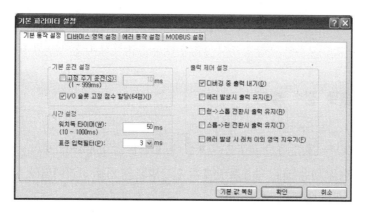

1.5.1 고정 주기 운전

고정된 주기로 PLC 프로그램을 동작시키고자 할 때 사용하는 기능이다. 고정 주기 시간은 1ms에서 999ms까지 설정가능하고, 스캔시간보다는 길고 워치독 타이머의 설정 값보다는 작게 설정해야 한다. 크게 설정할 경우 워치독 타이머 에러가 발생하여 정상적인 PLC운전을 할 수 없다(스캔시간보다 작게 설정하면 503번 에러가 발생한다). 고정주기 운전 상태 여부를 확인하는 방법은 XG5000의 메뉴에서 [온라인]－[PLC 정보]에 성능탭을 보시면, 아래 그림과 같이 "(고정 주기 운전: 10ms)" 표시됨을 알 수 있다.

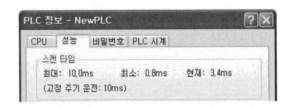

이 경우 표시되는 현재 스캔타임은 실제 프로그램의 실행시간을 의미하는 것이지 수행주기 시간을 나타내는 것이 아니다. 이와 같이 표현되는 이유는 사용자에게 현재 구성된 프로그램의 실제 스캔시간을 제공함으로써 프로그램 추가/삭제시 어느 정도 스캔시간의 여유가 있는지를 보여주기 위해서이다. 고정 주기 운전을 하는 경우 최대 스캔 타임은 고정 주기 운전 시간을 표시한다. 만약 고정 주기 운전 시간을 초과할 경우 실제 초과된 스캔시간을 표시한다.

Tip & note

> 고정 주기 운전 설정 시간보다 스캔시간이 클 경우, '_CONSTANT_ER [F0005C]:고정 주기 오류' 플래그가 On되고, CHK LED가 점등된다. 또한 그 스캔 시간이 최대 스캔 타임에 기록된다.

1.5.2 I/O 슬롯 점수 할당

한 슬롯마다 16, 32, 64단위로 입·출력의 예약점수를 지정할 수 있으며 특수/통신 모듈의 경우에는 해당하는 특수/통신 모듈을 지정한다. 빈슬롯은 고정식인 경우는 64점, 가변식인 경우는 16점을 점유한다. 입출력 번호의 할당방식은 기본 파라미터의 설정에 따라서 고정식과 가변식의 선택이 가능하다.

Tip & note

1. 입출력 번호의 할당 방식은 기본 파라미터에서 설정한다.
2. 기본베이스는 베이스 번호가 '0'으로 고정되며, 증설 베이스는 베이스 번호를 설정하는 스위치가 있다.
3. I/O 파라미터로 모듈타입을 설정한 경우는 실제 장착된 모듈의 타입이 일치 되어야 운전이 개시된다.
4. 증설1단의 0번 슬롯에 16점 출력모듈의 입출력 번호의 할당은 고정식인 경우 P00640~P0064F가 되고 가변식인 경우에는 P00240~P0024F가 된다. 증설베이스의 입출력번호의 할당은 XG5000의 시스템 모니터에서도 확인이 가능하다.
5. 자세한 내용은 step I의 1.2 기본 시스템의 내용을 참조한다.
6. 확장 또는 고장난 경우 예비부 품목의 대체시 I/O의 번호 변경없이 프로그램을 작성할 수 있도록 모듈 점수를 예약하는 기능을 I/O 파라미터에서 설정할 수 있다(미리 설정해야 함).

1.5.3 시간 설정

① 워치독 타임 설정 프로그램 오류에 의해 PLC가 멈추는 현상을 제거하기 위한 스캔 워치독 타이머의 시간 값을 설정한다. 워치독 타임은 10ms에서 최대 1,000ms(1초)까지 1ms단위로 설정 가능하다. 초기값은 50ms이다.

② 표준입력 필터 설정 DC입력 모듈의 입력 필터값을 설정한다. 자세한 설명은 step II 5장을 참조한다.

1.5.4 출력제어 설정

PLC 운전 상태에 따른 출력제어를 설정하는 부분으로 디버깅 중 출력 내기, 에러 발생시 출력 유지, 런→스톱 전환 시 출력 유지, 스톱→런 전환 시 출력 유지, 에러 발생시 래치 이외 영역 지우기 등의 기능을 제공한다.

1.5.5 타이머 영역 설정

타이머 번호에 따라 시간 설정(100ms, 10ms, 1ms, 0.1ms)을 한다.

구 분	설정가능영역	설정 안한 경우(Default)
100ms	T0000 ~ T2044	T0000 ~ T0999
10ms	T0001 ~ T2045	T1000 ~ T1499
1ms	T0002 ~ T2046	T1500 ~ T1999
0.1ms	T0003 ~ T2047	T2000 ~ T2047

1.5.6 데이터 메모리 래치 영역 설정

① 전원 On(Reset) 후, [프로그램(Stop)모드→RUN 모드] 또는 [RUN 모드→프로그램(Stop)모드]로 변환시에 현재의 데이터를 유지하는 불휘발성 영역을 지정한다. 이러한

래치 영역 설정이 가능한 디바이스는 D, M, S, C, T 등이다. K, L, N, R디바이스는 래치 디바이스로 래치설정을 안 해도 래치된다.

② 래치 영역 설정은 기본파라미터의 디바이스 설정에서 설정할 수 있고, 래치영역1과 래치영역2로 구분되어진다.

③ 래치영역1과 래치영역2는 중복되게 설정할 수 없다.

④ 래치영역1과 래치영역2는 모두 래치기능을 가지고 있고, 리셋을 해도 데이터는 유지된다. 두 영역의 차이는 XG5000에서 온라인으로 Overall 리셋을 할 경우, 래치영역1의 데이터는 지워지고, 래치영역2의 데이터는 계속 유지된다는 점이다.

⑤ 래치영역2의 데이터를 지우는 방법은 PLC 운전 상태가 스톱일 때 데이터 클리어 스위치를 3초 이상 On시키면 래치영역 2의 데이터도 클리어 된다.

구 분	스톱 또는 런 반복	리 셋	Overall 리셋	데이터 클리어 키(3초 이상)
래치 영역1	데이터 유지	데이터 유지	데이터 클리어	데이터 클리어
래치 영역2	데이터 유지	데이터 유지	데이터 유지	데이터 클리어
K, L, R 디바이스	데이터 유지	데이터 유지	데이터 클리어	데이터 클리어
N 디바이스	데이터 유지	데이터 유지	데이터 유지	데이터 유지

1.5.7 에러 시 프로그램 진행 여부 설정

1) 연산에러 시 운전 속행

명령어(실수 연산 명령어 제외) 수행 시 에러발생 여부에 따라 운전을 계속할 것인지 설정한다.

① 설정 시 동작

연산 에러 발생 시 연산 에러 플래그를 셋(Set)하고, 에러 스텝을 F0048(DWORD)에 기록한다. 이 경우 에러내용은 시스템 이력에 기록되고 PLC 운전 상태는 런을 유지한다. 또한 연산에러가 제거되기 전까지 CHK LED가 점멸한다.

② 해제 시 동작

연산 에러가 발생하면 PLC 운전 상태는 즉시 에러상태가 되고, 연산 에러 플래그를 셋(Set)하고, 에러 스텝을 F0048(DWORD)에 기록한다. 이 경우 연산 에러를 제거하고 다시 런을 수행해야 한다.

2) 부동소수점 에러 시 운전 속행

실수 연산 명령어 수행 시 에러발생 여부에 따라 운전을 계속할 것인지 설정한다. 설정/해제 시 동작은 연산에러 시 운전 속행과 동일하다.

3) 퓨즈 에러 시 운전 속행

퓨즈를 내장한 모듈의 퓨즈 단락여부에 따라 운전을 계속할 것인지 설정한다. 설정 시 에러 내용은 시스템 이력에 기록되고 PLC 운전 상태는 런을 유지한다. 해제 시에는 PLC 운전 상태는 에러가 된다.

4) I/O 모듈 에러 시 운전 속행

장착된 I/O 모듈이 고장으로 인해 CPU에서 제어가 불가능한 경우, 운전을 계속할 것인지를 설정한다.

5) 특수 모듈 에러 시 운전 속행

장착된 특수 모듈이 고장으로 인해 CPU에서 제어가 불가능한 경우, 운전을 계속할 것인지를 설정한다.

6) 통신 모듈 에러 시 운전 속행

장착된 통신 모듈이 고장으로 인해 CPU에서 제어가 불가능한 경우, 운전을 계속할 것인지를 설정한다.

Tip & note

위의 3), 4), 5), 6)의 이유로 모듈 교환이 필요할 경우, XG5000 [온라인]-[모듈교환 마법사]를 이용하여 운전 중 모듈교환이 가능하다.

1.5.8 인터럽트 설정

① 기능

주기·비주기적으로 발생하는 내/외부 신호를 처리하기 위하여 스캔 프로그램의 연산을 일단 중지시킨 후 해당되는 기능을 우선적으로 처리하며 우선순위는 2~7까지 설정한다.

② 태스크 프로그램 종류 및 태스크 번호 설정범위

태스크 프로그램은 다음과 같이 구분한다.

- 정주기 태스크 프로그램: 최대 XGK 는 32, XGB는 8개까지 사용가능

- 내부 디바이스 태스크 프로그램: 최대 XGK 는 32, XGB는 8개까지 사용가능
  ⓐ 정주기 태스크 프로그램
    - 설정된 시간 간격에 따라 프로그램을 수행한다.
    - 태스크 번호 설정 범위는 XGK 0~32, XGB 0~7까지다.
  ⓑ 내부 디바이스 태스크 프로그램
    - 내부 디바이스의 기동 조건 발생 시 해당 프로그램을 수행한다.
    - 디바이스의 기동 조건 검출은 스캔 프로그램의 처리 후 실행한다.
    - 태스크 번호 설정 범위는 XGK 64~95까지다.

1.6 CPU 처리 방법

1.6.1 연산 처리 방법

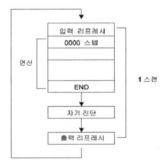

* 입력 리프레시된 상태에서 프로그램 0000스텝부터 END 명령까지 순차적으로 연산을 하고 자기진단 및 타이머, 카운터 처리와 출력 리프레시한 후 다시 입력 리프레시를 하고 0000스텝부터 같은 방법으로 연산을 하게 한다.

① 입력 리프레시: 프로그램을 실행하기 전에 입력 모듈에서 데이터를 Read하여 설정된 데이터 메모리의 입력(P)용 영역에 일괄하여 저장한다.
② 출력 리프레시: END명령을 실행한 후 데이터 메모리의 출력(P)용 영역에 있는 데이터를 일괄하여 출력 모듈에 출력한다.
③ 입출력 직접 명령을 실행한 경우(IORF명령): 명령에서 설정된 입출력 모듈에 대하여 프로그램 실행 중에 입·출력 리프레시를 실행한다.
④ 출력의 OUT명령을 실행한 경우: 시퀀스 프로그램 연산결과를 데이터 메모리의 출력용 영역에 저장하고 END명령 실행 후에 출력 접점을 리프레쉬 한다.

Tip & note

– 스캔: 입력 모듈부터 접점상태를 읽어 들여 P영역에 저장(입력 리프레시)한 후 이를 바탕으로 0000 스텝부터 END까지 순차적으로 명령을 실행하고 자기진단 및 타이머, 카운터 등의 처리를 한 다음 프로그램 실행에 의해 변화된 결과값을 출력 모듈에 쓰는(출력 리프레시) 일련의 동작.

1.6.2 모드별 동작 설명

CPU 모듈의 동작 상태에는 RUN 모드, STOP 모드, DEBUG 모드 등 3종류가 있다. 각
동작 모드 시 연산 처리에 대해 설명한다.

1) RUN 모드

프로그램 연산을 정상적으로 수행하는 모드다.

❶ 모드 변경 시 처리

시작 시에 데이터 영역의 초기화가 수행되며, 프로그램의 유효성을 검사하여 수행 가능
여부를 판단한다.

❷ 연산 처리 내용

입출력 리프레시와 프로그램의 연산을 수행한다. 인터럽트 프로그램의 기동 조건을 감지
하여 인터럽트 프로그램을 수행한다. 장착된 모듈의 정상 동작, 탈락 여부를 검사한다.
통신 서비스 및 기타 내부 처리를 한다.

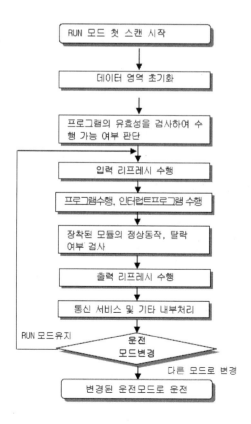

2) STOP 모드

프로그램 연산을 하지 않고 정지 상태인 모드이다. 리모트 STOP 모드에서만 XG5000을 통한 프로그램의 전송이 가능하다.

❶ 모드 변경시의 처리

출력 이미지 영역을 소거하고 출력 리프레시를 수행한다.

❷ 연산처리 내용

- 입출력 리프레시를 수행한다.
- 장착된 모듈의 정상 동작, 탈락 여부를 검사한다.
- 통신 서비스 및 기타 내부 처리를 한다.

3) DEBUG 모드

프로그램의 오류를 찾거나, 연산 과정을 추적하기 위한 모드로 이 모드로의 전환은 STOP 모드에서만 가능하다. 프로그램의 수행상태와 각 데이터의 내용을 확인해 보며 프로그램을 검증할 수 있는 모드다.

❶ 모드 변경시의 처리

- 모드 변경 초기에 데이터 영역을 초기화한다.
- 출력 이미지 영역을 소거하고, 입력 리프레시를 수행한다.

❷ 연산처리 내용

- 입출력 리프레시를 수행한다.
- 설정 상태에 따른 디버그 운전을 한다.
- 프로그램의 마지막까지 디버그 운전을 한 후, 출력 리프레시를 수행한다.
- 장착된 모듈의 정상 동작, 탈락 여부를 검사한다.
- 통신 등 기타 서비스를 수행한다.

❸ 디버그 운전 조건

디버그 운전조건은 아래 4가지가 있고 브레이크 포인터에 도달한 경우 다른 종류의 브레이크 포인터의 설정이 가능하다.

운전 조건	동작 설명
한 연산 단위씩 실행(스텝 오버)	운전 지령을 하면 하나의 연산 단위를 실행 후 정지한다.
브레이크 포인트(Break Point) 지정에 따라 실행	프로그램에 브레이크 포인트를 지정하면 지정한 포인트에서 정지한다.
접점의 상태에 따라 실행	감시하고자 하는 접점 영역과 정지하고자 하는 상태지정(Read, Write, Value)을 하면 설정한 접점에서 지정한 동작이 발생할 때 정지한다.
스캔 횟수의 지정에 따라 실행	운전할 스캔 횟수를 지정하면 지정한 스캔 수만큼 운전하고 정지한다.

❹ 조작방법

- XG5000에서 디버그 운전 조건을 설정한 후 운전을 실행한다.
- 인터럽트 프로그램은 각 인터럽트 단위로 운전 여부(Enable/Disable)를 설정할 수 있다.

4) 운전 모드 변경

❶ 운전 모드의 변경 방법

- CPU 모듈의 모드 키에 의한 모드 변경
- 프로그래밍 툴(XG5000)을 CPU의 통신 포트에 접속하여 변경
- CPU의 통신 포트에 접속된 XG5000으로 네트워크에 연결된 다른 CPU 모듈의 운전 모드 변경
- 네트워크에 연결된 XG5000, HMI, 컴퓨터 링크 모듈 등을 이용하여 운전 모드 변경
- 프로그램 수행 중 STOP 명령에 의한 변경

❷ 운전 모드의 종류

운전 모드 설정은 다음과 같다.

운전모드 스위치	XG5000 지령	리모트 허용 스위치	운전모드
RUN	X	X	RUN
STOP	RUN	On	리모트 RUN
	STOP		리모트 STOP
	Debug		Debug RUN
	모드 변경 수행	Off	이전 운전 모드
RUN → STOP	-	X	STOP

- 리모트 모드 변환은 'XGK는 리모트 허용: On', '모드 스위치: STOP'인 상태에서 가능하며, XGB는 키 스위치가 스톱일 때 가능하다.
- 리모트 'RUN' 상태에서 스위치에 의해 'STOP'으로 변경하고자 할 경우는 스위치를 (STOP) → RUN → STOP으로 조작한다.

> **Tip & note**
>
> ① 리모트 RUN 모드에서 스위치에 의해 RUN 모드로 변경되는 경우 PLC 동작은 중단 없이 연속 운전을 한다.
> ② 스위치에 의한 RUN 모드에서 런중 수정은 가능하지만 XG5000을 통한 모드 변경 동작이 제한된다. 원격지
> 에서 모드 변경을 허용하지 않을 경우에만 설정해야 한다.

1.7 특수기능

1.7.1 인터럽트 기능

인터럽트 기능에 대한 이해를 돕기 위하여 XGT의 프로그래밍 소프트웨어인 XG5000의
프로그램 설정방법에 대해서도 간단히 설명한다.

> **Tip & note**
>
> 전원 On시 모든 인터럽트는 인에이블 상태다.

1) 인터럽트 프로그램의 작성 방법

XG5000의 프로젝트 창에서 아래와 같이 태스크를 생성하고 각 태스크에 의해서 수행될
프로그램을 추가한다. 자세한 방법은 XG5000의 설명서를 참조한다.

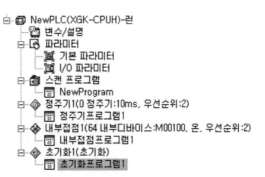

2) 태스크의 종류

태스크의 종류 및 기능은 다음과 같다.

종류 / 규격	정주기 태스크(인터벌 태스크)	내부 접점 태스크(싱글 태스크)
개수	32개	32개
기동조건	정주기(1ms 단위로 최대 4,294,967.295초 까지 설정가능)	내부 디바이스의 지정 조건
검출 및 실행	설정시간마다 주기적으로 실행	스캔 프로그램 실행 완료 후 조건 검색하여 실행

규격＼종류	정주기 태스크(인터벌 태스크)	내부 접점 태스크(싱글 태스크)
검출 지연 시간	최대 0.2 ms 지연	최대 스캔 타임만큼 지연
실행 우선 순위	2 ~ 7 레벨 설정(2 레벨이 우선 순위가 가장 높음)	좌 동
태스크 번호	0 ~ 31의 범위에서 사용자가 중복되지 않게 지정	64 ~ 95의 범위에서 사용자가 중복되지 않게 지정

3) 태스크 프로그램의 처리 방식

태스크 프로그램에 대한 공통적인 처리 방법 및 주의 사항에 대해 설명한다.

❶ 태스크 프로그램의 특성

- 태스크 프로그램은 스캔 프로그램처럼 매 스캔 반복처리를 하지 않고, 실행 조건이 발생할 때만 실행을 한다. 태스크 프로그램을 작성할 때는 이점을 고려한다.
- 예를 들어 10초 주기의 정주기 태스크 프로그램에 타이머와 카운터를 사용하였다면 이 타이머는 최대 10초의 오차가 발생할 수 있고, 카운터는 10초 마다 카운터의 입력상태를 체크하므로 10초 이내에 변화한 입력은 카운트가 되지 않는다.

❷ 실행 우선 순위

- 실행해야 할 태스크가 여러 개 대기하고 있는 경우는 우선 순위가 높은 태스크 프로그램부터 처리한다. 우선순위가 동일한 태스크가 대기 중일 때는 발생한 순서대로 처리한다.
- 태스크의 우선순위는 각 태스크에서만 해당한다.
- 프로그램의 특성, 중요도 및 실행 요구 발생시 긴급성을 고려하여 태스크 프로그램의 우선순위를 설정한다.

❸ 처리 지연 시간

태스크 프로그램의 처리 지연에는 다음과 같은 요인이 있다. 태스크 설정 및 프로그램 작성 시 고려해야 한다.

- 태스크의 검출 지연(각 태스크의 상세 설명 참조).
- 선행 태스크 프로그램 수행에 따른 프로그램 수행 지연

❹ 초기화, 스캔 프로그램과 태스크 프로그램의 관계

- 초기화 태스크 프로그램의 수행 중에는 사용자 정의 태스크는 기동하지 않는다.

- 스캔 프로그램은 우선순위가 가장 낮게 설정되어 있으므로, 태스크 발생 시 스캔 프로그램을 중지하고 태스크 프로그램을 우선 처리 한다. 따라서 1스캔 중에 태스크가 빈번하게 발생하거나, 간헐적으로 집중되는 경우가 발생할 경우, 스캔 타임이 비정상적으로 늘어나는 경우가 있을 수 있다. 태스크는 조건 설정 시 주의가 필요하다.

❺ 실행중인 프로그램의 태스크 프로그램으로부터의 보호

- 프로그램 수행 중, 우선순위가 높은 태스크 프로그램의 수행에 의해 프로그램 수행의 연속성을 잃을 경우 문제가 되는 부분에 대하여, 부분적으로 태스크 프로그램의 수행을 막을 수 있다. 이때 'DI(태스크 프로그램 기동 불허)', 'EI(태스크 프로그램 기동 허가)' 응용 명령에 의해 프로그램 보호를 수행할 수 있다.
- 보호가 필요한 부분의 시작 위치에 'DI' 응용 명령을 삽입하고, 해제할 위치에 'EI' 응용 명령을 삽입하면 된다. 초기화 태스크는 'DI', 'EI' 응용 명령의 영향을 받지 않는다.

4) 정주기 태스크 프로그램의 처리 방법

태스크 프로그램의 태스크(기동조건)를 정주기로 설정한 경우의 처리방법에 대해 설명한다.

❶ 태스크에 설정할 사항

실행할 태스크 프로그램의 기동조건이 되는 태스크의 실행 주기 및 우선 순위를 설정한다. 태스크의 관리를 위한 태스크 번호를 확인한다.

❷ 정주기 태스크 처리

설정한 시간 간격(실행 주기)마다 해당하는 정주기 태스크 프로그램을 실행한다.

❸ 정주기 태스크 프로그램 사용시 주의사항

- 정주기 태스크 프로그램이 현재 실행 중 또는 실행 대기 중일 때, 동일한 태스크 프로그램 실행 요구가 발생되면 새로 발생된 태스크는 무시된다.
- 운전 모드가 RUN 모드인 동안만 정주기 태스크 프로그램의 실행요구를 발생하는 타이머가 가산된다. 정전된 시간은 모두 무시한다.
- 정주기 태스크 프로그램의 실행주기를 설정할 때, 동시에 여러 개의 정주기 태스크 프로그램의 실행 요구가 발생할 수 있음을 고려한다. 만약, 주기가 2초, 4초, 10초, 20초인 4개의 정주기 태스크 프로그램을 사용하면, 20초마다 4개의 실행요구가 동시에 발생하여 스캔 타임이 순간적으로 길어지는 문제가 발생할 수 있다.

5) 내부 디바이스 태스크 프로그램의 처리 방법

태스크 프로그램의 태스크(기동조건)를 접점에서 디바이스로 수행 범위를 확대한 내부 디바이스 태스크 프로그램의 처리 방법에 대하여 설명한다.

❶ 태스크에 설정할 사항

수행할 태스크 프로그램의 기동조건이 되는 디바이스의 조건 및 우선순위를 설정한다. 태스크의 관리를 위한 태스크 번호를 확인한다.

❷ 내부 디바이스 태스크 처리

CPU 모듈에서 스캔 프로그램의 실행이 완료된 후 우선 순위에 따라 내부 디바이스 태스크 프로그램의 기동조건이 되는 디바이스들의 조건이 일치하면 실행한다.

❸ 내부 디바이스 태스크 프로그램 사용 시 주의사항

- 내부 디바이스 태스크 프로그램은 스캔 프로그램의 실행 완료 시점에서 실행된다. 따라서 스캔 프로그램 또는 정주기 태스크 프로그램에서 내부 디바이스 태스크 프로그램의 실행조건을 발생시켜도 즉시 실행되지 않고 스캔 프로그램의 실행 완료 시점에서 실행된다.
- 내부 디바이스 태스크 프로그램의 실행요구는 스캔 프로그램이 실행 완료 시점에서 실행조건을 조사한다. 따라서 '1스캔' 동안 스캔 프로그램 또는 정주기 태스크 프로그램에 의해 내부 디바이스 태스크 실행 조건이 발생하였다가 소멸되면 실행조건을 조사하는 시점에서는 실행 검출하지 못하므로 태스크는 실행되지 않는다.

1.7.2 시계 기능

CPU 모듈에는 시계소자(RTC)가 내장되어 있다. RTC는 전원 Off 또는 순시정전 시에도 배터리 백업에 의해 시계 동작을 계속 한다. RTC의 시계 데이터를 이용하여 시스템의 운전이력이나 고장이력 등의 시각 관리에 사용할 수 있다. RTC의 현재 시각은 시계관련 플래그(F0053, F0054, F0055, F0056)에 매 스캔 갱신된다.

1.7.3 런(RUN) 중 프로그램 수정 기능

① 현재 PLC 운전 상태가 런 상태이고 XG5000의 프로그램과 PLC의 프로그램이 같을 경우 운전모드 전환 없이 프로그램 수정이 가능한 기능이다.
② 1회 런 중 수정시 1개의 프로그램 블록(PB)만 수정이 가능하고, 1개의 프로그램 블록

(PB) 내에서는 아무런 제한 없이 자유롭게 수정이 가능하다(PLC 내에 2개의 프로그램 블록이 있음).

③ PLC와 접속된 미디어(RS-232C/USB) 종류와 런 모드시 읽기/쓰기 데이터 크기에 따라서 런 중 수정 시간이 차이가 있다. 또한 런 중 수정 시간이 짧을수록 스캔 변화량은 커진다.

④ 런 중 수정 중 에러가 발생했을 경우, PLC는 런 중 수정 전 프로그램을 그대로 수행하게 된다.

1.7.4 자기진단 기능

● 자기진단 기능이란 CPU모듈이 PLC 시스템 자체의 이상 유무를 진단하는 기능이다.
● PLC 시스템의 전원을 투입하거나 동작 중 이상이 발생한 경우에 이상을 검출하여 시스템의 오동작 방지 및 예방보전 기능을 수행한다.

1) 스캔 워치독 타이머(Scan Watch-dog Timer)

WDT(Watch-Dog Timer)는 PLC CPU 모듈의 하드웨어나 소프트웨어 이상에 의한 프로그램 폭주를 검출 하는 기능이다.

① 워치독 타이머는 사용자 프로그램 이상에 의한 연산지연을 검출하기 위하여 사용하는 타이머다. 워치독 타이머의 검출시간은 XG5000의 기본 파라미터에서 설정한다.

② 워치독 타이머는 연산 중 스캔 경과 시간을 감시하다가, 설정된 검출시간의 초과를 감지하면 PLC의 연산을 즉시 중지시키고 출력을 전부 Off한다.

③ 사용자 프로그램 수행 도중 특정한 부분의 프로그램 처리(FOR~NEXT명령, CALL명령 등을 사용)에서 연산지연 감시 검출시간(Scan Watchdog Time)의 초과가 예상되면 WDT 명령을 사용하여 타이머를 클리어 하면 된다. WDT 명령은 연산지연 감시 타이머의 경과시간을 초기화하여 0부터 시간 측정을 다시 시작한다.

④ 워치독 에러 상태를 해제하기 위해서는 전원 재투입, 수동 리셋 스위치의 조작 또는 STOP 모드로의 모드전환이 있다.

Tip & note

워치독 타이머의 설정범위는 10~1,000ms(1ms 단위)이다.

2) 입출력 모듈 체크 기능

기동 시와 운전 중에 I/O 모듈의 이상상태를 체크하는 기능이다.

① 기동 시 파라미터 설정과 다른 모듈이 장착되어 있거나 고장인 경우
② 운전 중에 I/O 모듈이 착탈 또는 고장이 발생한 경우

이상 상태가 검출되며 CPU모듈 전면의 경고 램프(ERR)가 켜지고 CPU는 운전을 정지한다. 모듈 착탈 에러 발생 시 다음과 같이 F영역의 해당 비트가 각각 On된다.

F영역	내 용
F104[0 ~ B]	메인 베이스에 장착되어 있는 모듈 착탈 에러 발생 시 해당 슬롯 비트 On
F105[0 ~ B]	증설 베이스 1단에 장착되어 있는 모듈 착탈 에러 발생 시 해당 슬롯 비트 On
F106[0 ~ B]	증설 베이스 2단에 장착되어 있는 모듈 착탈 에러 발생 시 해당 슬롯 비트 On
F107[0 ~ B]	증설 베이스 3단에 장착되어 있는 모듈 착탈 에러 발생 시 해당 슬롯 비트 On
F108[0 ~ B]	증설 베이스 4단에 장착되어 있는 모듈 착탈 에러 발생 시 해당 슬롯 비트 On
F109[0 ~ B]	증설 베이스 5단에 장착되어 있는 모듈 착탈 에러 발생 시 해당 슬롯 비트 On
F110[0 ~ B]	증설 베이스 6단에 장착되어 있는 모듈 착탈 에러 발생 시 해당 슬롯 비트 On
F111[0 ~ B]	증설 베이스 7단에 장착되어 있는 모듈 착탈 에러 발생 시 해당 슬롯 비트 On

3) 메모리 백업용 배터리 전원 전압 체크

배터리 전압이 메모리 백업전압 이하로 떨어지면 이를 감지하여 알려주는 기능이다. CPU 모듈 전면의 경고 램프(BAT)가 켜진다. 이 때 배터리 이상 플래그인 F00045가 On된다.

1.8 프로그램 체크 기능

1.8.1 JMP-LABEL

① 프로그램 전체에서 사용할 수 있는 레이블(LABEL)의 개수는 XGK는 512개, XGB는 128개다. 사용된 레이블의 개수가 512(XGK)/128(XGB)개를 초과 시에는 프로그램이 다운로드가 되지 않는다. JMP 조건이 만족되어 해당 레이블로 점프(Jump)할 때 JMP 명령과 레이블사이의 모든 명령을 NOP 처리한다.

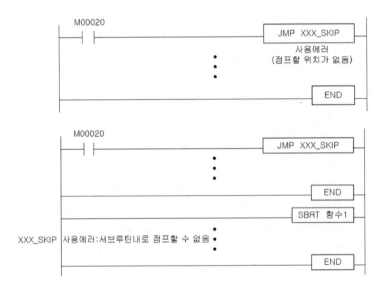

② 레이블이 없는 JMP 명령은 프로그램 다운로드 시 체크되어 다운로드가 되지 않는다. 또한 SBRT – RET 블록 내에 레이블이 존재할 경우 역시 에러로 프로그램 다운로드가 되지 않는다.

1.8.2 CALL–SBRT/RET

① 프로그램 전체에서 사용할 수 있는 SBRT의 개수는 XGK는 512개, XGB는 128개다. CALL명령은 중첩 사용이 가능하지만, SBRT/RET는 중복 사용할 수 없다. CALL 명령을 사용하면 반드시 SBRT/RET 명령어를 사용해야 한다.

② 서브루틴은 반드시 END 뒤에 사용해야 한다.

```
        M00020
        ─┤ ├──────────────────────────────[ CALL 함수1 ]
                        ·
                        ·
                        ·
        ────────────────────────────────[ SBRT 함수1 ]
              사용에러:SBRT는 END뒤에 사용해야 함
                        ·
                        ·
                        ·
        ──────────────────────────────────────[ END ]
```

③ 또한 서브루틴은 RET 명령으로 마감되어야 하며 CALL 없이 SBRT와 RET만 사용되었
   을 경우, XG5000의 프로그램 검사 메뉴에서 경고/에러로 설정할 수 있다.

```
        M00020
        ─┤ ├──────────────────────────────[ CALL 함수1 ]
                        ·
                        ·
                        ·
        ──────────────────────────────────────[ END ]

        ────────────────────────────────[ SBRT 함수1 ]
                        ·
                        ·
                        ·
              사용에러:SBRT은 반드시 RET와 함께 사용해야 함.
```

1.8.3 MCS-MCSCLR

① 우선 순위가 높은 것부터 인터록 하며 해제는 그 역순으로 한다.

```
        MCS         0 : High
    ₹                    ↕
        MCS         7 : LOW
```

② 인터록 해제 시 우선순위가 높은 것으로 해제하면 낮은 인터록 블록도 해제된다.

```
        MCS         0
        MCS         1
    ₹
        MCSCLR      0 ( 0,1 모두 해제됨 )
        MCSCLR      1 : 에러처리
```

③ Stand Alone이나 END, RET 명령을 포함한 블록인 경우에는 에러로 처리한다.

```
        MCS         0
   ƨ
        END
   ƨ
        MCSCLR      0 : 에러처리
```

1.8.4 FOR-NEXT/BREAK

① FOR, NEXT 명령의 사용 횟수는 일치하여야 하며, FOR-NEXT Block Nesting은 16단
까지 사용 가능하다.

② Stand Alone이나 END, RET 명령을 포함한 블록인 경우에는 에러로 처리한다.

③ BREAK 명령은 반드시 FOR-NEXT 사이에 위치해야 한다.

```
      LOAD      P0000
        FOR        1        : 정상으로 처리
        FOR        2
        FOR        3
   ƨ
        NEXT
        NEXT
        NEXT
   ƨ
        END
```

```
        LOAD      P0001
   ƨ
        FOR        20
   ƨ
        NEXT
        NEXT                 : 에러처리
   ƨ
        END
```

```
      LOAD      P0002
        FOR        20        : 에러처리(Stand Alone)
   ƨ
        END
   ƨ
        NEXT                 : 에러처리
        END
```

1.8.5 END/RET

프로그램에서 1스캔을 완료하는 END와 서브루틴의 마감 명령인 RET이 없는 경우에 에러
처리 한다.

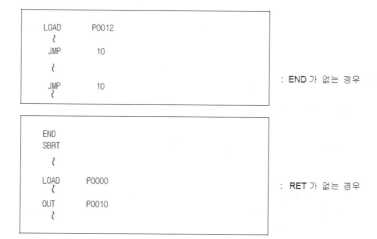

```
    LOAD      P0012
    ⟨
    JMP       10
    ⟨
    JMP       10                          : END 가 없는 경우
    ⟨
```

```
    END
    SBRT
    ⟨
    LOAD      P0000
    ⟨                                      : RET 가 없는 경우
    OUT       P0010
    ⟨
```

1.8.6 이중 코일

작성한 명령어 중 동일 디바이스가 중복되어 프로그램 되었을 경우 XG5000의 프로그램
검사 메뉴에서 경고/에러로 설정할 수 있다.

```
    LOAD      P0000
    ⟨
    OUT       M0000

    OUT       M0000    : 경고 또는 에러처리 ( 설정 )
    OUT       M0001
```

Tip & note

XG5000에서 경고 또는 에러 처리로 설정가능 한 항목
- 단독으로 쓰인 레이블(JMP가 없는 경우)
- 단독으로 쓰인 서브루틴(CALL이 없는 경우)
- 이중코일 처리
위 항목은 XG5000의 메뉴–보기의 프로그램 검사에서 경고/에러로 선택하여 처리할 수 있다.

명령어 활용하기

2.1 명령어 분류

명령어는 아래의 표와 같이 분류할 수 있다.

구 분	명령어 종류	내 용	비 고
기본명령	접점명령	LOAD, AND, OR 관련명령	
	결합명령	AND LOAD, OR LOAD, MPUSH, MLOAD, MPOP	
	반전명령	NOT	
	마스터 컨트롤 명령	MCS, MCSCLR	
	출력명령	OUT, SET, RST, 1스캔 출력명령, 출력반전명령(FF)	
	순차/후입 우선명령	스텝 컨트롤 명령(SET Sxx.xx, OUT Sxx.xx)	
	종료명령	END	
	무처리명령	NOP	
	타이머명령	TON, TOFF, TMR, TMON, TRTG	
	카운터명령	CTD, CTU, CTUD, CTR	
응용명령	데이터전송명령	지정된 데이터 전송, 그룹전송, 문자열전송	4/8/64비트 가능
	변환명령	지정된 데이터 BIN/BCD변환, 그룹 BIN/BCD변환	4/8비트가능
	데이터형변환명령	정수/실수 변환명령	
	출력단 비교명령	비교결과를 특수릴레이에 저장.	Unsigned 비교
	입력단 비교명령	비교결과를 BR에 저장. 실수, 문자열 비교, 그룹비교, 오퍼랜드 3개 비교	Signed 비교
	증감명령	지정된 데이터 1증가 또는 1감소	4/8비트가능
	회전명령	지정된 데이터 좌회전, 우회전, 캐리포함 회전	4/8비트가능
	이동명령	지정된 데이터 좌이동, 우이동, 워드단위 이동, 비트이동	4/8비트가능
	교환명령	디바이스간 교환, 상하위바이트 교환, 그룹데이터 교환	
	BIN사칙명령	정수/실수 덧셈, 뺄셈, 곱셈, 나눗셈. 문자열 덧셈, 그룹덧셈, 그룹뺄셈	
	BCD사칙명령	덧셈, 뺄셈, 곱셈, 나눗셈	
	논리연산명령	논리곱, 논리합, Exclusive OR, Exclusive NOR, 그룹연산	
	시스템 명령	고장표시, WDT초기화, 출력제어, 운전정지 등	
	테이터처리명령	Encode, Decode, 데이터분리/연결, 검색, 정렬, 최대, 최소, 합계, 평균 등	

구 분	명령어 종류	내 용	비 고
	데이터테이블처리명령	데이터 테이블의 데이터 입출력	
	문자열처리명령	문자열 관련변환, 코멘트읽기, 문자열 추출, 아스키변환 HEX변환, 문자열 검색 등	
	특수함수 명령	삼각함수, 지수/로그 함수, 각도/라디안 변환 등	
	데이터 제어명령	상하한리미트 제어, 불감대 제어, 존 제어	
	시간관련 명령	날짜시간 데이터 읽기/쓰기, 시간데이터 가감 및 변환	
	분기명령	JMP, CALL	
	루프명령	FOR/NEXT/BREAK	
	플래그관련명령	캐리플래그 Set/Reset, 에러플래그 클리어	
	특수/통신관련명령	Bus Controller Direct 액세스하여 데이터 읽기/쓰기	
	인터럽트관련명령	인터럽트 Enable/Disable	
	부호반전명령	정수/실수값의 부호 반전, 절대값 연산	

2.2 접점 명령

2.2.1 LOAD, LOAD NOT, LOADP, LOADN

명 령		사 용 가 능 영 역														스텝	플래그		
		PMK	F	L	T	C	S	Z	D.x	R.x	상수	U	N	D	R		에러 (F110)	제로 (F111)	캐리 (F112)
LOAD LOAD NOT	S	O	O	O	O	O	O	O	-	O	O	-	O	-	-	-	1~2		
LOADP LOADN	S	O	O	O	O	O	O	O	-	O	O	-	O	-	-	-	2	-	-	-

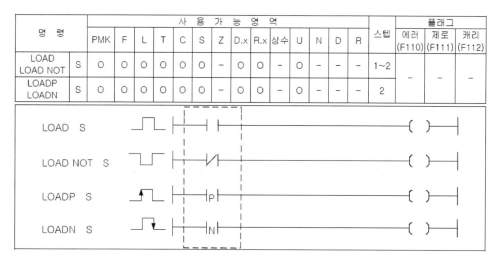

[영역설정]

오퍼랜드	설명	데이터 타입
S	비트 디바이스의 접점 / 워드 디바이스의 비트 접점	BIT

1) LOAD, LOAD NOT

① LOAD는 한 회로의 a접점 연산 시작을 의미하고, LOAD NOT은 b접점 연산 시작을 의미한다.

② 지정 접점(S)의 On/Off정보를 연산 결과로 한다. 이때 S영역의 비트 지정의 경우 해당 비트의 값(0 또는 1)을 연산 결과로 한다.

2) LOADP, LOADN

① LOADP는 상승 펄스시 연산 시작 명령으로, 지정 접점이 Off에서 On으로 변할 때(상승펄스), S영역의 비트 지정의 경우는 해당 비트의 값이 0에서 1로 변할 때만 연산 결과가 On이다.

② LOADN은 하강 펄스시 연산 시작 명령으로, 지정 접점이 On에서 Off로 변할 때(하강펄스), S영역의 비트 지정의 경우는 해당 비트의 값이 1에서 0으로 변할 때만 연산 결과가 On이다.

> **Tip & note**
>
> 1. D영역의 비트 지정은 16진수로 표기한다. 즉, Dxxxxx.0 ~ Dxxxxx.F까지 가능하다. 예를 들어, D00010.A라는 의미는 D10에 해당하는 워드의 열 번째 비트를 의미한다.
> 2. LOAD/AND/OR 명령은 오퍼랜드에 대한 인덱스 수식이 가능하다.
>   - LOAD P1[Z2]은 LOAD P(1+[Z2]의 값)을 나타내고, LOAD D10[Z1].5은 LOAD D(10+[Z1]의 값).5를 나타낸다. 여기서 차이점은 P디바이스는 비트디바이스이기 때문에 인덱스 수식이 비트값에 더해졌고, D디바이스는 워드 디바이스이기 때문에 인덱스 수식이 워드값에 더해진다.
> 3. LOAD/LOAD NOT 명령어는 인덱스 수식을 사용하게 되면 스텝수가 1증가되어 2스텝이 된다.
> 4. 접점 명령에 인덱스 수식을 사용하면 에러 플래그(F110)에 영향을 주게 된다.

3) 프로그램 예제

① 입력조건 P00020이 On되면 P00060 출력은 On되고 동시에 P00061 출력은 Off되는 프로그램이다. 그리고, D00020.3이 0 → 1로 되는 1스캔동안 P00062 출력이 On되고, D00020.3이 1 → 0로 되는 1스캔 동안 P00063 출력이 On되는 프로그램이다.

[래더 프로그램]

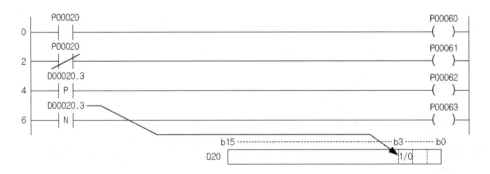

[니모닉 프로그램]

스텝	니모닉	오퍼랜드
0	LOAD	P00020
1	OUT	P00060
2	LOAD NOT	P00020
3	OUT	P00061
4	LOADP	D00020.3
5	OUT	P00062
6	LOADN	P00020.3
7	OUT	P00063

[타임 차트]

P00020	Off	On
P00060	Off	On
P00061	On	Off
D00020.3	Off	On
P00062	Off	On (1스캔)
P00063	Off	On (1스캔)

2.2.2 AND, AND NOT, ANDP, ANDN

명 령		사 용 가 능 영 역													스텝	플래그		
		PMK	F	L	T	C	S	Z	D.x	R.x	상수	U	N	D	R		에러 (F110)	제로 (F111)	캐리 (F112)
AND AND NOT	S	O	O	O	O	O	O	–	O	O	–	O	–	–	–	1~2	–	–	–
ANDP ANDN	S	O	O	O	O	O	O	–	O	O	–	O	–	–	–	2			

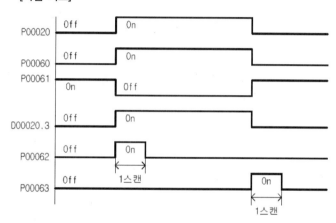

[영역설정]

오퍼랜드	설명	데이터 타입
S	비트 디바이스의 접점 / 워드 디바이스의 비트 접점	BIT

1) AND, AND NOT

① AND는 a 접점 직렬 접속 명령이고, AND NOT 은 b 접점 직렬 접속 명령이다.

② 지정 접점(S) 전 단계의 연산 결과와 지정 접점(S)을 AND 혹은 AND NOT 연산을 하여 그것을 연산결과로 한다.

2) ANDP, ANDN

① ANDP는 상승 펄스시 a 접점 직렬 접속 명령이고, ANDN은 하강 펄스시 b 접점 직렬 접속 명령이다.

② 해당 접점값이 변할 때, 즉, ANDP는 상승 펄스일 때, ANDN은 하강 펄스일 때, 지정 접점(S) 전 단계의 연산 결과와 지정 접점(S)을 AND 연산하여 그것을 연산결과로 한다.

3) 프로그램 예제

① 입력 조건 P00020 값과 P00021 값을 AND 연산하고, 그 결과값과 P00022 값을 AND NOT 연산을 하여 그 결과를 P00060에 출력한다.

D00020.3의 값과 P00023의 상태에 따른 ANDP 연산을 하고, 그 결과값과 P00024의 값을 ANDN 연산을 하여 그 결과를 P00061에 출력하는 프로그램이다.

[래더 프로그램]

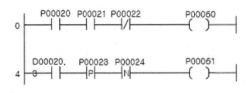

[니모닉 프로그램]

스텝	니모닉	오퍼랜드
0	LOAD	P00020
1	AND	P00021
2	AND NOT	P00022
3	OUT	P00060
4	LOAD	D00020.3
5	ANDP	P00023
6	ANDN	P00024
7	OUT	P00061

2.2.3 OR, OR NOT, ORP, ORN

명 령		사 용 가 능 영 역														스텝	플래그		
		PMK	F	L	T	C	S	Z	D.x	R.x	상수	U	N	D	R		에러 (F110)	제로 (F111)	캐리 (F112)
OR OR NOT	S	○	○	○	○	○	○	–	○	○	–	○	–	–	–	1~2	–	–	–
ORP ORN	S	○	○	○	○	○	○	–	○	○	–	○	–	–	–	2	–	–	–

[영역설정]

오퍼랜드	설명	데이터 타입
S	비트 디바이스의 접점 / 워드 디바이스의 비트 접점	BIT

1) OR, OR NOT

① OR는 접점 1 개의 a 접점 병렬 접속 명령이고, OR NOT은 b 접점 병렬 접속 명령이다.

② 지정 접점(S) 전 단계의 연산 결과와 지정 접점(S)을 OR 또는 OR NOT 연산을 하여 그것을 연산결과로 한다.

2) ORP, ORN

① ORP는 상승 펄스시 a 접점 병렬 접속 명령이고, ORN은 하강 펄스시 b 접점 병렬 접속 명령이다.

② 해당 접점값이 변할 때(즉, ORP는 상승 펄스, ORN은 하강 펄스시) 지정 접점(S) 전 단계의 연산결과와 지정 접점(S)을 OR 연산하여 그것을 연산결과로 한다.

3) 프로그램 예제

① 입력 조건 P00020와 P00021 중 하나의 접점만 On되어도 P00022이 출력되는 프로그램

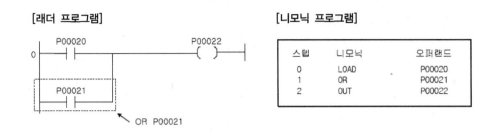

[래더 프로그램]

[니모닉 프로그램]

스텝	니모닉	오퍼랜드
0	LOAD	P00020
1	OR	P00021
2	OUT	P00022

예제 2.1 모터의 정역 운전

❶ 동작

순간 접촉 푸쉬 버튼 PB1을 누르면 모터는 시계 방향으로 회전하고, 순간 접촉 푸쉬 버튼 PB2를 누르면 모터는 시계 반대 방향으로 회전한다. 모터는 정지하지 않고 회전 방향을 변경할 수 있고, 순간 접촉 푸쉬 버튼 PB0을 누르면 모터는 정지한다.

❷ 시스템도

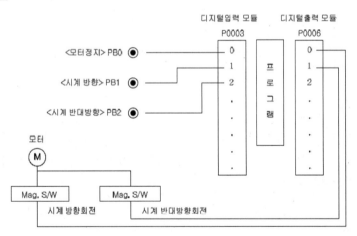

❸ 프로그램 예제

[래더 프로그램]

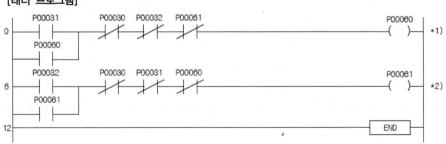

[니모닉 프로그램]

스텝	니모닉	오퍼랜드
0	LOAD	P00031
1	OR	P00060
2	AND NOT	P00030
3	AND NOT	P00032
4	AND NOT	P00061
5	OUT	P00060
6	LOAD	P00032
7	OR	P00061
8	AND NOT	P00030
9	AND NOT	P00031
10	AND NOT	P00060
11	OUT	P00061
12	END	

*1) 시계방향 모터 운전: 시계 반대방향 모터 운전(P00032)과 인터록(P00061) 설정

*2) 시계 반대방향 모터 운전: 시계 방향 모터 운전(P00031)과 인터록(P00060) 설정

Tip & note

- 자기유지회로

  P00031이 한 스캔 이상 On되면, 출력 P00060을 On시키고, 이는 다시 자신을 사용한 입력 a접점 P00060을 On시켜 P00030 신호가 들어올 때까지 On상태를 지속하게 한다. 이런 회로를 자기유지회로라 한다.

2.3 결합 명령

2.3.1 AND LOAD

명 령	사 용 가 능 영 역														스텝	플래그		
	PMK	F	L	T	C	S	Z	D.x	R.x	상수	U	N	D	R		에러 (F110)	제로 (F111)	캐리 (F112)
AND LOAD	–	–	–	–	–	–	–	–	–	–	–	–	–	–	1	–	–	–

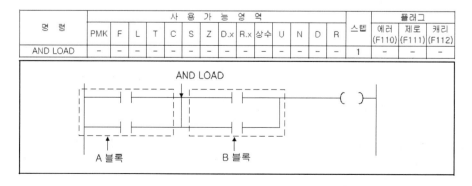

1) 기능

① A블록과 B블록을 AND 연산한다. 즉, A블록과 B블록이 모두 On되어야 연산이 가능하다.

② AND LOAD를 연속해서 사용하는 경우 최대사용 횟수를 넘으면 정상적으로 연산이 불가능하다.

③ 연속 사용의 경우 최대 15회(16블록)까지만 가능하다.

2) 프로그램 예제

입력 조건 P00024 또는 P00020, P00024 또는 P00020, P00025 또는 P00022, P00025가 On되면 P00060이 출력되는 프로그램

[래더 프로그램]   **[니모닉 프로그램]**

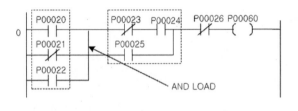

AND LOAD

스텝	니모닉	오퍼랜드
0	LOAD	P00020
1	OR NOT	P00021
2	OR	P00022
3	LOAD NOT	P00023
4	AND	P00024
5	OR	P00025
6	AND LOAD	
7	AND NOT	P00026
8	OUT	P00060

[타임 차트]

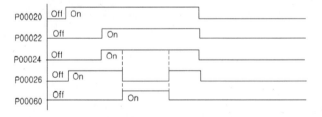

3) 참고

연속적으로 회로 블록을 직렬 접속하는 경우 프로그램의 입력에는 다음과 같은 2 종류가 있다.

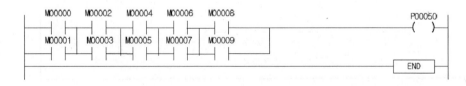

AND LOAD 사용 수 제한이 없는 프로그램		AND LOAD 사용 수 제한이 있는 프로그램	
LOAD	M00000	LOAD	M00000
OR	M00001	OR	M00001
LOAD	M00002	LOAD	M00002
OR	M00003	OR	M00003
AND LOAD		LOAD	M00004
LOAD	M00004	OR	M00005
OR	M00005	LOAD	M00006
AND LOAD		OR	M00007
LOAD	M00006	LOAD	M00008
OR	M00007	OR	M00009
AND LOAD		AND LOAD	
LOAD	M00008	AND LOAD	
OR	M00009	AND LOAD	
AND LOAD		AND LOAD	
OUT	P00060	OUT	P00060
END		END	

* 30 회로 제한됨: (접점 + coil) 최대 32개 까지   * 연속 사용되는 경우: 최대 15 명령(16 블록) 사용가능

2.3.2 OR LOAD

명 령	사 용 가 능 영 역														스텝	플래그		
	PMK	F	L	T	C	S	Z	D.x	R.x	상수	U	N	D	R		에러 (F110)	제로 (F111)	캐리 (F112)
OR LOAD	-	-	-	-	-	-	-	-	-	-	-	-	-	-	1	-	-	-

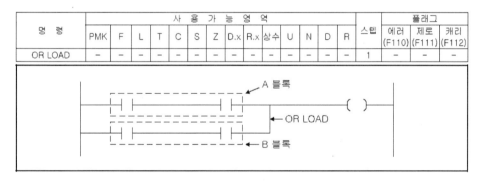

1) OR LOAD

① A블록과 B블록을 OR 연산하여 연산결과로 한다.

② OR LOAD를 연속해서 사용하는 경우 최대사용 명령횟수를 넘으면 정상적으로 연산이 불가능하다.

③ 연속 사용의 경우 최대 15회(16블럭)까지 가능하다.

2) 프로그램 예제

① 입력조건 P00020, P00025 또는 P00024, P00025이 On되면 P00060, P00061이 출력되는 프로그램

[래더 프로그램]   [니모닉 프로그램]

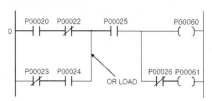

스텝	니모닉	오퍼랜드
0	LOAD	P00020
1	AND NOT	P00022
2	OR NOT	P00023
3	AND	P00024
4	OR LOAD	
5	AND	P00025
6	OUT	P00060
7	AND NOT	P00026
8	OUT	P00061

[타임 차트]

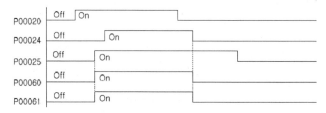

3) 참고

연속적으로 회로 블록을 직렬 접속하는 경우 프로그램의 입력에는 다음과 같은 2종류가
있다.

OR LOAD 사용 수 제한이 없는 프로그램		OR LOAD 사용 수 제한이 있는 프로그램	
LOAD	M00000	LOAD	M00000
AND	M00001	AND	M00001
LOAD	M00002	LOAD	M00002
AND	M00003	AND	M00003
OR LOAD		LOAD	M00004
LOAD	M00004	AND	M00005
AND	M00005	LOAD	M00006
OR LOAD		AND	M00007
LOAD	M00006	LOAD	M00008
AND	M00007	AND	M00009
OR LOAD		OR LOAD	
LOAD	M00008	OR LOAD	
AND	M00009	OR LOAD	
OR LOAD		OR LOAD	
OUT	P00060	OUT	P00060
END		END	

* OR LOAD의 사용수에 제한이 없다.   * 연속 사용되는 경우: 최대 15 명령(16 블록) 사용가능

2.4 반전 명령

2.4.1 NOT

명 령	사 용 가 능 영 역													스텝	플래그		
	PMK	F	L	T	C	S	Z	D.x	R.x	상수	U	N	D	R		에러 (F110)	제로 (F111)	캐리 (F112)
NOT	-	-	-	-	-	-	-	-	-	-	-	-	-	-	1	-	-	-

1) NOT

① NOT 명령은 이전의 결과를 반전시키는 기능을 한다.

② 반전명령(NOT)을 사용하면 반전명령 좌측의 회로에 대하여 a 접점 회로는 b 접점 회로로, b 접점회로는 a 접점 회로로, 그리고 직렬연결 회로는 병렬연결 회로로, 병렬 연결 회로는 직렬연결 회로로 반전된다.

2) 프로그램 예제

프로그램 ❶, ❷는 동일결과를 출력하는 예제다.

❶ 프로그램

❷ 프로그램

2.5 마스터 컨트롤 명령

2.5.1 MCS, MCSCLR

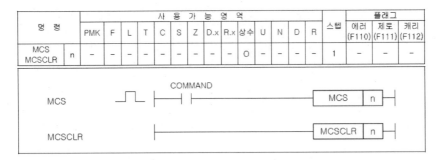

명 령		사 용 가 능 영 역														스텝	플래그		
		PMK	F	L	T	C	S	Z	D.x	R.x	상수	U	N	D	R		에러 (F110)	제로 (F111)	캐리 (F112)
MCS MCSCLR	n	-	-	-	-	-	-	-	-	-	O	-	-	-	-	1	-	-	-

```
                          COMMAND
MCS        ─┐┌─────────┤ ├─────────────────[ MCS   n ]─

MCSCLR     ──────────────────────────────────[ MCSCLR n ]─
```

[영역설정]

오퍼랜드	설명	데이터 타입
n	정수. n(Nesting) 설정은 XGK 는 0~15, XGB 는 0~7 까지 사용가능.	WORD(0~15)

1) MCS, MCSCLR

① MCS의 입력조건이 On이면 MCS 번호와 동일한 MCSCLR까지를 실행하고 입력조건이 Off가 되면 실행하지 않는다.

② 우선순위는 MCS 번호 0이 가장 높고 15(XGK)/7(XGB)가 가장 낮으므로 우선순위가 높은 순으로 사용하고 해제는 그 역순으로 한다.

③ MCSCLR시 우선 순위가 높은 것을 해제하면 낮은 순위의 MCS 블록도 함께 해제된다.

④ MCS 혹은 MCSCLR은 우선순위에 따라 순차적으로 사용해야 한다.

2) 프로그램 예제

MCS 명령을 2개 사용하고 MCSCLR 명령은 우선순위가 높은 0을 사용한 프로그램

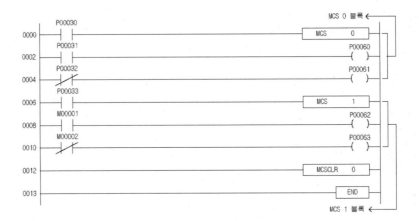

Tip & note

MCS의 On/Off 명령이 Off인 경우 MCS ~ MCSCLR의 연산결과는 다음과 같으므로 MCS(MCSCLR) 명령 사용
시 주의한다.
- 타이머 명령: 처리하지 않음. 접점 Off와 같은 처리
- 카운터 명령: 처리하지 않음(현재값은 유지).
- OUT 명령: 처리하지 않음. 접점 Off와 같은 처리
- 셋(SET), RST명령: 결과유지

예제 2.2 공통 LINE이 있는 회로

아래에 나타난 회로 상태 그대로 PLC 프로그램이 되지 않으므로 마스터 콘트롤(MCS,
MCSCLR) 명령을 사용하여 프로그램한다.

[마스터 콘트롤을 사용한 프로그램]

2.6 출력 명령

2.6.1 OUT, OUT NOT, OUTP, OUTN

명 령		사 용 가 능 영 역															스텝	플래그		
		PMK	F	L	T	C	S	Z	D.x	R.x	상수	U	N	D	R		에러 (F110)	제로 (F111)	캐리 (F112)
OUT OUT NOT	D	O	-	O	-	-	O	-	O	O	-	O	-	-	-	1~2	-	-	-
OUTP OUTN	D	O	-	O	-	-	O	-	O	O	-	O	-	-	-	2	-	-	-

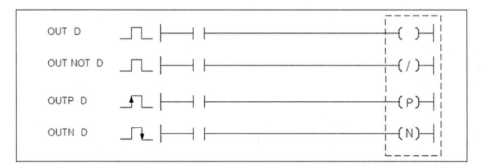

[영역설정]

오퍼랜드	설명	데이터 타입
D	On/Off 하게 될 접점/워드 디바이스의 비트 접점	BIT

1) OUT, OUT NOT

① OUT 명령은 OUT 명령까지의 연산 결과를 지정된 디바이스로 그대로 출력한다.

② OUT NOT은 OUT NOT 명령까지의 연산 결과를 반전해서 지정된 디바이스에 출력한다.

③ OUT Sxx.yy에 대한 설명은 2.7 순차후입 우선 명령을 참조한다.

2) OUTP, OUTN

① OUTP는 OUTP 명령까지의 연산 결과가 Off → On으로 될 때 지정 접점을 1 스캔 동안만 On하고 그 이외에는 Off된다. 지정 접점이 워드 디바이스의 비트 접점이면 해당 비트는 1 스캔동안만 1이 되고 그 외에는 0이 된다.

② OUTN는 OUTN 명령까지의 연산 결과가 On → Off로 될 때 지정 접점을 1 스캔 동안만 On하고 그 외 에는 Off 된다. 지정 접점이 워드 디바이스의 비트 접점이면 해당 비트는 1 스캔동안만 1이 되고 그 외에는 0이 된다.

③ Master-K의 D, D NOT 명령이 변경된 명령어다.

3) 프로그램 예제

① OUTP 예제: 입력접점 P00032가 Off에서 On이 될 때 OUTP 명령을 실행하는 프로그램

[래더 프로그램]

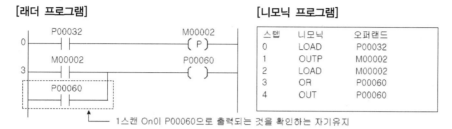

[니모닉 프로그램]

스텝	니모닉	오퍼랜드
0	LOAD	P00032
1	OUTP	M00002
2	LOAD	M00002
3	OR	P00060
4	OUT	P00060

└─ 1스캔 On이 P00060으로 출력되는 것을 확인하는 자기유지

[타임 차트]

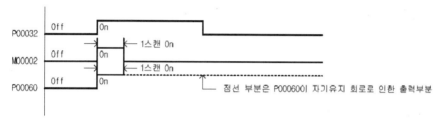

└─ 점선 부분은 P000600이 자기유지 회로로 인한 출력부분

Tip & note

OUTP, OUTN 명령은 입력 조건 성립시 1 스캔동안만 On하므로 P영역으로 출력은 주의를 요한다.

예제 2.3 | 출력 On/Off 조작

❶ 동작

순간 접촉 푸쉬 버튼 PB0을 첫 번째 누르면 출력이 On하고, 두 번째 누르면 출력이 Off된다. PB0을 누를 때마다 출력이 On/Off를 반복한다.

❷ 시스템 도

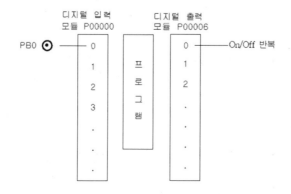

[래더 프로그램]   [니모닉 프로그램]

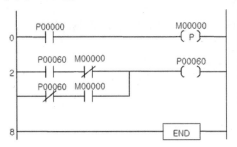

스텝	니모닉	오퍼랜드
0	LOAD	P00000
1	OUTP	M00000
2	LOAD	P00060
3	AND NOT	M00000
4	LOAD NOT	P00060
5	AND	M00000
6	OR LOAD	
7	OUT	P00060
8	END	

[타임 차트]

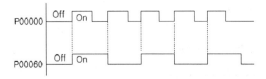

2.6.2 셋(SET)

명 령	사 용 가 능 영 역														스텝	플래그		
	PMK	F	L	T	C	S	Z	D.x	R.x	상수	U	N	D	R		에러 (F110)	제로 (F111)	캐리 (F112)
셋(SET) D	O	-	O	-	-	O	-	O	O	-	O	-	-	-	1	-	-	-

SET	COMMAND 　┌─┐　┌─┐ ╨ └─┤ ├──┤ ├─────────────────────(S)─┤├─

[영역설정]

오퍼랜드	설명	데이터 타입
D	On 상태를 유지시키고자 하는 접점 / 워드 디바이스의 비트 접점	BIT

1) 셋(SET)

① 입력조건이 On 되면 지정출력 접점을 On 상태로 유지시켜 입력이 Off 되어도 출력이 On 상태를 유지한다. 지정출력 접점이 워드 디바이스의 비트 접점이라면 해당 비트를 1로 셋(SET)한다.

② 셋(SET) 명령으로 On 된 접점은 RST 명령으로 Off 시킬 수 있다.

③ 셋(SET) Syy.xx에 대한 설명은 2.7.1 순차후입 우선 명령을 참조한다.

2) 프로그램 예제

① 입력접점 P00020이 Off에서 On으로 되었을 때 P00060, P00061의 상태를 확인하는 프로그램

[래더 프로그램]   [니모닉 프로그램]

스텝	니모닉	오퍼랜드
0	LOAD	P00020
1	OUT	P00060
2	LOAD	P00020
3	SET	P00061

[타임 차트]

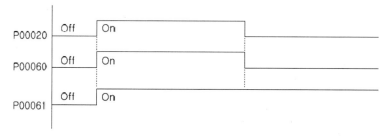

2.6.3 RST

명 령		사 용 가 능 영 역													스텝	플래그		
		PMK	F	L	T	C	S	Z	D.x	R.x	상수	U	N	D	R		에러 (F110)	제로 (F111)	캐리 (F112)
RST	D	○	-	○	○	○	○	-	○	○	-	○	-	-	-	1	-	-	-

RST	COMMAND
	⎍──┤ ├──────────────────(R)──┤

[영역설정]

오퍼랜드	설명	데이터 타입
D	Off 상태를 유지시키고자 하는 접점 / 워드 디바이스의 비트 접점	BIT

1) RST(리셋)

① 입력조건이 On 되면 지정출력 접점을 Off 상태로 유지시켜 입력이 Off 되어도 출력이 Off 상태를 유지한다. 지정출력 접점이 워드 디바이스의 비트 접점이라면 해당 비트를 0으로 한다.

2) 프로그램 예제

① 입력조건이 P00020이 On → Off 하였을 때 P00060, P00061의 출력 상태를 확인하고 P00061 출력을 Off시키는 프로그램

[래더 프로그램]

[니모닉 프로그램]

스텝	니모닉	오퍼랜드
0	LOAD	P00020
1	OUT	P00060
2	LOAD	P00020
3	SET	P00061
4	LOAD	P00021
5	RST	P00061

[타임 차트]

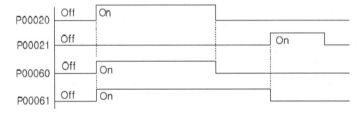

예제 2.4 | 정전대책 관련

P와 K 영역의 차이점, 셋(SET)/리셋(RST) 동작에 대하여 알아보자.

❶ 입출력 릴레이(P)와 킵 릴레이(K)의 차이점

다음의 시퀀스는 모두 자기보존 회로를 갖고 있으며 그 동작은 동일하다. 그러나 출력이
On 중에 정전되면 복전 시의 출력상태는 다르게 된다.

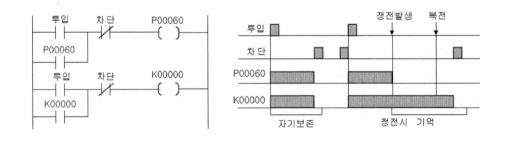

❷ 셋(SET)/리셋(RST) 명령에서 입출력 릴레이(P)와 킵 릴레이(K) 영역 동작의 차이점

셋/리셋 명령은 자기보존 기능을 갖고 있기 때문에 출력이 1회 셋(SET)되면 "차단" 입력이
들어올 때까지 그 상태가 계속된다. 그러나, 입출력 릴레이(P) 영역과 킵 릴레이(K) 영역
의 차이점에 의해, 복전 시의 동작이 다르다.

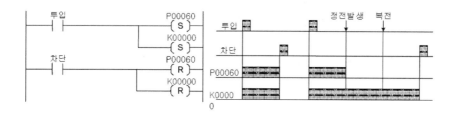

2.6.4 FF

명 령		사 용 가 능 영 역													스텝	플래그		
		PMK	F	L	T	C	S	Z	D.x	R.x	상수	U	N	D	R		에러 (F110)	제로 (F111)	캐리 (F112)
FF	D	O	-	O	-	-	-	-	O	O	-	O	-	-	-	1	-	-	-

[영역설정]

오퍼랜드	설 명	데이터 타입
D	비트 디바이스의 접점 / 워드 디바이스의 비트 접점	BIT

1) FF

비트 출력 반전 명령으로 입력접점이 Off → On으로 될 때, 지정된 디바이스의 상태를
반전시킨다.

2) 프로그램 예제

입력접점 P00020이 Off → On으로 변경될 때마다, P00060의 출력상태가 반전되는 프로
그램이다.

[래더 프로그램]

```
   P00020
0 ──┤ ├──────────────────────────[ FF    P00060 ]

2 ──────────────────────────────────────[ END ]
```

[니모닉 프로그램]

스텝	니모닉	오퍼랜드
0	LOAD	P00020
1	FF	P00060
2	END	

[타임 차트]

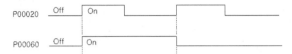

2.7 순차 후입우선 명령

2.7.1 SET Syyy.xx

명 령		사 용 가 능 영 역													스텝	플래그		
		PMK	F	L	T	C	S	Z	D.x	R.x	상수	U	N	D	R		에러 (F110)	제로 (F111)	캐리 (F112)
셋(SET)	S	-	-	-	-	-	O	-	-	-	-	-	-	-	-	1	-	-	-

```
                      COMMAND                          Syyy.xx
SET Syyy.xx    ⎍      ─┤ ├─                            ─( S )─
```

[영역설정]

오퍼랜드	설 명	데이터 타입
Syyy.xx	S 디바이스 접점으로, yyy 는 조 번호를, xx 는 스텝 번호를 나타냅니다. 조 번호는 0~127 까지, 스텝 번호는 0~99 까지 사용 가능합니다.	BIT

1) 셋(SET) Syyy.xx(순차제어)

① 동일 조 내에서 바로 이전의 스텝번호가 On 되어 있는 상태에서 현재 스텝번호의 입력조건 접점상태가 On 되면 현재 스텝번호가 On 되고, 이전 스텝번호는 Off 된다.

② 현재 스텝번호가 On 되면 자기 유지되어 입력 접점이 Off 되어도 On 된 상태를 유지한다.

③ 입력조건 접점이 동시에 On되어도 한 조 내에서는 한 스텝번호만이 On 된다.

④ 초기 Run시 Syyy.00은 On되어 있다.

⑤ 셋(SET) Syyy.xx 명령은 Syyy.00의 입력 접점을 On시킴으로써 클리어 된다.

2) 프로그램 예

① S001.xx 조를 이용한 순차제어 프로그램

[래더 프로그램]

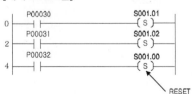

RESET

[니모닉 프로그램]

스텝	니모닉	오퍼랜드
0	LOAD	P00030
1	SET	S001.01
2	LOAD	P00031
3	SET	S001.02
4	LOAD	P00032
5	SET	S001.00

② 순차제어는 바로 이전의 스텝이 On이고 자신의 조건 접점이 On이면 출력된다.

[타임 차트]

예제 2.5 | 순차제어

아래 프로그램은 공정 1이 끝나야만 공정 2가 수행되고 또 공정 3이 끝나면, 다시 1번 공정이 모두 순차적으로 수행되는 과정을 간략하게 작성한 것이다.

[래더 프로그램]

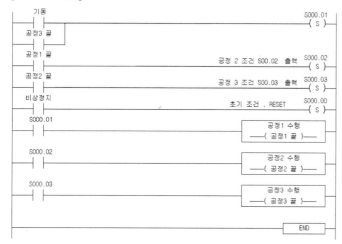

[타임 차트]

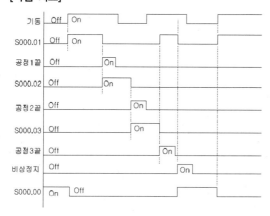

2.7.2 OUT Syyy.xx

명 령		사 용 가 능 영 역													스텝	플래그		
		PMK	F	L	T	C	S	Z	D.x	R.x	상수	U	N	D	R		에러 (F110)	제로 (F111)	캐리 (F112)
OUT	S	-	-	-	-	-	O	-	-	-	-	-	-	-	-	1	-	-	-

OUT Syyy.xx

COMMAND   Syyy.xx

[영역설정]

오퍼랜드	설 명	데이터 타입
Syyy.xx	S 디바이스 접점으로, yyy 는 조 번호를, xx 는 스텝 번호를 나타냅니다. 조 번호는 0~127 까지, 스텝 번호는 0~99 까지 사용 가능합니다.	BIT

1) OUT Syyy.xx(후입우선)

① 셋(SET) Syyy.xx와는 달리, 스텝 순서에 관계없이 입력조건 접점이 On 되면 해당 스텝이 기동한다.

② 동일 조 내에서 입력조건 접점이 다수가 On하여도 한 개의 스텝 번호만 On 한다. 이때, 나중에 프로그램된 것이 우선으로 출력된다.

③ 현재 스텝번호가 On되면 자기 유지되어 입력 조건이 Off 되어도 On 된 상태를 유지한다.

④ OUT Syyy.xx 명령은 Syyy.00의 입력 접점을 On시킴으로써 클리어 된다.

2) 프로그램 예제

S002 조를 이용한 후입우선 제어 프로그램

[래더 프로그램]

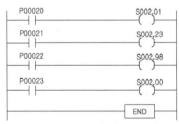

[니모닉 프로그램]

스텝	니모닉	오퍼랜드
0	LOAD	P00020
1	OUT	S002.01
2	LOAD	P00021
3	OUT	S002.23
4	LOAD	P00022
5	OUT	S002.98
6	LOAD	P00023
7	OUT	S002.00

No	P00020	P00021	P00022	P00023	S002.01	S002.23	S002.98	S002.00
1	On	Off	Off	Off	On			
2	On	On	Off	Off		On		
3	On	On	On	Off			On	
4	On	On	On	On				On

2.8 종료 명령

2.8.1 END

명 령	사 용 가 능 영 역													스텝	플래그		
	PMK	F	L	T	C	S	Z	D.x	R.x	상수	U	N	D	R		에러 (F110)	제로 (F111)	캐리 (F112)
END	–	–	–	–	–	–	–	–	–	–	–	–	–	–	1	–	–	–

END	─────────────[END]───

1) END

① 프로그램 종료를 표시한다.

② END 명령 처리 후 0000 스텝으로 돌아가 처리한다.

③ END 명령은 반드시 프로그램의 마지막에 입력해야 한다. 입력하지 않으면 '오류 E4000: END 명령어가 존재하지 않는다.' 에러가 발생한다.

Tip & note

스캔이란? 아래의 그림처럼 입력 리프레시 → 사용자 프로그램 실행 → 자기진단 → 출력 리프레시까지를 1 스캔이라고 한다.

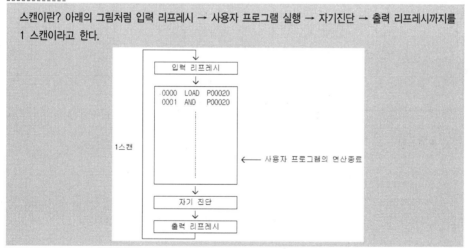

2.9 무처리 명령

2.9.1 NOP

명 령	사 용 가 능 영 역													스텝	플래그		
	PMK	F	L	T	C	S	Z	D.x	R.x	상수	U	N	D	R		에러 (F110)	제로 (F111)	캐리 (F112)
NOP	–	–	–	–	–	–	–	–	–	–	–	–	–	–	1	–	–	–

Ladder Symbol 없음. (니모닉에서만 사용하는 명령임)

1) NOP

① 무처리(No Operation)명령으로 해당 프로그램의 연산결과에 아무런 영향을 주지 않는다.

② 니모닉 프로그램에서만 사용되는 명령어다.

③ NOP 사용 목적은 시퀀스 프로그램의 디버깅용이며 일시적으로 스텝 수를 유지하면서 명령어를 제거하기 위해 사용된다.

2) 프로그램 예제

① NOP 명령을 사용한 니모닉 프로그램을 래더 프로그램으로 변경하면 스텝수가 증가해 있는 것을 알 수 있는 예제다.

[니모닉 프로그램]

스텝	니모닉	오퍼랜드
0	LOAD	P00020
1	AND	P00021
2	NOP	
3	OUT	P00060
4	LOAD	P00022
5	OUT	P00061
6	END	

[래더 프로그램]

스텝수는 니모닉 프로그램의 스텝수와 같다.

Tip & note

– NOP 명령은 기종에 따라 명령어 처리 시간은 다르지만 처리하는 데는 시간이 소요되므로 삭제를 하면 사용자 프로그램 처리시간(Scan time)을 단축시킬 수 있다.

– NOP 명령은 래더에서는 입력할 수 없으며 니모닉에서 등록된 NOP은 래더 화면에서는 표시되지 않지만 스텝수는 포함해서 표시한다.

2.10 타이머 명령

2.10.1 타이머의 특징

1) 기본적인 특징

① 4 가지 종류(0.1ms, 1ms, 10ms, 100ms)의 타이머가 있다. 기본 파라미터에서 각 타이머 번호에 따른 시간 설정을 할 수 있다.

② 타이머는 그 동작특성에 따라 다음과 같이 5개의 명령어가 존재한다.

명령어	명칭	동작 특성
TON	On 타이머	입력조건이 On되면, 타이머 접점 출력 Off 타이머 현재값이 설정값에 도달했을 때 타이머 접점 출력 On됨
TOFF	Off 타이머	입력조건이 On되면, 현재값은 설정값이 되고 타이머 접점 출력 On. 현재값이 감소되어 0이 되면 타이머 접점 출력 Off됨
TMR	적산 타이머	입력조건이 Off되어도 현재값 유지누적된 타이머 값이 설정값에 도달하면 타이머 접점 출력 On됨
TMON	모노스테이블 타이머	입력조건이 On되면, 현재값은 설정값이 되고 타이머 접점 출력 On됨. 입력조건이 Off되어도 계속 현재값 감소. 0이 되면 접점 출력 Off됨
TRTG	리트리거블 타이머	모노스테이블 타이머와 같은 기능을 하되, 현재값이 감소하고 있을 때 다시 입력조건이 On되면 현재값은 다시 설정값이 되어 동작함

③ 타이머 종류에 관계없이 모두 XGK는 2,048개의 타이머를 사용 할 수 있고, 설정할 수 있는 값의 범위는 0 ~ 65,535까지다. 같은 타이머 번호의 중복 사용은 불가능하다. 인덱스 사용여부와 관계없이 같은 타이머 번호를 사용하면 중복사용으로 처리되어 프로그램을 다운로드 할 수 없다.

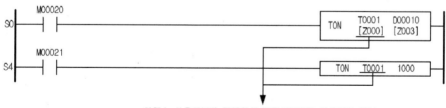

인덱스 사용여부와 관계없이 같은 T0001을 사용하면 중복 사용이 됩니다. 프로그램 오류로 다운로드 되지 않습니다.

④ 타이머 값 설정 가능 디바이스(사용 가능 오퍼랜드)는 정수, P, M, K, U, D, R 등이며, 인덱스 기능을 사용할 수 있다. 단, 이때 사용가능한 인덱스 범위는 Z0 ~ Z3이다.

⑤ 타이머를 리셋시키기 위해서는 입력 접점을 Off시키는 방법과 리셋 코일을 사용하는 방법이 있다. 리셋 코일이 On되어 있는 동안에는 타이머가 동작하지 않는다.

⑥ 타이머를 리셋 시키기 위해 리셋 명령을 사용할 경우, 반드시 사용된 타이머 형태와 같은 형태로 입력해야 한다. 즉, 아래 프로그램과 같이 TON T0001[Z000] D00010 [Z003]을 사용했다면, 리셋 코일에 사용되는 타이머 형태는 T0001[Z000]이어야 한다. 그렇지 않을 경우에는 XG5000에서 프로그램 오류를 발생시키고 프로그램을 다운로드 하지 않는다.

⑦ 타이머는 END 명령 실행 후에 타이머의 현재값 갱신 및 접점을 On/Off 한다. 따라서 타이머 명령어는 사용상의 오차가 발생할 수 있다.

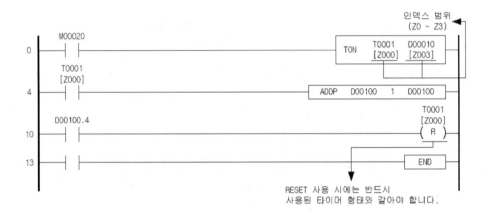

Tip & note

인덱스 기능으로 인해 서로 다른 특성의 타이머를 동시에 기동시키게 될 경우, 각각 실행되기 때문에 타이머가 이상하게 동작할 수 있다. 인덱스 기능을 사용할 경우에는 이 점을 주의하여 사용한다.

2.10.2 TON

명 령		사 용 가 능 영 역													스텝	플래그		
		PMK	F	L	T	C	S	Z	D.x	R.x	상수	U	N	D	R		에러 (F110)	제로 (F111)	캐리 (F112)
TON	T	-	-	-	O	-	-	-	-	-	-	-	-	-	-	2~3	-	-	-
	t	O	-	-	-	-	-	-	-	-	O	O	-	O	O				

입력 조건 접점

TON ⎍⎍┤├ → TON | T | t |

[영역설정]

오퍼랜드	설 명	데이터 타입
T	사용하고자 하는 타이머 접점	WORD
t	타이머의 설정치를 나타내고 정수나 워드 디바이스 지정 가능 설정시간 = 기본주기(0.1ms:XGB 는 지원안함, 1ms, 10ms, 100ms) x 설정치(t)	WORD

1) TON(On 타이머)

① 입력조건이 On 되는 순간부터 현재치가 증가하여 타이머 설정시간(t)에 도달하면 타
이머 접점이 On 된다.

② 입력조건이 Off 되거나 리셋(Reset) 명령을 만나면 타이머 출력이 Off 되고 현재값은
0이 된다.

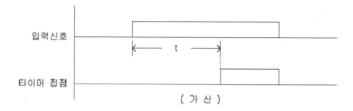

2) 프로그램 예제

① P00020이 On 된 후 20 초 후에 타이머의 현재치와 설정치가 같을 때 T0097은 On이
되고, P00065도 On이 된다.

② 만약, 현재치가 설정치에 도달 전에 입력조건이 Off되면 현재치는 0이 된다. P00021이
On이 되면 T0097이 Off되면서 현재치는 0이 된다.

[래더 프로그램]

T0097 은 100ms 타이머로 설정

[니모닉 프로그램]

스텝	니모닉	오퍼랜드
0	LOAD	P00020
1	TON	T0097
3	LOAD	200
4	OUT	P00065
5	LOAD	P00021
6	RST	T0097

[타임 차트]

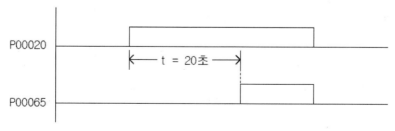

예제 2.6 | **플리커 회로**

① 동작

타이머 2개를 사용하여 출력을 점멸시킨다.

[시스템 도]

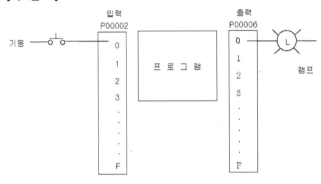

[타임 차트]

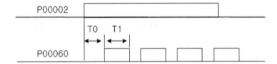

[프로그램]

2.10.3 TOFF

명 령		사 용 가 능 영 역														스텝	플래그		
		PMK	F	L	T	C	S	Z	D.x	R.x	상수	U	N	D	R		에러 (F110)	제로 (F111)	캐리 (F112)
TOFF	T	–	–	–	O	–	–	–	–	–	–	–	–	–	–	2~3	–	–	–
	t	O	–	–	–	–	–	–	–	–	O	O	–	O	O				

| TOFF | 입력 조건 접점 | | | | | | TOFF | T | t | |

[영역설정]

오퍼랜드	설 명	데이터 타입
T	사용하고자 하는 타이머 접점	WORD
t	타이머의 설정치를 나타내고 정수나 워드 디바이스 지정 가능 설정시간 = 기본주기(0.1ms:XGB 는 지원안함, 1ms, 10ms, 100ms) x 설정치(t)	WORD

1) TOFF(Off 타이머)

① 입력조건이 On 되는 순간 성립되는 동안 타이머의 현재치는 설정치가 되며 출력은 On 된다.

② 입력조건이 Off 되면 타이머 현재치가 설정치로부터 감산되어 현재치가 0이 되는 순간 출력이 Off 된다.

③ 리셋(Reset) 명령을 만나면 타이머 출력은 Off 되고 현재치는 0이 된다.

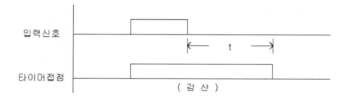

2) 프로그램 예제

① 입력 P00020 접점이 On하면 T0000 접점이 동시에 On하고 출력 P00065는 On 한다.

② 입력 P00020이 Off 한 후 타이머는 설정시간(t)동안 감산하여 현재치가 0이 되면 타이머 접점이 Off 된다.

③ P00022가 On하면 현재치는 0이 된다.

[래더 프로그램]

[타임 차트]

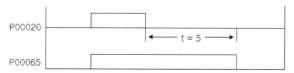

예제 2.7 | 컨베이어 제어

❶ 동작

여러 대의 컨베이어를 순서에 따라 기동(A → B → C), 정지(C → B → A)한다.

❷ 시스템 도

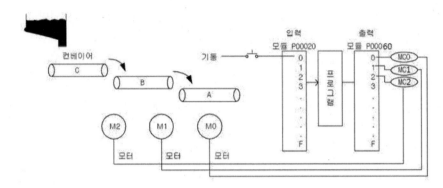

[프로그램]

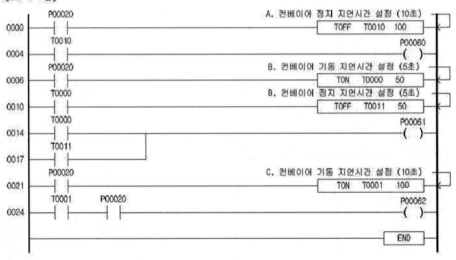

[타임 차트]

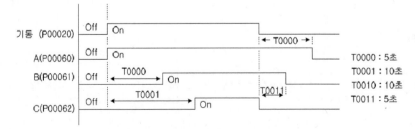

2.10.4 TMR

명 령		사 용 가 능 영 역													스텝	플래그		
		PMK	F	L	T	C	S	Z	D.x	R.x	상수	U	N	D	R		에러 (F110)	제로 (F111)	캐리 (F112)
TMR	T	-	-	-	○	-	-	-	-	-	-	-	-	-	-	2~3	-	-	-
	t	○	-	-	-	-	-	-	-	○	○	○	-	○	○				

```
              입력 조건 접점
  TMR   ┌┐ ─┤ ├─                        ┌─────┬──┬──┐
        ┘└                              │ TMR │ T │ t │
                                        └─────┴──┴──┘
```

[영역설정]

오퍼랜드	설 명	데이터 타입
T	사용하고자 하는 타이머 접점	WORD
t	타이머의 설정치를 나타내고 정수나 워드 디바이스 지정 가능 설정시간 = 기본주기 (0.1ms:XGB 는 지원안함, 1ms, 10ms, 100ms) x 설정치(t)	WORD

1) TMR(적산 타이머)

① 입력조건이 온(On)되는 동안 현재치가 증가하여 누적된 값이 타이머의 설정시간에 도달하면 타이머 접점이 On된다. 적산 타이머는 정전시도 타이머 값을 유지하므로 PLC 야간 정전에도 이상 없다(불휘발성 영역 사용의 경우).

② 리셋(Reset) 입력조건이 성립되면 타이머 접점은 Off되고 현재치는 0이 된다.

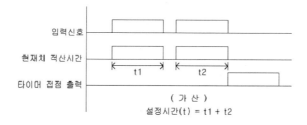

2) 프로그램 예제

① 접점 P0020이 On, Off, On을 반복한 후 T0096이 On하여 출력 접점 P0061을 On(t1 + t2 = 30초)한다.

② 리셋(Reset)신호 P0023을 On하면 현재치는 0이 되면서 P0061은 Off된다.

[프로그램]

```
 P00020
 ─┤ ├───────────────────────────────── TMR  T0096  30 ─
 T0096                                              P00061
 ─┤ ├───────────────────────────────────────────── ( ) ─
 P00023                                             T0096
 ─┤ ├───────────────────────────────────────────── ( R ) ─
```

[타임 차트]

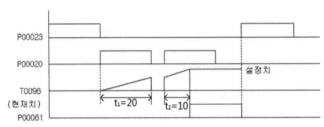

❶ 동작

머시닝 센터 등의 공구 사용 시간을 측정하여 공구 교환을 위한 경보 등을 출력한다.

❷ 시스템 도

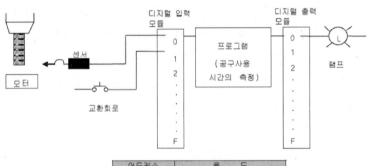

어드레스	용 도
P00020	드릴 하강 검출
P00021	드릴 교환 완료
P00060	공구 수명 경보
T0000	공구 수명 설정 타이머

[프로그램]

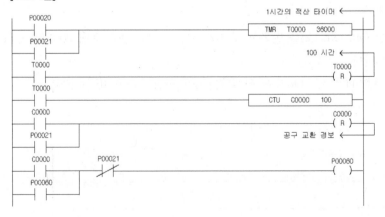

본 예제와 같은 적산 타이머 사용 시에는 불휘발성 영역에 있는 타이머를 사용하는 것이
좋다(여기서 사용된 타이머는 휘발성 영역이다).

2.10.5 TMON

명 령		사 용 가 능 영 역													스텝	플래그		
		PMK	F	L	T	C	S	Z	D.x	R.x	상수	U	N	D	R		에러 (F110)	제로 (F111)	캐리 (F112)
TMON	T	-	-	-	O	-	-	-	-	-	-	-	-	-	-	2~3	-	-	-
	t	O	-	-	-	-	-	-	-	-	O	O	-	O	O				

입력 조건 접점

TMON ⎍⎍ ─┤ ├─ ···· ┤TMON│ T │ t ├

[영역설정]

오퍼랜드	설 명	데이터 타입
T	사용하고자 하는 타이머 접점	WORD
t	타이머의 설정치를 나타내고 정수나 워드 디바이스 지정 가능 설정시간 = 기본주기 (0.1ms:XGB 는 지원안함, 1ms, 10ms, 100ms) x 설정치(t)	WORD

1) TMON(모노스테이블 타이머)

① 입력조건이 On 되는 순간 타이머 출력이 On 되고 타이머의 현재값이 설정값으로부터
감소하기 시작하여 0이 되면 타이머 출력은 Off 된다.

② 타이머 출력이 On된 후 입력조건이 On, Off 변화를 하여도 입력조건과 관계없이 감
산은 계속한다.

③ 리셋(Reset) 입력조건이 성립하면 타이머 접점은 Off되고 현재값은 0이 된다.

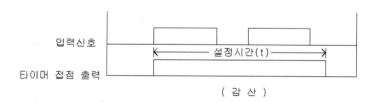

(감 산)

2) 프로그램 예제

① P00020을 On하면 접점 T0000는 즉시 On하며 타이머가 감산한다.

② 감산 중에 P00020이 On, Off를 반복하여도 감산은 계속한다.

③ 리셋(Reset)신호 P00023을 On하면 현재값은 0이 되며 출력은 Off 된다.

[프로그램]

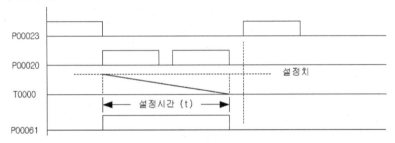

[타임차트]

예제 2.9 신호 떨림 방지 회로

❶ 동작

속도가 일정치 않은 물체의 통과신호(리미트 스위치)의 떨림을 방지하여, 안정된 신호를 얻는다.

❷ 시스템 도

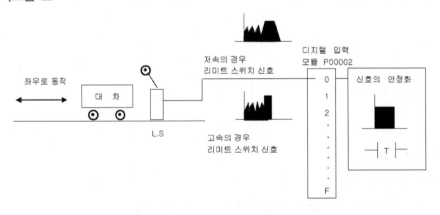

어드레스	용 도
P00020	위치 검출용 리미트 스위치
M00020	일정시간 출력 릴레이
T0000	떨림 방지 타이머

❸ 프로그램

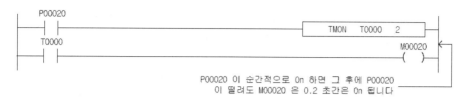

P00020 이 순간적으로 On 하면 그 후에 P00020
이 떨려도 M00020 은 0.2 초간은 On 됩니다

2.10.6 TRTG

명 령		사 용 가 능 영 역													스텝	플래그		
		PMK	F	L	T	C	S	Z	D.x	R.x	상수	U	N	D	R		에러 (F110)	제로 (F111)	캐리 (F112)
TRTG	T	-	-	-	O	-	-	-	-	-	-	-	-	-	-	2~3	-	-	-
	t	O	-	-	-	-	-	-	-	O	O	-	O	O				

TRTG	입력 조건 접점	TRTG	T	t

[영역설정]

오퍼랜드	설 명	데이터 타입
T	사용하고자 하는 타이머 접점	WORD
t	타이머의 설정치를 나타내고 정수나 워드 디바이스 지정 가능 설정시간 = 기본주기(0.1ms:XGB 는 지원안함. 1ms, 10ms, 100ms) x 설정치(t)	WORD

1) TRTG(리트리거블 타이머)

① 입력조건이 성립되면 타이머 출력이 On 되고 타이머의 현재치가 설정치로부터 감소
하기 시작하여 0이 되면 타이머 출력은 Off 된다.

② 타이머 현재치가 0이 되기 전에 또 다시 입력 조건이 Off → On 하면 타이머 현재치는
설정치로 재설정된다.

③ 리셋(Reset) 입력조건이 성립하면 타이머 접점은 Off 되고 현재치는 0이 된다.

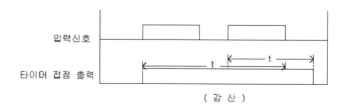

(감 산)

2) 프로그램 예제

① P00020이 On 되면 접점 T0096이 동시 On 되고 타이머는 감산을 시작하여 0에 도달
하게 되면 P00065는 Off된다.

② 0에 도달 전에 P00020 입력조건이 성립하면 현재치는 설정치가 되며 다시 감산을 한다.

③ 리셋(Reset)신호 P00023을 On하면 현재치는 0이 되며 출력은 Off된다.

[프로그램]

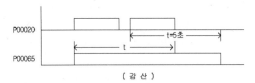

[타임 차트]

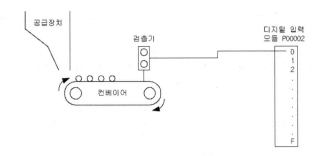

(감 산)

예제 2.10 반송장치 고장 검출회로

❶ 동작

일정시간마다 공급되는 제품에 의해 반송장치의 고장을 검출한다.

❷ 시스템 도

공급장치

검출기

디지털 입력
모듈 P00002

0
1
2
.
.
.
.
.
.
F

컨베이어

❸ 프로그램

❹ 타임 차트

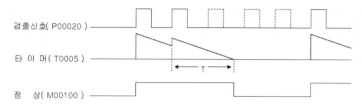

2.11 카운터 명령

2.11.1 카운터의 특징

1) 기본적인 특징

① 카운터는 입상펄스가 입력될 때마다 현재치를 가산/감산해서 설정값을 만족하면 출력을 On한다.

② 카운터는 그 동작특성에 따라 다음과 같이 4개의 명령어가 존재한다.

명령어	명칭	동작 특성
CTD	Down 카운터	펄스가 입력될 때마다 설정치로부터 1씩 감산. 0이 되면 출력 On
CTU	Up 카운터	펄스가 입력될 때마다 현재치를 1씩 가산. 설정치 이상이면 출력 On
CTUD	Up-Down 카운터	Up단자에 펄스가 입력되면 1씩 가산, Down단자에 펄스가 입력되면 1씩 감산. 현재치가 설정치 이상이면 On
CTR	Ring 카운터	펄스가 입력될 때마다 현재치를 1씩 가산. 현재치가 설정치에 도달하면 출력 On. 이후 다시 펄스가 입력되면 현재치는 0

③ 카운터 종류에 관계없이 XGK는 2,048개, XGB는 256개의 카운터를 사용 할 수 있고, 설정할 수 있는 값의 범위는 0 ~ 65,535까지다. 같은 카운터 번호의 중복 사용은 불가능하다. 인덱스 사용여부와 관계없이 같은 카운터 번호를 사용하면 중복사용으로 처리되어 프로그램을 다운로드 할 수 없다.

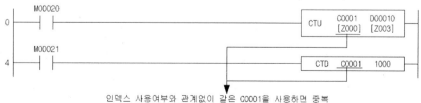

④ 카운터 값 설정 가능 디바이스(사용 가능 오퍼랜드)는 정수, P, M, K, U, D, R 등 이며, 인덱스 기능을 사용할 수 있다. 단, 이때 사용가능한 인덱스 범위는 Z0 ~ Z3이다.

⑤ 카운터를 리셋 시키기 위해 리셋 명령을 사용할 경우, 반드시 사용된 카운터 형태와
같은 형태로 입력해야 한다. 즉, 아래 프로그램과 같이 CTU C0010[Z000] P0010[Z003]
을 사용했다면, 리셋 코일에 사용되는 카운터 형태는 C0010[Z000]이어야 한다. 그렇지
않을 경우에는 XG5000에서 프로그램 오류를 발생시키고 프로그램을 다운로드 하지
않는다.

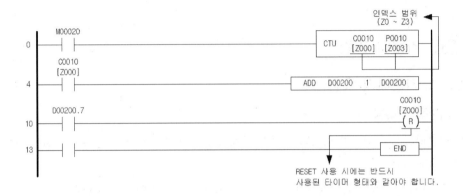

⑥ CTUD 명령어의 경우, 카운터 리셋을 하기 위해서 리셋 코일이외에 입력접점을 Off
시키면 된다.

⑦ CTU, CTUD 명령은 설정한 값을 초과해도 UP 카운터 펄스가 계속 입력되면 카운터
값은 계속 증가한다. 단 65,535 이상 증가되지는 않는다. 따라서 CTU, CTUD 명령의
값을 0으로 초기화시키기 위해서는 RST 명령을 사용해야 한다.

2.11.2 CTD

명 령		사 용 가 능 영 역														스텝	플래그		
		PMK	F	L	T	C	S	Z	D.x	R.x	상수	U	N	D	R		에러(F110)	제로(F111)	캐리(F112)
CTD	C	-	-	-	-	○	-	-	-	-	-	-	-	-	-	2~3	-	-	-
	N	○	-	-	-	-	-	-	-	-	○	○	-	○	○				

CTD
Count 입력 ──┤ ├── CTD C N

Reset 신호 ──┤ ├── (R)

[영역설정]

오퍼랜드	설 명	데이터 타입
C	사용하고자 하는 카운터 접점	WORD
N	설정치 (0 ~ 65,535)	WORD

1) 기능

① 입상 펄스가 입력될 때마다 설정치로부터 1씩 감산을 하여 0이 되면 출력을 On 한다.

② 리셋(Reset) 신호가 On되면 출력을 Off시키며 현재치는 설정치가 된다.

[타임 차트]

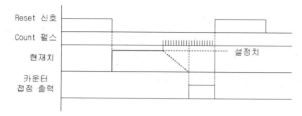

2) 프로그램 예제

① P00030 접점이 5회 On하면 Count Down하여 현재치가 0이 될 때 P00060 출력이 On된다.

② P00031 접점이 On하면 출력을 Off시키며 현재치는 설정치가 된다.

[프로그램]

[타임 차트]

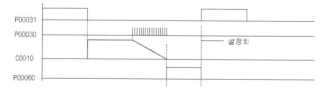

2.11.3 CTU

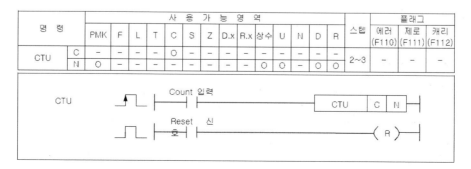

명 령		사 용 가 능 영 역													스텝	플래그		
		PMK	F	L	T	C	S	Z	D.x	R.x	상수	U	N	D	R		에러 (F110)	제로 (F111)	캐리 (F112)
CTU	C	-	-	-	-	O	-	-	-	-	-	-	-	-	-	2~3	-	-	-
	N	O	-	-	-	-	-	-	-	-	O	O	-	O	O				

[영역설정]

오퍼랜드	설 명	데이터 타입
C	사용하고자 하는 카운터 접점	WORD
N	설정치 (0 ~ 65,535)	WORD

1) 기능

① 입상 펄스가 입력될 때마다 현재치를 +1 하고 현재치가 설정치 이상이면 출력을 On하고 카운터 최대치(65,535)까지 Count한다.

② 리셋(Reset) 신호가 On하면 출력을 Off시키며 현재치는 0이 된다.

[타임 차트]

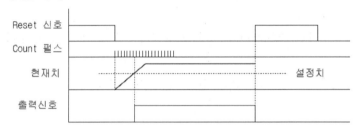

2) 프로그램 예제

① P00030 접점으로 Count Up하여 현재치와 설정치가 같을 때 P00060 출력이 On 된다.

② P00031 접점이 On하면 출력을 Off시키며 현재치는 0으로 초기화 된다.

[프로그램]

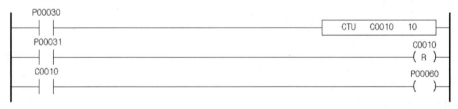

[타임 차트]

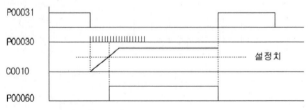

2.11.4 CTUD

명 령		사 용 가 능 영 역													스텝	플래그		
		PMK	F	L	T	C	S	Z	D.x	R.x	상수	U	N	D	R		에러 (F110)	제로 (F111)	캐리 (F112)
CTUD	C	-	-	-	-	○	-	-	-	-	-	-	-	-	-	2~3	-	-	-
	U	○	○	○	○	○	-	-	○	-	-	○	-	-	-				
	D	○	○	○	○	○	-	-	○	-	-	○	-	-	-				
	N	○	-	-	-	-	-	-	-	-	○	○	-	○	-				

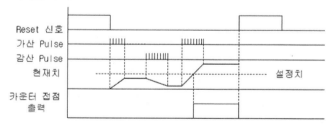

[영역설정]

오퍼랜드	설 명	데이터 타입
C	사용하고자 하는 카운터 접점	WORD
U	현재치를 +1 하는 신호	BIT
D	현재치를 -1 하는 신호	BIT
N	설정치 (0 ~ 65,535)	WORD

1) 기능

① U로 지정된 디바이스에 상승 신호가 입력될 때마다 현재치를 +1 하며, 현재치가 설정 치 이상이면 출력을 On하고 카운터 최대치(65,535)까지 Count한다.

② D로 지정된 디바이스에 상승 신호가 입력될 때마다 현재치를 -1 한다.

③ 리셋(Reset) 신호가 On하면 현재치는 0이 된다.

④ U, D로 지정된 디바이스에 펄스가 동시에 On하면 현재치는 변하지 않는다.

⑤ Count 동작허용신호는 On된 상태를 유지하고 있어야 Up-Down 카운트가 가능하다.

[타임 차트]

Reset 신호
가산 Pulse
감산 Pulse
현재치
카운터 접점 출력
설정치

2) 프로그램 예제

① P00030 접점으로 Count Up하여 현재치와 설정치가 같을 때 P00060 출력이 On된다.

② P00031 접점의 입상 펄스에 의해 Count Down된다.

③ P00032가 On되어 리셋(Reset) 조건이 만족되면 출력은 Off되고 카운터 현재치는 0이

된다.

④ 카운터 허용신호인 F00099(상시 On 플래그)에 의해 항상 가감산 카운트가 가능하게 된다.

[프로그램]

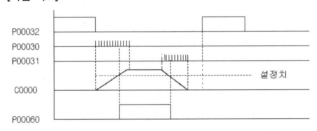

[타임 차트]

예제 2.11 모터 동작수 증감 제어

❶ 동작

4 대의 모터를 제어하는데, 순간접촉 푸쉬 버튼 PB1을 누를 때마다 동작하는 모터 수를 1개씩 증가시키고, 순간 접촉 푸쉬 버튼 PB2를 누를 때마다 모터 동작 수를 1개씩 감소시킨다. 4개의 모터가 동작하고 있을 때 PB1을 누르면 모든 모터는 정지하고, 1개의 모터가 동작하고 있을 때 PB2를 누르면 모터는 하나도 동작하지 않는다.

❷ 시스템 도

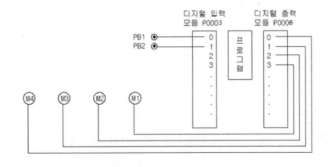

③ <u>프로그램</u>

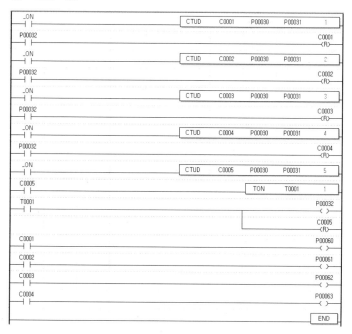

2.11.5 CTR

명 령		사 용 가 능 영 역													스텝	플래그		
		PMK	F	L	T	C	S	Z	D.x	R.x	상수	U	N	D	R		에러 (F110)	제로 (F111)	캐리 (F112)
CTR	C	-	-	-	-	O	-	-	-	-	-	-	-	-	-	2~3	-	-	-
	N	O	-	-	-	-	-	-	-	-	O	O	-	O	O				

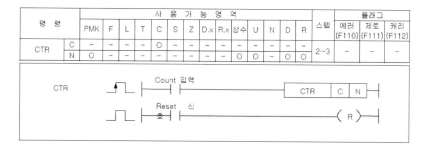

[영역설정]

오퍼랜드	설 명	데이터 타입
C	사용하고자 하는 카운터 접점	WORD
N	설정치 (0 ~ 65,535)	WORD

1) 기능

① 입상 펄스가 입력될 때마다 현재치를 +1 하고 현재치가 설정치에 도달한 후 입력신호
  가 Off → On되면 현재치는 0으로 된다.

② 현재치가 설정치에 도달하면 출력은 On 된다.

③ 현재치가 설정치 미만이거나 리셋(Reset) 조건이 On이면 출력은 Off 된다.

[타임 차트]

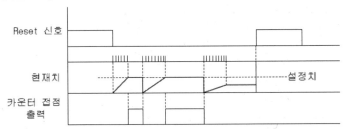

2) 프로그램 예제

① P00030 접점의 입상 펄스에 의해 Count Up하여 현재치와 설정치가 같을 경우 출력 P00060이 On 된다.

② P00030 접점이 11회째 On하면 P00060 출력이 Off 되면서 현재치는 0으로 리셋 (Reset)된다.

[프로그램]

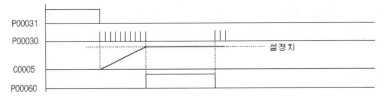

[타임 차트]

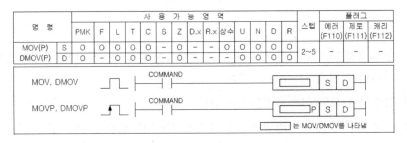

2.12 데이터 전송 명령

2.12.1 MOV, MOVP, DMOV, DMOVP

명 령		사 용 가 능 영 역														스텝	플래그		
		PMK	F	L	T	C	S	Z	D.x	R.x	상수	U	N	D	R		에러 (F110)	제로 (F111)	캐리 (F112)
MOV(P)	S	O	O	O	O	O	–	O	–	–	O	O	O	O	O	2~5	–	–	–
DMOV(P)	D	O	–	O	O	O	–	O	–	–	–	O	O	O	O				

MOV, DMOV	COMMAND ⎍ ⊣⊢ 〔▭ S D 〕
MOVP, DMOVP	COMMAND ⬆ ⊣⊢ 〔▭P S D 〕
	▭ 는 MOV/DMOV를 나타냄

[영역설정]

오퍼랜드	설 명	데이터 타입
S	전송하고자 하는 데이터 또는 데이터가 들어있는 디바이스 번호	WORD/DWORD
D	전송된 데이터를 저장할 디바이스 번호	WORD/DWORD

1) MOV(Move)

① S로 지정된 디바이스의 워드 데이터를 D로 전송한다.

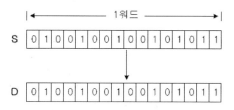

2) DMOV(Double Move)

S+1, S로 지정된 디바이스의 더블 워드 데이터를 D+1, D에 전송한다.

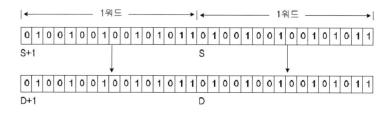

3) 프로그램 예제

① 입력 P00020이 On될 때마다 MOVP 명령에 의해 h00F3 데이터가 P0004 워드로 옮겨지는 프로그램

```
     P00020
──┤ ├──────────────────────────────[ MOVP  h00F3  P0004 ]──

h00F3  [0 0 0 0 0 0 0 0 1 1 1 1 0 0 1 1]
                      │
                      ▼
P0004  [0 0 0 0 0 0 0 0 1 1 1 1 0 0 1 1]
```

② 입력 P00001이 On될 때마다 DMOVP 명령에 의해 P0002, P0001의 데이터(hF0F0 FF33)가 P0006, P0005 더블워드로 옮겨지는 프로그램

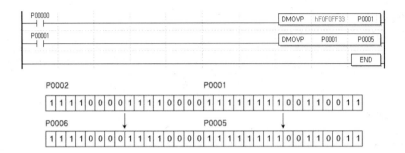

Tip & note

‒ MOV 명령의 오퍼랜드로 타이머나 카운터를 사용하면 해당 타이머나 카운터의 현재값(1 워드)을 읽어 오거
나 변경이 가능하다.

2.12.2 MOV4, MOV4P, MOV8, MOV8P

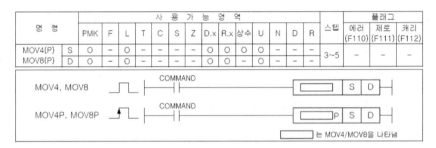

[영역설정]

오퍼랜드	설 명	데이터 타입
S	전송하고자 하는 데이터 또는 데이터가 들어있는 디바이스 번호의 비트 위치	NIBBLE/BYTE
D	전송된 데이터를 저장할 디바이스 번호의 비트 위치	NIBBLE/BYTE

1) MOV4, MOV8(MOV4: Move Nibble/MOV8: Move Byte)

❶ 기능

4비트 또는 8비트데이터 S를 D로 전송한다.

MOV4(P)은 지정한 S비트부터 상위 4비트데이터를 D로부터 상위 4비트에 해당하는 영역
으로 전송한다.

MOV8(P)은 지정한 S비트부터 상위 8비트데이터를 D로부터 상위 8비트에 해당하는 영역
으로 전송한다. 정수를 전송하고자 할 경우, 해당명령의 데이터 크기만큼만 전송되고 나
머지는 무시된다.

❷ 사용상 주의사항

비트 디바이스(P, M, L, K)와 워드 디바이스(D, R, U)에 따라 데이터 처리를 다르게 한다.

비트 디바이스의 경우, Source로 지정된 S가 명령 수행시에 워드 범위를 벗어날 경우, 다음 워드에서 나머지 비트를 가져온다. Destination으로 지정된 D 역시 저장할 부분이 워드를 넘어가면 다음 워드에 나머지 비트가 저장된다. 만약, 비트 디바이스의 마지막 워드를 지정했고, 다음 워드까지 포함해서 명령을 수행해야 될 경우, 아래에 설명한 워드 디바이스와 같이 처리한다.

워드 디바이스의 경우, Source로 지정된 S가 명령 수행시에 워드 범위를 벗어날 경우, 벗어난 부분은 0으로 채운다. 그리고, Destination으로 지정된 D가 워드를 넘어가게 되면 넘어간 데이터에 대해서는 처리하지 않는다.

2) MOV8 P0003A D10.3

Source로 지정된 디바이스가 비트 디바이스일 경우, 전송할 데이터가 지정한 워드범위를 벗어날 경우 다음 영역의 비트 값까지 전송한다.

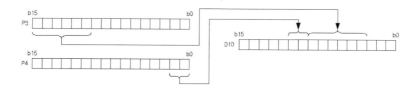

3) MOV8 D00003.A D10.3

Source로 지정된 디바이스가 워드 디바이스일 경우, 전송할 데이터가 지정한 워드 범위를 벗어날 경우 그 벗어난 부분은 무시하고 Destination에 0으로 채워진다.

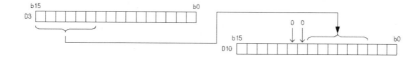

4) 프로그램 예제

입력신호 P00020이 On될 때마다 MOV4P 명령에 의해 P00004부터 4개의 비트 데이터가 D00000.2부터 D00000.5에 전송되는 프로그램이다.

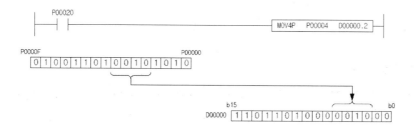

Tip & note

Dxxxxx.x, Rxxxxx.x, Uxxx.xx.x 영역은 MOV4, MOV8 명령 결과값이 영역 초과하는 경우에 D+1 영역에 전송이 안되고 무시한다.

2.12.3 GMOV, GMOVP

명 령		사 용 가 능 영 역														스텝	플래그		
		PMK	F	L	T	C	S	Z	D.x	R.x	상수	U	N	D	R		에러 (F110)	제로 (F111)	캐리 (F112)
GMOV(P)	S	O	O	O	O	O	-	O	-	-	O	O	O	O	O	4~6	O	-	-
	D	O	-	O	O	O	-	O	-	-	-	O	O	O	O				
	N	O	-	O	-	-	-	O	-	-	O	O	O	O	O				

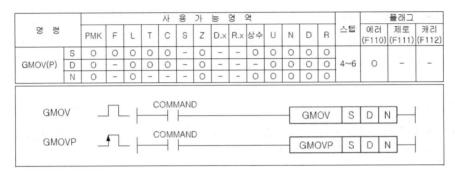

[영역설정]

오퍼랜드	설 명	데이터 타입
S	전송하고자 하는 데이터 또는 데이터가 들어있는 디바이스 번호	WORD
O	전송된 데이터를 저장할 디바이스 번호	WORD
N	그룹으로 전송하고자 하는 개수 (0 ~ 65,535)	WORD

[플래그 셋(Set)]

플래그	내 용	디바이스 번호
에러	N의 범위가 지정 영역을 초과할 경우 셋(Set). 해당 명령어 결과는 처리되지 않음.	F110

1) GMOV(Group Move)

① S로부터 N개만큼의 워드데이터를 D로 차례로 전송한다.

② MOV 명령은 1 : 1로 워드를 전송하고, GMOV 명령은 N : N으로 워드를 전송한다.

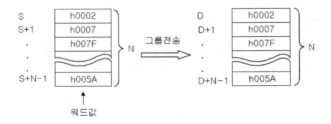

2) 프로그램 예제

① 입력신호 P00020이 On하였을 때 D00000, D00001, D00002 워드 데이터를 P00004, P00005, P00006에 저장하는 프로그램이다.

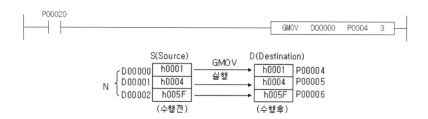

2.12.4 BMOV, BMOVP

명 령		사 용 가 능 영 역														스텝	플래그		
		PMK	F	L	T	C	S	Z	D.x	R.x	상수	U	N	D	R		에러 (F110)	제로 (F111)	캐리 (F112)
BMOV(P)	S	O	O	O	O	O	O	-	O	-	-	O	O	O	O	4~6	O	-	-
	D	O	-	O	O	O	O	-	O	-	-	O	O	O	O				
	Z	O	O	O	O	O	O	-	O	-	-	O	O	O	O				

BMOV   COMMAND | BMOV | S | D | Z |

BMOVP   COMMAND | BMOVP | S | D | Z |

[영역설정]

오퍼랜드	설 명	데이터 타입
S	데이터가 저장되어 있는 디바이스 번호	WORD
D	Destination 영역의 디바이스 번호	WORD
Z	BMOV(P)를 실행하는 포맷	WORD

[플래그 셋(Set)]

플래그	내 용	디바이스 번호
에러	Z의 범위가 지정 영역을 초과할 경우 셋(Set). 해당 명령어 결과는 처리되지 않음.	F110

1) BMOV(Bit Move)

① Z에 설정된 포맷에 의해 워드데이터 S로부터 지정된 개수의 비트를 D로 전송한다.

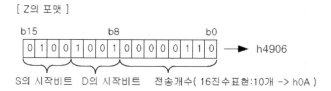

② Z의 전송 비트 개수: h00 ~ h10까지 기능

③ D+Z의 결과 영역 초과시 에러 플래그(F110)를 셋(Set)시키며 결과 처리를 하지 않는다.

2) 프로그램 예제

① 입력신호 P00030을 On할 때마다 P0002 영역의 0번째 비트부터 4개의 비트를 P0006 의 P00063 비트부터 저장하는 프로그램이다.

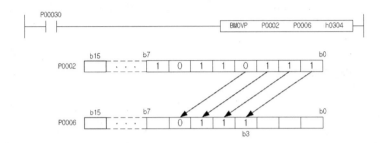

2.12.5 $MOV, $MOVP

명 령		사 용 가 능 영 역														스텝	플래그		
		PMK	F	L	T	C	S	Z	D.x	R.x	문자열	U	N	D	R		에러 (F110)	제로 (F111)	캐리 (F112)
$MOV(P)	S	O	–	O	O	O	–	O	–	–	O	O	O	O	O	2~18	O	–	–
	D	O	–	O	O	O	–	O	–	–	O	O	O	O	O				

[영역설정]

오퍼랜드	설명	데이터 크기
S	전송하고자 하는 문자열 또는 문자열이 들어있는 디바이스의 선두 번호	STRING
D	전송된 문자열을 저장할 디바이스의 선두 번호	STRING

[플래그 셋(Set)]

플래그	내 용	디바이스 번호
에러	S 나 D 로 지정된 디바이스의 범위를 벗어날 때.	F110

1) $MOV(Character String Move)

① S부터 시작되는 문자열을 D로 시작되는 디바이스에 전송한다.

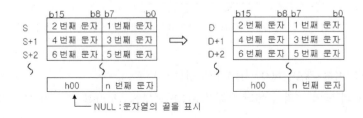

② S+n의 하위 바이트에 NULL이 저장되어 있는 경우, D+n의 상위 바이트에는 h00이 저장된다.

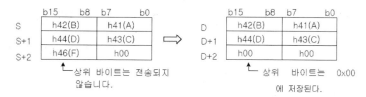

③ 최대 전송할 수 있는 문자열은 31글자(한글 15자)까지 가능하다.

2) 프로그램 예제

① 입력접점으로 P00000이 On되면 문자열의 '문자데이터'의 내용을 D2000에 저장하는 프로그램이다.

```
P00000
─┤ ├───────────────────────────────[ $MOV  '문자데이터'  D2000 ]
```

2.13 코드 변환 명령

2.13.1 BCD, BCDP, DBCD, DBCDP

명 령		사 용 가 능 영 역														스텝	플래그		
		PMK	F	L	T	C	S	Z	D.x	R.x	상수	U	N	D	R		에러 (F110)	제로 (F111)	캐리 (F112)
BCD(P)	S	O	O	O	O	O	O	-	O	-	-	O	O	O	O	2~4	O	-	-
DBCD(P)	D	O	-	O	O	O	O	-	O	-	-	-	O	O	O	O			

```
BCD, DBCD      ─┐┌─  COMMAND
               ─┘└───┤ ├──────────────[      ] S  D ├
BCDP, DBCDP    ─┐ ┌─  COMMAND
               ─┘ └───┤↑├──────────────[      ] P S D ├
                              [      ] 는 BCD/DBCD를 나타냄
```

[영역설정]

오퍼랜드	설 명	데이터 타입
S	데이터가 저장되어 있는 디바이스 번호	WORD/DWORD
D	Destination 영역의 디바이스 번호	WORD/DWORD

[플래그 셋(Set)]

플래그	내 용	디바이스 번호
에러	BCD(P)의 경우, S의 값이 0~9999(h270F) 이외일 때. DBCD(P)의 경우, S+1,S의 값이 0~99999999(h5F5E0FF) 이외일 때	F110

1) BCD(Binary Coded Decimal)

① S로 지정된 디바이스의 BIN 데이터(0 ~ h270F)를 BCD로 변환하여 D에 저장한다.

명령어	데이터 크기	BIN 포맷	BCD 포맷
BCP(P)	16비트	0 ~ h270F(0~9999)	h0 ~ h9999
DBCD(P)	32비트	0 ~ h05F5E0FF(0 ~ 99999999)	h0 ~ h99999999

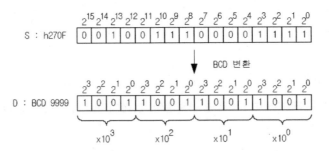

2) DBCD(Double Binary Coded Decimal)

① S+1,S로 지정된 디바이스의 BIN 데이터(0 ~ h05F5E0FF)를 BCD로 변환하여, D+1,D
에 각각 저장한다.

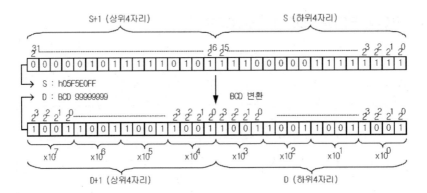

3) 에러

① BIN 데이터가 BCD 변환하여 표시할 수 있는 범위를 초과하면 에러 플래그(F110)를
셋(Set)한다.

4) 프로그램 예제

① 입력신호 P00020이 On하였을 때 D00001에 저장된 h1111의 데이터를 BCD 변환하여
P0005에 출력하는 프로그램이다.

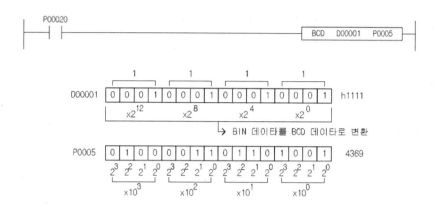

❶ 동작

재고가 입·출고되는 창고에 재고가 30개이면 입고 콘베이어는 정지하고, 재고 숫자는
외부에 나타난다.

❷ 시스템도

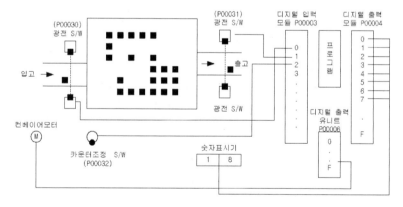

❸ 프로그램

2.13.2 BIN, BINP, DBIN, DBINP

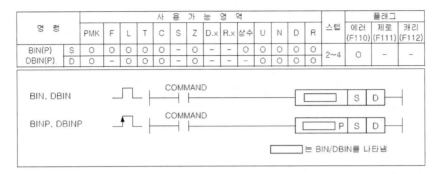

명 령	사 용 가 능 영 역														스텝	플래그		
	PMK	F	L	T	C	S	Z	D.x	R.x	상수	U	N	D	R		에러 (F110)	제로 (F111)	캐리 (F112)
BIN(P) S	O	O	O	O	O	O	-	O	-	-	O	O	O	O	2~4	O	-	-
DBIN(P) D	O	-	O	O	O	O	-	O	-	-	-	O	O	O	O			

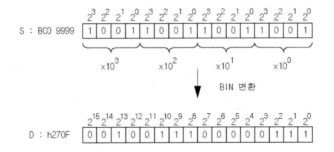

```
               COMMAND
BIN, DBIN    ─┐ ┌─────────         ┌──────┐ ┌─┐ ┌─┐
             ─┘ └─  ──┤├──           │      │ │S│ │D│
                                    └──────┘ └─┘ └─┘
               COMMAND
BINP, DBINP  ─┤↑├──────────        ┌──────┐ ┌─┐ ┌─┐ ┌─┐
             ─   ──┤├──             │      │ │P│ │S│ │D│
                                   └──────┘ └─┘ └─┘ └─┘
```
☐ 는 BIN/DBIN를 나타냄

[영역설정]

오퍼랜드	설 명	데이터 타입
S	BCD 데이터가 저장되어진 영역번호 또는 BCD 데이터	WORD/DWORD
D	BIN으로 변환된 데이터를 저장하게 될 영역	WORD/DWORD

[플래그 셋(Set)]

플래그	내 용	디바이스 번호
에러	BIN(P)의 경우, S의 데이터가 BCD 형태(h0~h9999)가 아닐 경우. DBIN(P)의 경우, S+1,S의 데이터가 BCD 형태(h0~h99999999)가 아닐 경우.	F110

1) BIN(Binary)

① S로 지정된 디바이스의 BCD 데이터(0~9999)를 BIN 데이터로 변환하여 D에 저장한다.

명령어	데이터 크기	BCD 포맷	BIN 포맷
BIN(P)	16비트	h0 ~ h9999	0 ~ h270F(0 ~ 9999)
DBIN(P)	32비트	h0 ~ h99999999	0 ~ h05F5E0FF(0 ~ 99999999)

```
          2³2²2¹2⁰ 2³2²2¹2⁰ 2³2²2¹2⁰ 2³2²2¹2⁰
S : BCD 9999 [1 0 0 1|1 0 0 1|1 0 0 1|1 0 0 1]
            └──┬──┘ └──┬──┘ └──┬──┘ └──┬──┘
              ×10³     ×10²     ×10¹     ×10⁰
                         │
                         ▼
                      BIN 변환

          2¹⁵2¹⁴2¹³2¹²2¹¹2¹⁰2⁹2⁸2⁷2⁶2⁵2⁴2³2²2¹2⁰
D : h270F  [0 0 1 0|0 1 1 1|0 0 0 0|0 1 1 1]
```

2) DBIN(Double Binary)

① S+1,S로 지정된 디바이스의 BCD 데이터(h0 ~ h99999999)를 BIN 데이터로 변환하여 D+1,D에 저장한다.

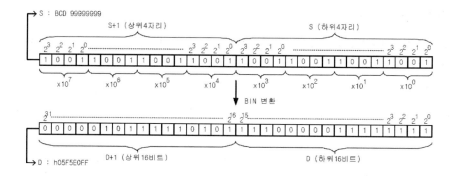

3) 프로그램 예제

① 입력신호 P00020을 On하였을 때 P0000의 데이터를 BIN 변환하여 D00002에 저장하는 프로그램이다.

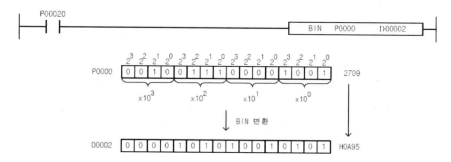

2.14 실수 변환 명령

2.14.1 I2R, I2RP, I2L, I2LP

명 령		사 용 가 능 영 역														스텝	플래그		
		PMK	F	L	T	C	S	Z	D.x	R.x	상수	U	N	D	R		에러 (F110)	제로 (F111)	캐리 (F112)
I2R(P)	S	O	O	O	O	O	–	–	–	–	O	O	O	O	O	2~4	–	–	–
I2L(P)	D	O	–	O	O	O	–	–	–	–	–	O	O	O	O				

I2R, I2L

I2RP, I2LP

□□는 I2R/I2L을 나타냄

[영역설정]

오퍼랜드	설 명	데이터 타입
S	정수형 데이터가 저장되어진 영역번호 또는 정수형 데이터	INT
D	실수형 데이터 형태로 변환된 데이터를 저장할 디바이스 위치	REAL/LREAL

1) I2R(Integer to Real)

① S로 지정된 16비트 정수형 데이터를 단장형 실수(32 비트)로 변환하여 D+1, D에 저장합니다.

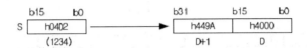

2) I2L(Integer to Long real)

① S로 지정된 16 비트 정수형 데이터를 배장형 실수(64 비트)로 변환하여 D+3, D+2, D+1, D에 저장합니다.

```
      b15     b0                    b63    b48      b32      b16      b0
  S | h04D2 |         ────────▶  | h4093 | h4800 | h0000 | h0000 |
      (1234)                        D+3      D+2      D+1      D
```

3) 프로그램 예제

① 입력신호인 P00000이 On 되면 D01200 ~ D01201의 2 워드 데이터영역에 1234의 정수값을 실수형으로 변환한 값을 저장하는 프로그램

```
   P00000
 ──┤ ├──────────────────────────────────────────┤ I2R  1234  D1200 ├──
```

2.14.2 D2R, D2RP, D2L, D2LP

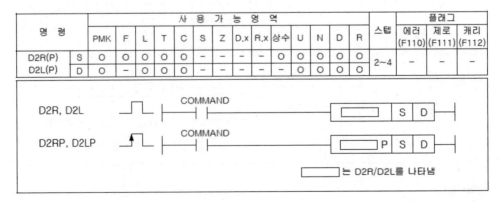

명 령		사 용 가 능 영 역													스텝	플래그		
		PMK	F	L	T	C	S	Z	D.x	R.x	상수	U	N	D	R		에러 (F110)	제로 (F111)	캐리 (F112)
D2R(P)	S	O	O	O	O	O	O	-	-	-	-	O	O	O	O	2~4	-	-	-
D2L(P)	D	O	-	O	O	O	O	-	-	-	-	O	O	O	O				

```
                   COMMAND
D2R, D2L     ─┌┐─────┤ ├──┤/├─────────────[      ] S   D ─┤

                   COMMAND
D2RP, D2LP   ─┌↑──────┤ ├──┤/├─────────────[      ] P  S  D ─┤

                          [      ]는 D2R/D2L를 나타냄
```

[영역설정]

오퍼랜드	설 명	데이터 타입
S	배장 정수형 데이터가 저장되어진 영역번호 또는 배장 정수형 데이터	DINT
D	실수형 데이터 형태로 변환된 데이터를 저장할 디바이스 위치	REAL/LREAL

1) D2R(Double Integer to Real)

① D2R(P)은 S+1, S로 지정된 32 비트 배장 정수형 데이터를 단장형 실수(32 비트)로 변환하여 D+1, D에 저장합니다.

② 32 bit 정수 데이터 값이 단장형 부동 소수점형 실수 데이터의 유효 자리 범위(24 bit)를 초과할 경우, 정확도가 소실되며 부정확 에러 플래그(F0057A)가 셋(Set)됩니다. 부정확 에러 플래그가 셋(Set)되어도 PLC 운전 상태는 변화가 없습니다.

2) CMP8(Compare Byte)

① D2L(P)은 S+1, S로 지정된 32비트 배장 정수형 데이터를 배장형 실수(64비트)로 변환하여 D+3, D+2, D+1, D에 저장합니다.

3) 프로그램 예제

① P1000 ~ P1001의 2 워드 영역에 812121인 값이 저장된 경우 입력신호인 P00000이 On 되면 P1100 ~ P1101의 2 워드 영역에 실수변환된 값을 저장하는 프로그램

2.14.3 R2I, R2IP, R2D, R2DP

명 령		사 용 가 능 영 역														스텝	플래그		
		PMK	F	L	T	C	S	Z	D.x	R.x	상수	U	N	D	R		에러 (F110)	제로 (F111)	캐리 (F112)
R2I(P)	S	O	O	O	O	O	–	–	–	–	O	O	O	O	O	2~4	O	–	–
R2D(P)	D	O	–	O	O	O	–	–	–	–	–	O	O	O	O				

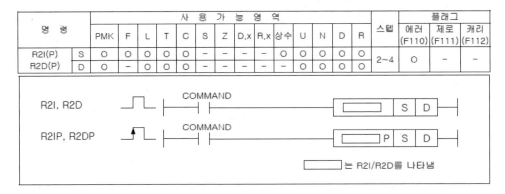

R2I, R2D

R2IP, R2DP

□는 R2I/R2D를 나타냄

[영역설정]

오퍼랜드	설 명	데이터 타입
S	실수형 데이터가 저장되어진 영역번호 또는 실수형 데이터	REAL
D	정수형 데이터 형태로 변환된 데이터를 저장할 디바이스 위치	INT/DINT

[플래그 셋(Set)]

플래그	내 용	디바이스 번호
에러	R2I 명령 사용시, S로 지정된 단장형 실수값이 -32,768~32,767 범위를 벗어날 때. R2D 명령 사용시, S로 지정된 단장형 실수값이 -2,147,483,648~2,147,483,647 범위를 벗어날 때.	F110

1) R2I(Real to Integer)

① R2I는 S+1, S로 지정된 단장형 실수(32 비트)를 16비트 정수형 데이터로 변환하여 D에 저장합니다.

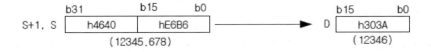

② S+1, S로 지정된 단장형 실수의 값이 -32,768 ~ 32,767 범위를 벗어날 경우 연산에러가 발생합니다. 이때, 결과값은 입력값이 32,767보다 클 경우는 32,767이 저장되고, 입력값이 -32,768 보다 작을 경우는 -32,768이 저장됩니다.

③ 소수점 이하의 값은 반올림한 후에 버려집니다.

2) R2D(Real to Double Integer)

① R2D는 S+1, S로 지정된 단장형 실수(32 비트) 데이터를 배장형 정수(32 비트)로 변환하여 D+1, D에 저장합니다.

② S+1,S로 지정된 단장형 실수의 값이 -2,147,483,648 ~ 2,147,483,647 범위를 벗어날 경우 연산 에러가 발생합니다. 이 때, 결과값은 단장형 실수의 값이 2,147,483,647보다 클 경우는 2,147,483,647이 저장되고, 단장형 실수의 값이 -2,147,483,648보다 작을 경우는 -2,147,483,648이 저장됩니다.

③ 소수점 이하의 값은 반올림한 후에 버려집니다.

3) 에러

① R2I 명령 사용시, S 로 지정된 단장형 실수값이 -32,768 ~ 32,767 범위를 벗어날 때 연산 에러(F110)가 발생합니다.

② R2D 명령 사용시, S로 지정된 단장형 실수값이 -2,147,483,648 ~ 2,147,483,647 범위를 벗어날 때 연산 에러(F110)가 발생합니다.

4) 프로그램 예제

① 입력신호인 P00000이 On되면 실수값인 '45688.8123'을 정수형으로 변환하여 P1100 ~ P1101의 2워드 영역에 '45689'의 정수값을 저장하는 프로그램

```
     P00000
─────┤ ├─────────────────────────────[ R2D   45688.8123   P1100 ]──
```

2.14.4 L2I, L2IP, L2D, L2DP

명 령		사 용 가 능 영 역													스텝	플래그		
		PMK	F	L	T	C	S	Z	D.x	R.x	상수	U	N	D	R		에러 (F110)	제로 (F111)	캐리 (F112)
L2I(P)	S	O	O	O	O	O	–	–	–	–	O	O	O	O	O	2~4	O	–	–
L2D(P)	D	O	–	O	O	O	–	–	–	–	–	O	O	O	O				

```
                       COMMAND
L2I, L2D        ┌─┐┌──┤ ├──┤ ├─────────────────────┌─────┬───┬───┐
                                                   │     │ S │ D │
                                                   └─────┴───┴───┘

                       COMMAND
L2IP, L2DP      ┌─┐┌──┤↑├──┤ ├───────────────────┌─────┬───┬───┬───┐
                                                 │     │ P │ S │ D │
                                                 └─────┴───┴───┴───┘

                                       ┌─────┐ 는 L2I/L2D를 나타냄
                                       └─────┘
```

[영역설정]

오퍼랜드	설 명	데이터 타입
S	배장 실수형 데이터가 저장되어진 영역번호 또는 배장 실수형 데이터	LREAL
D	정수형 데이터 형태로 변환된 데이터를 저장할 디바이스 번호	INT/DINT

[플래그 셋(Set)]

플래그	내 용	디바이스 번호
에러	L2I 명령 사용시, S로 지정된 배장형 실수값이 -32,768~32,767 범위를 벗어날 때. L2D 명령 사용시, S로 지정된 배장형 실수값이 -2,147,483,648~2,147,483,647 범위를 벗어날 때.	F110

1) L2I(Long real to Integer)

① L2I(P)은 S+3, S+2, S+1, S로 지정된 배장형 실수를 정수형(16 비트)으로 변환하여 D에 저장합니다.

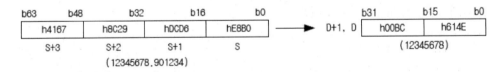

② S+3, S+2, S+1, S로 지정된 배장형 실수의 값이 -32,768 ~ 32,767 범위를 벗어날 경우 연산에러가 발생합니다. 이때, 결과값은 입력값이 32,767보다 클 경우는 32,767이 저장되고, 입력값이 -32,768 보다 작을 경우는 -32,768이 저장됩니다.

③ 소수점 이하의 값은 반올림한 후에 버려집니다.

2) L2D(Long real to Double Integer)

① L2D(P)은 S+3, S+2, S+1, S로 지정된 배장형 실수를 배장 정수형(32 비트)로 변환하여 D+1,D에 저장합니다.

② S+3, S+2, S+1, S로 지정된 배장형 실수의 값이 -2,147,483,648 ~ 2,147,483,647 범위를 벗어날 경우 연산에러가 발생합니다.
이때, 결과값은 배장형 실수의 값이 2,147,483,647보다 클 경우는 2,147,483,647 이 저장되고, 배장형 실수의 값이 -2,147,483,648보다 작을 경우는 -2,147,483,648이 저장됩니다.

③ 소수점 이하의 값은 반올림한 후에 버려집니다.

3) 프로그램 예제

① D01000 ~ D01003=13456.6의 배장 실수형 데이터가 저장된 경우 입력신호인 P00000

이 On 되면 P1100에는 13457의 정수형으로 변환된 데이터가 저장되는 프로그램

```
  P00000
──┤ ├────────────────────────────────────[ L2I  D01000  P1100 ]──
```

2.15 출력단 비교 명령(Unsigned)

2.15.1 CMP, CMPP, DCMP, DCMPP

명 령		사 용 가 능 영 역														스텝	플래그		
		PMK	F	L	T	C	S	Z	D.x	R.x	상수	U	N	D	R		에러 (F110)	제로 (F111)	캐리 (F112)
CMP(P)	S1	○	○	○	○	○	–	○	–	–	○	○	○	○	○	2~4	–	–	–
DCMP(P)	S2	○	○	○	○	○	–	○	–	–	○	○	○	○	○				

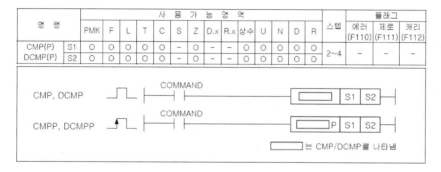

[영역설정]

오퍼랜드	설 명	데이터 타입
S1	S2 와 비교하게 되는 데이터나 데이터 주소	WORD/DWORD
S2	S1 과 비교하게 되는 데이터나 데이터 주소	WORD/DWORD

1) CMP(Compare)

① S1과 S2의 대소를 비교하여 그 결과 6개 특수 릴레이의 해당 플래그를 셋(Set)한다 (Unsigned 연산).

플래그	F120	F121	F122	F123	F124	F125
셋(Set)기준	<	≤	=	>	≥	≠
S1> S2	0	0	0	1	1	1
S1< S2	1	1	0	0	0	1
S1= S2	0	1	1	0	1	0

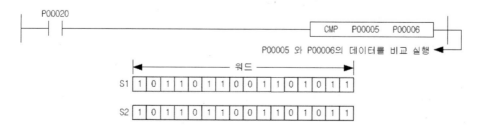

② S1과 S2를 실행하면 연산결과(S1=S2)를 특수 플래그에 셋(Set)한다.

③ 프로그램에서 6개의 특수 릴레이는 바로이전에 사용한 비교명령에 대한 결과를 표시한다.

④ 6개의 특수 릴레이는 사용 횟수에 제한이 없다.

2) 프로그램 예제

① P1000=100, P1100=10인 경우 입력신호인 P0000이 On되면 P1000 〉 P1100이 되어 F123이 셋(Set)되는 프로그램이다.

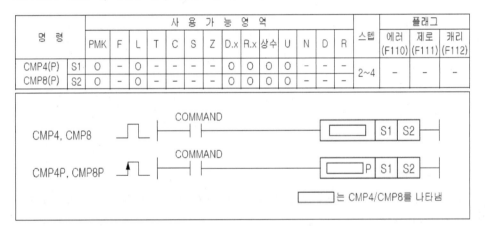

2.15.2 CMP4, CMP4P, CMP8, CMP8P

명 령		사 용 가 능 영 역														스텝	플래그		
		PMK	F	L	T	C	S	Z	D.x	R.x	상수	U	N	D	R		에러 (F110)	제로 (F111)	캐리 (F112)
CMP4(P)	S1	O	-	O	-	-	-	-	O	O	O	O	-	-	-	2~4	-	-	-
CMP8(P)	S2	O	-	O	-	-	-	-	O	O	O	O	-	-	-				

```
                        COMMAND
              ┌─┐   ┌──┐┌──┐           ┌──────┐ ┌──┬──┐
CMP4, CMP8    ┘ └───┤  ├┤  ├───────────┤      ├─┤S1│S2├─┤
              └─┘   └──┘└──┘           └──────┘ └──┴──┘

                        COMMAND
              ┌┐    ┌──┐┌──┐           ┌──────┐ ┌─┬──┬──┐
CMP4P, CMP8P  ┘└────┤  ├┤  ├───────────┤      ├─┤P│S1│S2├─┤
                    └──┘└──┘           └──────┘ └─┴──┴──┘

                                      ┌──────┐ 는 CMP4/CMP8를 나타냄
                                      └──────┘
```

[영역설정]

오퍼랜드	설 명	데이터 타입
S1	비교하고자 하는 데이터나 디바이스의 시작 비트	NIBBLE/BYTE
S2	비교하고자 하는 데이터나 디바이스의 시작 비트	NIBBLE/BYTE

1) CMP4(Compare Nibble)

① S1의 데이터 중에서 지정한 4비트와 S2에서 지정하는 4비트 데이터를 비교하여 해당하는 플래그를 셋(SET)한다.

② S1과 S2의 대소를 비교하여 그 결과 6개의 특수 플래그(F120 ~ F125)를 셋(SET)한다 (Unsigned 연산).

③ 6개의 특수 플래그(F120 ~ F125)는 바로 이전에 사용한 비교명령에 대한 결과를 표시

한다.

④ 6개의 특수 플래그(F120 ~ F125)는 사용횟수에 제한이 없다.

2) CMP8(Compare Byte)

① S1의 데이터 중에서 지정한 8비트와 S2에서 지정하는 8비트 데이터를 비교하여 해당하는 특수 플래그를 셋(SET)한다.

② S1과 S2의 대소를 비교하여 그 결과 6개의 해당 특수 플래그(F120~F125)를 셋(SET)한다(Unsigned 연산).

③ 6개의 특수 플래그(F120~F125)는 바로이전에 사용한 비교명령에 대한 결과를 표시한다.

④ 6개의 특수 플래그(F120~F125)는 사용횟수에 제한이 없다.

3) 프로그램 예제

① P01004=10, P02008=15인 경우 입력신호인 P00000이 On되면 P01004 〈 P02008이 되어 F120 플래그가 셋(Set)되는 프로그램이다.

② 비교 가능한 범위는 니블(Nibble)단위임으로 0~15까지만 설정이 가능하다.

③ P0100의 4번 비트부터 저장된 값과 P0200의 8번 비트부터 저장된 값만 4비트단위로 비교한다.

```
  P00000
───┤ ├─────────────────────────────────────[ CMP4  P01004  P02008 ]
```


2.15.3 GEQ, GEQP, GGT, GGTP, GLT, GLTP, GGE, GGEP, GLE, GLEP, GNE, GNEP, GDEQ, GDEQP, GDGT, GDGTP, GDLT, GDLTP, GDGE, GDGEP, GDLE, GDLEP, GDNE, GDNEP

명 령		사 용 가 능 영 역												스텝	플래그		
---	---	---	---	---	---	---	---	---	---	---	---	---	---	---	에러 (F110)	제로 (F111)	캐리 (F112)
		PMK	F	L	T	C	S	Z	D.x	R.x	상수	U	D	R				
G X(P) GD X(P)	S1	O	O	O	O	O	–	O	–	–	–	O	O	O	4~6	O	–	–
	S2	O	O	O	O	O	–	O	–	–	O	O	O	O				
	D	O	–	O	O	O	O	O	–	–	–	O	O	O				
	N	O	O	O	O	O	–	O	–	–	O	O	O	O				

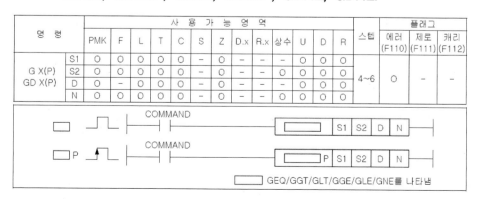

[영역설정]

오퍼랜드	설 명	데이터 타입
S1	S2 와 비교하게 되는 데이터나 데이터 주소	WORD
S2	S1과 비교하게 되는 데이터 주소	WORD
D	결과를 저장할 디바이스 영역(1워드)	WORD
N	비교 명령을 수행할 개수 (0 ~ 16)	WORD

[플래그 셋(Set)]

플래그	내 용	디바이스 번호
에러	N의 범위가 지정 영역을 초과할 경우 셋(Set).	F110

1) 워드 데이터 그룹 비교 명령

① 비교 데이터로 지정된 S1과 S2로 시작되는 워드 데이터 N개를 1 대 1 비교를 하여
비교 결과를 D로 지정된 번호의 하위비트부터 N번째 비트까지 비교결과를 저장한다.

② 비교 조건을 만족하는 경우에는 D의 해당비트에 1을 저장한다.

③ 비교 조건을 만족하지 않는 경우에는 D의 해당비트에 0을 저장한다.

④ S1에는 0 ~ 65,535의 상수값을 입력할 수 있다. 이때 명령어의 동작은 다음과 같다.

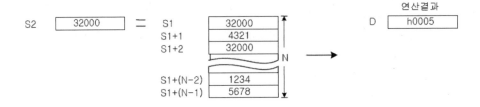

2) 프로그램 예제

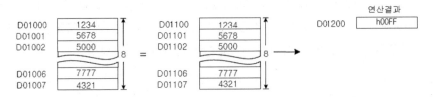

① 입력신호인 P00000이 On되면 8워드의 데이터를 비교하여 D01200에 h00FF의 값을
저장하는 프로그램이다.

2.16 입력단 비교 명령

2.16.1 LOAD X, LOADD X

명 령		사 용 가 능 영 역														스텝	플래그		
		PMK	F	L	T	C	S	Z	D.x	R.x	상수	U	N	D	R		에러 (F110)	제로 (F111)	캐리 (F112)
LOAD X	S1	O	O	O	O	O	O	-	O	-	-	O	O	O	O	2~3	-	-	-
LOADD X	S2	O	O	O	O	O	O	-	O	-	-	O	O	O	O				

LOAD(D) X   ⎍   ┤├──────[   ]──S1─S2────

[   ] 는 LOAD(D) X 를 나타냄

[영역설정]

오퍼랜드	설 명	데이터 타입
S1	S2 와 비교하게 되는 데이터나 데이터 주소	INT/DINT
S2	S1 과 비교하게 되는 데이터나 데이터 주소	INT/DINT

1) LOAD X(=, 〉, 〈, 〉=, 〈=, 〈 〉)

① S1과 S2를 비교하여 X 조건과 일치하면 현재의 연산결과를 On 한다. 이외의 연산결과
는 Off 한다.

X 조건	조건	연산결과
=	S1 = S2	On
<=	S1 ≤ S2	On
>=	S1 ≥ S2	On
< >	S1 ≠ S2	On
<	S1 < S2	On
>	S1 > S2	On

② S1과 S2의 비교는 Signed 연산으로 실행한다.

③ 따라서 h8000(-32,768) ~ hFFFF(-1) 〈 0 ~ h7FFF(32,767)와 같은 결과를 취하게 된다.

2) LOADD X(D=, D〉, D〈, D〉=, D〈=, D〈 〉)

① S1과 S2를 비교하여 X 조건과 일치하면 현재의 연산결과를 On 한다. 이외의 연산결과
는 Off 한다.

X 조건	조건	연산결과
=	S1 = S2	On
<=	S1 ≤ S2	On
>=	S1 ≥ S2	On
< >	S1 ≠ S2	On
<	S1 < S2	On
>	S1 > S2	On

② S1과 S2의 비교는 Signed 연산으로 실행한다.

③ 따라서 h80000000(-2,147,483,648) ~ hFFFFFFFF(-1) 〈 0 ~ h7FFFFFFF(2,147,483, 647)와 같은 결과를 취하게 된다.

3) 프로그램 예제

① D01000=10, D02000=10인 경우 비교 입력신호가 On되어 P0160 영역에 h1500을 저장하는 프로그램이다.

2.16.2 AND X, ANDD X

명 령		사 용 가 능 영 역														스텝	플래그		
		PMK	F	L	T	C	S	Z	D.x	R.x	상수	U	N	D	R		에러 (F110)	제로 (F111)	캐리 (F112)
AND X	S1	O	O	O	O	O	-	O	-	-	O	O	O	O	O	2~3	-	-	-
ANDD X	S2	O	O	O	O	O	-	O	-	-	O	O	O	O	O				

```
                        COMMAND
AND(D) X    ⎍        ─| |──|/|────[        ] S1 S2 ───
                                    [        ]는 AND(D) X를 나타냄
```

[영역설정]

오퍼랜드	설 명	데이터 타입
S1	S2와 비교하게 되는 데이터나 데이터 주소	INT/DINT
S2	S1과 비교하게 되는 데이터나 데이터 주소	INT/DINT

1) AND X(=, 〉, 〈, 〉=, 〈=, 〈 〉)

① S1과 S2를 비교하여 X 조건과 일치하면 On, 불일치하면 Off하고 이 결과와 현재의 BR 값을 AND하여 새로운 연산결과로 취한다.

X 조건	조건	연산결과
=	S1 = S2	On
<=	S1 ≤ S2	On
>=	S1 ≥ S2	On
< >	S1 ≠ S2	On
<	S1 < S2	On
>	S1 > S2	On

② S1과 S2의 비교는 Signed 연산으로 실행한다. 따라서 h8000(-32,768) ~ hFFFF(-1) 〈 0 ~ h7FFF(32,767)와 같은 결과를 취하게 된다.

2) ANDD X(D=, D⟩, D⟨, D⟩=, D⟨=, D⟨⟩)

① S1과 S2를 비교하여 X 조건과 일치하면 On, 불일치하면 Off하고 이 결과와 현재의 BR 값을 AND하여 새로운 연산결과로 한다.

X 조건	조건	연산결과
=	S1 = S2	On
<=	S1 ≤ S2	On
>=	S1 ≥ S2	On
< >	S1 ≠ S2	On
<	S1 < S2	On
>	S1 > S2	On

② S1과 S2의 비교는 Signed 연산으로 실행한다. 따라서 h80000000(-2,147,483, 648) ~ hFFFFFFFF(-1) 〈 0 ~ h7FFFFFFF(2,147,483,647)와 같은 결과를 취하게 된다.

3) 프로그램 예제

① D01000=10, D02000=10인 경우, 입력신호 P00000이 On되면 비교 입력신호가 On된 비교결과와 AND하여 P1600 영역에 1500을 저장하는 프로그램이다.

2.16.3 OR X, ORD X

명 령		사 용 가 능 영 역														스텝	플래그		
		PMK	F	L	T	C	S	Z	D.x	R.x	상수	U	N	D	R		에러 (F110)	제로 (F111)	캐리 (F112)
OR X	S1	○	○	○	○	○	-	○	-	-	○	○	○	○	○	2~3	-	-	-
ORD X	S2	○	○	○	○	○	-	○	-	-	○	○	○	○	○				

[영역설정]

오퍼랜드	설 명	데이터 타입
S1	S2 와 비교하게 되는 데이터나 데이터 주소	INT/DINT
S2	S1 과 비교하게 되는 데이터나 데이터 주소	INT/DINT

1) OR X(=, >, <, >=, <=, <>)

① S1과 S2를 비교하여 X 조건과 일치하면 On, 불일치하면 Off하여 이 결과와 현재의 연산결과를 OR하여 새로운 연산결과로 취한다.

X 조건	조건	연산결과
=	S1 = S2	On
<=	S1 ≤ S2	On
>=	S1 ≥ S2	On
<>	S1 ≠ S2	On
<	S1 < S2	On
>	S1 > S2	On

② S1과 S2의 비교는 Signed 연산으로 실행한다. 따라서 h8000(-32,768) ~ hFFFF(-1) < 0 ~ h7FFF(32,767)와 같은 결과를 취하게 된다.

2) ORD X(D=, D>, D<, D>=, D<=, D<>)

① S1과 S2를 비교하여 X 조건과 일치하면 On, 불일치하면 Off하여 이 결과와 현재의 연산결과를 OR하여 새로운 연산결과로 취한다.

X 조건	조건	연산결과
=	S1 = S2	On
<=	S1 ≤ S2	On
>=	S1 ≥ S2	On
< >	S1 ≠ S2	On
<	S1 < S2	On
>	S1 > S2	On

② S1과 S2의 비교는 Signed 연산으로 실행한다. 따라서 h80000000(-2,147,483, 648) ~ hFFFFFFFF(-1) < 0 ~ h7FFFFFFF(2,147,483,647)와 같은 결과를 출력하게 된다. 이외의 경우는 현재의 연산결과에 따라 On, Off한다.

3) 프로그램 예제

① 입력신호인 P00000이 On되거나 D01000=10, D02000=10이 되어 = 비교입력신호가 On되면 P1600에 1500을 저장하는 프로그램이다.

2.17 증감 명령

2.17.1 INC, INCP, DINC, DINCP

명 령	사 용 가 능 영 역															스텝	플래그		
		PMK	F	L	T	C	S	Z	D.x	R.x	상수	U	N	D	R		에러 (F110)	제로 (F111)	캐리 (F112)
INC(P) DINC(P)	D	O	-	O	O	O	-	O	-	-	-	O	O	O	O	2~3	-	-	-

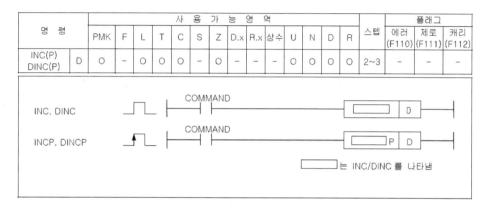

	COMMAND
INC, DINC	⊓ ┤ ├─────[☐] D ─
INCP, DINCP	⌐ ┤ ├─────[☐] P D ─

☐ 는 INC/DINC 를 나타냄

[영역설정]

오퍼랜드	설 명	데이터 타입
D	연산을 수행하게 될 데이터의 주소	INT

1) INC(Increment)

① D에 1을 더한 결과를 다시 D에 저장한다.

② Signed 연산을 수행한다.

2) DINC(Double Increment)

① D, D+1의 값에 1을 더한 결과를 다시 D, D+1에 저장한다.

3) 플래그 처리

① INC/DINC 명령어는 연산 결과로 인한 플래그 처리는 없다. 따라서 최대값에서 1 증가하는 시점에서의 캐리플래그(F112)가 발생되지 않는다.

4) 프로그램 예제

① 입력신호인 P00001이 Off→On되면 P1100에 저장된 5,678의 값에 1을 더한 값인 5,679가 P1100에 저장되고 P00001이 Off→On 동작을 반복할 때마다 P1100에 저장되는 값은 1씩 증가된 값이 저장되는 프로그램(5678→5679→5680→5681….)

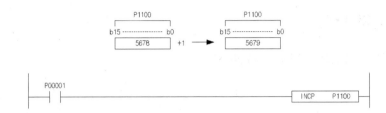

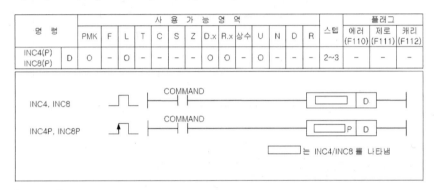

2.17.2 INC4, INC4P, INC8, INC8P

명 령		사 용 가 능 영 역														스텝	플래그		
		PMK	F	L	T	C	S	Z	D.x	R.x	상수	U	N	D	R		에러 (F110)	제로 (F111)	캐리 (F112)
INC4(P) INC8(P)	D	○	-	○	-	-	-	-	○	○	-	○	-	-	-	2~3	-	-	-

INC4, INC8

INC4P, INC8P

□는 INC4/INC8 를 나타냄

[영역설정]

오퍼랜드	설 명	데이터 타입
D	연산을 수행하게 될 데이터의 주소	NIBBLE/BYTE

1) INC4(Nibble Increment)

① Nibble 데이터 사이즈 범위 내에서 D에 1을 더한 결과를 다시 D에 저장한다.

② Signed 연산을 수행한다.

2) INC8(Byte Increment)

① Byte 데이터 사이즈 범위 내에서 D에 1을 더한 결과를 다시 D에 저장한다.

② Signed 연산을 수행한다.

3) 플래그 처리

① INC/DINC 명령어는 연산 결과로 인한 플래그 처리는 없다. 따라서 최대값에서 1이
증가하는 시점에서의 캐리플래그(F112)가 발생되지 않는다.

4) 프로그램 예제

① 입력신호인 P00000이 Off→On되면 P0100의 4번 비트부터 저장된 1의 값에 1을 더한

값인 2가 P0100의 4번 비트부터 니블(Nibble)단위로 저장되고 P00001이 Off→On 동작을 반복할 때마다 P0100에 저장되는 값은 4번 비트부터 1씩 증가된 값이 저장되는 프로그램이다(h0015→h0025→h0035→h0045…).

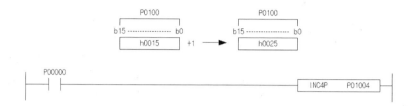

2.17.3 DEC, DECP, DDEC, DDECP

명 령		사 용 가 능 영 역													스텝	플래그		
		PMK	F	L	T	C	S	Z	D.x	R.x	상수	U	N	D	R		에러 (F110)	제로 (F111)	캐리 (F112)
DEC(P) DDEC(P)	D	O	-	O	O	O	-	O	-	-	-	O	O	O	O	2~3	-	-	-

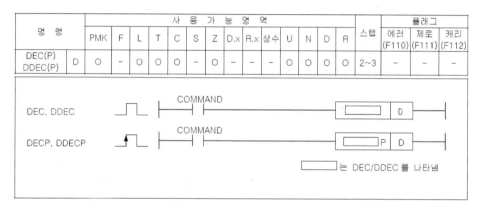

[영역설정]

오퍼랜드	설 명	데이터 타입
D	연산을 수행하게 될 데이터의 주소	INT

1) DEC(Decrement)

① D에 1을 뺀 결과를 다시 D에 저장한다.

② D는 Signed int의 값으로 처리된다.

2) DDEC(Double Decrement)

① D+1, D에서 1을 뺀 결과를 다시 D+1, D에 저장한다.

3) 플래그 처리

① INC/DINC 명령어는 연산 결과로 인한 플래그 처리는 없다. 따라서 최소값에서 1감소 하는 시점에서의 캐리플래그(F112)가 발생되지 않는다.

4) 프로그램 예제

① 입력신호인 P00000이 Off→On되면 P1000에 저장된 1,234의 값에 1을 뺀 값인 1,233 이 P1000에 저장되고 P00000이 Off→On동작을 반복할 때마다 P1000에 저장되는 값 은 1씩 뺀 값이 저장되는 프로그램이다(1,234→1,233→1,232→1,231→1,230…).

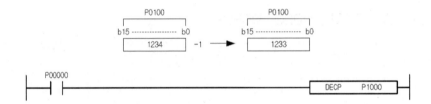

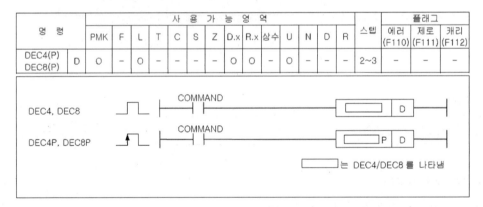

2.17.4 DEC4, DEC4P, DEC8, DEC8P

명 령		사 용 가 능 영 역														스텝	플래그		
		PMK	F	L	T	C	S	Z	D.x	R.x	상수	U	N	D	R		에러 (F110)	제로 (F111)	캐리 (F112)
DEC4(P) DEC8(P)	D	O	-	O	-	-	-	-	O	O	-	O	-	-	-	2~3	-	-	-

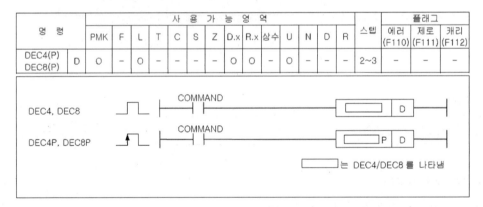

[영역설정]

오퍼랜드	설 명	데이터 타입
D	연산을 수행하게 될 데이터의 주소	NIBBLE/BYTE

1) DEC4(Nibble Decrement)

① Nibble 데이터 사이즈 범위 내에서 D에 1을 더한 결과를 다시 D에 저장한다.

② Signed 연산을 수행한다.

2) DEC8(Byte Decrement)

① Byte 데이터 사이즈 범위 내에서 D에 1을 더한 결과를 다시 D에 저장한다.
② Signed 연산을 수행한다.

3) 플래그 처리

① INC/DINC 명령어는 연산 결과로 인한 플래그 처리는 없다. 따라서 최소값에서 1 감소하는 시점에서의 캐리플래그(F112)가 발생되지 않는다.

4) 프로그램 예제

① 입력신호인 P00000이 Off→On되면 P0100의 4번 비트부터 저장된 7의 값에 1을 뺀 값인 6이 P0100의 4번 비트부터 저장되고 P00000이 Off→On 동작을 반복할 때마다 P0100의 4번 비트부터 저장되는 값은 1씩 뺀 값이 저장되는 프로그램이다(h0075→h0065→h0055→h0045→h0035…).

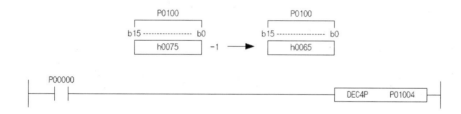

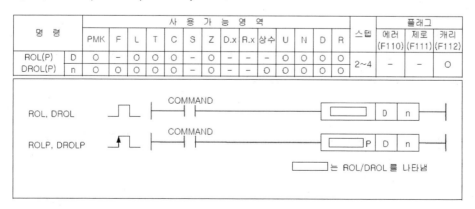

2.18 회전 명령

2.18.1 ROL, ROLP, DROL, DROLP

명 령		사 용 가 능 영 역													스텝	플래그		
		PMK	F	L	T	C	S	Z	D.x	R.x	상수	U	N	D	R		에러 (F110)	제로 (F111)	캐리 (F112)
ROL(P)	D	O	-	O	O	O	-	O	-	-	-	O	O	O	O	2~4	-	-	O
DROL(P)	n	O	O	O	O	O	-	O	-	-	O	O	O	O				

```
          ┌─┐  COMMAND                    ┌──────┐
ROL, DROL ─┘ └──┤ ├──┤ ├──────────────────┤      │ D   n ├──
                                          └──────┘

           ┌─┐  COMMAND                   ┌──────┐
ROLP, DROLP ┘↑└──┤ ├──┤ ├─────────────────┤      │ P  D  n ├──
                                          └──────┘

                                     ┌──────┐ 는 ROL/DROL 를 나타냄
                                     └──────┘
```

[영역설정]

오퍼랜드	설 명	데이터 타입
D	연산을 수행하게 될 데이터의 주소	WORD/DWORD
n	좌측으로 회전시킬 비트수	WORD

[플래그 셋(Set)]

플래그	내 용	디바이스 번호
캐리	회전중 캐리가 발생하면 캐리 플래그를 셋(Set)합니다.	F112

1) ROL(Rotate Left)

① D의 16비트를 지정된 비트수만큼 좌측으로 비트회전하며 최상위 비트는 캐리 플래그 (F112)와 최하위비트로 회전한다(1워드 내에서 회전).

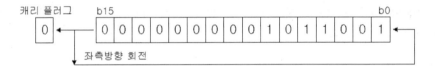

2) DROL(Double Rotate Left)

① D과 D+1의 32 비트데이터를 좌측으로 캐리 플래그를 포함하지 않고 n bit 회전한다.

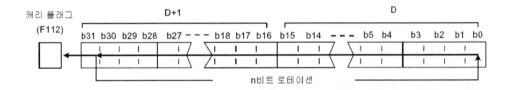

3) 프로그램 예제

① P1000=h1234인 경우 입력신호인 P00000이 Off→On되면 4 비트 좌측으로 회전한 후 P1000에 h2341을 저장하는 프로그램

```
   P00000
───┤ ↑ ├──────────────────────────────[ ROLP   P1000   4 ]──
```

2.18.2 ROR, RORP, DROR, DRORP

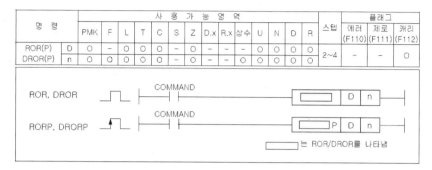

명 령	사 용 가 능 영 역														스텝	플래그		
	PMK	F	L	T	C	S	Z	D.x	R.x	상수	U	N	D	R		에러 (F110)	제로 (F111)	캐리 (F112)
ROR(P) D	O	–	O	O	O	–	O	–	–	–	O	O	O	O	2~4	–	–	O
DROR(P) n	O	O	O	O	O	O	–	O	–	–	O	O	O	O				

ROR. DROR COMMAND   □ D n

RORP. DRORP COMMAND   □ P D n

□ 는 ROR/DROR를 나타냄

[영역설정]

오퍼랜드	설 명	데이터 타입
D	연산을 수행하게 될 데이터의 주소	WORD/DWORD
n	좌측으로 회전시킬 비트수	WORD

[플래그 셋(Set)]

플래그	내 용	디바이스 번호
캐리	회전중 캐리가 발생하면 캐리 플래그를 셋(Set)합니다.	F112

1) ROR(Rotate Right)

① D1의 16개 비트를 지정된 비트수만큼 우측으로 비트회전하며 최하위 비트는 캐리 플래그(F112)와 최상위 비트로 회전한다(1워드 내에서 회전).

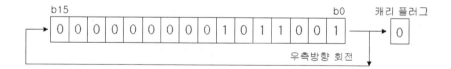

2) DROR(Double Rotate Right)

① D와 D+1의 32 bit 데이터를 우측으로 캐리 플래그를 포함하지 않고 n bit 회전한다.

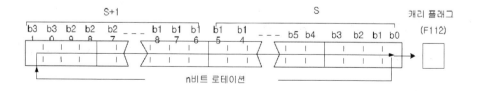

3) 프로그램 예제

① P1000=h1234인 경우 입력신호인 P00000이 Off→On되면 4 비트우측으로 회전한 후

P1000에 h4123을 저장하는 프로그램이다.

2.18.3 RCL, RCLP, DRCL, DRCLP

명 령		PMK	F	L	T	C	S	Z	D.x	R.x	상수	U	N	D	R	스텝	에러 (F110)	제로 (F111)	캐리 (F112)
							사 용 가 능 영 역											플래그	
RCL(P)	D	O	-	O	O	O	-	O	-	-	-	O	O	O	O	2~4	-	-	O
DRCL(P)	n	O	O	O	O	O	-	O	-	-	O	O	O	O	O		-	-	O

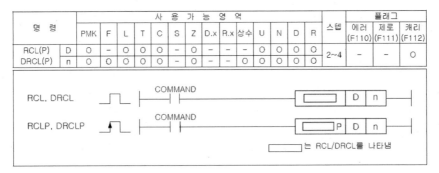

[영역설정]

오퍼랜드	설 명	데이터 타입
D	연산을 수행하게 될 데이터의 주소	WORD/DWORD
n	좌측으로 회전시킬 회수	WORD

[플래그 셋(Set)]

플래그	내 용	디바이스 번호
캐리	회전중 캐리가 발생하면 캐리 플래그를 셋(Set)합니다.	F112

1) RCL(Rotate Left with Carry)

① 워드 데이터 D의 각 비트를 n번씩 좌측으로 비트 회전시키며 최상위 비트 데이터는 캐리 플래그(F112)로 이동하고 원래의 캐리 플래그(F112)는 최하위비트로 이동한다(1 워드 내에서 회전).

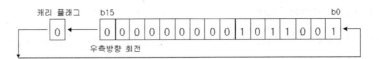

2) DRCL(Double Rotate Left with Carry)

② D와 D+1의 32bit 데이터를 좌측으로 캐리 플래그를 포함하여 n bit 회전한다.

3) 프로그램 예제

① P1000=hF000인 경우 입력신호인 P00000이 Off→On되면 4 비트 좌측으로 회전한 후 P1000에 h0007을 저장하고 캐리 플래그가 셋(Set)되는 프로그램이다.

```
    P00000
──┤ ├┤↑├─────────────────────────────[ RCLP   P1000   4 ]──
```

2.18.4 RCR, RCRP, DRCR, DRCRP

명 령		사 용 가 능 영 역														스텝	플래그		
		PMK	F	L	T	C	S	Z	D.x	R.x	상수	U	N	D	R		에러 (F110)	제로 (F111)	캐리 (F112)
RCR(P)	D	O	O	–	O	O	O	–	O	–	–	–	O	O	O	O	2~4	–	–	O
DRCR(P)	n	O	O	O	O	O	O	–	O	–	–	O	O	O	O	O		–	–	O

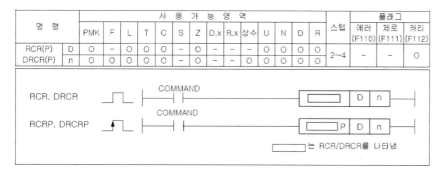

는 RCR/DRCR를 나타냄

[영역설정]

오퍼랜드	설 명	데이터 타입
D	연산을 수행하게 될 데이터의 주소	WORD/DWORD
n	우측으로 회전시킬 회수	WORD

[플래그 셋(Set)]

플래그	내 용	디바이스 번호
캐리	회전중 캐리가 발생하면 캐리 플래그를 셋(Set)합니다.	F112

1) RCR(Rotate Right with carry)

① 워드 데이터 D의 각 비트를 n번 씩 우측으로 비트 회전시키며 최하위 비트 데이터는 캐리 플래그(F112)로 이동하고 원래의 캐리 플래그(F112)는 최상위 비트로 이동한다 (1워드 내에서 회전).

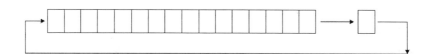

2) DRCR(Double Rotate Right with carry)

① D와 D+1의 32bit 데이터를 우측으로 캐리 플래그를 포함해서 n bit 회전한다.

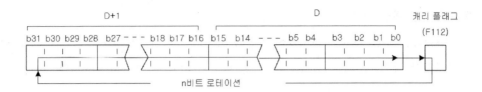

3) 프로그램 예제

① P1000=h000F이고 캐리 플래그가 0인 경우 입력신호인 P00000이 Off→On 되면 4 비트 우측으로 회전한 후 P1000에 hE000을 저장하고 캐리 플래그가 셋(Set)되는 프로 그램이다.

```
    P00000
──┤ ├──────────────────────────────[ RCRP    P1000    4 ]──
```

2.19 이동 명령

2.19.1 BSFT, BSFTP

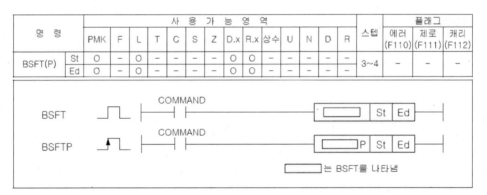

명 령		사 용 가 능 영 역														스텝	플래그		
		PMK	F	L	T	C	S	Z	D.x	R.x	상수	U	N	D	R		에러 (F110)	제로 (F111)	캐리 (F112)
BSFT(P)	St	O	–	O	–	–	–	–	O	O	–	–	–	–	–	3~4	–	–	–
	Ed	O	–	O	–	–	–	–	O	O	–	–	–	–	–				

[영역설정]

오퍼랜드	설 명	데이터 타입
St	BSFT 연산의 시작 비트	BIT
Ed	BSFT 연산의 끝 비트	BIT

1) BSFT(Bit Shift)

① 시작비트(St)로부터 끝 비트(Ed) 방향으로 비트데이터를 각각 1비트씩 shift 한다.

② 비트shift 방향

• St 〈 Ed: left shift

• St 〉 Ed: right shift

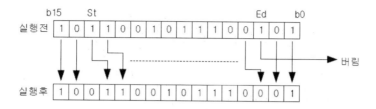

2) 프로그램 예제

① P0070=h8000인 경우 입력신호인 P00000이 Off→On될 때마다 P0070F 〉 P00704 순으로 시작비트인 P0070F에서 끝 비트인 P00704까지 우측으로 비트이동을 시키는 프로그램이다.

```
    P00000
─────┤ ├──────────────────────────────────────[ BSFTP    P0070F    P00704 ]─
```

2.19.2 BSFL, BSFLP, DBSFL, DBSFLP

명 령		사 용 가 능 영 역														스텝	플래그		
		PMK	F	L	T	C	S	Z	D.x	R.x	상수	U	N	D	R		에러 (F110)	제로 (F111)	캐리 (F112)
BSFL(P)	D	O	-	O	O	O	-	-	-	-	-	O	O	O	O	2~4	-	-	O
DBSFL(P)	n	O	O	O	O	O	-	-	-	-	-	O	O	O	O				

BSFL, DBSFL

BSFLP, DBSFLP

□ 는 BSFL/DBSFL를 나타냄

[영역설정]

오퍼랜드	설 명	데이터 타입
D	비트 이동을 하고자 하는 디바이스 번호	WORD/DWORD
n	워드 데이터 D를 왼쪽으로 bit shift 할 회수	WORD

[플래그 셋(Set)]

플래그	내 용	디바이스 번호
캐리	마지막으로 버려진 비트에 따라 캐리 플래그를 On/Off 합니다.	F112

1) BSFL(Bit Shift Left)

① D의 워드 데이터의 각 비트들을 왼쪽으로 n번 bit shift 한다.

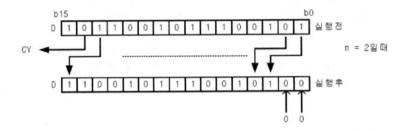

2) DBSFL(Double Bit Shift Left)

① D+1, D의 더블워드 데이터의 각 비트들을 왼쪽으로 n번 bit shift 한다.

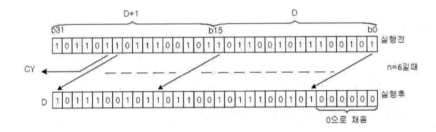

3) 프로그램 예제

① P1000=h000F인 경우, 입력신호인 P00000이 Off→On되면 4비트 좌측으로 이동되어 P1000에 h00F0가 저장되는 프로그램이다.

```
   P00000
├──┤ ├──────────────────────────────[ BSFLP   P1000   4 ]──┤
```

2.19.3 BSFR, BSFRP, DBSFR, DBSFRP

명 령		사 용 가 능 영 역														스텝	플래그		
		PMK	F	L	T	C	S	Z	D.x	R.x	상수	U	N	D	R		에러 (F110)	제로 (F111)	캐리 (F112)
BSFR(P)	D	O	-	O	O	O	-	-	-	-	-	O	O	O	O	2~4	-	-	O
DBSFR(P)	n	O	O	O	O	O	-	-	-	-	O	O	O	O	O				

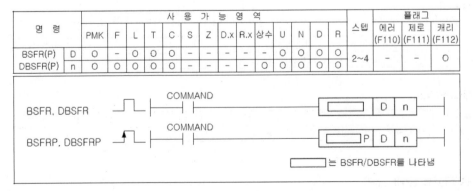

[영역설정]

오퍼랜드	설 명	데이터 타입
D	비트 이동을 하고자 하는 디바이스 번호	WORD/DWORD
n	워드 데이터 S 를 오른쪽으로 bit shift 할 회수	WORD

[플래그 셋(Set)]

플래그	내 용	디바이스 번호
캐리	마지막으로 버려진 비트에 따라 캐리 플래그가 셋(Set)/리셋(Reset)됩니다.	F112

1) BSFR(Bit Shift Right)

① D의 워드 데이터의 각 비트들을 오른쪽으로 n으로 지정된 비트 수만큼 비트 이동한다.

② 마지막에 버려진 비트에 따라 캐리 플래그를 On/Off 한다.

2) DBSFR(Double Bit Shift Right)

① D, D+1의 더블워드 데이터의 각 비트들을 오른쪽으로 n번 비트 이동한다.

② 마지막에 버려진 비트에 따라 캐리 플래그를 On/Off 한다.

3) 프로그램 예제

① D01000=h001F인 경우, 입력신호인 P00000이 Off→On되면 오른쪽으로 4회 비트 이동 후 D01000에 h0001을 저장하고 캐리 플래그가 셋(Set)되는 프로그램이다.

```
     P00000
─────┤ P ├───────────────────────────────────[ BSFRP   D01000   4 ]──
```

2.20 교환 명령

2.20.1 XCHG, XCHGP, DXCHG, DXCHGP

명 령		사 용 가 능 영 역													스텝	플래그		
		PMK	F	L	T	C	S	Z	D.x	R.x	상수	U	N	D	R		에러 (F110)	제로 (F111)	캐리 (F112)
XCHG(P)	D1	O	-	O	O	O	-	O	-	-	-	O	O	O	O	2~4	-	-	-
DXCHG(P)	D2	O	-	O	O	O	-	O	-	-	-	O	O	O	O		-	-	-

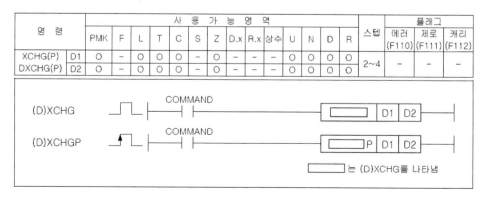

[영역설정]

오퍼랜드	설 명	데이터 타입
D1	교환하고자 하는 데이터의 디바이스 번호	WORD/DWORD
D2	교환하고자 하는 데이터의 디바이스 번호	WORD/DWORD

1) XCHG(Exchange)

① D1로 지정된 워드 데이터와 D2로 지정된 워드 데이터를 서로 교환한다.

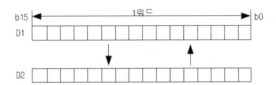

2) DXCHG(Double Exchange)

① (D1+1,D1)으로 지정된 더블워드 데이터와 (D2+1, D2)로 지정된 더블워드 데이터를 서로 교환한다.

3) 프로그램 예제

① P1000 = h1234, P1100 = h5678이 저장되어 있는 경우 입력신호인 P00000이 Off→On 되면 P1000에는 h5678이 저장되고 P1100에는 h1234가 각각 저장되는 프로그램이다.

```
      P00000
├──────┤ ├─────────────────────────────────────[ XCHG   P1000   P1100 ]──┤
```

2.20.2 GXCHG, GXCHGP

명 령		사 용 가 능 영 역														스텝	플래그		
		PMK	F	L	T	C	S	Z	D.x	R.x	상수	U	N	D	R		에러 (F110)	제로 (F111)	캐리 (F112)
GXCHG(P)	D1	O	-	O	O	O	-	O	-	-	-	O	O	O	O	4~6	O	-	-
	D2	O	-	O	O	O	-	O	-	-	-	O	O	O	O				
	N	O	-	O	O	O	-	O	-	-	O	O	O	O	O				

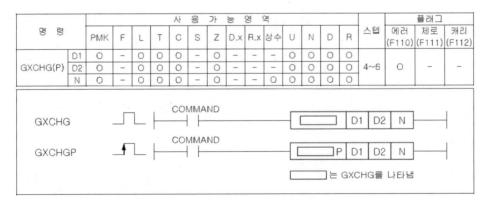

[영역설정]

오퍼랜드	설 명	데이터 타입
D1	D2와 워드단위로 데이터를 교환하게 되는 영역의 시작주소	WORD
D2	D1과 워드단위로 데이터를 교환하게 되는 영역의 시작주소	WORD
N	워드단위로 데이터를 교환하는 개수	WORD

[플래그 셋(Set)]

플래그	내 용	디바이스 번호
에러	N의 범위가 지정 영역을 초과할 경우 셋(Set)	F110

1) GXCHG

① D1부터 시작되는 N개의 워드 데이터와 D2로 시작되는 N개의 워드 데이터를 서로 교환한다.

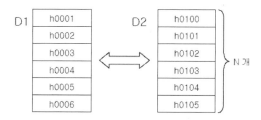

② D1과 D2의 값을 기준으로 증가하면서 N개의 워드만큼 데이터를 교환한다. 만약 D1 과 D2가 겹치게 되면 의도하지 않은 결과를 초래할 수 있다.

2) 프로그램 예제

① 입력신호인 P00000이 Off→On되면 P0010 ~ P0012와 P0020 ~ P0022의 3워드 데이터 를 교환하는 프로그램이다.

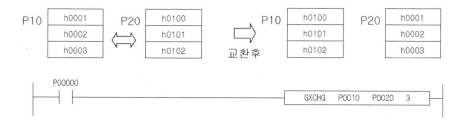

2.20.3 SWAP, SWAPP

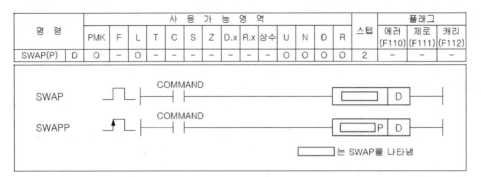

명 령	사 용 가 능 영 역														스텝	플래그		
	PMK	F	L	T	C	S	Z	D.x	R.x	상수	U	N	D	R		에러 (F110)	제로 (F111)	캐리 (F112)
SWAP(P) D	O	-	O	-	-	-	-	-	-	-	O	O	O	O	2	-	-	-

[영역설정]

오퍼랜드	설 명	데이터 타입
D	상하위 바이트 교환을 하게 되는 데이터의 워드주소	WORD

1) SWAP

① 한 워드 안에서 상 하위 바이트를 서로 교환한다.

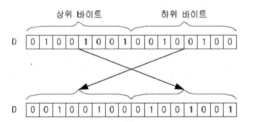

2) 프로그램 예제

① 입력신호인 P00000이 Off→On되면 D00100에 저장된 1워드 데이터의 상위바이트와 하위바이트가 교환되어 D00100에 다시 저장되는 프로그램이다.

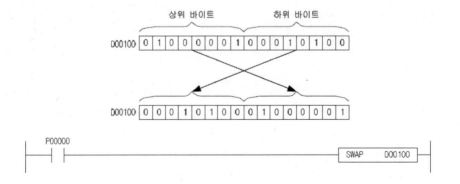

2.21 BIN 사칙연산 명령

2.21.1 ADD, ADDP, DADD, DADDP

명 령		사 용 가 능 영 역														스텝	플래그		
		PMK	F	L	T	C	S	Z	D.x	R.x	상수	U	N	D	R		에러 (F110)	제로 (F111)	캐리 (F112)
ADD(P) DADD(P)	S1	O	O	O	O	O	-	O	-	-	O	O	O	O	O	4~6	-	-	-
	S2	O	O	O	O	O	-	O	-	-	O	O	O	O	O				
	D	O	-	O	O	O	-	O	-	-	-	O	O	O	O				

```
              ┌─┐    COMMAND
(D)ADD      ──┘ └──────┤├──────           ┌──────┐┌──┐┌──┐┌──┐
                                          │      ││S1││S2││ D│
                                          └──────┘└──┘└──┘└──┘
               ┌─┐   COMMAND
(D)ADDP     ──┘↑└─────┤├───────           ┌──────┐┌─┐┌──┐┌──┐┌──┐
                                          │      ││P││S1││S2││ D│
                                          └──────┘└─┘└──┘└──┘└──┘

                                          ┌──────┐
                                          │      │는 ADD/DADD를 나타냄
                                          └──────┘
```

[영역설정]

오퍼랜드	설 명	데이터 타입
S1	S2와 덧셈연산을 실행할 데이터	INT/DINT
S2	S1과 덧셈연산을 실행할 데이터	INT/DINT
D	연산결과를 저장할 주소	INT/DINT

1) ADD(Signed Binary Add)

① 워드데이터 S1과 S2를 더한 후 결과를 D에 저장한다.

② 이 때 Signed 연산을 실행한다. 연산결과가 32,767(h7FFF)를 초과하거나 -32,768 (h8000)미만일 때 캐리 플래그는 셋(Set)되지 않는다.

```
        S1                    S2                    D
 b15 ────────── b0     b15 ────────── b0     b15 ────────── b0
 │  5678 (BIN)  │  +   │  1234 (BIN)  │  →   │  6912 (BIN)  │
 └──────────────┘      └──────────────┘      └──────────────┘
```

2) DADD(Signed Binary Double Add)

① 더블워드데이터(S1+1, S1)과 (S2+1, S2)를 더한 후 결과를(D+1, D)에 저장한다.

② 이 때 Signed 연산을 실행한다.

③ 연산결과가 2,147,483,647(h7FFFFFFF)를 초과하거나 2,147,483,648(h80000000)미만 일 때 캐리 플래그는 셋(Set)되지 않는다.

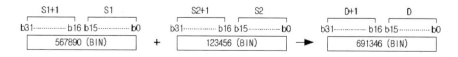

3) 프로그램 예제

① P1000=1234, P1100=1111인 경우, 입력신호인 P00000이 Off→On되면 P1200에는 더한 결과값인 2345가 저장되는 프로그램이다.

```
   P00000
────┤ ├──────────────────────────────[ ADD  P1000  P1100  P1200 ]──
```

2.21.2 SUB, SUBP, DSUB, DSUBP

명 령		사 용 가 능 영 역														스텝	플래그		
		PMK	F	L	T	C	S	Z	D.x	R.x	상수	U	N	D	R		에러 (F110)	제로 (F111)	캐리 (F112)
SUB(P) DSUB(P)	S1	O	O	O	O	O	–	O	–	–	O	O	O	O	O	4~6	–	–	–
	S2	O	O	O	O	O	–	O	–	–	O	O	O	O	O				
	D	O	–	O	O	O	–	O	–	–	–	O	O	O	O				

COMMAND

(D)SUB ┌┐┌─ ──┤ ├──┤ ├──   [   ] S1 S2 D

COMMAND

(D)SUBP ┌┐┌─ ──┤↑├──┤ ├──   [   ]P S1 S2 D

[   ] 는 SUB/DSUB를 나타냄

[영역설정]

오퍼랜드	설 명	데이터 타입
S1	S2와 뺄셈연산을 실행할 데이터	INT/DINT
S2	S1과 뺄셈연산을 실행할 데이터	INT/DINT
D	연산결과를 저장할 주소	INT/DINT

1) SUB(Signed Binary Subtract)

① 워드데이터 S1에서 S2를 감산 후 결과를 D(16bit)에 저장한다.

② 이 때 Signed 연산을 실행한다.

③ 연산결과가 32,767(h7FFF)을 초과하거나 -32,768(h8000)미만일 때 캐리 플래그는 셋(Set)되지 않는다.

```
       S1                   S2                    D
b15 ─────── b0       b15 ─────── b0       b15 ─────── b0
  5678 (BIN)    ─     1234 (BIN)    →      4444 (BIN)
```

2) DSUB(Signed Binary Double Subtract)

① 워드데이터(S1+1, S1)에서 (S2+1, S2)를 감산 후 결과를(D+1, D)에 저장한다.

② 이 때 Signed 연산을 실행한다.

③ 연산결과가 2,147,483,647(h7FFFFFFF)를 초과하거나 -2,147,483,648(h80000000)미
만일 때 캐리 플래그는 셋(Set)되지 않는다.

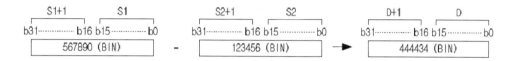

3) 프로그램 예제

① P1000 = 200, P1100 = 100인 경우, 입력신호인 P00000이 Off→On 되면 P1200에는
감산한 결과값인 100이 저장되는 프로그램이다.

```
      P00000
───────┤ ├──────────────────────────[ SUB  P1000  P1100  P1200 ]──
```

2.21.3 MUL, MULP, DMUL, DMULP

명 령		사 용 가 능 영 역														스텝	플래그		
		PMK	F	L	T	C	S	Z	D.x	R.x	상수	U	N	D	R		에러 (F110)	제로 (F111)	캐리 (F112)
MUL(P) DMUL(P)	S1	O	O	O	O	O	-	O	-	-	O	O	O	O	O	4~6	-	-	-
	S2	O	O	O	O	O	-	O	-	-	O	O	O	O	O				
	D	O	-	O	O	O	-	O	-	-	-	O	O	O	O				

```
                     COMMAND
MUL,DMUL    ─┐┌─────┤ ├──────┤├────────────[     ] S1 S2 D ──

                     COMMAND
MULP, DMULP ─┘└─────┤ ├──────┤├────────────[     ]P S1 S2 D ──

            [     ]는 MUL/DMUL를 나타냄
```

[영역설정]

오퍼랜드	설 명	데이터 타입
S1	S2 와 곱셈연산을 실행할 데이터	INT/DINT
S2	S1과 곱셈연산을 실행할 데이터	INT/DINT
D	연산결과를 저장할 주소	DINT/LINT

1) MUL(Signed Binary Multiply)

① 워드데이터 S1과 S2를 곱한 후 결과를(D+1, D)(32bit)에 저장한다.

② 이 때 Signed 연산을 실행한다.

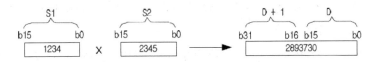

2) DMUL(Signed Binary Double Multiply)

① 더블워드데이터 (S1+1, S1)과 (S2+1, S2)를 곱한 후 결과를 D+3, D+2, D+1, D(64bit)에 저장한다.

② 이 때 Signed 연산을 실행한다.

3) 프로그램 예제

① P1000=100, P1100=20인 경우, 입력신호인 P00000이 Off→On되면 P1200 ~ P1201에는 곱한 결과값인 2000이 저장되는 프로그램

```
   P00000
 ──┤ ├─────────────────────────────── MUL  P1000  P1100  P.1200 ──
```

Tip & note

MKS 명령어중 MULS, DIV등의 명령어는 XGK에서는 다음과 같이 명령어 이름이 바뀌었다. 기능은 똑같다.

    MULS(P) → MUL(P)   DMULS(P) → DMUL(P)
    DIV(P) →DIVU(P)   DDIV(P) → DDIVU(P)

2.21.4 DIV, DIVP, DDIV, DDIVP

명 령		사 용 가 능 영 역													스텝	플래그		
		PMK	F	L	T	C	S	Z	D.x	R.x	상수	U	N	D	R		에러 (F110)	제로 (F111)	캐리 (F112)
DIV(P) DDIV(P)	S1	O	O	O	O	O	-	O	-	-	O	O	O	O	O	4~6	O	-	-
	S2	O	O	O	O	O	-	O	-	-	O	O	O	O	O				
	D	O	-	O	O	O	-	O	-	-	-	O	O	O	O				

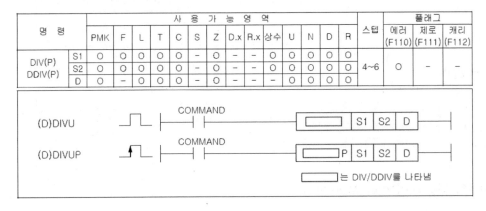

[영역설정]

오퍼랜드	설 명	데이터 타입
S1	S2 와 나눗셈연산을 실행할 데이터	INT/DINT
S2	S1 과 나눗셈연산을 실행할 데이터	INT/DINT
D	연산결과를 저장할 주소	INT/DINT

[플래그 셋(Set)]

플래그	내 용	디바이스 번호
에러	S2 의 값이 0 일 때 셋(Set)합니다	F110

1) DIV(Signed Binary Divide)

① 워드데이터 S1을 S2로 나눈 후 몫을 D(16bit)에 나머지를 D+1에 저장한다.

② 이 때 signed 연산을 실행한다.

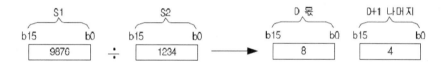

2) DDIV(Signed Binary Double Divide)

① (S1+1, S1)을 (S2+1, S2)로 나눈 후 몫을 (D+1, D)에, 나머지를 (D+3, D+2)에 저장한다.

② 이 때 Signed 연산을 실행한다.

3) 프로그램 예제

① P1000=5557, P1100=5인 경우, 입력신호인 P00000이 Off→On되면 P1200에는 나눈 몫에 해당하는 1111이 저장되고 P1201에는 나눈 나머지 값인 2가 각각 저장되는 프로그램이다.

```
    P00000
  ──┤ ├──────────────────────────[ DIV  P1000  P1100  P1200 ]──
```

2.22 BCD 사칙연산 명령

2.22.1 ADDB, ADDBP, DADDB, DADDBP

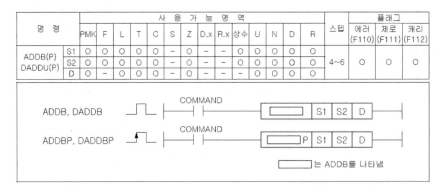

명 령		PMK	F	L	T	C	S	Z	D.x	R.x	상수	U	N	D	R	스텝	플래그 에러 (F110)	플래그 제로 (F111)	플래그 캐리 (F112)
ADDB(P) DADDU(P)	S1	O	O	O	O	O	O	-	O	-	-	O	O	O	O	4~6	O	O	O
	S2	O	O	O	O	O	O	-	O	-	-	O	O	O	O				
	D	O	-	O	O	O	O	-	O	-	-	-	O	O	O				

[영역설정]

오퍼랜드	설 명	데이터 타입
S1	S2 와 BCD 덧셈을 실행할 데이터	WORD/DWORD
S2	S1 과 BCD 덧셈을 실행할 데이터	WORD/DWORD
D	연산결과를 저장할 주소	WORD/DWORD

[플래그 셋(Set)]

플래그	내 용	디바이스 번호
에러	S1과 S2의 값이 BCD 형식이 아닐 경우	F110
제로	연산결과가 제로이면 셋(Set)합니다.	F111
캐리	연산결과가 오버플로우이면 셋(Set)합니다.	F112

1) ADDB(BCD ADD)

① BCD 데이터 S1, S2를 서로 더하여 그 결과를 D에 저장한다.

② 연산결과에 따라 에러(F110), 제로(F111), 캐리(F112) 플래그를 셋(Set)한다.

2) DADDB(BCD Double ADD)

① BCD 데이터(S1+1, S1), (S2+1, S2)를 서로 더하여 그 결과를(D+1, D)에 저장한다.

② S1과 S2에 0 ~ 99,999,999(BCD 8자리)를 지정할 수 있다.

③ 99,999,999를 초과한 경우 자리 올림은 무시되고 캐리 플래그는 셋(Set)된다.

S1 + 1 위 4자리	S1 아래 4자리		S2 + 1 위 4자리	S2 아래 4자리		D + 1 위 4자리	D 아래 4자리
0 9 8 7	1 0 6 8	+	0 0 3 2	3 4 5 6	⇨	1 0 1 9	4 5 2 4

3) DADDB(BCD Double ADD)

① BCD 데이터(S1+1, S1), (S2+1, S2)를 서로 더하여 그 결과를(D+1, D)에 저장한다.

② S1과 S2에 0 ~ 99,999,999(BCD 8자리)를 지정할 수 있다.

③ 99,999,999를 초과한 경우 자리 올림은 무시되고 캐리 플래그는 셋(Set)된다.

4) 프로그램 예제

① P1000 = h0123, P1100= h6789인 경우, 입력신호인 P00000이 Off→On하면 P1200에 h6912의 BCD데이터가 저장되는 프로그램이다.

2.22.2 SUBB, SUBBP, DSUBB, DSUBBP

명 령		사 용 가 능 영 역													스텝	플래그		
		PMK	F	L	T	C	S	Z	D.x	R.x	상수	U	N	D	R		에러 (F110)	제로 (F111)	캐리 (F112)
SUBB(P) DSUBB(P)	S1	O	O	O	O	O	-	O	-	-	O	O	O	O	O	4~6	O	O	O
	S2	O	O	O	O	O	-	O	-	-	O	O	O	O	O				
	D	O	-	O	O	O	-	O	-	-	-	O	O	O	O				

[영역설정]

오퍼랜드	설 명	데이터 타입
S1	S2 와 BCD 뺄셈을 실행할 데이터	WORD/DWORD
S2	S1 과 BCD 뺄셈을 실행할 데이터	WORD/DWORD
D	연산결과를 저장할 주소	WORD/DWORD

[플래그 셋(Set)]

플래그	내 용	디바이스 번호
에러	S1 과 S2 의 값이 BCD 형식이 아닐 경우	F110
제로	연산결과가 제로이면 셋(Set)합니다.	F111
캐리	연산결과가 언더플로우이면 셋(Set)합니다.	F112

1) SUBB(BCD Subtract)

① BCD데이터 S1에서 S2를 뺀 결과를 D에 저장한다.

② 연산결과에 따라 에러(F110), 제로(F111), 캐리(F112) 플래그를 셋(Set)한다.

③ 감산결과가 언더플로우가 발생할 경우 캐리플래그가 셋(Set) 된다.

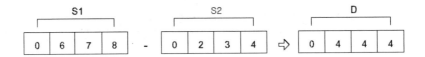

2) DSUBB(BCD Double Subtract)

① BCD 데이터(S1+1 ,S1), (S2+1, S2)를 서로 빼서 그 결과를 (D+1, D)에 저장한다.

② S1과 S2에 0 ~ 99,999,999(BCD 8자리)를 지정할 수 있다.

③ 감산결과가 언더플로우가 발생할 경우 캐리플래그가 셋(Set) 된다.

S1 + 1 위 4자리	S1 아래 4자리		S2 + 1 위 4자리	S2 아래 4자리		D + 1 위 4자리	D 아래 4자리
0 9 8 7	1 0 6 8	−	0 0 3 2	3 4 5 6	⇨	0 9 5 4	7 6 1 2

3) 프로그램 예제

① P1000 = h3333, P1100= h1234인 경우, 입력신호인 P00000이 Off→On하면 P1200에
h2099의 BCD데이터가 저장되는 프로그램이다.

```
     P00000
─────┤ ├─────────────────────────────────[ SUBB  P1000  P1100  P1200 ]──
```

2.22.3 MULB, MULBP, DMULB, DMULBP

명 령		사 용 가 능 영 역														스텝	플래그		
		PMK	F	L	T	C	S	Z	D.x	R.x	상수	U	N	D	R		에러 (F110)	제로 (F111)	캐리 (F112)
MULB (P) DMULB(P)	S1	O	O	O	O	O	−	O	−	−	O	O	O	O	O	4~6	O	O	−
	S2	O	O	O	O	O	−	O	−	−	O	O	O	O	O				
	D	O	−	O	O	O	−	O	−	−	−	O	O	O	O				

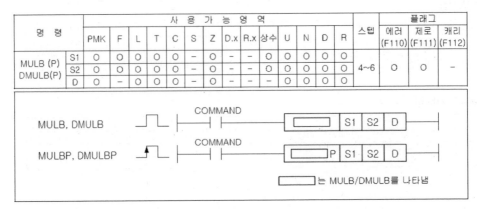

[영역설정]

오퍼랜드	설 명	데이터 타입
S1	S2 와 BCD 곱셈을 실행할 데이터	WORD/DWORD
S2	S1 과 BCD 곱셈을 실행할 데이터	WORD/DWORD
D	연산결과를 저장할 주소	DWORD/LWORD

[플래그 셋(Set)]

플래그	내 용	디바이스 번호
에러	S1 과 S2 의 값이 BCD 형식이 아닐 경우	F110
제로	연산결과가 제로이면 셋(Set)합니다.	F111

1) MULB(BCD Multiply)

① BCD 데이터 S1과 S2를 곱한 결과를 (D+1, D)에 저장한다.

② 연산결과에 따라 에러(F110), 제로(F111) 플래그를 셋(Set)한다.

S1				×	S2				⇨	D+1 (상위 4자리)				D (하위 4자리)			
5	6	7	8		0	8	7	6		0	4	9	7	3	9	2	8

2) DMULB(BCD Double Multiply)

① BCD 데이터 (S1+1, S1)과 (S2+1, S2)를 곱한 결과를 (D+3, D+2, D+1, D)에 저장한다.

② 연산결과에 따라 에러(F110), 제로(F111) 플래그를 셋(Set)한다.

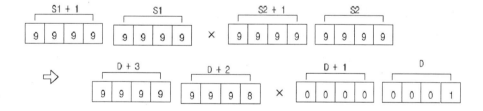

3) 프로그램 예제

① P1000=h100, P1100=h10인 경우, 입력신호인 P00000이 Off→On하면 P1200 ~ P1201
의 2워드 영역에 h1000의 BCD데이터가 저장되는 프로그램이다.

2.22.4 DIVB, DIVBP, DDIVB, DDIVBP

명 령		사 용 가 능 영 역													스텝	플래그		
		PMK	F	L	T	C	S	Z	D.x	R.x	상수	U	N	D	R		에러 (F110)	제로 (F111)	캐리 (F112)
DIVB(P) DDIVB(P)	S1	O	O	O	O	O	-	O	-	-	O	O	O	O	O	4~6	O	O	-
	S2	O	O	O	O	O	-	O	-	-	O	O	O	O	O				
	D	O	-	O	O	O	-	O	-	-		O	O	O	O				

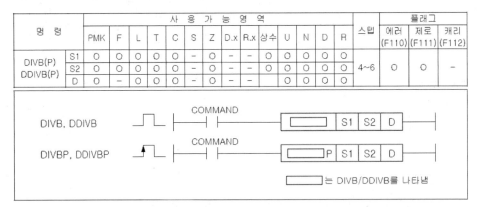

[영역설정]

오퍼랜드	설 명	데이터 타입
S1	S2 와 BCD 나눗셈을 실행할 데이터	WORD/DWORD
S2	S1 과 BCD 나눗셈을 실행할 데이터	WORD/DWORD
D	연산결과를 저장할 주소	WORD/DWORD

[플래그 셋(Set)]

플래그	내 용	디바이스 번호
에러	S1 과 S2 의 값이 BCD 형식이 아닐 경우, S2 의 값이 0 일 경우	F110
제로	연산결과가 제로이면 셋(Set)합니다.	F111

1) DIVB(BCD Divide)

① BCD 데이터 S1을 S2로 나눈 몫을 D에 저장한다.

② BCD 데이터 S1을 S2로 나눈 나머지를 D다음 워드에 저장한다.

③ 연산결과에 따라 에러(F110), 제로(F111) 플래그를 셋(Set)한다.

S1					S2					D (몫)				D+1		
5	6	7	8	÷	0	8	7	6	⇨	0	0	0	6	0	4	2	2

2) DDIVB(BCD Double Divide)

① BCD 데이터 (S1+1, S1)을 (S2+1, S2)로 나눈 몫을 (D+1, D)에 저장한다.

② BCD 데이터 (S1+1, S1)을 (S2+1, S2)로 나눈 나머지를 (D+3, D+2)에 저장한다.

③ 연산결과에 따라 에러(F110), 제로(F111) 플래그를 셋(SET)한다.

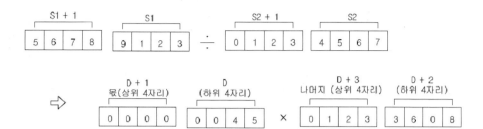

3) 프로그램 예제

① P1000 = h105, P1100 = h10인 경우, 입력신호인 P00000이 Off→On하면 BCD 나눗셈을 하여 P1200 영역에 몫인 h10이 저장되고 P1201에 나머지 h5가 저장되는 프로그램이다.

```
      P00000
───────┤↑├───────────────────────────────────[ DIVB   P1000   P1100   P1200 ]─┤
```

2.23 논리연산 명령

2.23.1 WAND, WANDP, DWAND, DWANDP

명 령		사 용 가 능 영 역														스텝	플래그		
		PMK	F	L	T	C	S	Z	D.x	R.x	상수	U	N	D	R		에러 (F110)	제로 (F111)	캐리 (F112)
WAND(P) DWAND(P)	S1	O	O	O	O	O	O	-	O	-	-	O	O	O	O	4~6	-	O	-
	S2	O	O	O	O	O	O	-	O	-	-	O	O	O	O				
	D	O	-	O	O	O	O	-	O	-	-	-	O	O	O				

```
                      COMMAND
 (D)WAND     ┌─┐  ┌──────┐
          ───┘ └──┤      ├──────────────[▭▭  S1  S2  D ]──
                      COMMAND
 (D)WANDP    ┌┐   ┌──────┐
          ───┘└───┤      ├──────────[▭▭ P  S1  S2  D ]──

                                    ▭▭ 는 WAND/DWAND를 나타냄
```

[영역설정]

오퍼랜드	설 명	데이터 타입
S1	S2 와 (D)WAND 연산을 하게 되는 데이터	WORD/DWORD
S2	S1 과 (D)WAND 연산을 하게 되는 데이터	WORD/DWORD
D	연산결과를 저장할 주소	WORD/DWORD

[플래그 셋(Set)]

플래그	내 용	디바이스 번호
제로	연산결과가 제로이면 셋(Set)합니다	F111

1) WAND(Word AND)

① 워드 데이터(16비트) S1과 S2의 각 비트를 서로 논리적(AND)하여 결과를 D에 저장한다.

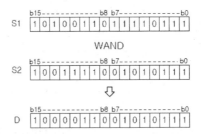

2) DWAND(Double Word AND)

① 더블워드 데이터(32비트)(S1+1, S1)과 (S2+1, S2)의 각 비트를 서로 논리적(AND)하여 결과를 (D+1, D)에 저장한다.

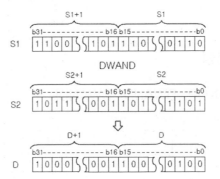

3) 논리 연산 테이블

분류	처리 내용	연산식	예		
			A	B	Y
논리적 (AND)	입력 A, B가 모두 1일 때에만 1로 되고, 그 이외는 0이 된다.	$Y=A \cdot B$	0	0	0
			0	1	0
			1	0	0
			1	1	1
논리합 (OR)	입력 A, B가 모두 0일 때에만 0으로 되고, 그 이외는 1이 된다.	$Y=A+B$	0	0	0
			0	1	1
			1	0	1
			1	1	1
배타적 논리합 (XOR)	입력 A 와 B가 같을 때 0으로 되며, 다를 때는 1이 된다.	$Y=A \cdot \overline{B}+\overline{A} \cdot B$	0	0	0
			0	1	1
			1	0	1
			1	1	0
부정 배타적 논리합 (XNR)	입력 A 와 B가 같을 때 1로 되며, 다를 때는 0이 된다.	$Y=(A+\overline{B})(\overline{A}+B)$	0	0	1
			0	1	0
			1	0	0
			1	1	1

4) 프로그램 예제

① P1000 = h1111, P1100= h3333인 경우, 입력신호인 P00000이 Off→On하면 P1200
영역에 WAND한 결과값인 h1111이 저장되는 프로그램이다.

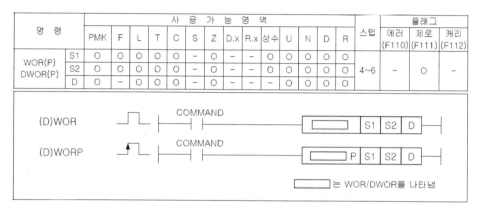

2.23.2 WOR, WORP, DWOR, DWORP

명 령		사 용 가 능 영 역														스텝	플래그		
		PMK	F	L	T	C	S	Z	D.x	R.x	상수	U	N	D	R		에러 (F110)	제로 (F111)	캐리 (F112)
WOR(P) DWOR(P)	S1	O	O	O	O	O	-	O	-	-	O	O	O	O	O	4~6	-	O	-
	S2	O	O	O	O	O	-	O	-	-	O	O	O	O	O				
	D	O	-	O	O	O	-	O	-	-	-	O	O	O	O				

(D)WOR ‾|__|‾ COMMAND ──┤ ├──   [   ] S1 S2 D

(D)WORP ‾|__↑__|‾ COMMAND ──┤ ├──   [   ] P S1 S2 D

[   ] 는 WOR/DWOR를 나타냄

[영역설정]

오퍼랜드	설 명	데이터 타입
S1	S2 와 (D)WOR 연산을 하게 되는 데이터	WORD/DWORD
S2	S1 과 (D)WOR 연산을 하게 되는 데이터	WORD/DWORD
D	연산결과를 저장할 주소	WORD/DWORD

[플래그 셋(Set)]

플래그	내 용	디바이스 번호
제로	연산결과가 제로이면 셋(Set)	F111

1) WOR(Word OR)

① 워드 데이터(16비트) S1과 S2의 각 비트를 서로 논리합(OR)하여 그 결과를 D에 저장
한다.

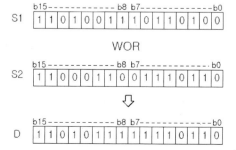

2) DWOR(Double Word OR)

① 더블워드 데이터(32비트)(S1+1, S1)과 (S2+1, S2)의 각 비트를 서로 논리합(OR)하여
그 결과를 (D+1, D)에 저장한다.

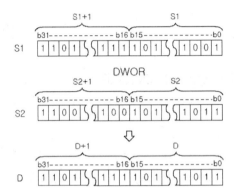

3) 프로그램 예제

① P1000 = h1111, P1100= h2222인 경우, 입력신호인 P00000이 Off→On하면 P1200
영역에 WOR한 결과값인 h3333이 저장되는 프로그램이다.

```
   P00000
───┤↑├──────────────────────────────[ WOR  P1000  P1100  P1200 ]──
```

2.24 표시 명령

2.24.1 SEG, SEGP

명 령		사 용 가 능 영 역													스텝	플래그		
		PMK	F	L	T	C	S	Z	D.x	R.x	상수	U	N	D	R		에러 (F110)	제로 (F111)	캐리 (F112)
SEG(P)	S	O	O	–	O	O	–	O	–	–	O	O	O	O		4	O	–	–
	D	O	–	–	O	O	–	O	–	–		O	O	O	O				
	Z	O	–	–	–	–	–	O	–	–	O	O	O	O				

```
         ┌─┐ COMMAND
SEG   ───┤ ├──┤ ├────────────[▭  S  D  Z ]──

          ↑   COMMAND
SEGP  ───┤ ├──┤ ├────────────[▭P  S  D  Z ]──

      ▭ 는 SEG를 나타냄
```

[영역설정]

오퍼랜드	설 명	데이터 타입
S	7 세그먼트로 디코드할 데이터가 저장되어있는 주소	BIN 32
D	Decode 한 데이터를 저장할 주소	BIN 32
Z	표시할 포맷	BIN 16

[플래그 셋(Set)]

플래그	내 용	디바이스 번호
에러	Z 의 포맷 규정이 틀린경우 셋(Set)합니다	F110

1) SEG(7 Segment)

① Z에 설정된 포맷에 의해 S로부터 n개 숫자를 7-세그먼트로 Decode하여 D에 저장한다.

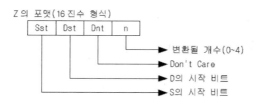

② 여기서 n은 변환될 숫자의 개수를 의미하며 4 비트단위이다.

③ n이 0이면 변환하지 않는다.

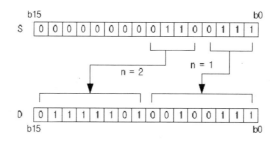

2) Segment의 구성

S1		7Segment 의 구성	b7	b6	b5	b4	b3	b2	b1	b0	표시 데이터
16 진수	비트										
0	0000		0	0	1	1	1	1	1	1	0
1	0001		0	0	0	0	0	1	1	0	1
2	0010		0	1	0	1	1	0	1	1	2
3	0011		0	1	0	0	1	1	1	1	3
4	0100		0	1	1	0	0	1	1	0	4
5	0101		0	1	1	0	1	1	0	1	5
6	0110		0	1	1	1	1	1	0	1	6
7	0111		0	0	1	0	0	1	1	1	7
8	1000		0	1	1	1	1	1	1	1	8
9	1001		0	1	1	0	1	1	1	1	9
A	1010		0	1	1	1	0	1	1	1	A
B	1011		0	1	1	1	1	1	0	0	B
C	1100		0	0	1	1	1	0	0	1	C
D	1101		0	1	0	1	1	1	1	0	D
E	1110		0	1	1	1	1	0	0	1	E
F	1111		0	1	1	1	0	0	0	1	F

3) 프로그램 예제

① 입력신호인 P00000이 Off→On하면 7 Segment 변환형식인 h0004에 의해서 P1000의 0번 비트부터 P1100의 0번 비트로 4개의 숫자를 변환하여 P1100 ~ P1101까지의 2워드 영역에 저장하여 4자리 숫자가 표시되도록 하는 프로그램이다.

```
   P00000
├──┤ ├──┬────────────────────────────[ SEG  P1000  P1100  h0004 ]──┤
```

2.25 데이터 처리 명령

2.25.1 BSUM, BSUMP, DBSUM, DBSUMP

명 령		사 용 가 능 영 역														스텝	플래그		
		PMK	F	L	T	C	S	Z	D.x	R.x	상수	U	N	D	R		에러 (F110)	제로 (F111)	캐리 (F112)
BSUM(P)	S	O	O	O	O	O	–	O	–	–	O	O	O	O	O	2~4	–	O	–
DBSUM(P)	D	O	–	O	O	O	–	O	–	–	–	O	O	O	O				

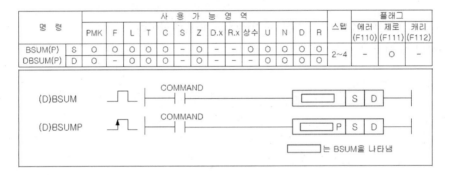

[영역설정]

오퍼랜드	설 명	데이터 타입
S	1의 개수를 카운트하게 되는 워드 데이터의 주소	WORD/DWORD
D	카운트한 결과를 저장할 주소	WORD

[플래그 셋(Set)]

플래그	내 용	디바이스 번호
제로	연산결과가 제로이면 셋(Set)	F111

1) BSUM(Bit Summary)

① S로 지정된 영역의 워드 데이터 중 값이 1인 비트의 개수를 세어서 그 결과를 D에 16진수로 저장한다.

② 연산결과가 0일 때 제로 플래그를 셋(Set)한다.

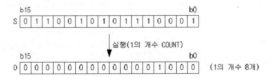

2) DBSUM(Double Bit Summary)

① S로 지정된 영역의 더블워드 데이터 중에 값이 1인 비트의 개수를 세어서 그 결과를
D에 16진수로 저장한다.

② 연산결과가 0일 때 제로 플래그를 셋(Set)한다.

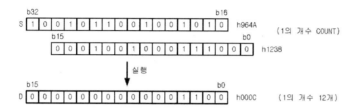

3) 프로그램 예제

① D01000=h3333인 경우 입력신호인 P00000이 Off→On되면 D01100에 8을 저장시키
는 프로그램이다.

```
    P00000
      │├───────────────────────────────────────┤ BSUMP  D01000  D01100 │
```

2.25.2 BRST, BRSTP

명 령		사 용 가 능 영 역														스텝	플래그		
		PMK	F	L	T	C	S	Z	D.x	R.x	상수	U	N	D	R		에러 (F110)	제로 (F111)	캐리 (F112)
BRST(P)	D	O	-	O	-	-	-	-	O	-	-	O	-	-	-	4~6	O	-	-
	N	O	-	O	-	-	-	O	-	-	O	O	-	O	-				

```
                  COMMAND
BRST    ┌─┐      ┌────┤├────────────────┌──────┐ D  N │
        ┘ └──────                        └──────┘

                  COMMAND
BRSTP   ┌┐       ┌────┤├────────────────┌──────┐ P D  N │
       ─┘└──────                         └──────┘

        ┌──────┐ 는 BRST를 나타냄
        └──────┘
```

[영역설정]

오퍼랜드	설 명	데이터 타입
D	리셋 시작 위치를 나타내는 디바이스의 번호	BIT
N	리셋시킬 비트 개수	WORD

[플래그 셋(Set)]

플래그	내 용	디바이스 번호
에러	N의 값이 D로 지정된 디바이스의 최대 영역을 넘어가도록 지정했을 경우	F110

1) BRST(BIT RESET)

① D로 지정된 비트부터 N개의 비트를 Off로 한다.

② N의 값이 지정된 비트접점 영역을 초과할 경우, 에러 플래그가 On 된다.

③ SR 명령과 같이 사용하면, SR에서 사용하는 영역을 간단하게 리셋 시킬 수 있다.

2) 프로그램 예제

① P00000이 On되면 P00103 비트부터 10개의 비트를 0으로 리셋 시키는 프로그램이다.

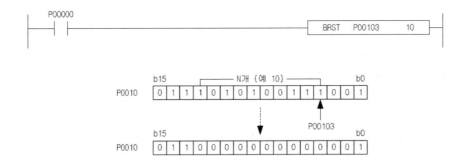

2.25.3 ENCO, ENCOP

명 령		사 용 가 능 영 역														스텝	플래그		
		PMK	F	L	T	C	S	Z	D.x	R.x	상수	U	N	D	R		에러 (F110)	제로 (F111)	캐리 (F112)
ENCO(P)	S	O	O	O	O	O	O	–	O	–	–	O	O	O	O	4~6	O	O	–
	D	O	–	O	O	O	O	–	O	–	–	–	O	O	O	O			
	N	O	O	O	O	O	O	–	O	–	–	O	O	O	O				

```
            COMMAND
ENCO    ⎍ ─┤ ├─               ┌──┐ S D N
            COMMAND
ENCOP   ⎍ ─┤↑├─               ┌──┐ P S D N

                              ┌──┐는 ENCO를 나타냄
```

[영역설정]

오퍼랜드	설 명	데이터 타입
S	ENCO 연산을 실행할 데이터 또는 주소	WORD
D	연산 결과를 저장할 주소	WORD
N	ENCO할 비트의 승수로 1~8 까지 지정 가능합니다.	WORD

[플래그 셋(Set)]

플래그	내 용	디바이스 번호
에러	유효 비트수 N이 0 ~ 8이외의 값일 때 S부터 시작된 유효 비트수가 디바이스 영역을 초과했을 때	F110
제로	유효 2^N의 데이터가 제로일 때	F111

1) ENCO(Encode)

① S의 디바이스에 저장된 데이터의 유효 비트 2^N개 중에서 최상위에 있는 1의 위치를 수치화하여 D로 지정한 디바이스에 16진수로 저장한다.

② S가 상수로 입력되면 N의 값이 4(검색 비트수 16)를 넘어가도 입력된 변수 값 영역에서 인코딩 된다.

③ N = 0일 때에는 D의 내용은 변화하지 않는다.

④ 2^N 영역 내 1이 있는 최상 접점 위치를 수치화(Hex 값)하여 D에 저장한다.

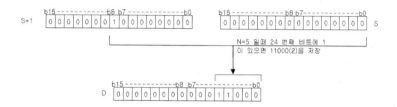

2) 프로그램 예제

① P1000=h4321, P1200=h0004인 경우 입력신호인 P00000이 Off→On되면 P1100에 h000E를 저장시키는 프로그램이다.

```
     P00000
┤├─┤├                                    ENCOP  P1000  P1100  P1200 ┤
```

2.25.4 DECO, DECOP

명 령		사 용 가 능 영 역														스텝	플래그		
		PMK	F	L	T	C	S	Z	D.x	R.x	상수	U	N	D	R		에러 (F110)	제로 (F111)	캐리 (F112)
DECO(P)	S	O	O	O	O	O	O	-	O	-	-	O	O	O	O	4~6	O	-	-
	D	O	-	O	O	O	O	-	O	-	-	-	O	O	O				
	N	O	O	O	O	O	O	-	O	-	-	O	O	O	O				

```
                      COMMAND
DECO    ┌┐ ├────────┤                    ┌──────┐ S D N
        ┘└

                      COMMAND
DECOP   ┌┐ ├────────┤                    ┌────┐P S D N
        ┘└

        ┌──────┐는 DECO를 나타냄
```

[영역설정]

오퍼랜드	설 명	데이터 타입
S	DECO 연산을 실행할 데이터 주소	WORD
D	연산 결과를 저장할 주소	WORD
N	DECO 할 비트의 승수	WORD

[플래그 셋(Set)]

플래그	내 용	디바이스 번호
에러	유효 비트수 N이 0 ~ 8 이외의 값일 때 D부터 시작된 2^N 개의 유효 비트수가 디바이스 영역을 초과했을 때	F110

1) DECO(Decode)

① S로 지정된 디바이스에 저장된 데이터 중에서 하위 N개의 비트를 디코드 하여 그 결과를 D로 지정한 디바이스부터 2^N의 비트 영역 내에 저장하고, 나머지 비트는 0으로 지운다(8비트를 256비트로 디코드).

② N은 1 ~ 8까지 지정 가능하다.

③ N = 0일 때 기존의 D의 내용은 변화하지 않는다.

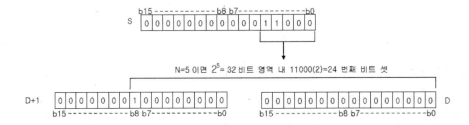

2) 프로그램 예제

① D01000=h1234, D01200=h0005인 경우 입력신호인 P00000이 Off→On되면 D01101 =h0008, D01100=h0000를 저장시키는 프로그램이다.

```
   P00000
───┤ ├───────────────────────────────────[ DECOP  D01000  D01100  D01200 ]─
```

2.25.5 DIS, DISP

명 령		사 용 가 능 영 역														스텝	플래그		
		PMK	F	L	T	C	S	Z	D.x	R.x	상수	U	N	D	R		에러 (F110)	제로 (F111)	캐리 (F112)
DIS(P)	S	O	O	O	O	O	O	-	O	-	-	-	O	O	O	O	4~6	O	-	-
	D	O	-	O	O	O	O	-	O	-	-	-	O	O	O	O				
	N	O	O	O	O	O	O	-	O	-	-	-	O	O	O	O				

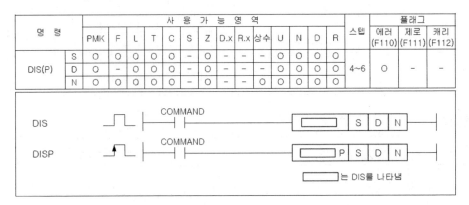

[영역설정]

오퍼랜드	설 명	데이터 타입
S	DIS 연산을 실행할 데이터 주소	WORD
D	연산 결과를 저장할 주소	WORD
N	D로부터 저장될 4bit 데이터 개수	WORD

[플래그 셋(Set)]

플래그	내 용	디바이스 번호
에러	N이 4를 초과할 경우 셋(Set)합니다. D부터 N개의 범위가 해당 디바이스의 허용 범위를 초과할 경우 셋(Set)합니다.	F110

1) DIS(Distribute)

① S로 지정한 디바이스의 데이터를 N개의 니블(4 bit)로 나누어 D로 지정한 디바이스부터 차례로 N개만큼 저장한다.

② N의 값이 0이면 명령은 실행되지 않는다.

③ 디바이스 D, D+1, …에서 하위 1 니블에 분리된 데이터가 채워지고 남은 상위비트들에는 0이 저장된다.

④ N이 4를 초과하면 에러 플래그를 셋(Set)한다.

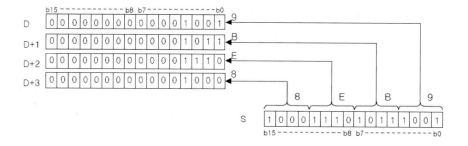

2) 프로그램 예제

① D01000=h1234, D01200=h0003인 경우 입력신호인 P00000이 Off→On되면 D01100 =h0004, D01101=h0003, D01102=h0002를 저장시키는 프로그램이다.

2.26 특수함수 명령

2.26.1 SIN, SINP

명 령		사 용 가 능 영 역														스텝	플래그		
		PMK	F	L	T	C	S	Z	D.x	R.x	상수	U	N	D	R		에러 (F110)	제로 (F111)	캐리 (F112)
SIN(P)	S	O	-	O	O	O	-	-	-	-	O	O	O	O	O	2~4	-	-	-
	D	O	-	O	-	-	-	-	-	-	-	-	O	O	O				

```
          COMMAND
SIN    ┌─┐  ─┤ ├─                    ─│ SIN │ S │ D │─
       ┘ └
          COMMAND
SINP   ┌─┐  ─┤ ├─                    ─│ SINP │ S │ D │─
      ─┘ └
```

[영역설정]

오퍼랜드	설명	데이터 크기
S	Sine 연산의 각도 입력값 (Radian)	LREAL
D	연산결과를 저장할 디바이스 번호	LREAL

1) SIN(Sine)

① S로 지정된 영역의 데이터 값을 SIN연산을 해서 D에 저장한다. 이때, S와 D의 데이터 타입은 배장형 실수이고, 내부 연산은 배장형 실수로 변환해서 처리한다.

② 입력값은 라디안값이며, 각도에서 라디안 변환은 RAD를 참고한다.

③ S의 값이 $1.047\cdots(\pi/3\ rad = 60°)$일 때 연산 결과는 $0.8660\cdots(\frac{\sqrt{3}}{2})$가 된다.

2) 프로그램 예제

M0008, M0009에 입력한 각도를 라디안 값으로 변환하여 M0000, M0001에 저장하고, 변환한 값에 의한 SIN 연산을 하여 M0004, M0005에 저장하는 프로그램이다.

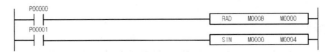

```
    P00000
  ──┤ ├──                          ─│ RAD  M0008  M0000 │─
    P00001
  ──┤ ├──                          ─│ SIN  M0000  M0004 │─
```

2.26.2 ASIN, ASINP

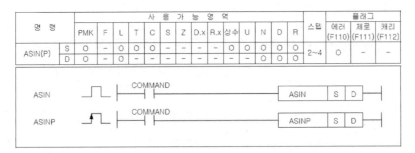

명 령		사 용 가 능 영 역														스텝	플래그		
		PMK	F	L	T	C	S	Z	D.x	R.x	상수	U	N	D	R		에러 (F110)	제로 (F111)	캐리 (F112)
ASIN(P)	S	O	-	O	O	O	-	-	-	-	O	O	O	O	O	2~4	O	-	-
	D	O	-	O	-	-	-	-	-	-	-	-	O	O	O				

```
          COMMAND
ASIN   ┌─┐  ─┤ ├─                    ─│ ASIN │ S │ D │─
       ┘ └
          COMMAND
ASINP  ┌─┐  ─┤ ├─                    ─│ ASINP │ S │ D │─
      ─┘ └
```

[영역설정]

오퍼랜드	설명	데이터 크기
S	Arc Sine 연산을 할 SIN값이 저장된 디바이스 번호	LREAL
D	연산결과(라디안값)를 저장할 디바이스 번호	LREAL

[플래그 셋(Set)]

플래그	내용	디바이스 번호
에러	S로 지정된 값 범위가 -1.0과 1.0 사이에 있지 않을 경우 셋(Set).	F110

1) ASIN(Arc Sine)

① S로 지정된 영역의 데이터 값을 ASIN 연산을 해서 D에 저장한다. 이때, S와 D의 데이터 타입은 배장형 실수이고, 내부 연산은 배장형 실수로 변환해서 처리한다.

② 출력값은 라디안 값이며, 라디안에서 각도 변환은 DEG를 참고한다.

③ S의 값이 $0.8660...(\frac{\sqrt{3}}{2})$일 때 연산 결과는 $1.0471...(\pi/3 \text{ rad} = 60°)$이다.

2) 프로그램 예제

M0008, M0009에 입력한 SIN값을 ASIN연산을 하여 연산결과(라디안값)을 M0000, M0001에 저장하고, M0000, M0001에 저장된 라디안 값을 각도 값으로 변환하여 M0004, M0005에 저장하는 프로그램이다.

```
    P00000
  ──┤ ├──────────────────────────────[ ASIN  M0008  M0000 ]
    P00001
  ──┤ ├──────────────────────────────[ DEG   M0000  M0004 ]
```

2.26.3 COS, COSP

명 령		사 용 가 능 영 역														스텝	플래그		
		PMK	F	L	T	C	S	Z	D.x	R.x	상수	U	N	D	R		에러 (F110)	제로 (F111)	캐리 (F112)
COS(P)	S	○	-	○	○	○	-	-	-	-	○	○	○	○	○	2~4	-	-	-
	D	○	-	○	-	-	-	-	-	-	-	○	○	○					

```
COS     ┌─┐   COMMAND
    ────┘ └───┤ ├──────────────────────[ COS   S  D ]

COSP    ┌─┐   COMMAND
    ──┘ └─────┤ ├──────────────────────[ COSP  S  D ]
```

[영역설정]

오퍼랜드	설명	데이터 크기
S	Cosine 연산의 각도 입력값 (Radian)	LREAL
D	연산결과를 저장할 디바이스 번호	LREAL

1) COS(Cosine)

① S로 지정된 영역의 데이터 값을 COS연산을 해서 D에 저장한다. 이때, S와 D의 데이터 타입은 배장형 실수다.

② 입력값은 라디안값이며, 각도에서 라디안 변환은 RAD를 참고한다.

③ S의 값이 0.5235…(π/6 rad = 30°)일 때 연산 결과는 0.8660…($\frac{\sqrt{3}}{2}$)가 된다.

2) 프로그램 예제

M0008, M0009에 입력한 각도를 라디안 값으로 변환하여 M0000, M0001에 저장하고, 변환한 값에 의한 COS연산을 하여 M0004, M0005에 저장하는 프로그램이다.

2.26.4 ACOS, ACOSP

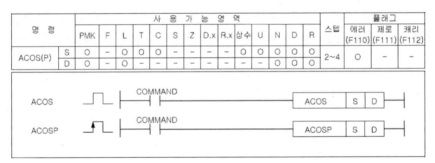

명 령		사 용 가 능 영 역													스텝	플래그		
		PMK	F	L	T	C	S	Z	D.x	R.x	상수	U	N	D	R		에러 (F110)	제로 (F111)	캐리 (F112)
ACOS(P)	S	O	-	O	O	O	-	-	-	-	-	O	O	O	O	2~4	O	-	-
	D	O	-	O	-	-	-	-	-	-	-	-	O	O	O				

[영역설정]

오퍼랜드	설명	데이터 크기
S	Arc Cosine 연산을 할 COS값이 저장된 디바이스 번호	LREAL
D	연산결과(라디안값)를 저장할 디바이스 번호	LREAL

[플래그 셋(Set)]

플래그	내 용	디바이스 번호
에러	S로 지정된 값 범위가 -1.0과 1.0 사이에 있지 않을 경우 셋(Set).	F110

1) ACOS(Arc Cosine)

① S로 지정된 영역의 데이터 값을 ACOS연산을 해서 D에 저장한다. 이때, S와 D의 데이터 타입은 배장형 실수이고, 내부 연산은 배장형 실수로 변환해서 처리한다.

② 출력값은 라디안값이며, 라디안에서 각도 변환은 DEG를 참고한다.

③ S의 값이 0.8660…($\frac{\sqrt{3}}{2}$)일 때 연산 결과는 0.5235…(π/6 rad = 30°)이다.

2) 프로그램 예제

M0008, M0009에 입력한 COS값을 ACOS 연산을 하여 연산결과(라디안값)를 M0000, M0001에 저장하고, M0000, M0001에 저장된 라디안 값을 각도 값으로 변환하여 M0004, M0005에 저장하는 프로그램이다.

2.26.5 TAN, TANP

명 령		사 용 가 능 영 역														스텝	플래그		
		PMK	F	L	T	C	S	Z	D.x	R.x	상수	U	N	D	R		에러 (F110)	제로 (F111)	캐리 (F112)
TAN(P)	S	O	-	O	O	O	-	-	-	-	-	O	O	O	O	2~4	-	-	-
	D	O	-	O	-	-	-	-	-	-	-	-	O	O	O				

```
                    COMMAND
TAN      ┌─┐      ──┤ ├──                    ┌─────┬───┬───┐
         ┘ └─              TAN │ S │ D │
                                                └─────┴───┴───┘

                    COMMAND
TANP     ┌─┐      ──┤ ├──                    ┌─────┬───┬───┐
        ─┘ └─              TANP │ S │ D │
                                                └─────┴───┴───┘
```

[영역설정]

오퍼랜드	설명	데이터 크기
S	Tangent 연산의 각도 입력값 (Radian)	LREAL
D	연산결과를 저장할 디바이스 번호	LREAL

1) TAN(Tangent)

① S으로 지정된 영역의 데이터 값을 Tangent연산을 해서 D에 저장한다. 이때, S와 D의 데이터 타입은 배장형 실수다.

② 입력값은 라디안 값이며, 각도에서 라디안 변환은 RAD를 참고한다.

③ S의 값이 0.5235…(π/6 rad = 30°)일 때 연산 결과는 0.5773…가 된다.

2) 프로그램 예제

M0008, M0009에 입력한 각도를 라디안 값으로 변환하여 M0000, M0001에 저장하고, 변환한 값에 의한 TAN연산을 하여 M0004, M0005에 저장하는 프로그램이다.

```
      P00000
      ─┤├──────────────────────────────────────[ RAD    M0008    M0000 ]─
      P00001
      ─┤├──────────────────────────────────────[ TAN    M0000    M0004 ]─
```

2.26.6 ATAN, ATANP

명 령		사 용 가 능 영 역													스텝	플래그		
		PMK	F	L	T	C	S	Z	D.x	R.x	상수	U	N	D	R		에러 (F110)	제로 (F111)	캐리 (F112)
ATAN(P)	S	O	-	O	O	O	-	-	-	-	O	O	O	O	O	2~4	-	-	-
	D	O	-	O	-	-	-	-	-	-	-	-	O	O	O				

```
                   COMMAND
ATAN      ┌─┐      ──┤├──                    ──────[ ATAN   S   D ]──
       ───┘ └───

                   COMMAND
ATANP     ┌─┐      ──┤├──                    ──────[ ATANP  S   D ]──
        ↑┌┘ └───
```

[영역설정]

오퍼랜드	설명	데이터 크기
S	Arc Tangent 연산을 할 TAN값이 저장된 디바이스 번호	LREAL
D	연산결과(라디안값)를 저장할 디바이스 번호	LREAL

1) ATAN(Arc Tangent)

① S로 지정된 영역의 데이터 값을 ATAN연산을 해서 D에 저장한다. 이때, S와 D의 데이터 타입은 배장형 실수이고, 내부 연산은 배장형 실수로 변환해서 처리한다.

② 출력값은 라디안 값이며, 라디안에서 각도 변환은 DEG를 참고한다.

③ S의 값이 1.0일 때 연산 결과는 0.7853...(π/4rad = 45°)이다.

2) 프로그램 예제

M0008, M0009에 입력한 TAN값을 ATAN 연산을 하여 연산결과(라디안 값)을 M0000, M0001에 저장하고, M0000, M000에 저장된 라디안 값을 각도 값으로 변환하여 M0004, M0005에 저장하는 프로그램이다.

```
      P00000
      ─┤├──────────────────────────────────────[ ATAN   M0008    M0000 ]─
      P00001
      ─┤├──────────────────────────────────────[ DEG    M0000    M0004 ]─
```

2.26.7 RAD, RADP

명 령		사 용 가 능 영 역													스텝	플래그		
		PMK	F	L	T	C	S	Z	D.x	R.x	상수	U	N	D	R		에러 (F110)	제로 (F111)	캐리 (F112)
RAD(P)	S	O	-	O	O	O	-	-	-	-	O	O	O	O	O	2~4	-	-	-
	D	O	-	O	-	-	-	-	-	-	-	O	O	O				

```
         ┌─┐    COMMAND
RAD  ────┘ └────┤ ├──────────────────────────[ RAD   S   D ]──┤
         ┌─┐    COMMAND
RADP ────┘↑└────┤ ├──────────────────────────[ RADP  S   D ]──┤
```

[영역설정]

오퍼랜드	설명	데이터 크기
S	각도 데이터	LREAL
D	라디안(Radian) 값으로 변환된 결과를 저장할 디바이스 번호	LREAL

1) RAD(Radian)

① S로 지정된 영역의 데이터인 각도(0) 값을 라디안(Radian) 값으로 변환하여 D에 저장한다.

이때, S와 D의 데이터 타입은 배장형 실수이다.

② 도 단위에서 라디안 단위로의 변환은 다음과 같다.

라디안 = 도단위 × π /180

2) 프로그램 예제

M0000, M0001에 입력한 각도 값을 라디안 값으로 변환하여 M0002, M0003에 저장하고, 반대로 M0002, M0003에 저장된 라디안 값을 각도 값으로 변환하여 M0004, M0005에 저장하는 프로그램이다.

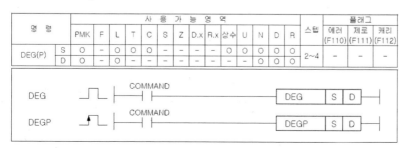

2.26.8 DEG, DEGP

명 령		사 용 가 능 영 역													스텝	플래그		
		PMK	F	L	T	C	S	Z	D.x	R.x	상수	U	N	D	R		에러 (F110)	제로 (F111)	캐리 (F112)
DEG(P)	S	O	-	O	O	O	-	-	-	-	O	O	O	O	O	2~4	-	-	-
	D	O	-	O	-	-	-	-	-	-	-	O	O	O				

```
         ┌─┐    COMMAND
DEG  ────┘ └────┤ ├──────────────────────────[ DEG   S   D ]──┤
         ┌─┐    COMMAND
DEGP ────┘↑└────┤ ├──────────────────────────[ DEGP  S   D ]──┤
```

[영역설정]

오퍼랜드	설명	데이터 크기
S	라디안 값	LREAL
D	연산결과를 저장할 디바이스 번호	LREAL

1) DEG(Degree)

① S으로 지정된 영역의 데이터인 라디안 값을 각도(Degree)로 변환해서 D에 저장한다. 이때, S와 D의 데이터 타입은 배장형 실수이다.

② 도단위에서 라디안 단위로의 변환을 다음과 같다.

도 단위 = 라디안 $\times$ 180/π

2) 프로그램 예제

M0000, M0001에 입력한 라디안 값을 각도 값으로 변환하여 M0002, M0003에 저장하고, 반대로 M0002, M0003에 저장된 각도 값을 라디안 값으로 변환하여 M0004, M0005에 저장하는 프로그램이다.

```
    P00003
─────┤ ├────────────────────────────────[ RAD   M0000   M0002 ]─
    P00004
─────┤ ├────────────────────────────────[ DEG   M0002   M0004 ]─
```

2.27 분기 명령

2.27.1 JMP, LABEL

명 령		사 용 가 능 영 역														스텝	플래그		
		PMK	F	L	T	C	S	Z	D.x	R.x	상수	U	N	D	R		에러 (F110)	제로 (F111)	캐리 (F112)
JMP	레이블	–	–	–	–	–	–	–	–	–	–	–	–	–	–	1	–	–	–
LABEL	레이블	–	–	–	–	–	–	–	–	–	–	–	–	–	–	5	–	–	–

```
                   COMMAND
JMP       ┌─┐    ──┤ ├──────────────────────────[ JMP   레이블 ]─
         ─┘ └─                                        ⤶

LABEL              레이블:
```

[영역설정]

오퍼랜드	설명	데이터 타입
레이블	점프할 위치의 레이블 (영문 : 16자, 한글 : 8자 사용가능)	STRING

1) JMP

① JMP(레이블)명령의 입력접점이 On되면 지정 레이블(LABEL)이후로 Jump하며 JMP와 레이블 사이의 모든 명령은 처리되지 않는다.

② 레이블은 중복되게 사용할 수 없다. JMP는 중복사용 가능하다.

③ 비상사태 발생 시 처리해서는 안 되는 프로그램을 JMP와 레이블 사이에 넣으면 좋다.

```
        P00000
        ─┤ ├─                                          ┌──────┬────────┐
                                                        │ JMP  │ JMP_ST │
        P00000                                          └──────┴────────┘
        ─┤ ├─                                                  ⌇
                                                          ─────( )─────
 레이블  JMP_ST:
```

2) 프로그램 예제

① 입력신호 P00020을 On하였을 때 JMP SKIP_RING과 레이블 SKIP_RING 사이의 프로그램을 실행하지 않는 프로그램이다.

```
        P00020
        ─┤ ├─                                        ┌──────┬──────────┐
                                                      │ JMP  │ SKIP_RING│
        P00030                                        └──────┴──────────┘
        ─┤ ├─                                      ┌──────┬────────┬─────┐
                                                    │ CTUD │ C00002 │ 100 │
        P00031                                      └──────┴────────┴─────┘
        ─┤ ├─                                                     C0002
                                                            ─────( R )─────
        C0002                                                  P00060
        ─┤ ├─                                            ─────( R )─────

 레이블  SKIP_RING:
```

2.27.2 CALL, CALLP, SBRT, RET

명 령		사 용 가 능 영 역														스텝	플래그		
		PMK	F	L	T	C	S	Z	D.x	R.x	상수	U	N	D	R		에러 (F110)	제로 (F111)	캐리 (F112)
CALL(P)	n	–	–	–	–	–	–	–	–	–	–	–	–	–	–	1	–	–	–
SBRT	n	–	–	–	–	–	–	–	–	–	–	–	–	–	–	5	–	–	–

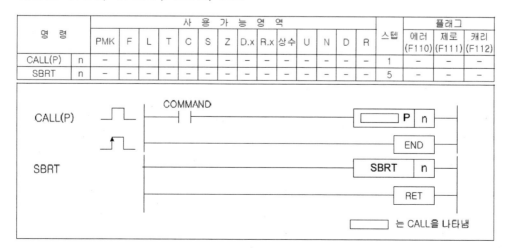

[영역설정]

오퍼랜드	설명	데이터 타입
n	호출할 함수의 문자열(영문 : 16자, 한글 : 8자 사용가능)	STRING

1) CALL

① 프로그램 수행 중 입력 조건이 성립하면 CALL n 명령에 따라 SBRT n ~ RET 명령 사이의 프로그램을 수행한다.

② CALL No.는 중첩되어 사용가능하며 반드시 SBRT n ~ RET 명령 사이의 프로그램은 END 명령 뒤에 있어야 한다.

③ 에러 처리가 되는 조건

- 전체 SBRT의 개수가 128개를 넘을 경우: 프로그램 다운로드가 안된다.
- CALL n이 있고 SBRT n이 없는 경우

④ SBRT 내에서 다른 SBRT를 Call하는 것이 가능하며, 16회까지 가능하다.

⑤ SBRT 내에서 CALL 문은 END 다음에 위치할 수 있다.

2) 프로그램 예제

입력 신호 P0002F를 On 하였을 때 CALL INC_D0가 수행되어, SBRT INC_D0 ~ RET명령 사이의 프로그램을 수행하는 프로그램이다.

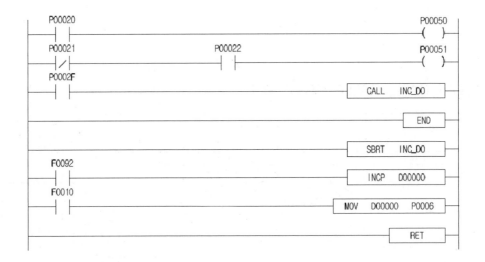

2.28 루프 명령

2.28.1 FOR, NEXT

명 령		사 용 가 능 영 역														스텝	플래그		
		PMK	F	L	T	C	S	Z	D.x	R.x	상수	U	N	D	R		에러 (F110)	제로 (F111)	캐리 (F112)
FOR	n	O	-	O	O	O	-	O	-	-	O	O	O	O	O	2	O	-	-
NEXT		-	-	-	-	-	-	-	-	-	-	-	-	-	-	1			

[영역설정]

오퍼랜드	설명	데이터 타입
n	FOR~NEXT 를 수행할 횟수	WORD

1) FOR ~ NEXT

① PLC가 RUN 모드에서 FOR를 만나면 FOR ~ NEXT 명령간의 처리를 n회 실행한 후 NEXT 명령의 다음 스텝을 실행한다.

② n은 0 ~ 65535까지 지정가능 한다.

③ FOR ~ NEXT의 가능한 NESTING 개수는 16개까지다. 이를 초과 시에는 프로그램 다운로드가 되지 않는다.

④ FOR ~ NEXT 루프를 빠져 나오는 다른 방법은 BREAK 명령을 사용한다.

⑤ 스캔 시간이 길어질 수 있으므로, WDT 명령을 사용하여 WDT 설정치를 넘지 않도록 주의한다.

2) 프로그램 예제

PLC가 RUN 모드에서 FOR ~ NEXT 사이를 2회 수행하는 프로그램이다.

2.28.2 BREAK

명 령	사 용 가 능 영 역														스텝	플래그		
	PMK	F	L	T	C	S	Z	D.x	R.x	상수	U	N	D	R		에러 (F110)	제로 (F111)	캐리 (F112)
BREAK	-	-	-	-	-	-	-	-	-	-	-	-	-	-	1	-	-	-

		COMMAND		
BREAK	⎍ ┤ ├	┤ ├───────────	[BREAK]	──

1) BREAK

① FOR ~ NEXT 구문 내에서 빠져 나오는 기능을 한다.

② BREAK 명령은 단독으로 사용될 수 없다. 반드시 FOR ~ NEXT 사이에서만 사용가능
하다.

FOR ~ NEXT사이에 사용되지 않았을 경우, 프로그램 오류로 프로그램 다운로드가 되
지 않는다.

2) 프로그램 예제

① M0000이 On되면 내부의 5회 FOR ~ NEXT루프를 무시하고 '루프종료' 위치로 빠져나
와 연산을 계속 실행한다.

2.29 캐리 플래그 관련 명령

2.29.1 STC, CLC

명 령	사 용 가 능 영 역													스텝	플래그		
	PMK	F	L	T	C	S	Z	D.x	R.x	상수	U	N	D	R		에러 (F110)	제로 (F111)	캐리 (F112)
STC / CLC	-	-	-	-	-	-	-	-	-	-	-	-	-	-	1	-	-	O

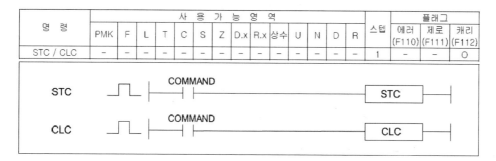

[플래그 셋(Set)]

플래그	내 용	디바이스 번호
캐리	STC 일 때는 실행조건이 On 이면 셋(Set) CLC 일 때는 실행조건이 On 이면 리셋(Reset) STC 나 CLC 실행조건이 Off 이면 변화없음	F112

1) STC(셋(Set) Carry Flag)

입력조건이 On하면 캐리 플래그(F112)를 셋(On)시킨다.

2) CLC(Clear Carry Flag)

입력조건이 On하면 캐리 플래그(F112)를 클리어(Off)시킨다.

3) 프로그램 예제

입력 M00000을 On하면 캐리 플래그(F112)를 셋(On)하는 프로그램이다.

입력 M00001을 On하면 캐리 플래그(F112)가 셋(Set)된 것을 클리어시키는 프로그램이다.

2.29.2 CLE

명 령	사 용 가 능 영 역														스텝	플래그		
	PMK	F	L	T	C	S	Z	D.x	R.x	상수	U	N	D	R		에러 (F110)	제로 (F111)	캐리 (F112)
CLE	–	–	–	–	–	–	–	–	–	–	–	–	–	–	1	–	–	–

```
         ┌─┐     COMMAND                        ┌──────────┐
CLE  ────┘ └──────┤ ├──────────────────────────┤   CLE    ├──
                                                └──────────┘
```

[플래그 셋(Set)]

플래그	내 용	디바이스 번호
에러 래치	실행조건이 On이면 리셋(Set) 실행조건이 Off이면 변화없음	F115

1) CLE(Clear Latch Error Flag)

입력조건이 On하면 에러 래치 플래그(F115)를 리셋(Reset)(Off)시킨다.

2) 프로그램 예제

① 입력조건 M0001이 On되면 에러 래치 플래그인 F115를 클리어 한다.

```
   M00001                                       ┌──────────┐
───┤ ├───────────────────────────────────────┤   CLE    ├──
                                               └──────────┘
```

[2.30] 시스템 명령

2.30.1 FALS

명 령		사 용 가 능 영 역														스텝	플래그		
		PMK	F	L	T	C	S	Z	D.x	R.x	상수	U	N	D	R		에러 (F110)	제로 (F111)	캐리 (F112)
FALS	N	–	O	–	O	O	–	O	–	–	O	O	–	O	O	2	–	–	–

[영역설정]

오퍼랜드	설 명	데이터 타입
N	F 영역(F0014)에 저장될 번호	WORD

1) FALS

① N을 F영역의 지정된 주소에 저장한다.

② N은 h0000 ~ hFFFF까지 지정이 가능하며 해제되기 전까지는 최초에 발생한 N이 저장된다.

③ FALS의 해제는 FALS 0000으로 실행한다.

2) 프로그램 예제

입력 신호 P00000을 On하였을 때 D01000에 저장된 데이터를 F0014에 저장하는 프로그램이다.

```
    P00000
├───┤ ├────────────────────────────────────────┤ FALS  D01000 ├──┤
```

2.30.2 DUTY

명 령		사 용 가 능 영 역													스텝	플래그		
		PMK	F	L	T	C	S	Z	D.x	R.x	상수	U	N	D	R		에러 (F110)	제로 (F111)	캐리 (F112)
DUTY	D	-	O	-	-	-	-	-	-	-	-	-	-	-	-	4	-	-	-
	N1	-	-	-	-	-	-	-	-	-	O	-	-	-	-				
	N2	-	-	-	-	-	-	-	-	-	O	-	-	-	-				

DUTY	┌┐	COMMAND ┤ ├	DUTY	D	N1	N2

[영역설정]

오퍼랜드	설 명	데이터 타입
D	F100 ~ F107	BIT
N1	On 될 스캔 수	WORD
N2	Off 될 스캔 수	WORD

1) DUTY

① D로 지정된 User용 타이밍 펄스 F 영역(F100 ~ F107)을 N1 스캔동안 On, N2 스캔동안 Off하는 펄스를 발생시킨다.

② 초기 입력 조건이 Off된 때는 타이밍 펄스(F100 ~ F107)는 Off되어 있다.

③ N1=0이면 타이밍 펄스는 항상 off이다.

④ N1>0, N2=0이면 타이밍 펄스는 항상 On이다.

⑤ 입력 조건이 On되어 DUTY 명령어가 동작해서 타이밍 펄스가 발생하기 시작하면, DUTY의 입력조건이 Off되어도 타이밍 펄스는 계속해서 발생한다.

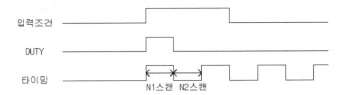

2) 프로그램 예제

입력 신호 P00000을 On 하였을 때 F00100이 3 스캔동안 On, 1 스캔동안 Off 하는 타이밍 펄스를 발생시키는 프로그램이다.

> **Tip & note**
>
> 런중 수정을 통해 특정 타이밍 펄스에 해당하는 DUTY 명령을 제거해도 타이밍 펄스는 계속해서 동작한다.

2.30.3 TFLK

<table>
<tr><th rowspan="2" colspan="2">명 령</th><th colspan="14">사 용 가 능 영 역</th><th rowspan="2">스텝</th><th colspan="3">플래그</th></tr>
<tr><th>PMK</th><th>F</th><th>L</th><th>T</th><th>C</th><th>S</th><th>Z</th><th>D.x</th><th>R.x</th><th>상수</th><th>U</th><th>N</th><th>D</th><th>R</th><th>에러
(F110)</th><th>제로
(F111)</th><th>캐리
(F112)</th></tr>
<tr><td rowspan="4">TFLK</td><td>D1</td><td>O</td><td>-</td><td>-</td><td>-</td><td>-</td><td>-</td><td>-</td><td>O</td><td>-</td><td>-</td><td>-</td><td>-</td><td>-</td><td>-</td><td rowspan="4">4~7</td><td rowspan="4">O</td><td rowspan="4">-</td><td rowspan="4">-</td></tr>
<tr><td>S1</td><td>O</td><td>O</td><td>O</td><td>O</td><td>O</td><td>-</td><td>O</td><td>-</td><td>-</td><td>O</td><td>O</td><td>O</td><td>O</td></tr>
<tr><td>S2</td><td>O</td><td>O</td><td>O</td><td>O</td><td>O</td><td>-</td><td>O</td><td>-</td><td>-</td><td>O</td><td>O</td><td>O</td><td>O</td></tr>
<tr><td>D2</td><td>O</td><td>-</td><td>O</td><td>O</td><td>O</td><td>-</td><td>O</td><td>-</td><td>-</td><td>-</td><td>O</td><td>O</td><td>O</td><td>O</td></tr>
</table>

TFLK

```
   ┌─┐    COMMAND
  ─┘ └─────┤├──────────────[ TFLK │ D1 │ S1 │ S2 │ D2 ]──
```

[영역설정]

오퍼랜드	설 명	데이터 타입
D1	설정시간으로 On/Off 시킬 비트 번호	BIT
S1	D1으로 설정된 비트를 On시킬 시간	WORD
S2	D1으로 설정된 비트를 Off시킬 시간	WORD
D2	(D2+0) : 수행중인 현재시간 (D2+1) : 사용할 시간 단위 설정 (0-1ms, 1-10ms, 2-100ms, 3-1s) (D2+2) ~ (D2+3) : 시스템 영역 (word * 2)	WORD

1) TFLK

① 입력 접점이 On되었을 때, D1로 지정된 비트를 S1시간동안 On시켰다가 S2시간 동안 Off시키는 명령어다.

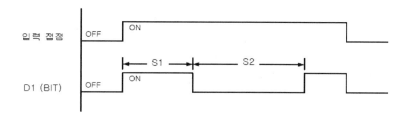

② 접점이 Off되면 D2로 지정된 수행중인 현재시간은 초기화되고, D1로 설정한 비트값 도 Off된다. 다시 접점을 On시키면 처음부터 다시 명령어를 수행한다.

③ D2+1영역에 사용할 시간단위를 설정한다.

0 ~ 1ms, 1 ~ 10ms, 2 ~ 100ms, 3 ~1s, 4이상일 경우 에러는 없고, 모두 1s로 설정된다.

④ 이 명령어 수행을 위해서 2워드의 시스템 영역이 필요하다. 이를 위해 D2+2, D2+3워 드 영역을 명령어 내부에서 사용한다. 따라서 D2 설정 시에는 각 디바이스의 범위를 고려해서 설정해야 한다.

2) 프로그램 예제

① 입력조건 P00000이 On되면 P07000비트를 P1000시간 동안 On, P1100시간 동안 Off 시키는 프로그램이다.

② P1200에는 수행중인 현재시간이 저장되고, P1201에는 수행할 시간단위를 설정한다.

③ P1202, P1203은 명령어 내부에서 사용한다.

```
     P00000
├──────┤ ├────────────────────────────────┤TFLK  P07000  P1000  P1100  P1200├────┤
```

Tip & note

> TFLK 명령은 접점이 On되지 않아도 내부적으로 처리되는 부분이 있으므로, 간접지정(#)이나 인덱스([Z]) 사용 시 주의한다.
> 예를 들어, TFLK 명령의 오퍼랜드 중 하나에 M100[Z10]을 사용하고 Z10의 값이 M영역의 범위를 벗어날 수 있는, 1947을 초과한 값이면 접점이 On되지 않았어도 에러가 발생하게 된다.

2.30.4 WDT, WDTP

명 령	사 용 가 능 영 역													스텝	플래그		
	PMK	F	L	T	C	S	Z	D.x	R.x	상수	U	N	D	R		에러 (F110)	제로 (F111)	캐리 (F112)
WDT(P)	-	-	-	-	-	-	-	-	-	-	-	-	-	-	1	-	-	-

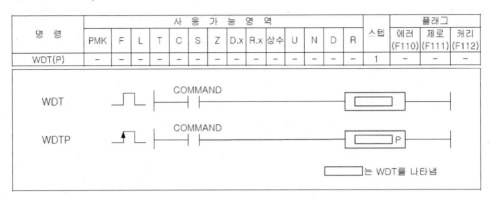

1) WDT(Watch Dog Timer Clear)

① 프로그램 연산중 Watch Dog 타이머를 리셋(Reset)시킨다.

② 프로그램 실행 중에서 0 스텝에서 END까지 시간이 최대 Watch Dog 설정치를 초과하는 경우에 프로그램 연산은 정지하는데 이 때 WDT를 사용한다.

2) 프로그램 예제

입력조건 P00000이 On되면, WDT 명령어가 수행시까지의 스캔타임을 클리어 한다.

2.30.5 OUTOFF

명 령	사 용 가 능 영 역													스텝	플래그		
	PMK	F	L	T	C	S	Z	D.x	R.x	상수	U	N	D	R		에러 (F110)	제로 (F111)	캐리 (F112)
OUTOFF	-	-	-	-	-	-	-	-	-	-	-	-	-	-	1	-	-	-

1) OUTOFF

① 입력 조건이 성립하면 전출력을 Off시키고, 내부 연산은 계속되며 F 영역중 F113(전출력 Off) 플래그를 셋(Set)시킨다.

② 입력조건이 해제되면 정상출력한다.

2) 프로그램 예제

① 입력조건 P00000이 On되면 출력 전체를 Off시키고, 전출력 Off 플래그(F113)를 On
시킨다.

② 입력조건 P00000이 Off되면 정상 출력한다.

2.30.6 STOP

명 령	사 용 가 능 영 역														스텝	플래그		
	PMK	F	L	T	C	S	Z	D.x	R.x	상수	U	N	D	R		에러 (F110)	제로 (F111)	캐리 (F112)
STOP	–	–	–	–	–	–	–	–	–	–	–	–	–	–	1	–	–	–

STOP	⊓ ──┤ COMMAND ├────────	STOP

1) STOP

① 현재 진행 중인 스캔을 완료한 후 프로그램 모드로 전환한다.
② 사용자가 명령어를 사용하여 원하는 시점에서 운전을 정지시킬 수 있는 기능이다.

2) 프로그램 예제

입력조건 P00000이 On되면 스캔을 완료한 후, 시스템의 운전을 정지한다.

인터럽트 관련 명령

2.31.1 EI, DI

명 령	사 용 가 능 영 역														스텝	플래그		
	PMK	F	L	T	C	S	Z	D.x	R.x	상수	U	N	D	R		에러 (F110)	제로 (F111)	캐리 (F112)
EI / DI	–	–	–	–	–	–	–	–	–	–	–	–	–	–	1	–	–	–

EI	├────────	EI
DI	├────────	DI

1) EI

작성된 모든 태스크 프로그램이 실행된다.

2) DI

작성된 모든 태스크 프로그램이 실행되지 않는다.

3) 프로그램 예제

프로젝트 내에 있는 모든 정주기 및 내부접점 태스크 프로그램을 실행시키는 프로그램이다.

```
├─────────────────────────────────────────────────┤ EI ├─┤
```

2.31.2 EIN, DIN

명령	사 용 가 능 영 역														스텝	플래그		
	PMK	F	L	T	C	S	Z	D.x	R.x	상수	U	N	D	R		에러 (F110)	제로 (F111)	캐리 (F112)
EIN / DIN n	-	-	-	-	-	-	-	-	-	O	-	-	-	-	1	-	-	-

[영역설정]

오퍼랜드	설명	데이터 타입
n	지정하고자 하는 태스크 번호	WORD

1) EIN

① n으로 지정된 태스크 프로그램을 실행시킨다.

```
* 인터럽트 5 인에이블시
     P00001
├──┤ ├────────────────────────────────────────┤ EIN    5 ├─┤
```

2) DIN

① n으로 지정된 태스크 프로그램을 중지시킨다.

```
* 인터럽트 5 디스에이블시
     P00001
├──┤ ├────────────────────────────────────────┤ DIN    5 ├─┤
```

Tip & note

태스크 번호는 다음과 같다.

태스크	XGK
정주기 태스크	0 ~ 31
외부접점 태스크	32 ~ 63(XGK 시리즈에서는 설정 불가)
내부접점 태스크	64 ~ 95

2.32 부호 반전 명령

2.32.1 NEG, NEGP, DNEG, DNEGP

명 령		사 용 가 능 영 역													스텝	플래그		
		PMK	F	L	T	C	S	Z	D.x	R.x	상수	U	N	D	R		에러 (F110)	제로 (F111)	캐리 (F112)
NEG(P) DNEG(P)	D	O	-	O	-	-	-	O	-	-	-	O	O	O	O	2	-	-	-

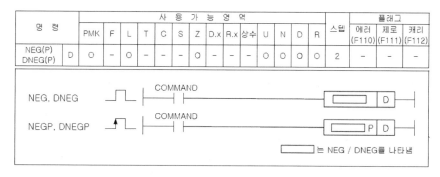

[영역설정]

오퍼랜드	설 명	데이터 타입
D	부호변환을 하고자하는 영역	WORD/DWORD

1) NEG(Word Negative)

① D로 지정된 영역의 내용을 부호 변환하여 D영역에 저장한다.

② 모니터링 보기 옵션을 Sign으로 볼 때 모니터링 가능하며, 음수로 변환된 값은 Sign 연산에서만 유용하다.

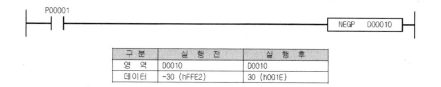

구 분	실 행 전	실 행 후
영 역	D0010	D0010
데이터	-30 (hFFE2)	30 (h001E)

2) DNEG(Double Word Negative)

① D, D+1로 지정된 영역의 내용을 부호 변환하여 D, D+1영역에 저장한다.

② 모니터링 보기 옵션을 Sign으로 볼 때 모니터링 가능하며, 음수로 변환된 값은 Sign
연산에서만 유용하다.

구 분	실 행 전	실 행 후
영 역	D0010, D0011	D0010, D0011
데이터	-30 (hFFFFFFE2)	30 (h0000001E)

3) 프로그램 예제

① D0020값을 음수로 변환하여 Sign 연산하는 프로그램이다.

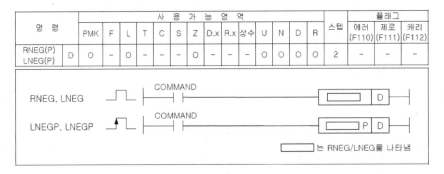

2.32.2 RNEG, RNEGP, LNEG, LNEGP

명 령		사 용 가 능 영 역														스텝	플래그		
		PMK	F	L	T	C	S	Z	D.x	R.x	상수	U	N	D	R		에러 (F110)	제로 (F111)	캐리 (F112)
RNEG(P) LNEG(P)	D	O	-	O	-	-	-	O	-	-	-	O	O	O	O	2	-	-	-

```
                   COMMAND
RNEG, LNEG    ⊓    ─┤ ├─                    [□  ] D

                   COMMAND
LNEGP, LNEGP  ⤒    ─┤ ├─                    [□  ] P  D

                              [□ ] 는 RNEG/LNEG를 나타냄
```

[영역설정]

오퍼랜드	설 명	데이터 타입
D	부호변환을 하고자하는 영역	REAL/LREAL

1) RNEG(Real Negative)

① D로 지정된 영역의 내용을 부호 변환하여 D영역에 저장한다.

② RNEG는 단장형 실수의 부호반전에 사용된다.

실행 전	실행 후
-3.383240094	3. 383240094

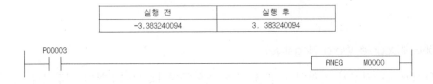

2) LNEG(Long real Negative)

① D로 지정된 영역의 내용을 부호 변환하여 D영역에 저장한다.

② LNEG는 배장형 실수의 부호반전에 사용된다.

실행 전	실행 후
-3.3832400941234567	3. 3832400941234567

```
     P00003
 ────┤ ├──────────────────────────────────[ LNEG    M0000 ]──
```

3) 프로그램 예제

입력조건 P00000이 On되면 P1000, P1001에 입력한 실수를 부호 반전하여 P1000, P1001
에 저장하는 프로그램이다.

```
     P00000
 ────┤ ├──────────────────────────────────[ RNEG    P1000 ]──
```

2.33 파일 관련 명령

2.33.1 RSET, RSETP

명 령		사 용 가 능 영 역													스텝	플래그		
		PMK	F	L	T	C	S	Z	D.x	R.x	상수	U	N	D	R		에러 (F110)	제로 (F111)	캐리 (F112)
R 셋(Set)(P)	S	O	-	O	-	-	-	O	-	-	O	-	O	O	O	2	O	-	-

```
  RSET         ┌─┐    COMMAND
         ──────┘ └┘─────┤ ├──────────────[ RSET    S ]──
```

[영역설정]

오퍼랜드	설 명	데이터 타입
S	전환할 블록 NO. 또는 전환할 블록 NO.가 저장된 디바이스 번호 (0~1)	WORD

1) RSET(R_No. set)

① 설정된 블록 번호를 S로 지정된 블록 번호로 전환한다. 현재 설정된 블록번호는 F158
을 읽어보면 알 수 있다.

② STOP 상태에서 RUN으로 전환할 경우, 블록 번호는 0으로 초기화 된다.

③ S값이 최대 블록번호를 넘어갈 경우, 에러 플래그(F110)를 셋(Set)한다.

Tip & note

전환가능한 블록 번호는 다음과 같다.
XGK-CPUH/XGK-CPUA: 0 ~ 1

---

2) 프로그램 예제

입력조건 P00000이 On되면 설정된 블록 번호를 P1000에 설정된 블록 번호로 전환하는
프로그램이다.

```
     P00000
──┤ ├─────────────────────────────────────┤ RSET    P1000 ├──
```

2.33.2 EMOV, EMOVP, EDMOV, EDMOVP

명 령		사 용 가 능 영 역													스텝	플래그		
		PMK	F	L	T	C	S	Z	D.x	R.x	상수	U	N	D	R		에러 (F110)	제로 (F111)	캐리 (F112)
EMOV(P) EDMOV(P)	S1	O	-	O	-	-	-	O	-	-	O	O	O	O	-	4~7	-	-	-
	S2	O	-	O	-	-	-	O	-	-	O	O	O	O	-				
	D	O	-	O	-	-	-	O	-	-	O	O	O	O	-				

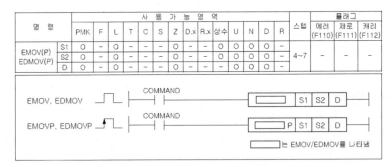

는 EMOV/EDMOV를 나타냄

[영역설정]

오퍼랜드	설 명	데이터 크기
S1	플래시 영역의 블록번호	WORD
S2	S1으로 지정한 블록내에서 원하는 데이터가 들어있는 디바이스 번호	WORD
D	저장할 디바이스의 번호	WORD

1) EMOV(플래시 메모리 워드 데이터 전송)

① S1으로 지정한 블록내의 S2의 워드 데이터를 D로 전송한다.

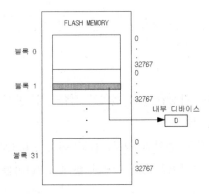

2) EDMOV(플래시 메모리 더블워드 데이터 전송)

① S1으로 지정한 블록내의 S2+1, S2의 더블 워드 데이터를 D+1, D로 전송한다.

3) 프로그램 예제

입력조건 P00000이 On되면 P1000으로 지정한 플래시 영역의 블록 번호 내에서 P1100으로 지정된 디바이스 번호의 워드데이터를 P1200으로 저장하는 프로그램이다.

2.33.3 EBREAD

명 령		사 용 가 능 영 역														스텝	플래그		
		PMK	F	L	T	C	S	Z	D.x	R.x	상수	U	N	D	R		에러 (F110)	제로 (F111)	캐리 (F112)
EBREAD	S1	O	-	O	-	-	-	O	-	-	O	O	O	O	-	2~4	-	-	-
	S2	O	-	O	-	-	-	O	-	-	O	O	O	O	-		-	-	-

EBREAD	┌┘└┐	COMMAND ┤├	EBREAD	S1	S2

[영역설정]

오퍼랜드	설 명	데이터 크기
S1	플래시 영역의 블록번호 (0 ~ 31)	WORD
S2	저장할 R 디바이스의 블록 번호 (0 ~ 1)	WORD

1) EBREAD(플래시 메모리 블록 읽기)

① S1으로 지정된 플래시내의 1개의 블록 내용을 S2에 해당하는 내부램 내의 블록으로 읽어온다.

② 수행 완료여부는 해당 블록번호에 해당하는 읽기 플래그를 확인하면 알 수 있다.

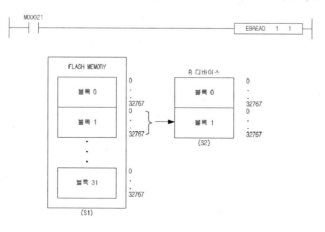

2) 프로그램 예제

입력조건 P00000이 On되면 P1000으로 지정한 번호의 플래시 영역의 1개 블록을 P1100
에 해당하는 블록 번호의 R디바이스 영역으로 저장하는 프로그램이다.

2.33.4 EBWRITE

명 령		사 용 가 능 영 역														스텝	플래그		
		PMK	F	L	T	C	S	Z	D.x	R.x	상수	U	N	D	R		에러 (F110)	제로 (F111)	캐리 (F112)
EBWRITE	S1	O	-	O	-	-	-	O	-	-	O	O	O	O	-	2~4	-	-	-
	S2	O	-	O	-	-	-	O	-	-	O	O	O	O	-		-	-	-

| EBWRITE | | COMMAND | | EBWRITE | S1 | S2 | |

[영역설정]

오퍼랜드	설 명	데이터 크기
S1	R 디바이스(내부램)의 블록번호 (0 ~ 1)	WORD
S2	저장할 플래시 영역의 블록 번호 (0 ~ 31)	WORD

1) EBWRITE(플래시 메모리 블록 쓰기)

① 입상 펄스가 입력시 S1으로 지정된 R디바이스의 1개의 블록 내용을 S2로 지정된 플래
시 영역의 블록으로 쓰기 동작을 수행한다. 수행 완료여부는 해당 블록번호에 해당하
는 쓰기 플래그를 확인하면 알 수 있다.

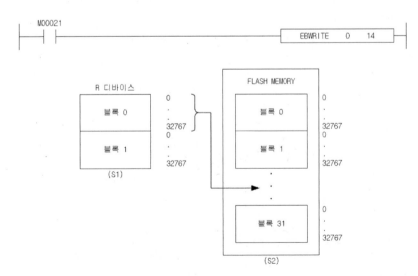

2) 프로그램 예제

입력조건 P00000이 On되면 P1000으로 지정한 번호의 R 디바이스 영역을 P1100으로 지정한 번호의 플래시 영역의 1개 블록으로 저장하는 프로그램이다.

```
        P00000
 ├───────┤ ├──────────────────────────────────────┤ EBWRITE  P1000  P1100 ├───┤
```

2.33.5 EBCMP

명 령		사 용 가 능 영 역														스텝	플래그		
		PMK	F	L	T	C	S	Z	D.x	R.x	상수	U	N	D	R		에러 (F110)	제로 (F111)	캐리 (F112)
EBCMP	S1	O	-	O	-	-	-	O	-	-	O	O	O	-		4~7	-	-	-
	S2	O	-	O	-	-	-	O	-	-	O	O	O	O	-				
	D1	O	-	O	-	-	-	-	-	-	-	O	O	O	-				
	D2	O	-	O	-	-	-	-	-	-	-	O	O	O	-				

EBCMP	┌─┐ COMMAND						EBCMP	S1	S2	D1	D2	

[영역설정]

오퍼랜드	설 명	데이터 크기
S1	R 디바이스의 블록번호 (CPUH/A : 0~1, CPUS/E : 0)	WORD
S2	플래시 메모리의 블록 번호 (0~31)	WORD
D1	D1 - 불일치 개수 (0~20, 20 초과일 경우 더 이상 비교 동작 수행 안 함) D1+1 - 현재 진행된 워드 개수	WORD
D2	비교 동작 완료 여부 (0 또는 1)	WORD

1) EBCMP(EEPROM BLOCK COMPARE)

① 입력 접점이 On되어 있는 동안 R디바이스의 한 블록(S1)과 플래시 메모리의 한 블록(S2)의 내용을 비교하여 일치여부를 확인하는 명령어다.

② 일치여부는 D2로 지정된 디바이스의 값이 1이고, D1의 값이 0일 경우 완전히 일치함을 알 수 있다.

③ 불일치할 경우에는 D1에 불일치 개수를 저장한다. 불일치한 위치는 저장되지 않는다.

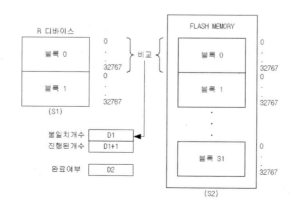

2) 프로그램 예제

입력조건 P00000이 On되면 P1000으로 지정한 번호의 R디바이스 영역과 P1100로 지정한 번호의 플래시 영역의 1개 블록의 내용을 비교하여 불일치할 경우, 불일치 개수를 P1200으로 저장하고 비교동작이 완료되면 P1300에 1을 저장하는 프로그램이다.

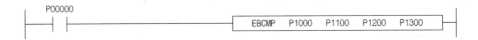

2.33.6 EERRST

명 령	사 용 가 능 영 역														스텝	플래그		
	PMK	F	L	T	C	S	Z	D.x	R.x	상수	U	N	D	R		에러 (F110)	제로 (F111)	캐리 (F112)
EERRST	-	-	-	-	-	-	-	-	-	-	-	-	-	-	1	-	-	-

EERRST ⌐⌐ ├──COMMAND──┤ ├───────────────[EERRST]

1) EERRST(EEPROM Error Reset)

① 입력접점이 On되면, 플래시 블록 상태 플래그(F0159, WORD)의 에러 비트를 클리어 시키고, 블록에러 플래그(F0164, DWORD)를 클리어 시킨다.

플래그 이름	타 입	설 명	비 고
F0159	WORD	BIT 0: 읽기 대표 플래그 BIT 1: 쓰기 대표 플래그 BIT 2: 에러 대표 플래그	
F0160	DWORD	읽기를 수행중인 블럭 정보	
F0162	DWORD	쓰기를 수행중인 블럭 정보	
F0164	DWORD	에러가 발생한 블럭 정보	

2) 프로그램 예제

M00001 접점이 On되었을 때, F0159의 에러 비트와 F0164(DWORD)값을 클리어 하는 프로그램이다.

M00001 ├──┤ ├────────────────────────────────[ERRRST]

2.34 F 영역 제어 명령

2.34.1 FSET

명 령	사 용 가 능 영 역														스텝	플래그		
	PMK	F	L	T	C	S	Z	D.x	R.x	상수	U	N	D	R		에러 (F110)	제로 (F111)	캐리 (F112)
FSET	D	-	O	-	-	-	-	-	-	-	-	-	-	-	-	2	-	-	-

[영역설정]

오퍼랜드	설 명	데이터 크기
D	F 영역 중 XGK 는 F10240 ~ F2047F 영역/XGB 는 F2000 ~ F255F	BIT

1) FSET

① 이 명령은 특수 릴레이 영역인 F영역 중 F10240 ~ F2047F 사이의 비트를 셋(Set)하는 명령이다.

② 이 명령으로 제어 가능한 F영역은 다음과 같다.

플래그이름	데이터 크기	접점	용도
_RTC_WR	BIT	F10240	RTC에 데이터 쓰기
_SCAN_WR	BIT	F10241	스캔 값 초기화
_CHK_ANC_ERR	BIT	F10242	외부 기기 중고장 검출 요청
_CHK_ANC_WAR	BIT	F10243	외부 기기 경고장 검출 요청
_INIT_DONE	BIT	F10250	초기화 태스크 수행 완료
_ANC_ERR[n]	WORD	F1026	외부 기기의 중고장 정보
_ANC_WAR[n]	WORD	F1027	외부 기기의 경고장 정보
_MON_YEAR_DT	WORD	F1034	시계 정보 데이터(월/년)
_TIME_DAY_DT	WORD	F1035	시계 정보 데이터(시/일)
_SEC_MIN_DT	WORD	F1036	시계 정보 데이터(초/분)
_HUND_WK_DT	WORD	F1037	시계 정보 데이터(백년/요일)

2) 접점 용도

① F10240(XGB는 지원안함): 시계 정보 데이터 영역인 F1034 ~ F1037에 각 영역에 맞는 시계 데이터를 옮긴 후 F10240 비트를 FSET 명령을 이용해 On시키면 F1034 ~ F1037 영역의 시계 데이터가 PLC의 RTC 값으로 반영된다. 이때, 셋(Set)되었던 F10240 비트는 RTC에 데이터가 반영된 이후 자동리셋 된다.

② F10241(XGB: F2001): _SCAN_MAX, _SCAN_MIN, _SCAN_CUR 값을 초기화시킨다.

③ F10242(XGB: F2002): 이 비트가 셋(Set)되면 F1026 영역에 있는 값이 0이 아닐 경우, 중고장 에러가 발생한다. 중고장 에러가 발생하면 PLC 운전 상태는 에러 상태가 된다.

④ F10243(XGB: F2003): F10242비트와 마찬가지로 이 비트가 셋(Set)되면 F1027 영역에 있는 값이 0이 아닐 경우, 경고장 경고가 발생한다. 경고장 경고가 발생하면, CPU 모듈의 P.S. LED와 CHK LED가 On 된다. 이 경고를 해제하려면 F1027 영역에 0을 쓰고 다시 F10242 비트를 셋(Set)시키면 해제된다.

3) 프로그램 예제

① 외부기기와 연결된 P00000 접점이 On되었을 때, 1027(_ANC_WAR)에 100을 쓰고 경고장 플래그를 셋(Set)하는 프로그램이다.

2.34.2 FRST

명 령		사 용 가 능 영 역													스텝	플래그		
		PMK	F	L	T	C	S	Z	D.x	R.x	상수	U	N	D	R		에러 (F110)	제로 (F111)	캐리 (F112)
FRST	D	-	O	-	-	-	-	-	-	-	-	-	-	-	-	2	-	-	-

```
         ┌─┐  COMMAND
FRST   ──┘ └──────┤ ├──────────────────┤ FRST │ D ├──
```

[영역설정]

오퍼랜드	설 명	데이터 크기
D	F 영역 중 XGK 는 F10240 ~ F2047F, XGB 는 F2000 ~ F255F 영역	BIT

1) FRST

① 이 명령은 특수 릴레이 영역인 F영역 중 XGK는 F10240 ~ F2047F, XGB는 F2000 ~ 255F 영역 사이의 비트를 리셋(Reset)하는 명령이다.

② XGK의 경우 F10240 ~ F2047F 영역의 BIT는 셋(Set)시켜도 1스캔 후에는 자동으로 리셋(Reset)되므로 별도로 FRST 명령을 사용할 필요가 없다.

플래그이름	데이터 크기	접점	리셋 동작
_RTC_WR	BIT	F10240	
_SCAN_WR	BIT	F10241	자동 리셋(Reset) 영역
_CHK_ANC_ERR	BIT	F10242	
_CHK_ANC_WAR	BIT	F10243	

2) 프로그램 예제

① 외부기기 경고장 정보 영역(_ANC_WAR)중 3번째 비트를 리셋(Reset)하는 프로그램이다.

② P00000 접점이 On되면 _ANC_WAR(F1027)의 3번째 비트가 리셋(Reset)된다.

```
     P00000
──────┤ ├──────────────────────────────────────[ FRST    F10272 ]──
```

2.34.3 FWRITE

명 령		사 용 가 능 영 역													스텝	플래그		
		PMK	F	L	T	C	S	Z	D.x	R.x	상수	U	N	D	R		에러 (F110)	제로 (F111)	캐리 (F112)
FWRITE	S	O	O	O	O	O	O	-	O	-	-	O	O	O	-	2~3	-	-	-
	D	-	O	-	-	-	-	-	-	-	-	-	-	-	-				

```
                    COMMAND
FWRITE    ─┐┌─────┤ ├─────────────────────[ FWRITE │ S │ D ]──
          ─┘└─
```

[영역설정]

오퍼랜드	설 명	데이터 크기
S	데이터 또는 디바이스 번호	WORD
D	F 영역 중 XGK 는 F1024 ~ F2047, XGB 는 F200 ~ F255 영역	WORD

1) FWRITE

① 이 명령은 특수 릴레이 영역인 F영역 중 F1024 ~ F2047 워드에 임의의 값을 저장하는 명령어다.

② FWRITE로 저장된 값은 전원을 Off하면 지워진다.

③ 외부기기 중고장 검출이나 외부기기 경고장 검출시 워드 데이터를 각각의 영역에 저장하는데 사용될 수 있다.

2) 프로그램 예제

① 외부기기와 연결된 P00001 접점이 On 되었을 때 F1026(_ANC_ERR) 영역에 데이터

1234를 쓰고 외부기기 중고장 검출 요청 플래그를 셋(Set)함으로써 PLC 운전 상태를
에러로 전환하는 프로그램이다.

2.35 워드 영역의 비트 제어 명령

2.35.1 LOADB, LOADBN

명 령		사 용 가 능 영 역														스텝	플래그		
		PMK	F	L	T	C	S	Z	D.x	R.x	상수	U	N	D	R		에러 (F110)	제로 (F111)	캐리 (F112)
LOADB	S	O		O	O	O	-	O	-	-	-	O	O	O	O	2	-	-	-
LOADBN	n	O	O	O	O	O	-	O	-	-	O	O	O	O	O				

[영역설정]

오퍼랜드	설 명	데이터 크기
S	해당 디바이스의 워드 영역	WORD
n	워드 영역의 n번째 비트	WORD

1) LOADB

① 이 명령은 워드 데이터(S)의 n번째 비트를 현재의 연산결과로 가져온다.

② n값의 하위 4비트만을 취해서 비트 위치를 결정한다. 따라서 n값이 워드크기를 벗어
날 경우 에러가 발생하지 않는다.

2) LOADBN

① 이 명령은 워드 데이터(S)의 n번째 비트를 반전해서 현재의 연산결과로 가져온다.

② n값의 하위 4비트만을 취해서 비트 위치를 결정한다. 따라서 n값이 워드크기를 벗어
날 경우 에러가 발생하지 않는다.

3) 프로그램 예제

D00001의 4번째 비트가 1이 되면 P0001D가 On 되는 프로그램이다.

D00001의 5비트가 0이 되면 P0001E가 On 되는 프로그램이다.

2.35.2 ANDB, ANDBN

명령		사 용 가 능 영 역														스텝	플래그		
		PMK	F	L	T	C	S	Z	D.x	R.x	상수	U	N	D	R		에러 (F110)	제로 (F111)	캐리 (F112)
ANDB	S	O		O	O	O	-	O	-	-	-	O	O	O	O	2	-	-	-
ANDBN	n	O	O	O	O	O	-	O	-	-	O	O	O	O	O				

[영역설정]

오퍼랜드	설 명	데 이 터 크 기
S	해당 디바이스의 워드 영역	WORD
n	워드 영역의 n번째 비트	WORD

1) ANDB

① 이 명령은 S로 지정된 영역의 n번째 비트를 현재의 연산 결과와 AND한다.

② n값의 하위 4비트만을 취해서 비트 위치를 결정한다. 따라서 n값이 워드크기를 벗어날 경우 에러가 발생하지 않는다.

2) ANDBN

① 이 명령은 S로 지정된 영역의 n번째 비트를 반전한 값과 현재의 연산결과와 AND한다.

② n값의 하위 4비트만을 취해서 비트 위치를 결정한다. 따라서 n값이 워드크기를 벗어날 경우 에러가 발생하지 않는다.

3) 프로그램 예제

D00003의 15번째 비트가 1이면 M00003이 On일 때 P0001A를 On하는 프로그램이다.

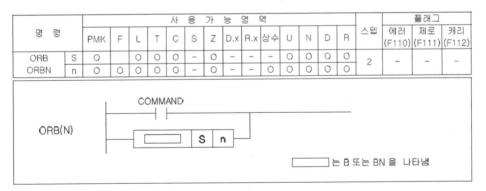

D00003의 비트 1과 8의 값에 따라 P0001A 와 P0001B를 출력하는 프로그램이다.

2.35.3 ORB, ORBN

명 령		사 용 가 능 영 역													스텝	플래그		
		PMK	F	L	T	C	S	Z	D.x	R.x	상수	U	N	D	R		에러 (F110)	제로 (F111)	캐리 (F112)
ORB	S	O		O	O	O	–	O	–	–	–	O	O	O	O	2	–	–	–
ORBN	n	O	O	O	O	O	–	O	–	–	O	O	O	O	O				

```
                    COMMAND
                ┤         ├

ORB(N)
                ┤ ┌─────┐ S  n ├
                  └─────┘

                              ┌────┐ 는 B 또는 BN 을 나타냄
                              └────┘
```

[영역설정]

오퍼랜드	설 명	데이터 크기
S	해당 디바이스의 워드 영역	WORD
n	워드 영역의 n번째 비트	WORD

1) ORB

① 이 명령은 워드 데이터(S)의 n번째 비트를 현재의 연산결과와 OR한다.

② n값의 하위 4비트만을 취해서 비트 위치를 결정한다. 따라서 n값이 워드크기를 벗어날 경우 에러가 발생하지 않는다.

2) ORBN

① 이 명령은 워드 데이터(S)의 n번째 비트를 반전한 값과 현재의 연산 결과와 OR 한다.

② n값의 하위 4비트만을 취해서 비트 위치를 결정한다. 따라서 n값이 워드크기를 벗어날 경우 에러가 발생하지 않는다.

3) 프로그램 예제

D00000의 6비트가 1이 되거나 M00001이 1이 되면 M0003F를 On시키는 프로그램이다.

2.35.4 BOUT

명 령		사 용 가 능 영 역													스텝	플래그		
		PMK	F	L	T	C	S	Z	D.x	R.x	상수	U	N	D	R		에러 (F110)	제로 (F111)	캐리 (F112)
BOUT	D	O		O	O	O	-	O	-	-	-	O	O	O	O	2	-	-	-
	n	O	O	O	O	O	-	O	-	-	O	O	O	O	O				

[영역설정]

오퍼랜드	설 명	데이터 크기
D	해당 디바이스의 워드 영역	WORD
n	워드 영역의 n번째 비트	WORD

1) BOUT

① 이 명령은 현재의 연산결과를 D로 지정된 영역의 n번째 비트에 출력한다.

② n값의 하위 4비트만을 취해서 비트 위치를 결정한다. 따라서 n값이 워드크기를 벗어날 경우 에러가 발생하지 않는다.

2) 프로그램 예제

M00002가 On일 때 D00001의 7번째 비트가 On되는 프로그램이다.

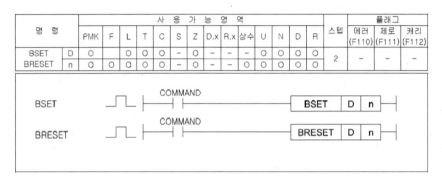

2.35.5 BSET, BRESET

명 령	사 용 가 능 영 역														스텝	플래그		
	PMK	F	L	T	C	S	Z	D.x	R.x	상수	U	N	D	R		에러 (F110)	제로 (F111)	캐리 (F112)
BSET D	O		O	O	O	-	O	-	-		O	O	O	O	2	-	-	-
BRESET n	O	O	O	O	O	O	-	O	-	-	O	O	O	O				

BSET

```
      ┌─┐   COMMAND
      │ │───┤ ├──┤ ├──────────────── BSET  D  n
```

BRESET

```
      ┌─┐   COMMAND
      │ │───┤ ├──┤ ├──────────────── BRESET  D  n
```

[영역설정]

오퍼랜드	설 명	데이터 크기
D	해당 디바이스의 워드 영역	WORD
n	워드 영역의 n번째 비트	WORD

1) BSET

① 조건 만족시 D로 지정된 영역의 n번째 비트를 셋(Set)한다.

② n값의 하위 4비트만을 취해서 비트 위치를 결정한다. 따라서 n값이 워드크기를 벗어날 경우 에러가 발생하지 않는다.

2) BRESET

① 조건 만족시 D로 지정된 영역의 n번째 비트를 리셋(Reset)한다.

② n값의 하위 4비트만을 취해서 비트 위치를 결정한다. 따라서 n값이 워드크기를 벗어날 경우 에러가 발생하지 않는다.

3) 프로그램 예제

M00002가 On이면 D00001의 2번째 비트가 Set되고 M00003이 On이면 D00001의 2번째 비트가 Reset되는 프로그램이다.

프로그램 흐름
파악하기

프로그램 사례 파악하기

이번 장에서는 현장에서 실제 사용되고 있는 프로그램의 예제를 통해서 프로그래밍 기법을 이해하고 응용력을 기를 수 있게 다양한 예를 들어 놓았다. 여기에서 제시된 상황에서 프로그램의 정확한 입력 및 출력 조건과 이들과의 연관성을 파악하는 능력이 필요하고 이들에 어떤 명령어를 적용할 것인가를 잘 따져보는 습관이 필요하다.

여기서 설명될 예제는 모두

① 프로그램 환경 및 요구 조건
② 프로그램 상황 설명도
③ 접점 주소 할당
④ 시스템 설명도
⑤ 프로그램(MNEMONIC LIST, LADDER DIAGRAM)

으로 구분하여 프로그램의 이해도를 높이도록 하였다.

1.1 지하실 환기표시

1.1.1 프로그램 환경 및 요구 조건

지하실에 공해 물질을 감지할 수 있는 센서 장치가 있어 그 수준(양호, 보통, 불량)에 따라서 환풍기를 3 ~ 4개(적색), 2개(황색) 또는 0 ~ 1개(녹색)를 자동으로 가동시키고 있다. 여기서 관리자는 센서 레벨에 따라서 환풍기 동작 스위치(sw1, sw2, sw3, sw4)의 개수를 수동으로 ON/OFF하여 공기를 제어하고 있다. 이 스위치의 신호를 PLC 입력단에 각각 연결하여 적색등, 황색등, 녹색등을 표시하는 프로그램을 하려고 한다. 이 프로그램을 작성해보자(센서 레벨은 작업자만이 알 수 있고 입출력과는 무관함).

1.1.2 프로그램 상황 설명도

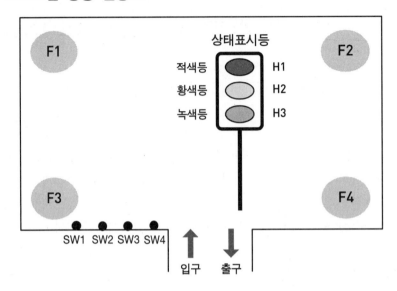

1.1.3 접점 주소 할당

변수명	XGK 접점	내 용
SW1	P00001	1번 환풍기 스위치(입력)
SW2	P00002	2번 환풍기 스위치(입력)
SW3	P00003	3번 환풍기 스위치(입력)
SW4	P00004	4번 환풍기 스위치(입력)
F1	P00021	환풍기1(출력)
F2	P00022	환풍기2(출력)
F3	P00023	환풍기3(출력)
F4	P00024	환풍기4(출력)
H1	P00025	적색 신호등(출력)
H2	P00026	녹색 신호등(출력)
H3	P00027	황색 신호등(출력)

1.1.4 시스템 설명도

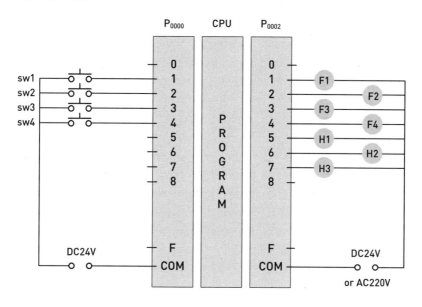

1.1.5 프로그램 구상하기

관리자는 공해 감지 센서 레벨값(1차 원인)이 얼마인지 보고, 그 값에 따라서 환풍기 동작
스위치의 개수(2차 원인)를 수동으로 ON/OFF한다. 그러면 출력에 연결된 해당 환풍기가
켜지고(3차 원인), 그 개수에 따른 램프(4차 결과)가 켜진다. 이와 같이 순차적인 원인과
결과를 나열하면 프로그램의 작성이 쉬워진다.

1차 원인 (센서 종류 결정)	2차 원인/결과 (환풍기 동작개수 정해짐)	3차 원인/결과 (환풍기 수동 SW ON)	4차 결과 (램프 색깔 결정(켜짐))
공기청정상태 양호 센서 ON	0 개, 1 개	NONE, SW1, SW2, SW3, SW4,	녹색
공기청정상태 보통 센서 ON	2 개	SW1/SW2, SW1/SW3, SW1/SW4, SW2/SW3, SW2/SW4, SW3/SW4	황색
공기청정상태 불량 센서 ON	3 개, 4 개	SW1/SW2/SW3, SW1/SW2/SW4, SW1/SW3/SW4, SW2/SW3/SW4, SW1/SW2/SW3/SW4	적색

1.1.6 프로그램(LADDER DIAGRAM)

지하주차장 환기제어

1.2.1 프로그램 환경 및 요구 조건

지하주차장의 감시센서가 환기상태에 따라 환풍기를 제어하고 그 상태를 출입구에 표시하여 지하주차장의 차량 입출고를 제어한다.

1) 주차장내의 공기가 청결한 상태

센서 A가 감지된다. 환풍기는 1개가 동작하고 녹색 표시등이 켜지며 스틱바(Stick Bar)는 상승된 상태이다.

2) 주차장내의 공기가 보통인 상태

센서 B가 감지된다. 환풍기는 2개가 동작하고 황색 표시등이 켜지며 스틱바(Stick Bar)는 상승된 상태이다.

3) 주차장내의 공기가 불량인 상태

센서 C가 감지된다. 환풍기는 3 ~ 4개가 동작하고 적색 표시등이 켜지며 스틱바(Stick Bar)는 하강된 상태이다.

1.2.2 프로그램 상황 설명도

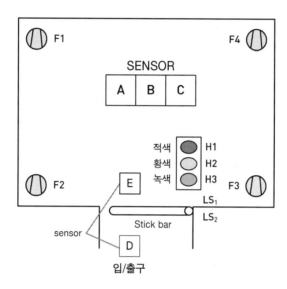

1.2.3 접점 주소 할당

변수명	XGK 접점	내 용
SENSOR A	P00000	차고내 공기상태 청결 감지
SENSOR B	P00001	차고내 공기상태 보통 감지
SENSOR C	P00002	차고내 공기상태 불량 감지
SENSOR D	P00003	차량 입고 감지
SENSOR E	P00004	차량 출고 감지
FAN1	P00020	환풍기1
FAN2	P00021	환풍기2
FAN3	P00022	환풍기3
FAN4	P00023	환풍기4
RED LAMP	P0002A	적색 신호등
YELLOW LAMP	P0002B	황색 신호등
GREEN LAMP	P0002C	녹색 신호등
MC1	P00025	스틱바 하강
MC2	P00026	스틱바 상승
LS1	P00005	스틱바 하강 제한
LS2	P00006	스틱바 상승 제한

1.2.4 시스템 설명도

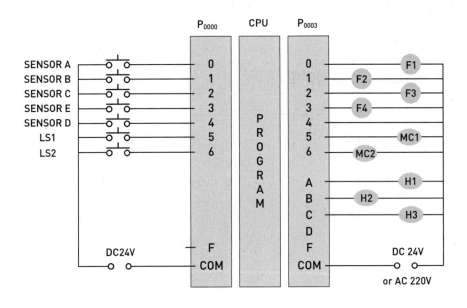

1.2.5 프로그램 구상하기

관리자는 공해 감지 센서 레벨값(1차 원인)이 얼마인지 보고, 그 값에 따라서 환풍기의 해당 개수만큼 ON되며, 동시에 해당 램프가 켜진다. 그리고 센서 A 및 B일 때는 상승 스틱바 모터(MC2)가 ON되어(2차 결과) 리미트 스위치(LS2)를 ON시킨다(3차 결과). LS2 가 ON되면 MC2가 OFF된다(4차 결과). 센서 C일 때는 상승 스틱바 모터(MC1)가 ON되 어(2차 결과) 리미트 스위치(LS1)를 ON시킨다(3차 결과). LS1가 ON되면 MC1가 OFF된 다(4차 결과). 이와 같이 순차적인 원인과 결과를 나열하면 프로그램의 작성이 쉬워진다.

1차 원인	2차 원인/결과			3차 원인/결과	4차 결과
센서 감지	환풍기 해당개수 ON	램프 색깔 결정(켜짐)	스틱바 상승	리미트 스위치	
센서 A ON (공기 청정상태 양호)	1개(F1, F2, F3, F4,)	H1(녹색)	상승 스틱바 (MC2) ON	LS2 ON	MC2 OFF
센서 B ON (공기청정상태 보통)	2개(F1/F2, F1/F3, F1/ F4, F2/F3, F2/F4, F3/ F4)	H2(황색)	상승 스틱바 (MC2) ON	LS2 ON	MC2 OFF
센서 C ON (공기청정상태 불량)	3개(F1/F2/F3, F1/F2/ F4, F2/F3/F4) 4개(F1/F2/F3/F4)	H3(적색)	하강 스틱바 (MC1) ON	LS1 ON	MC1 OFF

1.2.6 프로그램(LADDER DIAGRAM)

1.3 3상 IM 전동기의 동작 제어

1.3.1 프로그램 환경 및 요구 조건

① PBS1에 의해 전동기는 MC1이 여자 되어 정회전하고 자기유지 되어 L1이 점등된다.

② PBS2를 ON하면 전동기는 MC1이 소자되고, MC2는 여자 되어 역방향으로 운전되고 표시등 L2가 점등된다.

③ PBS3를 ON하면 전동기는 어느 상태의 운전이든 상관없이 수시정지 되고, OCR에 의해 전동기는 보호되며 인터락 회로를 구성한다.

1.3.2 프로그램 상황 설명도

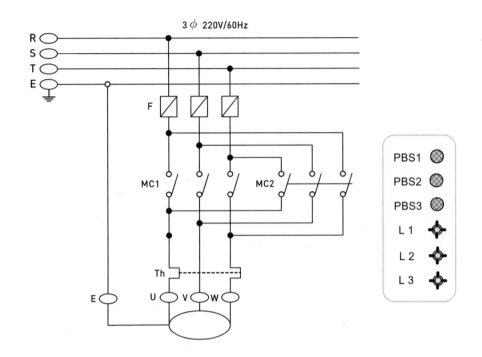

1.3.3 접점 주소 할당

변수명	XGK 접점	내 용
PBS1	P00001	순방향 시작 푸쉬 버튼
PBS2	P00002	역방향 시작 푸쉬 버튼
PBS3	P00003	정지 푸쉬 버튼
MC1	P00020	순방향 자석 접점 스위치
MC2	P00021	역방향 자석 접점 스위치
STOP LAMP	P00022	정지 표시등(L1)
FORWARD LAMP	P00023	정방향 표시등(L2)
BACKWARD LAMP	P00024	역방향 표시등(L3)
-	M00001	임의의 릴레이
-	M00002	임의의 릴레이

1.3.4 프로그램 구상하기

PBS1을 ON하면(1차 원인), MC1과 L2가 ON 된다(2차 결과).

PBS2를 ON하면(1차 원인), MC2과 L3가 ON 된다(2차 결과).

PBS3을 ON하면(1차 원인), MC1, MC2가 OFF 되고 L1이 ON 된다(2차 결과).

1차 원인	2차 결과
PBS1 ON	MC1 ON
	L2 ON
PBS2 ON	MC2 ON
	L3 ON
PBS3 ON	MC1 OFF
	MC2 OFF
	L1 ON

1.3.5 프로그램(LADDER DIAGRAM)

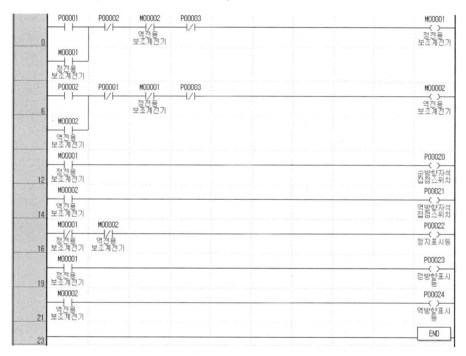

1.4 퀴즈 프로그램 제어

1.4.1 프로그램 환경 및 요구 조건

① 사회자용 스위치 S1을 ON한 상태에서 퀴즈 참가자 A가 자신의 버튼을 ON하면 A의 램프만 켜지고 다른 사람의 램프는 켜지지 않는다.

② 사회자가 스위치 S2를 ON하면 모든 램프는 소등된다.

③ 사회자가 스위치 S3를 ON/OFF하면 퀴즈참가자의 모든 푸쉬 버튼과 램프가 각각 ON/OFF 된다.

1.4.2 프로그램 상황 설명도

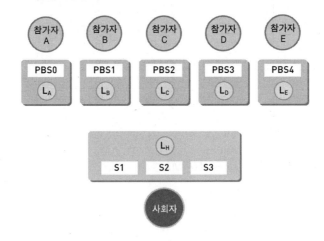

1.4.3 접점 주소 할당

변수명	XGK 접점	내 용	변수명	XGK 접점	내 용
S1	P00005	사회자용 퀴즈 시작 버턴	LA	P00020	퀴즈 참가자 A의 램프
S2	P00006	사회자용 종료 버턴	LB	P00021	퀴즈 참가자 B의 램프
S3	P00007	사회자용 각 램프 점검 버턴	LC	P00022	퀴즈 참가자 C의 램프
PBS0	P00000	퀴즈 참가자 A의 버턴	LD	P00023	퀴즈 참가자 D의 램프
PBS1	P00001	퀴즈 참가자 B의 버턴	LE	P00024	퀴즈 참가자 E의 램프
PBS2	P00002	퀴즈 참가자 C의 버턴	LH	P00025	퀴즈 시작 표시 램프
PBS3	P00003	퀴즈 참가자 D의 버턴		M00000	보조 계전기
PBS4	P00004	퀴즈 참가자 E의 버턴		M00001	보조 계전기

1.4.4 시스템 설명도

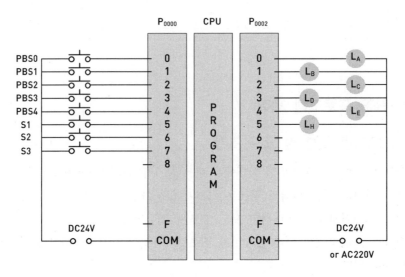

1.4.5 프로그램 구상하기

S1을 ON하면(1차 원인), LH가 ON되고 PBS0 ~ PBS4를 ON할 수 있게 한다(2차 원인/결과). 이 결과로 LA ~ LE의 ON이 가능해 지고, 이 때 인터락이 적용된다. LA ~ LE중에 하나를 누르면 해당 램프가 ON되고 해당 퀴즈 참가자는 발표를 할 수 있게 된다(3차 결과).

S2를 ON하면(1차 원인), PBS0 ~ PBS4 OFF, LH OFF된다(2차 결과).

S3을 ON하면(1차 원인), LH가 OFF되고 PBS0 ~ PBS4가 ON될 수 있게 한다(2차 원인/결과). 사회자는 LA ~ LE 중에 하나씩 누르게 하여 퀴즈 참가자의 버턴과 램프 등의 동작 이상 유무를 확인할 수 있게 된다(3차 결과).

1차 원인	2차 원인/결과	3차 원인/결과
S1 ON	PBS0 ~ PBS4 ON(가능), L$_H$ ON	L$_A$ ~ L$_E$ ON(가능) => 먼저 누른 하나만 켜짐, 인터락 필요
S2 ON	PBS0 ~ PBS4 OFF, L$_H$ OFF	-
S3 ON	PBS0 ~ PBS4 ON(가능), L$_H$ OFF	L$_A$ ~ L$_E$ ON(가능), 인터락은 불필요

1.4.6 프로그램(LADDER DIAGRAM)

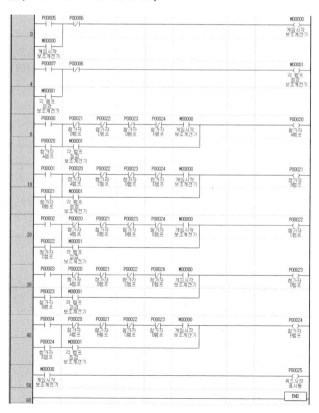

1.5 폐수 탱크 수위 제어

1.5.1 프로그램 환경 및 요구 조건

① 폐수 수집 탱크의 폐수위를 부동 스위치로 모니터하여 2대의 펌프로써 비운다.

② 펌프1 동작

    a. 펌프1의 기동은 S2의 ON에 의하고 규정 수위가 넘었을 때 부동스위치, B4의 ON에 의해 연속모드에서 자동적으로 기동된다.

    b. 부동스위치 수위가 B0가 OFF일 때 자동 정지하고 S1의 ON 또는 THERMAL RELAY, F1의 OFF에 의해 수시 정지된다.

③ 펌프2 동작

    a. 펌프2의 기동은 S4의 ON에 의하고 규정 수위가 넘었을 때 부동스위치, B3의 ON에 의해 연속모드에서 자동적으로 기동된다.

    b. 부동스위치 수위가 B1의 OFF일 때 자동 정지하고 S3의 ON 또는 THERMAL RELAY, F2의 OFF에 의해 수시 정지된다.

④ 두 펌프는 S0의 ON에 의해 정지된다.

⑤ H0 ~ H3은 펌프 동작 상태 표시 램프이다.

    H0: M1이 ON(적색),   H1: M1이 OFF(녹색)

    H2: M2가 ON(적색),   H3: M2가 OFF(녹색)

⑥ 경보기 H4는 수면이 B4가 ON에 도달하거나 펌프와 연결된 THERMAL RELAY(F1, F2)가 OFF되어 펌프가 오작동임을 경보한다.

1.5.2 프로그램 상황 설명도

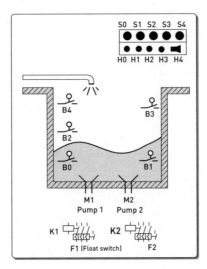

1.5.3 접점 주소 할당

변수명	XGK 접점	내 용	변수명	XGK 접점	내 용
S0	P00000	PUMP1,2 STOP SW	B3	P0000B	부유 스위치3
S1	P00001	PUMP1 STOP SW	B4	P0000C	부유 스위치4
S2	P00002	PUMP1 START SW	H0	P00020	PUMP1 STOP LAMP
S3	P00003	PUMP2 STOP SW	H1	P00021	PUMP1 START LAMP
S4	P00004	PUMP2 START SW	H2	P00022	PUMP2 STOP LAMP
F1	P00005	K1의 THERMAL RELAY(과전류 계전기)	H3	P00023	PUMP2 START LAMP
F2	P00006	K2의 THERMAL RELAY(과전류 계전기)	H4	P00024	폐수과다 경보용 LAMP
B0	P00008	부유 스위치0	K1	P00025	PUMP1 CONTACTOR
B1	P00009	부유 스위치1	K2	P00026	PUMP2 CONTACTOR
B2	P0000A	부유 스위치2	-	P00027	과전류 경보

1.5.4 시스템 설명도

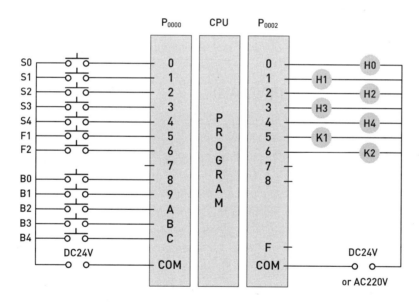

1.5.5 프로그램 구상하기

S2을 ON하면(1차 원인), 펌프1과 펌프1 기동 램프가 ON되고 여기서 만약 F1이 OFF이거나 B0이 OFF(또는 S1이 ON)이면, 펌프1은 꺼지고 펌프1 정지 램프는 켜진다. 또한 B4가 켜지면 펌프1과 펌프1 기동 램프가 ON 된다(6차 결과).

S4을 ON하면(1차 원인), 펌프2과 펌프2 기동 램프가 ON되고 여기서 만약 F2이 OFF이거나 B1이 OFF(또는 S3이 ON)이면, 펌프2는 꺼지고 펌프2 정지 램프는 켜진다. 또한 B3이 켜지면 펌프2과 펌프2 기동 램프가 ON 된다(6차 결과).

S0를 ON하면(1차 원인), 펌프1, 2가 모두 꺼지고, 펌프1, 2 정지 램프가 모두 켜진다.(2차 결과).

B2 ON 또는 F1, F2 OFF 이면(1차 원인), H4가 켜진다(2차 결과).

1차 원인	2차 원인/결과	3차 원인/결과	4차 원인/결과	5차 원인/결과	6차 결과
S2 ON	K1(PUMP1) ON, H1(PUMP1 기동 LAMP) ON	만약 F1 OFF / B0 ON / S1 ON	K1(PUMP1) 각각 OFF, H0(PUMP1 정지 LAMP) ON	B4 ON	K1(PUMP1) ON, H1(PUMP1 기동 LAMP) ON
S4 ON	K2(PUMP2) ON, H3(PUMP2 기동 LAMP) ON	만약 F2 OFF / B1 ON / S3 ON	K2(PUMP2) 각각 OFF, H2PUMP2 정지 LAMP) ON	B3 ON	K1(PUMP2) ON, H3(PUMP2 기동 LAMP) ON
S0 ON	K1, K2(PUMP1, 2) 모두 OFF 모두, H0, H2(PUMP1, 2 정지 LAMP) 각각 ON	-	-	-	-
B2 ON / F1 OFF / F2 OFF	H4 ON	-	-	-	-

1.5.6 프로그램(LADDER DIAGRAM)

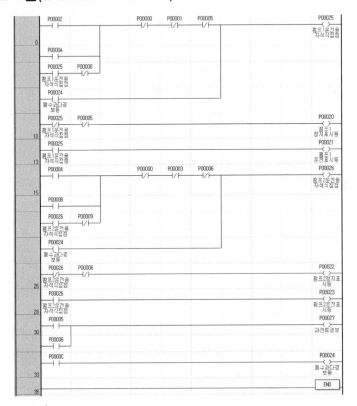

1.6 식수탱크의 수위관리

1.6.1 프로그램 환경 및 요구 조건

수위센서를 이용하여 탱크의 수위를 체크하고 이에 따른 밸브(Y1, Y2, Y3)를 각각 열어서 탱크에 일정한 양의 물이 항상 저장되게 하는 제어 장치이다.

① 3개의 식수탱크의 만수 수위센서(S1, S3, S5)와 갈수 수위센서(S2, S4, S6)는 정상상태 개방(NORMAL OPEN)이다.
② 갈수 센서가 ON되는 순서대로 한 번에 한 탱크씩 만수위까지 채우고, 그 다음 탱크 번호 순서로 채운다.

1.6.2 프로그램 상황 설명도

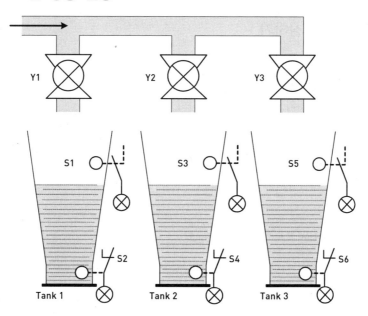

1.6.3 접점 주소 할당

변수명	XGK 접점	내 용	변수명	XGK 접점	내 용
S1	P00000	탱크1 만수	Y1	P00020	SOLENOID VALVE1 ON
S2	P00001	탱크1 갈수	Y2	P00021	SOLENOID VALVE2 ON
S3	P00002	탱크2 만수	Y3	P00022	SOLENOID VALVE3 ON
S4	P00003	탱크2 갈수	-	M00000	탱크1 갈수 보조 계전기
S5	P00004	탱크3 만수	-	M00001	탱크2 갈수 보조 계전기
S6	P00005	탱크3 갈수	-	M00002	탱크3 갈수 보조 계전기

1.6.4 시스템 설명도

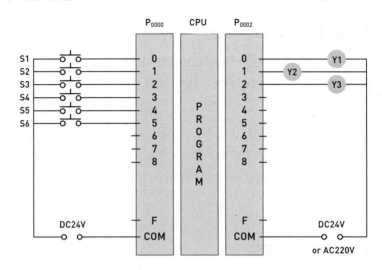

1.6.5 프로그램 구상하기

갈수 센서 S2가 먼저 ON되었다고 하였을 때 솔레노이드밸브 Y1이 ON되고, 다시 만수 센서 S1이 ON되면 솔레노이드밸브 Y1이 닫힌다. 이 때 다른 솔레노이드밸브 Y2, Y3는 OFF라야 한다. S4, S6의 경우도 마찬가지다.

1차 원인	2차 원인/결과	3차 원인/결과	4차 결과
S2 ON	Y2, Y3 OFF일 때 Y1 ON	S1 ON	Y1 OFF
S4 ON	Y1, Y3 OFF일 때 Y2 ON	S3 ON	Y2 OFF
S6 ON	Y1, Y2 OFF일 때 Y3 ON	S5 ON	Y3 OFF

1.6.6 프로그램(LADDER DIAGRAM)

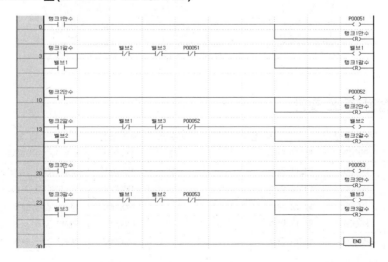

1.7 자동문 제어

1.7.1 프로그램 환경 및 요구 조건

① 자동문의 내부와 외부에 설치된 센서(SEN1, SEN2)가 사람을 감지하면 문이 열리기 시작한다.
② 문이 완전히 열리면 리미터 스위치, LS1이 동작하여 문(모터 정방향)이 정지한다.
③ 사람이 센서의 감지영역에서 벗어난 10초 후에 문(모터 역방향)이 닫히기 시작한다.
④ 문이 완전히 닫히면 리미터 스위치, LS2가 동작하여 문이 멈춘다.

1.7.2 프로그램 상황 설명도

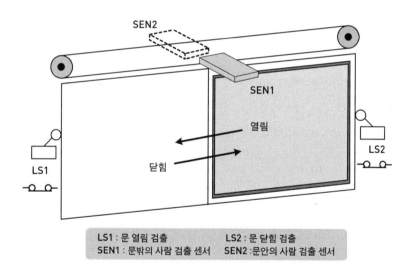

LS1 : 문 열림 검출　　　LS2 : 문 닫힘 검출
SEN1 : 문밖의 사람 검출 센서　　SEN2 :문안의 사람 검출 센서

1.7.3 접점 주소 할당

변수명	XGK 접점	내 용
SENSOR1	P00002	문의 내부 감시센서
SENSOR2	P00003	문의 외부 감시센서
LS1	P00024	문 열림 감지 LS
LS2	P00025	문 닫힘 감지 LS
MC0	P00020	문열림(모터 정방향)
MC1	P00021	문닫림(모터 역방향)

1.7.4 시스템 설명도

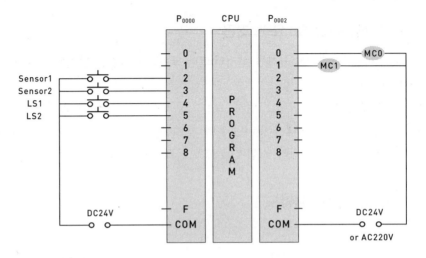

1.7.5 프로그램 구상하기

센서1이 먼저 감지되었을 경우 정방향 열림 모터 MC0가 동작하고 리미터 스위치 LS1이
ON되면 MC0를 OFF하고 타이머를 10초간 동작 시킨다. 그리고 닫힘 모터 MC1가 동작하
고 리미터 스위치 LS2이 ON되면 MC1을 OFF한다. 센서2의 경우도 마찬가지다.

1차 원인	2차 원인/결과	3차 원인/결과	4차 원인/결과	5차 원인/결과	6차 원인/결과	7차 원인/결과	8차 결과
S1 ON	MC0 ON	LS1 ON	MC0 OFF	타이머 10초 적용	MC1 ON	LS2 ON	MC1 OFF
S2 ON	MC0 ON	LS1 ON	MC0 OFF	타이머 10초 적용	MC1 ON	LS2 ON	MC1 OFF

1.7.6 프로그램(LADDER DIAGRAM)

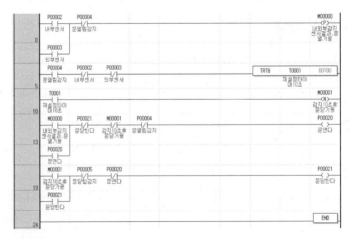

1.8 펌프 대수 모니터

1.8.1 프로그램 환경 및 요구 조건

펌프 3대를 모두 같은 시간에 가동을 시켜 놓아도 3대가 항상 켜져 있을 수 없고 어느 시점에 한 두 대가 정지될 수 있기 때문에 멀리 앉아서도 그 상황을 파악할 수 있는 시스템 이다.

① 3대의 펌프의 동작을 모니터하여 제어한다.
② 2대 이상의 펌프동작 시에는 램프, H1이 항상 켜져 있다. 1대의 펌프동작 시에는 H1 이 3초 간격으로 점멸한다.
③ 3대의 펌프가 모두 정지 시에는 H1이 1초 간격으로 점멸한다.

1.8.2 프로그램 상황 설명도

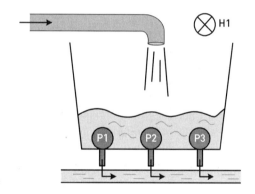

1.8.3 접점 주소 할당

변수명	XGK 접점	내 용
S1	P00000	펌프1 ON 스위치
S2	P00001	펌프2 ON 스위치
S3	P00002	펌프3 ON 스위치
H1	P00020	모니터링 램프
	T0001	점멸주기 1초 타이머 ON
	T0002	점멸주기 1초 타이머 OFF
	T0003	점멸주기 3초 타이머 ON
	T0004	점멸주기 3초 타이머 OFF

변수명	XGK 접점	내 용
	M00010	모터 2 ~ 3대 동작 중을 나타냄
	M00011	모터 전체 멈춤
	M00100	점멸주기 3초 보조계전기
	M00101	점멸주기 1초 보조계전기
P1	P00025	펌프1 출력 접점
P2	P00026	펌프2 출력 접점
P3	P00027	펌프3 출력 접점

1.8.4 시스템 설명도

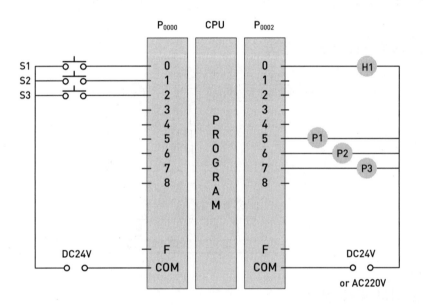

1.8.5 프로그램 구상하기

펌프의 동작 대수에 따라 타이머를 달리 적용하여 램프 H1을 켠다.

1차 원인(펌프 ON대수)	2차 결과(타이머 적용)	3차 결과(H1에 적용)
2-3대 ON	항상 켜짐	H1이 항상 켜짐
1대 ON	타이머 3초 간격으로 점멸	H1이 3초 간격으로 점멸
0대 ON	타이머 1초 간격으로 점멸	H1이 1초 간격으로 점멸

1.8.6 프로그램(LADDER DIAGRAM)

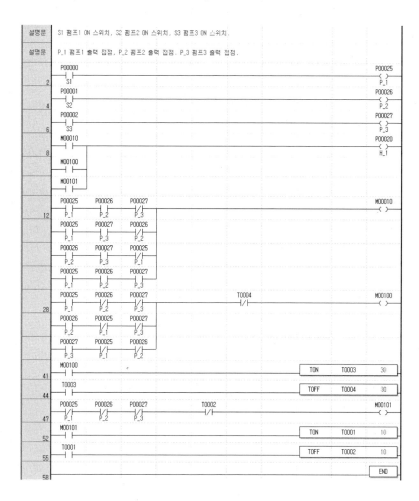

1.9 액체 혼합 탱크 제어

1.9.1 프로그램 환경 및 요구 조건

이 장치는 아래 그림의 좌측에 있는 4개의 액체 탱크에서 우측의 혼합탱크로 액체를 순서
대로 이송하여 이들 액을 혼합하는 작업을 수행한다. Y1, Y2, Y3, Y4는 네 가지의 액체
유입량을 제어하는 밸브이고, M2는 액체를 자동적으로 혼합되는 탱크로 이송시키는 이송
용 펌프이며 M1은 교반(Agitation)용 펌프이다. B1, B2, B3, B4는 액위를 검출하는 센서
이다.

① S0에 의해 시스템이 가동되고, H0(작업표시램프)이 켜지며, 교반용 펌프, M1과 이동

용 펌프, M2가 회전을 시작한다.

② 이 때 밸브 Y1이 열리고 1번 액체가 혼합탱크로 유입된다. 액위가 차츰 상승하여 B1이 검출되면 Y1이 닫힌다.

③ Y1이 닫히면 Y2가 열리고 2번 액체가 자동 혼합탱크로 유입되어 액위가 상승하면 B2가 검출되고 Y2가 닫힌다.

④ Y2가 닫히면 Y3이 열리고 3번 액체가 자동 혼합탱크로 유입되어 액위가 상승하면 B3이 검출되고 Y3이 닫힌다.

⑤ Y3이 닫히면 Y4가 열리고 4번 액체가 자동 혼합탱크로 유입되어 액위가 상승하면 B4가 검출되고 Y4가 닫힌다.

⑥ Y4가 닫히면 이송용 펌프, M2는 정지하고, 15초 후 H0은 꺼지고 작업완료 표시램프 H5는 켜진다.

⑦ H5가 켜진 후 작업자가 완료버턴, S5를 ON하면 교반용 펌프가 정지하고 H5도 꺼지며 탱크가 비워진다.

⑧ 비상 정지 스위치, S6이나 과부하 계전기 F1, F2에 의해서도 시스템은 정지된다.

1.9.2 프로그램 상황 설명도

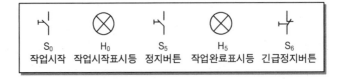

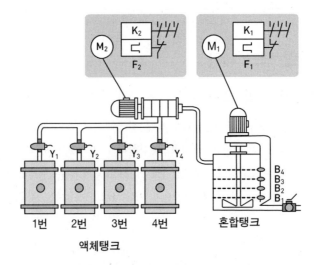

1.9.3 접점 주소 할당

변수명	XGK 접점	내 용
S0	P00000	장치 시작
B1	P00001	1번 액체혼합탱크 유입완료 레벨센서
B2	P00002	2번 액체혼합탱크 유입완료 레벨센서
B3	P00003	3번 액체혼합탱크 유입완료 레벨센서
B4	P00004	4번 액체혼합탱크 유입완료 레벨센서
F1	P00005	교반용 펌프 과전류 검출기
F2	P00006	이송용 펌프 과전류 검출기
S5	P00010	작업 완료 스위치
S6	P00011	비상 정지 스위치
H0	P00020	작업시작 표시램프
Y1	P00021	솔레노이드 밸브1
Y2	P00022	솔레노이드 밸브2
Y3	P00023	솔레노이드 밸브3
Y4	P00024	솔레노이드 밸브4
M1	P00025	교반용 펌프
M2	P00026	이송용 펌프
H5	P00027	작업완료 표시등
T1	T0001	작업완료 설정 15초 지연 타이머

1.9.4 프로그램 구상하기

이 프로그램은 아래의 표와 같이 1차 원인부터 18차 결과까지 작업이 진행된다.

1차	2차	3차	4차	5차	6차
S0 ON	H0 ON M1 ON M2 ON	Y1 ON	B1 ON	Y1 OFF	Y2 ON
7차	**8차**	**9차**	**10차**	**11차**	**12차**
B2 ON	Y2 OFF	Y3 ON	B3 ON	Y3 OFF	Y4 ON
13차	**14차**	**15차**	**16차**	**17차**	**18차**
B4 ON	Y4 OFF	- M2 OFF - 15초 타이머 적용	- H0 OFF - H5 ON	S5 ON	- M1 OFF - H5 OFF

* 순서에 상관없이 S6, F1, F2중 어느 하나가 ON되면, M1, M2 모두 OF

1.9.5 프로그램(LADDER DIAGRAM)

설명문	S0 : 장치 시작 스위치
설명문	장치 시작 스위치를 ON 했을 경우에 H0(작업표시램프), M1(교반용펌프),
설명문	M2(이동용펌프)이 회전을 시작합니다.시작과 동시에 Y1(솔레노이드벨브1)이
설명문	열려서 액체가 혼합 탱크로 유입됩니다.

```
         P00000      P00011      P00005      P00006                                    T0001                      P00020
  4      ─┤ ├──────┤/├──────┤/├──────┤/├─────────────────────────────────┤/├──────────────────────( )
         S0_장치시작  S6_비상정지  F_1_교반용   F_2_이동용                              H_0_작업시
         스위치      스위치      과전류검출   과전류검출                                          작표시램프
                                기          기

                                                                                     P00010                      P00025
                                                                                    ─┤/├──────────────────────( )
                                                                                     S5_작업완료                M_1_교반용
                                                                                     스위치                     펌프

                                                                                                                P00026
                                                                                                              ──( )
                                                                                                                M_2_이송용
                                                                                                                펌프

                                                                                     P00001                      P00021
                                                                                    ─┤/├──────────────────────( )
                                                                                     B1_1번레벨                  Y1_솔레노이
                                                                                     센서                       드벨브1

         P00001                                                                      P00002                      P00022
  19     ─┤ ├─────────────────────────────────────────────────────────────┤/├──────────────────────( )
         B1_1번레벨                                                                  B2_2번레벨                  Y2_솔레노이
         센서                                                                        센서                       드벨브2

         P00002                                                                      P00003                      P00023
  22     ─┤ ├─────────────────────────────────────────────────────────────┤/├──────────────────────( )
         B2_2번레벨                                                                  B3_3번레벨                  Y3_솔레노이
         센서                                                                        센서                       드벨브3

         P00003                                                                      P00004                      P00024
  25     ─┤ ├─────────────────────────────────────────────────────────────┤/├──────────────────────( )
         B3_3번레벨                                                                  B4_4번레벨                  Y4_솔레노이
         센서                                                                        센서                       드벨브4

         P00004                                                                                      ┌─────────────────────┐
  28     ─┤ ├─────────────────────────────────────────────────────────────────────────│ TON   T0001   150 │
         B4_4번레벨                                                                                   └─────────────────────┘
         센서

         T0001       P00010                                                                                      P00027
  31     ─┤ ├──────┤/├───────────────────────────────────────────────────────────────────────────( )
                     S5_작업완료                                                                                H_5_작업완
                     스위치                                                                                     료표시등

  34                                                                                                          ┌─────┐
                                                                                                              │ END │
                                                                                                              └─────┘
```

STEP **5**

프로그램 다지기

이 장에서는 지금까지 학습한 명령어와 프로그램 예를 참조하여 스스로 프로그램을 구상하고 작성하는 패턴을 다양한 문제를 통하여 익히고 실험하는 과정이다.

실험 01. OR 회로 제어

[1] 프로그램 환경 및 요구 조건

다음 표와 같이 OR 논리로 램프가 켜지게 프로그램을 한다.

입 력		LAMP 출 력
PBS2	**PBS1**	
OFF	OFF	LAMP1 ON
OFF	ON	LAMP2 ON
ON	OFF	LAMP3 ON
ON	ON	LAMP4 ON

[2] 프로그램 상황 설명도

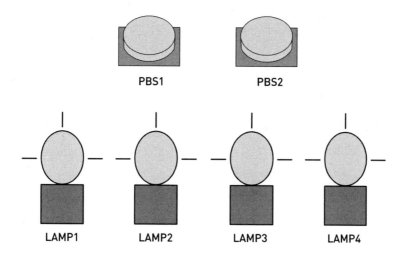

[3] 접점 주소 할당(예)

변수명	XGK 접점	내 용
PBS1	P00000	입력 푸쉬버턴1
PBS2	P00001	입력 푸쉬버턴2
LAMP1	P00021	출력표시등1
LAMP2	P00022	출력표시등2
LAMP3	P00023	출력표시등3
LAMP4	P00024	출력표시등4

[4] 시스템 설명도

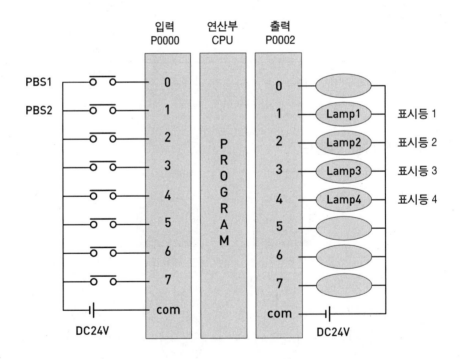

[5] 실험 평가 및 보고서

실험에 대한 평가는 예비보고서, 수업 중 실험평가, 결과보고서를 기준으로 산출한다.

❶ 예비 보고서

본문의 프로그램 상황 설명도에서 실험해야할 내용을 참조하여 아래의 물음에 대한 프로그램을 작성하여 수업 전 예비보고서로 제출하라.

- De Morgan의 정리가 무엇인지 간략히 서술하라.
- 본문의 프로그램 작성 시 어떤 식을 사용하면 효과적일지 그 식을 써라.

❷ 결과 보고서

본 실험에서 얻어진 프로그램을 수업 종료 시 제출하라.

[나만의 프로그램 전략]

실험 제목: OR 회로 제어

학   번: 성   명:

1. 프로그램 구상하기(논리 순서 및 사용될 명령어)

2. 프로그램(LADDER DIAGRAM)

실험 02. 물탱크의 수위 제어

[1] 프로그램 환경 및 요구 조건

그림과 같이 물탱크의 수위조정은 전자변 MV1을 작동시켜 배수하고 MV2를 작동시켜
급수한다.

❶ 가동 버턴, PBS1을 ON하면 센서1, 2의 ON/OFF에 따라 다음과 같이 동작한다.
❷ 수위가 상한에 도달(센서1 ON)하면 급수변을 닫고 배수변을 연다.
❸ 수위가 하한(센서2 ON)까지 줄어들면 배수변을 닫고 급수변을 연다.
❹ 정지 버턴, PBS2를 ON하면 급수상태는 정지하고 배수가 시작되며 하한에 도달하면
모두 정지한다.

[2] 프로그램 상황 설명도

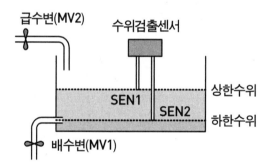

[3] 접점 주소 할당(예)

변수명	XGK 접점	내 용
가동	P00001	START 스위치
정지	P00002	STOP 스위치
센서1	P00003	센서1
센서2	P00004	센서2
배수밸브	P00020	MV1(Solenoid Valve1)
급수밸브	P00021	MV2(Solenoid Valve2)

[4] 시스템 설명도

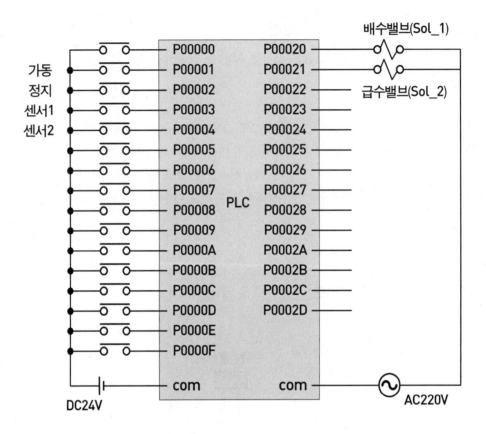

[5] 실험 평가 및 보고서

실험에 대한 평가는 예비보고서, 수업 중 실험평가, 결과보고서를 기준으로 산출한다.

❶ 예비 보고서

본문의 프로그램 상황도를 참조하고 다음 물음에 대한 프로그램을 작성하여 수업 전 예비 보고서로 제출하라.

- 가동 버턴, PBS1을 ON하면 센서1, 2의 ON/OFF에 따라 다음과 같이 동작한다.
- 수위가 상한에 도달(센서1 ON)하면 급수변을 닫고 배수변을 연다.
- 수위가 하한(센서2 ON)까지 줄어들면 배수변을 닫고 급수변을 연다.

❷ 결과 보고서

본 실험에서 얻어진 프로그램을 수업 종료 시 제출하라.

[나만의 프로그램 전략]

실험 제목: 물탱크의 수위 제어

학　번:　　　　　　　　　성　　명:

1. 프로그램 구상하기(논리 순서 및 사용될 명령어)

2. 프로그램(LADDER DIAGRAM)

실험 03. 공압 실린더 제어

[1] 프로그램 환경 및 요구 조건

❶ LS3, LS4 ON상태에서 가동 버턴, PBS1을 누르면(Solenoid1이 ON됨) 실린더1이 전진한다.

❷ Solenoid1이 ON되어 실린더1이 전진하면 LS1이 ON되고, 이어서 Solenoid2가 ON되 므로 실린더 2가 전진한다.

❸ 실린더2가 전진하여 LS2가 ON되면 Solenoid1이 OFF되고 실린더1이 후진한다.

❹ 실린더1이 후진하여 LS3이 ON되면 Solenoid2가 OFF되고 실린더 2가 후진한다.

❺ 만약에 동작 중 정지 버턴, PBS2를 누르면 실린더1, 2 모두 후진 상태로 돌아간다 (Solenoid1, 2 OFF).

[2] 프로그램 상황 설명도

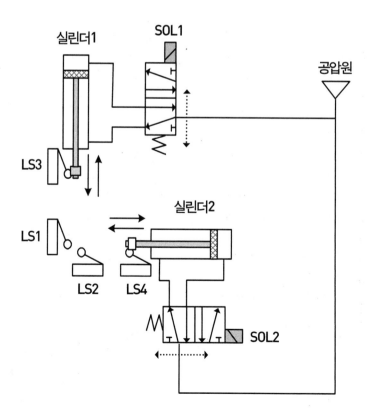

[3] 접점 주소 할당(예)

변수명	XGK 접점	내 용
START	P00000	START 스위치(Solenoid Valve1 ON), PBS1
STOP	P00001	STOP 스위치(Solenoid Valve1, 2 OFF), PBS2
LS1	P00002	리미터 스위치1
LS2	P00003	리미터 스위치2
LS3	P00004	리미터 스위치3
LS4	P00005	리미터 스위치4
SOL1	P00020	Solenoid Valve1(실린더 1 전진시킴)
SOL2	P00021	Solenoid Valve2(실린더 2 전진시킴)

[4] 시스템 설명도

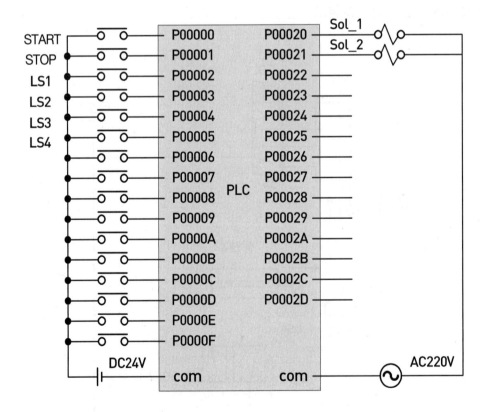

[5] 실험 평가 및 보고서

실험에 대한 평가는 예비보고서, 수업 중 실험평가, 결과보고서를 기준으로 산출한다.

❶ 예비 보고서

본문의 프로그램 상황도를 참조하고 다음 물음에 대한 프로그램을 작성하여 수업 전 예비
보고서로 제출하라.

- LS3, LS4 ON상태에서 가동 버튼, PBS1을 누르면(Solenoid1이 ON됨) 실린더1이
  전진한다.
- Solenoid1이 ON되어 실린더1이 전진하면 LS1이 ON되고, 이어서 Solenoid2가 ON되
  므로 실린더 2가 전진한다.
- 이 상태에서 정지 버튼, PBS2를 누르면 실린더1, 2 모두 후진 상태로 돌아간다
  (Solenoid1, 2 OFF).

❷ 결과 보고서

본 실험에서 얻어진 프로그램을 수업 종료 시 제출하라.

[나만의 프로그램 전략]

실험 제목: 공압 실린더 제어

학   번: 성   명:

1. 프로그램 구상하기(논리 순서 및 사용될 명령어)

2. 프로그램(LADDER DIAGRAM)

실험 04. 엘리베이터 제어

[1] 프로그램 환경 및 요구 조건

3개 층을 운행하는 엘리베이터로 1회 운영 시 먼저 누른 1개 층의 버턴만 입력이 가능한 엘리베이터 제어회로이다. 층 입력 버턴은 엘리베이터 내부와 홀에서 병렬로 이루어진다. 만약 엘리베이터의 외부에서 층을 선택하였을 때 누군가가 엘리베이터를 사용 중이라면 그 임무가 완료된 후 호출한 곳으로 이동한다. 따라서 엘리베이터 외부에서 층을 먼저 선택한 사람만이 내부 입력 버턴을 사용할 수 있다.

[2] 프로그램 상황 설명도

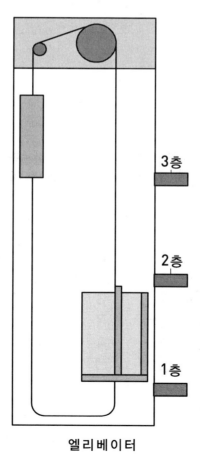

엘리베이터

[3] 접점 주소 할당(예)

변수명	XGK 접점	내 용
P0	P00000	1층 엘리베이터 외부 선택 버턴
P1	P00001	2층 엘리베이터 외부 선택 버턴
P2	P00002	3층 엘리베이터 외부 선택 버턴
P3	P00003	1층 엘리베이터 내부 선택 버턴
P4	P00004	2층 엘리베이터 내부 선택 버턴
P5	P00005	3층 엘리베이터 내부 선택 버턴
1F 센서	P00006	엘리베이터 1층 감지센서
2F 센서	P00007	엘리베이터 2층 감지센서
3F 센서	P00008	엘리베이터 3층 감지센서
1F 보조	M00000	1층 호출용 보조접점
2F 보조	M00001	2층 호출용 보조접점
3F 보조	M00002	3층 호출용 보조접점
P20	P00020	엘리베이터 하강
P21	P00021	엘리베이터 상승

[4] 시스템 설명도

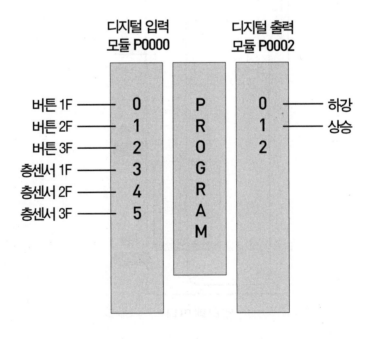

[5] 실험 평가 및 보고서

실험에 대한 평가는 예비보고서, 수업 중 실험평가, 결과보고서를 기준으로 산출한다.

❶ 예비 보고서

본문과 아래의 그림을 참조하고 다음 물음에 대한 프로그램을 작성하여 수업 전 예비보고서로 제출하라.

- 2층 빌딩에 엘리베이터가 있다고 가정하여 엘리베이터를 제어할 수 있는 프로그램을 작성하라.

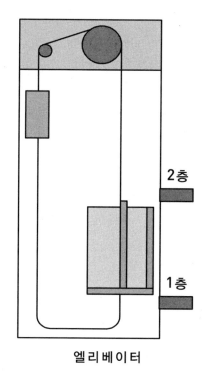

엘리베이터

❷ 결과 보고서

본 실험에서 얻어진 프로그램을 수업 종료 시 제출하라.

[나만의 프로그램 전략]

실험 제목: 엘리베이터 제어

학   번: 성   명:

1. 프로그램 구상하기(논리 순서 및 사용될 명령어)

2. 프로그램(LADDER DIAGRAM)

실험 05. 제품 이송기 제어

[1] 프로그램 환경 및 요구 조건

❶ 컨베이어 벨트 1번은 구동 스위치, SW1의 ON에 의해 동작을 시작하고, 이 때 경사 롤러를 통해 내려온 제품은 1번 컨베이어에 의해 이동되며 2번 컨베이어를 향해 이동한다.

❷ 제품이 우측으로 이송되어 센서, S1을 ON시키면 1번 컨베이어는 정지하고, 팔레트 승강대는 위로 상승한다.

❸ 팔레트 승강대가 상승하여 센서, S3을 ON시키면 팔레트 승강대는 정지하고 1번과 2번 컨베이어가 각각 동작한다.

❹ 제품이 우측으로 이송되어 센서, S4를 ON시키면 두 컨베이어는 멈추고 팔레트 승강대는 하강하여 센서, S2를 ON시킨다. 이후 제품은 다른 곳으로 이송되므로 S4는 OFF된다.

[2] 프로그램 상황 설명도

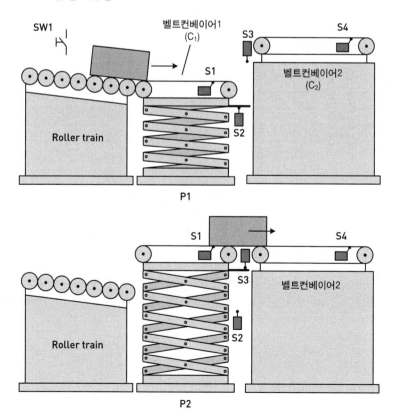

[3] 접점 주소 할당(예)

변수명	XGK 접점	내 용
SW1	P00001	컨베이어 벨트1 구동 스위치
S1	P00002	센 서1
S2	P00003	센 서2
S3	P00004	센 서3
S4	P00005	센 서4
C1	P00021	컨베이어 벨트1 구동 모터
C2	P00022	컨베이어 벨트2 구동 모터
P1	P00023	팔레트 상승 모터1
P2	P00024	팔레트 하강 모터2

[4] 시스템 설명도

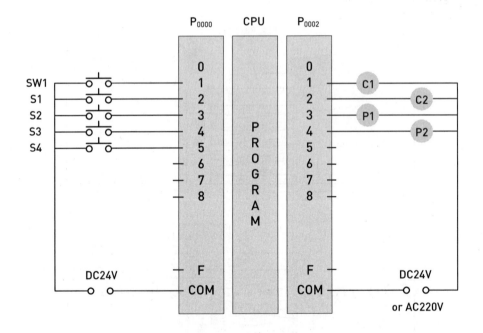

[5] 실험 평가 및 보고서

실험에 대한 평가는 예비보고서, 수업 중 실험평가, 결과보고서를 기준으로 산출한다.

❶ 예비 보고서

아래의 그림을 참조하고 다음 물음에 대한 프로그램을 작성하여 수업 전 예비보고서로 제출하라.

- 컨베이어 벨트 1번은 구동 스위치, SW1의 ON에 의해 동작을 시작하고, 이 때 경사 롤러를 통해 내려온 제품은 1번 컨베이어에 의해 이동되며 우측으로 이동한다.
- 제품이 우측으로 이송되어 센서, S1을 ON시키면 1번 컨베이어(C1)는 정지하고, 팔레트 승강대(P1)는 위로 상승한다.
- 팔레트 승강대가 상승하여 센서, S3을 ON시키면 팔레트 승강대는 정지하고 모든 동작은 끝난다.

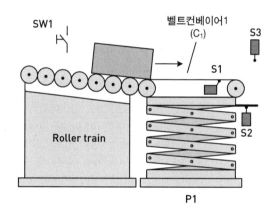

❷ 결과 보고서

본 실험에서 얻어진 프로그램을 수업 종료 시 제출하라.

[나만의 프로그램 전략]

실험 제목: 제품 이송기 제어

학　번:　　　　　　　　　성　명:

1. 프로그램 구상하기(논리 순서 및 사용될 명령어)

2. 프로그램(LADDER DIAGRAM)

실험 06. 컨베이어 제어 실험

다음의 설명문을 읽고 나만의 프로그램을 작성해 본다.

[1] 프로그램 환경 및 요구 조건

❶ A, B, C 3대의 컨베이어를 순서에 따라 제어한다.

❷ PB1을 ON하면 컨베이어는 A→B→C순으로 기동된다. 이 때 A 컨베이어는 즉시 동작하고, B 컨베이어는 5초 C 컨베이어는 10초간 각각 지연된 후 동작한다.

❸ PB2을 ON하면 컨베이어는 C→B→A순으로 정지된다. 이 때 A와 B 컨베이어는 각각 3초 및 7초간 지연된 후 정지하고, C 컨베이어는 즉시 정지한다.

[2] 프로그램 상황 설명도

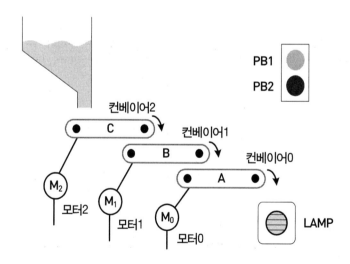

[3] 접점 주소 할당(예)

변수명	XGK 접점	내 용
PB1	P00001	START PBS
PB2	P00002	STOP PBS
MOTOR0	P00020	컨베이어 모터0
MOTOR1	P00021	컨베이어 모터1
MOTOR2	P00022	컨베이어 모터2
T0	T0000	50초 타이머
T1	T0001	10초 타이머
T2	T0002	3초 타이머
T3	T0003	7초 타이머

[4] 시스템 설명도

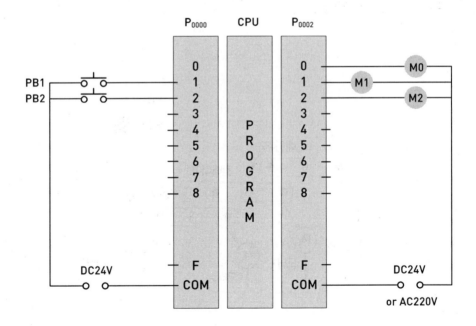

[5] 평가 및 보고서

실험에 대한 평가는 예비보고서, 수업 중 실험평가, 결과보고서를 기준으로 산출한다.

❶ 예비 보고서

본문의 프로그램 상황 설명도에서 실험해야할 내용을 참조하여 아래의 물음에 대한 프로그램을 작성하여 수업 전 예비보고서로 제출하라.

▪ PB1을 ON하면 컨베이어는 A→B→C순으로 기동된다. 이 때 A 컨베이어는 즉시 동작하고, B 컨베이어는 5초, C 컨베이어는 10초간 각각 지연된 후 동작한다.

❷ 실험 결과 보고서

본 실험에서 얻어진 프로그램을 수업 종료 시 제출하라.

[나만의 프로그램 전략]

실험 제목: 컨베이어 제어

학 번: 성 명:

1. 프로그램 구상하기(논리 순서 및 사용될 명령어)

2. 프로그램(LADDER DIAGRAM)

실험 07. 공구교환 경보제어

[1] 프로그램 환경 및 요구 조건

❶ 머시닝센터에서 공구의 사용시간을 적산하여 수명시간에 도달하면 작업자에게 공구의 교환을 알람으로 알려준다.

❷ 센서의 입력시간이 타이머에 의해 누적되어 설정시간에 도달하면 경보한다. 이 경보에 따라 작업자는 공구를 교환하고 공구교환완료 버턴, PBS를 누르면 공구교환이 완료된다.

❸ 공구의 수명은 10초이다.

[2] 프로그램 상황 설명도

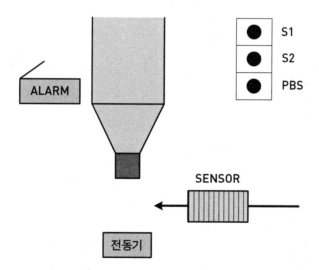

[3] 접점 주소 할당(예)

변수명	XGK 접점	내 용
S1	P00000	MOTOR START PBS
S2	P00001	MOTOR STOP PBS
SENSOR	P00002	사용 시간 검출센서
PBS	P00003	공구교환 완료 PBS
MOTOR	P00020	머시닝 센터 전동기(M)
ALARM	P00021	경고 벨(A)
T1	T00001	10초 적산 타이머

[4] 시스템 설명도

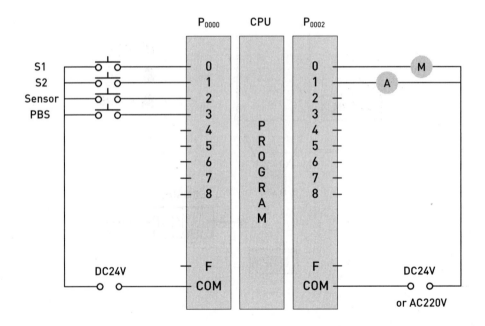

[5] 실험 평가 및 보고서

실험에 대한 평가는 예비보고서, 수업 중 실험평가, 결과보고서를 기준으로 산출한다.

❶ 예비 보고서

본문의 프로그램 상황 설명도에서 실험해야할 내용을 참조하여 아래의 물음에 대한 프로그램을 작성하여 수업 전 예비보고서로 제출하라.

- 머시닝센터에서 공구의 사용시간을 적산하여 수명시간에 도달하면 작업자에게 공구의 교환을 알려준다.
- 즉, 센서의 입력시간이 타이머에 의해 누적되어 설정시간, 10초에 도달하면 적산 타이머가 ON되고 알람이 ON되게 프로그램 하라.

❷ 결과 보고서

본 실험에서 얻어진 프로그램을 수업 종료 시 제출하라.

[나만의 프로그램 전략]

실험 제목: 공구교환 경보제어

학   번: 성   명:

1. 프로그램 구상하기(논리 순서 및 사용될 명령어)

2. 프로그램(LADDER DIAGRAM)

실험 08. 전동기 동작 대수의 증감 제어

[1] 프로그램 환경 및 요구 조건

❶ 4대의 전동기의 동작을 제어한다.

❷ PB1을 ON할 때마다 전동기 동작수는 1대씩 증가하고, PB2를 ON할 때 마다 전동기 동작수는 1대씩 감소한다.

❸ 4개의 전동기가 동작하고 있을 때, PB1을 ON하면 모든 전동기는 정지한다.

❹ 1개의 전동기가 동작하고 있을 때, PB2를 ON하면 전동기는 한 대도 동작하지 않는다.

❺ 전동기는 각각 과전류 계전기(OCR)로 보호한다.

[2] 프로그램 상황 설명도

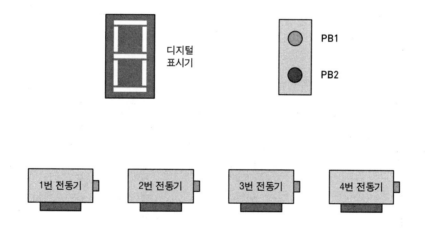

[3] 접점 주소 할당(예)

변수명	XGK 접점	내 용
PB1	P00000	START PBS
PB2	P00001	STOP PBS
MC1	P00021	MOTOR1 CONTACTOR
MC2	P00022	MOTOR2 CONTACTOR
MC3	P00023	MOTOR3 CONTACTOR
MC4	P00024	MOTOR4 CONTACTOR
C1	C00001	현재값이 1이상 일 때 ON
C2	C00002	현재값이 2이상 일 때 ON
C3	C00003	현재값이 3이상 일 때 ON
C4	C00004	현재값이 4이상 일 때 ON
C5	C00005	RESET

[4] 시스템 설명도

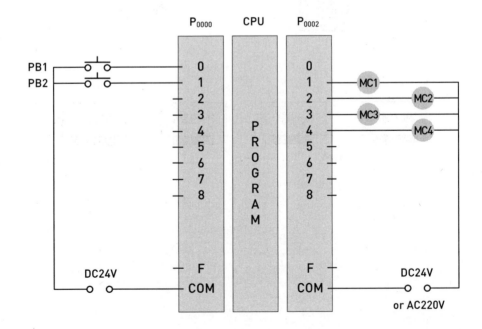

[5] 실험 평가 및 보고서

실험에 대한 평가는 예비보고서, 수업 중 실험평가, 결과보고서를 기준으로 산출한다.

❶ 예비 보고서

본문의 프로그램 상황 설명도에서 실험해야할 내용을 참조하여 아래의 물음에 대한 프로그램을 작성하여 수업 전 예비보고서로 제출하라.

- 1, 2번 전동기의 동작을 제어한다.
- PB1을 ON할 때마다 전동기 동작수는 1대씩 증가하고, PB2를 ON할 때 마다 전동기 동작수는 1대씩 감소한다.
- 2개의 전동기가 동작하고 있을 때, PB1을 ON하면 모든 전동기는 정지한다.
- 1개의 전동기가 동작하고 있을 때, PB2를 ON하면 전동기는 한 대도 동작하지 않는다.
- 전동기는 각각 과전류 계전기(OCR)로 보호한다.

❷ 결과 보고서

본 실험에서 얻어진 프로그램을 수업 종료 시 제출하라.

[나만의 프로그램 전략]

실험 제목: 전동기 동작 대수의 증감 제어

학 번: 성 명:

1. 프로그램 구상하기(논리 순서 및 사용될 명령어)

2. 프로그램(LADDER DIAGRAM)

실험 09. 기동 전류 제어

[1] 프로그램 환경 및 요구 조건

❶ 부하의 기동 전류를 감소시키기 위해서 3개의 저항을 이용하여 부하(Load)가 순간적으로 기동되도록 한다.

❷ PBS1을 ON하면 R1+ R2+ R3를 통해 기동되고, 1초 후에는 R1+R2를 통해, 3초 후에는 R1를 통해, 5초 후에는 저항 없이 전 전압이 부하에 직접 인가되도록 한다.

❸ PBS2에 의해 정지된다.

[2] 프로그램 상황 설명도

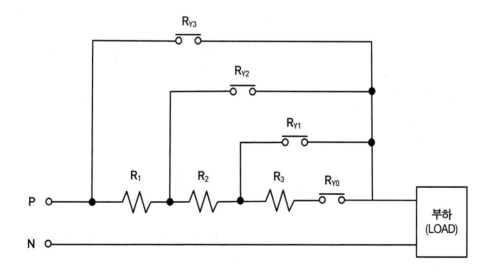

[3] 접점 주소 할당(예)

변수명	XGK 접점	내 용
PBS1	P00000	START 버턴
PBS2	P00001	STOP 버턴
타이머1	T00001	1초 타이머
타이머2	T00002	3초 타이머
타이머3	T00003	5초 타이머
RY0	P00020	릴레이0(R1+R2+R3 경유 기동용)
RY1	P00021	릴레이1(R1+R2 경유 운전용)
RY2	P00022	릴레이2(R1 경유 운전용)
RY3	P00023	릴레이3(직접 인가 운전용)
보조1	M00000	회로구성용 보조 계전기0
보조2	M00001	회로구성용 보조 계전기1
보조3	M00002	회로구성용 보조 계전기2
보조4	M00003	회로구성용 보조 계전기3

[4] 시스템 설명도

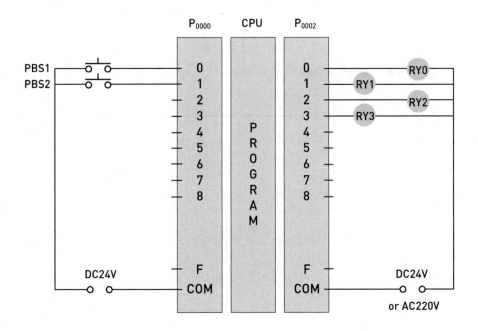

[5] 실험 평가 및 보고서

실험에 대한 평가는 예비보고서, 수업 중 실험평가, 결과보고서를 기준으로 산출한다.

❶ 예비 보고서

본문의 프로그램 상황 설명도를 참조하고 다음 물음에 대한 프로그램을 작성하여 수업 전 예비보고서로 제출하라.

- 부하의 기동 전류를 감소시키기 위해서 3개의 저항을 이용하여 부하(Load)가 순간적으로 기동되도록 한다.
- PBS1을 ON하면 R1+ R2+ R3를 통해 기동되고, 1초 후에는 R1+R2를 통해 부하에 인가되도록 한다.

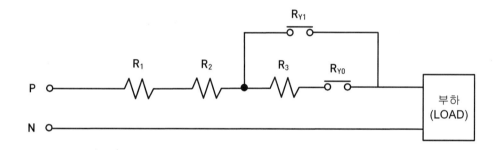

❷ 결과 보고서

본 실험에서 얻어진 프로그램을 수업 종료 시 제출하라.

[나만의 프로그램 전략]

실험 제목: 기동 전류 제어

학   번: 성   명:

1. 프로그램 구상하기(논리 순서 및 사용될 명령어)

2. 프로그램(LADDER DIAGRAM)

실험 10. 호이스트 이동 제어

[1] 프로그램 환경 및 요구 조건

❶ LS1의 동작위치 A에서 PBS1을 ON하면 호이스트는 D의 방향으로 이동하여 작업을 시작하고 LS4가 ON 되면 D의 위치에서 3초간 작업을 위해 정지한다.

❷ 그리고 B로 이동하여 LS2가 ON 되면 B의 위치에서 5초간 작업을 위해 정지한다.

❸ 그리고 C의 위치로 이동하여 LS3가 ON 되며 C의 위치에서 7초간 작업을 위해 정지한 후 최초의 위치 A로 복귀하여 LS1이 ON 되면 운전이 완료된다.

❹ 운전중 PBS2를 ON하면 호이스트 이동이 비상 정지된다. 필요시 PBS3을 ON하면 호이스트는 A위치로 복귀한다.

[2] 프로그램 상황 설명도

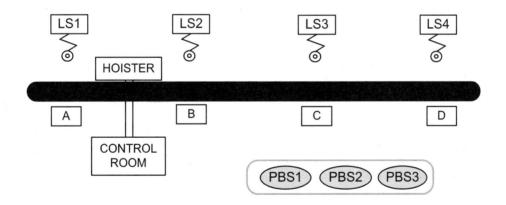

[3] 접점 주소 할당(예)

변수명	XGK 접점	내 용
PBS1	P00000	시작 푸쉬 버턴
PBS2	P00001	비상 정지 푸쉬 버턴
PBS3	P00002	A위치 복귀 푸쉬 버턴
LS1	P00003	A위치 리미트스 위치
LS2	P00004	B위치 리미트스 위치
LS3	P00005	C위치 리미트스 위치
LS4	P00006	D위치 리미트스 위치
MC1	P00020	호이스트 우측이동 모터
MC2	P00021	호이스트 좌측이동 모터
T0	T0000	D위치에서 3초 정지 타이머
T1	T0001	B위치에서 5초 정지 타이머
T2	T0002	C위치에서 7초 정지 타이머

[4] 시스템 설명도

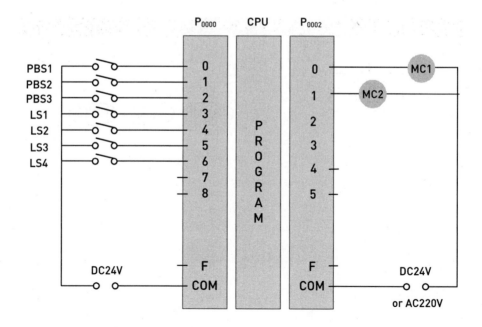

[5] 실험 평가 및 보고서

실험에 대한 평가는 예비보고서, 수업 중 실험평가, 결과보고서를 기준으로 산출한다.

❶ 예비 보고서

아래의 그림을 참조하고 다음 물음에 대한 프로그램을 작성하여 수업 전 예비보고서로
제출하라.

- 본 그림은 호이스트의 이동 제어에 관한 그림으로 초기 조건은 호이스트가 LS1을 누르
  고 있는 상태, 즉 LS1이 ON인 상태이다.
- 시작 버튼, PBS1을 누르면 우측이동 호이스트가 동작하여 우측으로 이동하고 LS2가
  ON되면 정지한다. 여기서 작업을 위해 8초간 대기한 후 좌측이동 호이스트가 동작하
  고 LS1을 ON시키면 모든 작업이 종료된다.

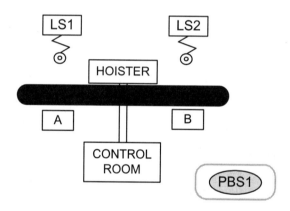

❷ 결과 보고서

본 실험에서 얻어진 프로그램을 수업 종료 시 제출하라.

[나만의 프로그램 전략]

실험 제목: 호이스트 이동 제어

학   번: 성   명:

1. 프로그램 구상하기(논리 순서 및 사용될 명령어)

2. 프로그램(LADDER DIAGRAM)

실험 11. 보행자 우선 횡단보도 제어

[1] 프로그램 환경 및 요구 조건

교외에서 빈번하지 않은 횡단보도 신호등을 보행자가 우선하도록 제어한다.

❶ 횡단보도에서 보행자가 S1을 ON하면 자동차 주행방향 신호등은 적색, 보행자 방향
신호등은 녹색으로 바뀌고 보행 후에는 이와 반대로 된다.

❷ 즉, 보행자가 S1을 ON하면 자동차 주행방향은 황색등으로 5초간 지연된 후, 자동차
주행방향 적색등과 보행자 방향 녹색등이 각각 켜져서 30초간 지속된다. 그리고 보행
자 방향의 녹색등이 적색으로 바뀌어도 자동차 주행 방향 적색등은 5초간 더 유지된
후 3초간의 황색등을 경유하여 녹색으로 바뀐다.

[2] 프로그램 상황 설명도

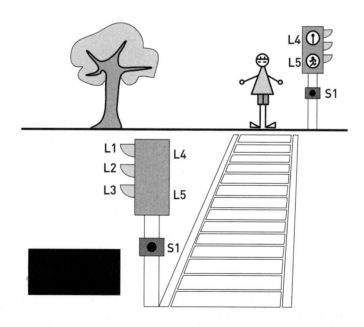

[3] 접점 주소 할당(예)

변수명	XGK 접점	내 용
S1	P00000	보행자 입력신호
L1	P00021	차량용 녹색등
L2	P00022	차량용 황색등
L3	P00023	차량용 적색등
L4	P00024	보행자 방향 녹색등
L5	P00025	보행자 방향 적색등
T0	T0	5초 타이머
T1	T1	30초 타이머
T2	T2	35초 타이머
T3	T3	3초 타이머

[4] 시스템 설명도

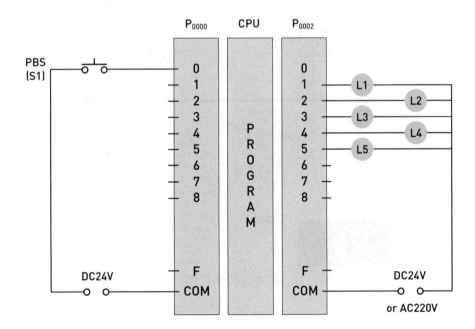

[5] 실험 평가 및 보고서

실험에 대한 평가는 예비보고서, 수업 중 실험평가, 결과보고서를 기준으로 산출한다.

❶ 예비 보고서

본문의 프로그램 상황 설명도에서 실험해야할 내용을 참조하여 다음 물음에 대한 프로그램을 작성하여 수업 전 예비보고서로 제출하라.

- 교외에서 빈번하지 않은 횡단보도 신호등을 보행자가 우선하도록 제어한다.
- 횡단보도에서 보행자가 S1를 ON하면 자동차 주행방향 신호등은 적색, 보행자 방향 신호등은 녹색으로 바뀌고 보행 후에는 이와 반대로 된다.
- 즉, 보행자가 S1를 ON하면 자동차 주행방향 적색등과 보행자 방향 녹색등이 각각 켜져서 30초간 지속된다. 그리고 보행자 방향의 녹색등이 적색으로 자동차 주행 방향 적색등은 녹색으로 바뀐다.

❷ 결과 보고서

본 실험에서 얻어진 프로그램을 수업 종료 시 제출하라.

[나만의 프로그램 전략]

실험 제목: 보행자 우선 횡단보도 제어

학   번: 성   명:

1. 프로그램 구상하기(논리 순서 및 사용될 명령어)

2. 프로그램(LADDER DIAGRAM)

실험 12. 공업용 로의 도어 제어

[1] 프로그램 환경 및 요구 조건

❶ 로는 체인으로 연결된 모터에 의해 구동되고 평상시 문은 닫혀 있다. 로의 문을 열고 닫기 위해서는 열림 모터, M1과 닫힘 모터, M2가 각각 사용된다.

❷ 먼저 전원 장치 스위치, S1을 누른다. 그리고 S2를 ON하면 로의 문이 열리고 열림 완료 리미트 스위치, S5가 감지되면 전동장치가 멈춘다.

❸ 문이 열리고 10초 후 자동으로 문이 닫힌다.

❹ 문이 닫히지 않은 상태 일 때, S3가 ON 되면 문은 닫힌다. 문이 열리거나 닫히고 있는 상태에 S4를 누르면 문은 멈추게 된다.

❺ 닫힘 완료 리미트 스위치 S6가 ON되면 로의 문이 닫힌 상태이고 전동장치는 멈춘다.

❻ 로의 문이 동작 중에는 램프 H1가 켜진다.

❼ 문이 닫히고 있는 중에 광전 스위치 PH1에 이상 물체가 감지되면 로의 문은 즉각 멈춘다. 그리고 30초 이상 이상 물체가 감지되지 않으면 문은 다시 닫힌다.

[2] 프로그램 상황 설명도

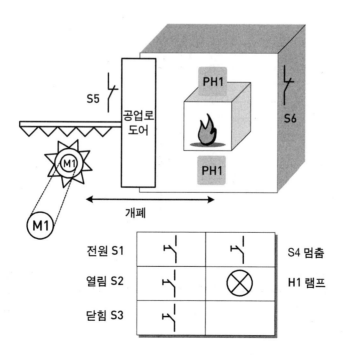

[3] 접점 주소 할당(예)

변수명	XGK 접점	내 용
S1	P00000	장치전원 스위치
S2	P00001	문 열림 스위치
S3	P00002	문 닫힘 스위치
S4	P00003	문 동작 멈춤 스위치
S5	P00004	열림 완료 리미트 스위치
S6	P00005	닫힘 완료 리미트 스위치
PH1	P00006	광전 스위치 이상 발생시 문 정지
M1	P00020	전동기 문열기(역회전)
M2	P00021	전동기 문닫기(정회전)
H1	P00022	문 동작 중 표시등
M0	M00000	문 닫음 내부코일
T1	T00001	10초 타이머
T2	T00002	30초 타이머

[4] 시스템 설명도

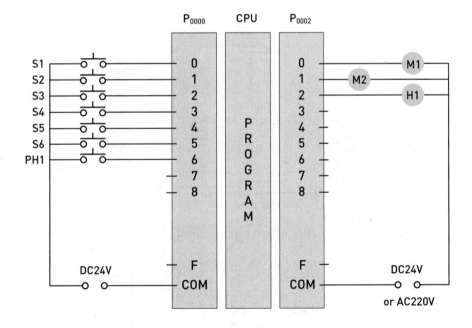

[5] 실험 평가 및 보고서

실험에 대한 평가는 예비보고서, 수업 중 실험평가, 결과보고서를 기준으로 산출한다.

❶ 예비 보고서

아래의 그림을 참조하고 다음 물음에 대한 프로그램을 작성하여 수업 전 예비보고서로 제출하라.

- 로는 체인으로 연결된 모터에 의해 구동되고 평상시 문은 닫혀 있다. 로의 문을 열고 닫기 위해서는 열림 모터, M1과 닫힘 모터, M2가 각각 사용된다.
- 먼저 전원 장치 스위치, S1을 누른다. 그리고 S2를 ON하면 로의 문이 열리고 열림 완료 리미트 스위치, S5가 감지되면 전동장치가 멈춘다.
- 문이 열리고 10초 후 자동으로 문이 닫힌다.
- 닫힘 완료 리미트 스위치 S6가 ON되면 로의 문이 닫힌 상태이고 전동장치는 멈춘다.

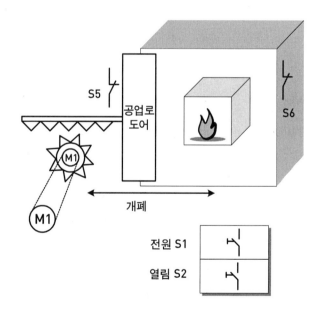

❷ 결과 보고서

본 실험에서 얻어진 프로그램을 수업 종료 시 제출하라.

[나만의 프로그램 전략]

실험 제목: 공업용 로의 도어제어

학   번: 성   명:

1. 프로그램 구상하기(논리 순서 및 사용될 명령어)

2. 프로그램(LADDER DIAGRAM)

실험 13. 쥬스 컨테이너 제어

1. 프로그램 환경 및 요구 조건

❶ 한주 공장의 두 개의 쥬스 컨테이너를 만수와 갈수를 알려주는 각각의 플로트 스위치로 제어한다.

❷ 여기서 S1은 자동운전 시작 스위치, S0은 자동운전 해지 스위치이다.
자동운전 진행 중에는 램프 H0이 켜진다.

❸ 컨테이너에 쥬스 유입 시 한 번에 한 개의 컨테이너씩 채운다. 둘 다 비었을 경우
1번 컨테이너를 먼저 채운다.

❹ 컨테이너가 갈수 신호 S3(S5)이 ON되면 해당 밸브 Y1(Y2)이 열리고 상단의 메인 밸브 Y0은 7초 후에 열린다.

❺ 만약 만수 신호 S2(S4)가 ON되면 해당 밸브 Y1(Y2)이 닫히고, Y1, Y2 둘 다 OFF이면
마지막 밸브가 OFF되고 3초 후 Y0가 닫힌다.

[2] 프로그램 상황 설명도

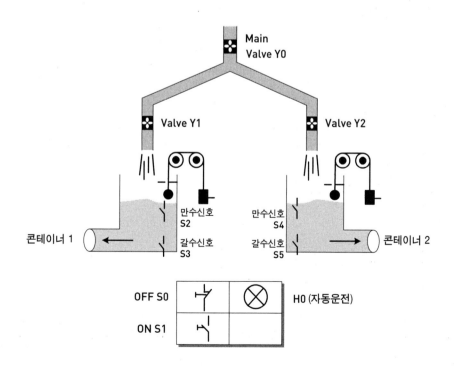

[3] 접점 주소 할당(예)

변수명	XGK 접점	내 용
S0	P00000	STOP PBS
S1	P00001	START PBS
S2	P00002	1번 만수 플로트 스위치
S3	P00003	1번 갈수 플로트 스위치
S4	P00004	2번 만수 플로트 스위치
S5	P00005	2번 갈수 플로트 스위치
Y0	P00020	MAIN SOL VALVE
Y1	P00021	1번 컨테이너 SOL VALVE
Y2	P00022	2번 컨테이너 SOL VALVE
H0	P00023	표시 램프
T1	T00001	7초 타이머
T2	T00002	3초 타이머

[4] 시스템 설명도

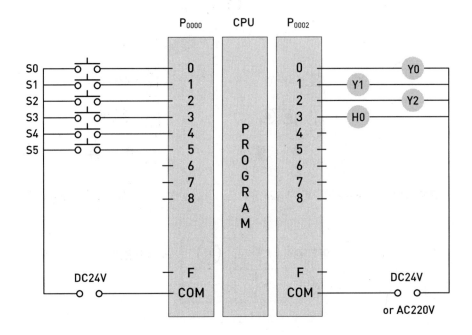

[5] 실험 평가 및 보고서

실험에 대한 평가는 예비보고서, 수업 중 실험평가, 결과보고서를 기준으로 산출한다.

❶ 예비 보고서

아래의 그림을 참조하고 다음 물음에 대한 프로그램을 작성하여 수업 전 예비보고서로 제출하라.

■ 한주 공장의 쥬스 컨테이너를 만수와 갈수를 알려주는 각각의 플로트 스위치로 제어한다.
■ 여기서 S1은 자동 운전 시작 스위치, S0은 자동운전 해지 스위치이다.
■ 컨테이너가 갈수 신호 S3이 ON 되면 해당 밸브 Y1이 열리고 상단의 메인 밸브 Y0은 7초 후에 열린다.
■ 만약 만수 신호 S2가 ON되면 해당 밸브 Y1이 닫히고, 3초 후 Y0가 닫힌다.

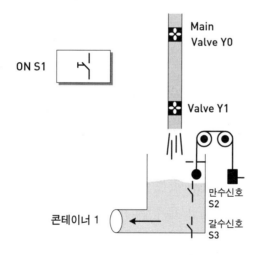

❷ 결과 보고서

본 실험에서 얻어진 프로그램을 수업 종료 시 제출하라.

[나만의 프로그램 전략]

실험 제목: 쥬스 컨테이너 제어

학   번: 성   명:

1. 프로그램 구상하기(논리 순서 및 사용될 명령어)

2. 프로그램(LADDER DIAGRAM)

⋮ 실험 14. 컨베이어 제어

[1] 프로그램 환경 및 요구 조건

벨트 컨베이어는 세 개의 조립대에서 부품을 조립한 후 최종 라인으로 이송하는 시스템을 제어한다.

❶ 제어 시스템은 S5에 의하여 시작되고 H5로 동작이 표시된다.

❷ 컨베이어 벨트상의 전 부품을 최종라인에 도착시키기 위해서는 S7에 의한 JOG운전으로도 가능하다.

❸ 전체 공정에서 조립 부품들이 해당 위치로 이동하면 S1, S2, S3이 이들의 도착을 감지하고, 이 때 H1, H2, H3도 각각 켜진다.

❹ 즉, 컨베이어 모터(M1)는 H4가 ON이고 동시에 H3이 ON일 때를 제외하고는 일정한 속도로 이송 동작을 계속한다. 하지만 M1은 H4가 ON이고 H3이 ON일 때는 정지한다.

❺ 조립 부품이 S4(H4 ON)에 도착하면 M2는 정지한다. 그리고 10초 동안 S4, H4는 ON 되며, 이 10초 후 이 제품은 방출되고 M2가 다시 ON되어 컨베이어는 이송을 계속한다 (M2는 제품이 10초간 정지하는 시간외에는 항시 ON이다).

❻ 제어 시스템은 S6에 의해 모두 정지된다.

[2] 프로그램 상황 설명도

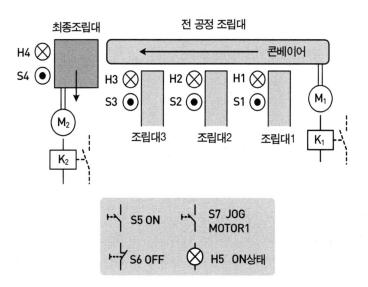

[3] 접점 주소 할당(예)

변수명	XGK 접점	내 용
S6	P00000	시스템 정지
S5	P00001	시스템 운전
S7	P00002	주 컨베이어 조깅 운전
S1	P00003	조립대 1 센서
S2	P00004	조립대 2 센서
S3	P00005	조립대 3 센서
S4	P00006	최종 조립대 센서
H1	P00021	조립대 1 표시램프
H2	P00022	조립대 2 표시램프
H3	P00023	조립대 3 표시램프
H4	P00024	최종 조립대 표시램프
H5	P00025	시스템 운전 표시램프
M1	P00026	주 컨베이어 모터
M2	P00027	최종 조립대 컨베이어 모터
T1	T0001	10초 타이머

[4] 시스템 설명도

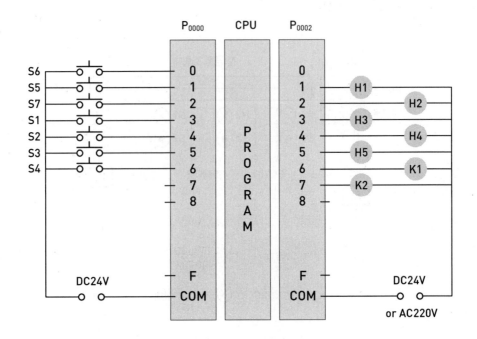

[5] 실험 평가 및 보고서

실험에 대한 평가는 예비보고서, 수업 중 실험평가, 결과보고서를 기준으로 산출한다.

❶ 예비 보고서

아래의 그림을 참조하고 다음 물음에 대한 프로그램을 작성하여 수업 전 예비보고서로 제출하라.

- 제어 시스템은 S5에 의하여 시작되고 H5로 동작이 표시된다.
- 전체 공정에서 조립 부품들이 해당 위치로 이동하면 S1, S2, S3이 이들의 도착을 감지하며, 이 때 H1, H2, H3도 각각 켜진다.
- 즉, 컨베이어 모터(M1)는 H4가 ON이고 동시에 H3이 ON일 때를 제외하고는 일정한 속도로 이송 동작을 계속한다. 하지만 M1은 H4가 ON이고 H3이 ON일 때는 정지한다.

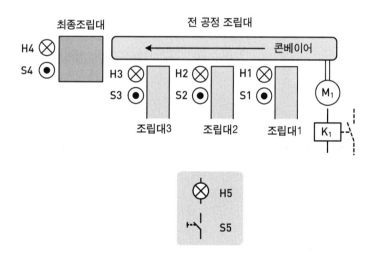

❷ 결과 보고서

본 실험에서 얻어진 프로그램을 수업 종료 시 제출하라.

[나만의 프로그램 전략]

실험 제목: 컨베이어 제어

학   번: 성   명:

1. 프로그램 구상하기(논리 순서 및 사용될 명령어)

2. 프로그램(LADDER DIAGRAM)

실험 15. 제품 이송 시스템 제어

[1] 프로그램 환경 및 요구 조건

컨베이어 벨트상의 제품을 조립대로 이송하는 양방향 제어시스템의 이송설비를 제어한다.

❶ SW1을 ON한 후 Lifting Arm이 센서, S1을 ON한 상태에서 센서, S0이 제품을 감지하면 전자석이 컨베이어 위의 제품을 집는다.

❷ 전동기, M1은 A방향으로 회전하여 Lifting Arm이 센서, S2를 ON하면 M1은 정지한다.

❸ 이 때, 전동기, M2는 B방향으로 회전하여 Lifting Arm이 센서, S4를 ON하면 정지한다.

❹ S4 신호에 의해 제품은 조립대에 놓여지고, 2초 경과한 후 Lifting Arm을 C방향으로 이동시켜 센서, S3이 ON되면 정지한다.

❺ S3이 ON되면 M2가 정지하고 M1이 역전하여 Lifting Arm이 D방향으로 이동하여 S1이 ON되면 정지한다.

이 후의 동작은 ❶ ~ ❺의 반복으로 된다.

❻ SW3에 의해 전 시스템이 정지하고 과전류 계전기 F1, F2에 의해 전동기는 보호된다.

❼ 시스템이 일단 정지되면 SW2로써 초기위치로 복귀시켜 놓는다.

[2] 프로그램 상황 설명도

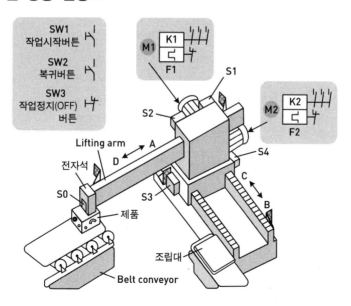

[3] 접점 주소 할당(예)

변수명	XGK 접점	내 용
SW1	P00000	START 버턴
SW2	P00001	초기위치 복귀 버턴
SW3	P00002	STOP 버턴
S0	P00003	제품검출 센서
S1	P00004	D위치 검출(접촉) 센서
S2	P00005	A위치 검출(접촉) 센서
S3	P00006	C위치 검출(접촉) 센서
S4	P00007	B위치 검출(접촉) 센서
F1	P00008	M1 과전류 검출 계전기
F2	P00009	M2 과전류 검출 계전기
타이머1	T0001	2초 타이머
M1정전	P00020	M1 전동기 정방향 동작(A방향)
M2정전	P00021	M2 전동기 정방향 동작(B방향)
M2역전	P00022	M2 전동기 역방향 동작(C방향)
M1역전	P00023	M1 전동기 역방향 동작(D방향)
전자석	P00024	제품 부착 전자석
H1	P00025	M1 동작 표시등
H2	P00026	M2 동작 표시등
T0	T00000	2초 타이머 설정
보조0	M00000	회로구성용 보조 계전기0
보조1	M00001	회로구성용 보조 계전기1
보조2	M00002	회로구성용 보조 계전기2
보조3	M00003	회로구성용 보조 계전기3
보조4	M00004	회로구성용 보조 계전기4
보조5	M00005	회로구성용 보조 계전기5
그 외		

[5] 실험 평가 및 보고서

실험에 대한 평가는 예비보고서, 수업 중 실험평가, 결과보고서를 기준으로 산출한다.

❶ 예비 보고서

본문의 프로그램 상황 설명도를 참조하여 다음 물음에 대한 프로그램을 작성하여 수업 전 예비보고서로 제출하라.

- 컨베이어 벨트상의 제품을 조립대로 이송하는 양방향 제어시스템의 이송설비를 제어한다.
- SW1을 ON한 후 Lifting Arm이 센서, S1을 ON한 상태에서 센서, S0이 제품을 감지하면 전자석이 컨베이어 위의 제품을 집는다.
- 전동기, M1은 A방향으로 회전하여 Lifting Arm이 센서, S2를 ON하면 M1은 정지한다.
- 이 때, 전동기, M2는 B방향으로 회전하여 Lifting Arm이 S4를 ON하면 정지하고 모든 동작은 끝난다.

❷ 결과 보고서

본 실험에서 얻어진 프로그램을 수업 종료 시 제출하라.

[나만의 프로그램 전략]

실험 제목: 제품 이송 시스템 제어

학   번: 성   명:

1. 프로그램 구상하기(논리 순서 및 사용될 명령어)

2. 프로그램(LADDER DIAGRAM)

실험 16. 분수대 동작 제어

[1] 프로그램 환경 및 요구 조건

6대의 분수대를 다음과 같은 순서로 제어한다.

동작 순서 \ 전동기번호	M1	M2	M3	M4	M5	M6	시간
동작 1	●	●					5초
동작 2	●	●			●	●	5초
동작 3	●		●	●	●		5초
동작 4	●		●	●	●	●	5초
동작 5	●		●	●			3초
동작 6	●	●				●	3초
동작 7	●	●	●	●	●	●	5초

❶ 각 전동기, M1 ~ M6의 동작 스위치는 S1 ~ S6이고, 자동/수동 선택 스위치는 S7이다.
❷ 수동 선택(S7=OFF)시 각 전동기의 동작은 개별 스위치의 ON/OFF에 의해 제어된다.
❸ 자동 선택(S7=ON)시 각 전동기의 개별 스위치는 프로그램에 의해 제어된다.

[2] 프로그램 상황 설명도

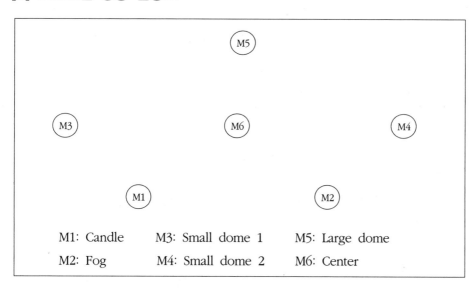

M1: Candle   M3: Small dome 1   M5: Large dome
M2: Fog   M4: Small dome 2   M6: Center

[3] 접점 주소 할당(예)

변수명	XGK 접점	내용
S1	P00000	MOTOR1 START 스위치
S2	P00001	MOTOR2 START 스위치
S3	P00002	MOTOR3 START 스위치
S4	P00003	MOTOR4 START 스위치
S5	P00004	MOTOR5 START 스위치
S6	P00005	MOTOR6 START 스위치
S7	P00006	수동/자동 선택
M1	P00020	분수대 전동기1(Candle)
M2	P00021	분수대 전동기2(Fog)
M3	P00022	분수대 전동기3(Small Dome1)
M4	P00023	분수대 전동기4((Small Dome2)
M5	P00024	분수대 전동기5((Large Dome)
M6	P00025	분수대 전동기6(Center)
T1 ~ T7	T0001 ~ T0007	5, 5, 5, 5, 3, 3, 5초 타이머

[4] 시스템 설명도

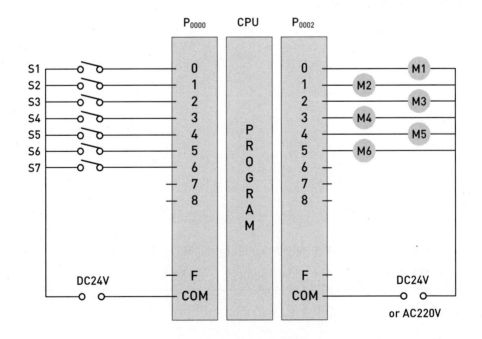

[5] 실험 평가 및 보고서

실험에 대한 평가는 예비보고서, 수업 중 실험평가, 결과보고서를 기준으로 산출한다.

❶ 예비 보고서

본문의 프로그램 상황 설명도를 참조하고 다음 물음에 대한 프로그램을 작성하여 수업 전 예비보고서로 제출하라.

- 각 전동기, M1 ~ M6의 동작 스위치는 S1 ~ S6이고, 자동/수동 선택 스위치는 S7 이다.
- 자동 선택(S7=ON)시 각 전동기의 개별 스위치는 프로그램에 의해 제어된다.
- 자동 선택 스위치를 누르고 6대의 분수대를 다음과 같은 순서로 제어하는 프로그램을 작성하라.

전동기번호 동작 순서	M1	M2	M3	M4	M5	M6	시간
동작 1	●	●					5초
동작 2			●	●		●	5초
동작 3	●	●			●		5초

❷ 결과 보고서

본 실험에서 얻어진 프로그램을 수업 종료 시 제출하라.

[나만의 프로그램 전략]

실험 제목: 분수대 동작 제어

학   번: 성   명:

1. 프로그램 구상하기(논리 순서 및 사용될 명령어)

2. 프로그램(LADDER DIAGRAM)

실험 17. 네온사인 제어

[1] 프로그램 환경 및 요구 조건

❶ 광고판에 다음과 같은 문자마다 네온사인이 배선되어 있고 각 문자마다 네온사인의
ON/OFF가 PLC에 의해 제어된다.

❷ 네온사인의 동작은 먼저 PBS1을 ON하면 광고판은 맨 왼쪽 글자부터 오른쪽 끝까지
1초 간격으로 하나씩 ON/OFF를 반복한 후, 왼쪽부터 다시 시작한다.

❸ 네온사인의 정지는 PBS2가 ON되어도 진행과정이 종결될 때까지 지속되고 과정이
종결되면 정지한다.

[2] 프로그램 상황 설명도

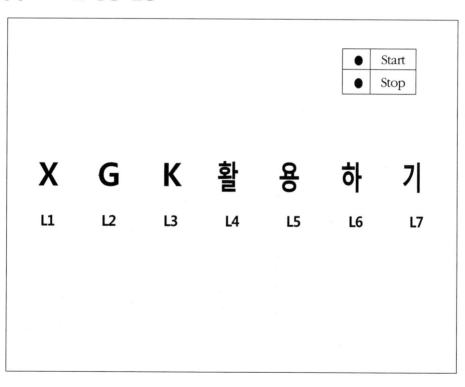

●	Start
●	Stop

X   G   K   활   용   하   기

L1   L2   L3   L4   L5   L6   L7

[3] 접점 주소 할당(예)

변수명	XGK 접점	내 용
PBS1	P00000	START 스위치
PBS2	P00001	STOP 스위치
L1	P00021	X
L2	P00022	G
L3	P00023	K
L4	P00024	활
L5	P00025	용
L6	P00026	하
L7	P00027	기
T0	T0000	1초 타이머
T1	T0001	1초 타이머
T2	T0002	1초 타이머
T3	T0003	1초 타이머
T4	T0004	1초 타이머
T5	T0000	1초 타이머
T6	T0006	1초 타이머

[4] 시스템 설명도

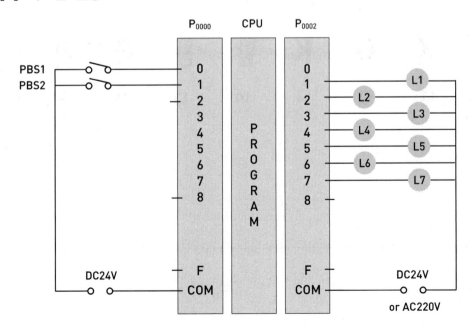

[5] 실험 평가 및 보고서

실험에 대한 평가는 예비보고서, 수업 중 실험평가, 결과보고서를 기준으로 산출한다.

❶ 예비 보고서

아래의 그림을 참조하고 다음 물음에 대한 프로그램을 작성하여 수업 전 예비보고서로
제출하라.

- 광고판에 다음과 같은 문자마다 네온사인이 배선되어 있고 각 문자마다 네온사인의
  ON/OFF가 PLC에 의해 제어된다.
- 네온사인의 동작은 먼저 PBS1을 ON하면 광고판은 맨 왼쪽 글자부터 오른쪽 끝까지
  5초 간격으로 하나씩 ON/OFF를 반복한 후, 왼쪽부터 다시 시작한다.

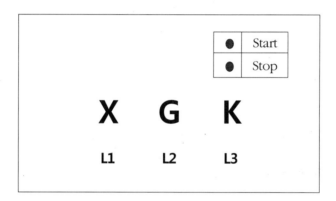

❷ 결과 보고서

본 실험에서 얻어진 프로그램을 수업 종료 시 제출하라.

[나만의 프로그램 전략]

실험 제목: 네온사인 제어

학   번: 성   명:

1. 프로그램 구상하기(논리 순서 및 사용될 명령어)

2. 프로그램(LADDER DIAGRAM)

실험 18. 크리닝 장치 제어

[1] 프로그램 환경 및 요구 조건

❶ 아래의 그림과 같이 세척통을 자동으로 올리고 내리는 작업을 한다. 이 때 하향(정회전) 모터, M1과 상향(역회전) 모터, M2를 이용한다.

❷ LS1이 ON상태에서 S1을 On하면 세척통은 하향 모터의 작동으로 하향하여 LS2를 ON 시키면 하향 모터가 OFF된다. 여기서 10초간 대기하다 상향 모터의 작동으로 세척통이 상향하여 LS1이 ON되면 상향모터가 OFF되고 1회 카운터가 된다.

❸ 이와 같은 동작을 3회 실시하여 카운터가 3이 되면 모든 동작은 마무리되고 표시램프가 켜진다. 단, S1은 시작 버턴, H1은 표시 램프, LS1, LS2는 각각 상한, 하한 리미터 스위치이다.

❹ S1을 ON하면 이 작업은 다시 시작된다.

[2] 프로그램 상황 설명도

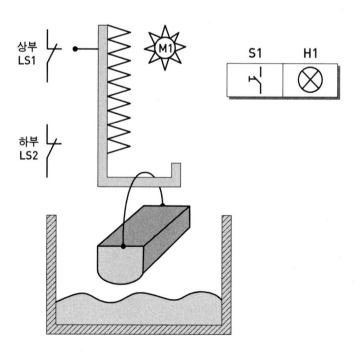

[3] 접점 주소 할당(예)

변수명	XGK 접점	내 용
S1	P00001	START 스위치
LS1	P00002	상부 검출 리미트 스위치
LS2	P00003	하부 검출 리미트 스위치
M1	P00021	정회전 모터
M2	P00022	역회전 모터
H1	P00023	작업완료 표시 램프
C1	C00001	카운터
T1	T00001	10초 타이머

[4] 시스템 설명도

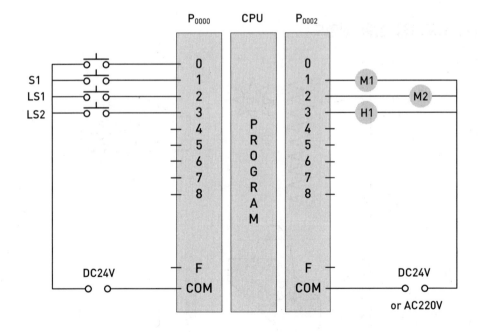

[5] 실험 평가 및 보고서

실험에 대한 평가는 예비보고서, 수업 중 실험평가, 결과보고서를 기준으로 산출한다.

❶ 예비 보고서

아래의 그림을 참조하고 다음 물음에 대한 프로그램을 작성하여 수업 전 예비보고서로
제출하라.

- 아래의 그림과 같이 세척통을 자동으로 올리고 내리는 작업을 한다. 이 때 하향(정회
  전) 모터, M1과 상향(역회전) 모터, M2를 이용한다.
- LS1이 ON상태에서 S1을 On하면 세척통은 하향 모터의 작동으로 하향하여 LS2를
  ON시키면 하향 모터가 OFF된다. 여기서 10초간 대기하다 상향 모터의 작동으로
  세척통이 상향하여 LS1이 ON되면 상향모터가 OFF되고 모든 동작은 마무리된다.
  단, S1은 시작 버턴, LS1, LS2는 각각 상한, 하한 리미터 스위치이다.

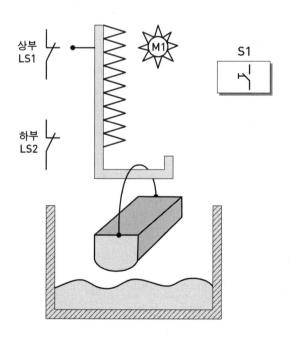

❷ 결과 보고서

본 실험에서 얻어진 프로그램을 수업 종료 시 제출하라.

[나만의 프로그램 전략]

실험 제목: 크리닝 장치 제어

학   번: 성   명:

1. 프로그램 구상하기(논리 순서 및 사용될 명령어)

2. 프로그램(LADDER DIAGRAM)

실험 19. 전동기의 동작전달 제어

[1] 프로그램 환경 및 요구 조건

❶ 총 20개의 전동기 중에서 항상 1개의 전동기만 동작한다.

❷ PBS1을 ON할 때마다 동작중인 전동기는 정지하고 바로 우측의 전동기가 동작한다.

❸ PBS2를 ON할 때마다 동작중인 전동기는 정지하고 바로 좌측의 전동기가 동작한다.

❹ 1번 전동기(M1)가 동작하고 있을 때 PBS2를 누르면 초기화 되고 20번 전동기 (M20)가 동작하고 있을 때 PBS1을 눌러도 초기화 된다.

❺ PBS3을 누르면 초기화된다.

[2] 프로그램 상황 설명도

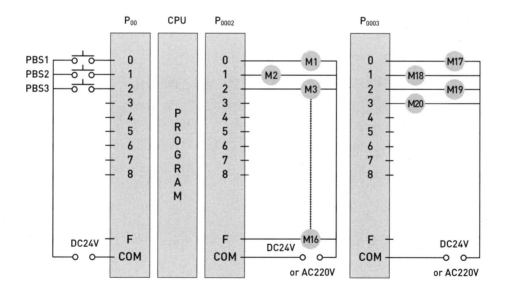

[3] 접점 주소 할당(예)

변수명	XGK 접점	내 용
PBS1	P00000	동작전동기 우측 전달신호
PBS2	P00001	동작전동기 좌측 전달신호
PBS3	P00002	초기화(RESET)
M1-M16	P0002	전동기 1번 - 16번
M17-M20	P0003	전동기 17번 - 20번

[4] 실험 평가 및 보고서

실험에 대한 평가는 예비보고서, 수업 중 실험평가, 결과보고서를 기준으로 산출한다.

❶ 예비 보고서

본문의 내용을 참조하여 다음 물음에 대한 프로그램을 작성하여 수업 전 예비보고서로
제출하라.

- 총 5개의 전동기 중에서 항상 1개의 전동기만 동작한다.
- PBS1을 ON할 때마다 동작중인 전동기는 정지하고 바로 우측의 전동기가 동작한다.
- PBS2를 ON할 때마다 동작중인 전동기는 정지하고 바로 좌측의 전동기가 동작한다.
- 1번 전동기(M1)가 동작하고 있을 때 PBS2를 누르면 초기화 되고 5번 전동기(M5)가
  동작하고 있을 때 PBS1을 눌러도 초기화 된다.
- PBS3을 누르면 초기화된다.

❷ 결과 보고서

본 실험에서 얻어진 프로그램을 수업 종료 시 제출하라.

[나만의 프로그램 전략]

실험 제목: 전동기의 동작전달 제어

학 번: 성   명:

1. 프로그램 구상하기(논리 순서 및 사용될 명령어)

2. 프로그램(LADDER DIAGRAM)

실험 20. 정제 포장기 제어

[1] 프로그램 환경 및 요구 조건

세 개의 컨테이너에 각기 다른 종류의 정제가 들어 있고 사용자는 종류별 정제 숫자를
입력하여 포장하는 장치를 제어한다.

❶ SW1을 ON한 후 작업자는 각 튜브에 채울 정제 숫자(0~9)를 십진수 입력키로써 입력
하고 Enter키를 누르면 입력이 완료되고 세 자리수가 표시된다. 예를 들어 3, 1, 4순서
로 숫자를 입력하였다면 그림처럼 314가 BCD로 표시된다.

❷ 동시에 컨베이어 모터가 회전하여 튜브에 정제를 채우는 위치, S0까지 이송한다.

❸ 튜브가 S0에 도착하면 솔레노이드 밸브, Y0에 의해 컨테이너의 출구가 열리고, L0은
튜브에 채워지는 정제수를 카운터 하여 미리 입력된 숫자만큼 떨어뜨린 후 Y0는 닫힌
다. 마찬가지로 튜브가 S1, S2에 도착해도 같은 방법으로 입력된 정제수만큼 채워지며
세 개의 튜브에 채워져야 할 정제가 다 채워졌을 때 컨베이어가 이동한다. 마지막
튜브가 S2에서 정제를 다 채우면 모든 작업은 끝난다.

❹ 각 튜브에 미리 선택한 숫자만큼 정제가 채워지면 각 솔레노이드 밸브는 닫히고, 컨베
이어는 다시 구동되어 그 다음의 튜브가 이송된다.

❺ 입력된 정제수를 새로운 값으로 입력하려면 Reset 버튼을 누른 후 다시 입력하면 된다.

❻ 튜브에 채울 정제수를 변경할 경우 현재 진행 중인 튜브는 이전에 입력된 정제수로
채워진다.

❼ 제어 시스템이 정지되어도 현재 S0에서 작업 중인 튜브가 이동하여 S2에 설정된 정제
를 다 채워야만 시스템 운전이 종료된다.

[2] 프로그램 상황 설명도

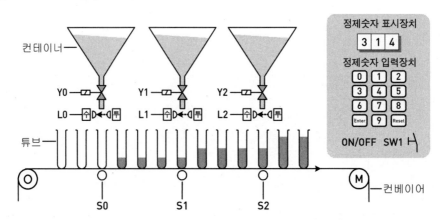

[3] 접점 주소 할당(예)

변수명	XGK 접점	내 용
SW1	P00001	시스템 ON/OFF SW
S0	P00002	채우는 위치 검출 센서0
S1	P00003	채우는 위치 검출 센서1
S2	P00004	채우는 위치 검출 센서2
L0	P00006	정제 검출 카운터0(센서)
L1	P00007	정제 검출 카운터1센서)
L2	P00008	정제 검출 카운터2(센서)
PBS0	P000010	숫자 0
PBS1	P000011	숫자 1
PBS2	P000012	숫자 2
PBS3	P000013	숫자 3
PBS4	P000014	숫자 4
PBS5	P000015	숫자 5
PBS6	P000016	숫자 6
PBS7	P000017	숫자 7
PBS8	P000018	숫자 8
PBS9	P000019	숫자 9
Reset	P00001A	오류입력 시 수정
Enter	P00001B	입력 값 저장
BCD1	P00040-46	첫 번째 입력 정제 숫자 표시, 7-SEG.
BCD2	P00047-4D	두 번째 입력 정제 숫자 표시, 7-SEG.
BCD3	P00050-56	세 번째 입력 정제 숫자 표시, 7-SEG.
M1	P00021	컨베이어 모터1
Y0	P00022	솔레노이드 밸브0
Y1	P00023	솔레노이드 밸브1
Y2	P00024	솔레노이드 밸브2
D0	D00010	첫 번째 입력 정제 숫자 저장 위치(카운트 값과 비교시 사용)
D1	D00020	두 번째 입력 정제 숫자 저장 위치(카운트 값과 비교시 사용)
D2	D00030	세 번째 입력 정제 숫자 저장 위치(카운트 값과 비교시 사용)
C0	C00001	S0 위치 정제수 카운터0
C1	C00002	S1 위치 정제수 카운터1
C2	C00003	S2 위치 정제수 카운터2
보조0	M00000	보조 릴레이0
보조1	M00001	보조 릴레이1
보조2	M00002	보조 릴레이2
보조3	M00003	보조 릴레이3

[4] 실험 평가 및 보고서

실험에 대한 평가는 예비보고서, 수업 중 실험평가, 결과보고서를 기준으로 산출한다.

❶ 예비 보고서

아래의 그림을 참조하고 다음 물음에 대한 프로그램을 작성하여 수업 전 예비보고서로 제출하라.

- SW1을 ON하여 작업자는 각 튜브에 채울 정제수(S3, S4, S5)를 하나 선택하면 여기에 해당하는 표시램프(ex, H1, H2, H3)중에 불이 하나 켜진다.
- 이 때 컨베이어 모터가 회전하여 튜브를 정제를 채우는 위치, S2까지 이송한다.
- 튜브가 S2에 도달하면 솔레노이드 밸브, Y에 의해 컨테이너의 출구가 열리고, L1은 튜브에 채워지는 정제수를 카운터 한다.
- 튜브에 미리 선택한 숫자만큼 정제가 채워지면 Y는 닫히고, 컨베이어는 다시 구동되어 그 다음의 튜브가 이곳으로 이송된다.
- 모든 작업은 위 과정을 반복하는 작업이다.
- 튜브에 채울 정제수를 변경할 경우 현 위치의 튜브에는 이전에 입력된 정제수가 채워진다.
- 제어 시스템이 정지되어도 현재의 작업은 끝낸 후에 시스템 운전이 종료된다.

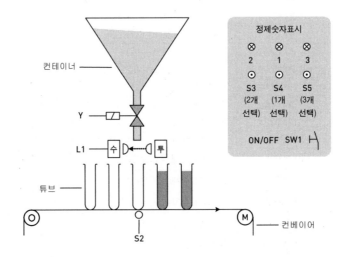

❷ 결과 보고서

본 실험에서 얻어진 프로그램을 수업 종료 시 제출하라.

[나만의 프로그램 전략]

실험 제목: 정제 포장기 제어

학 번: 성   명:

1. 프로그램 구상하기(논리 순서 및 사용될 명령어)

2. 프로그램(LADDER DIAGRAM)

실험 21. 분수대 전동기 제어

[1] 프로그램 환경 및 요구 조건

원형태로 배치된 8대의 분수대용 전동기를 다음과 같은 조건과 순서로 제어한다.

❶ 먼저 PBS1을 누르면 서로 인접한 두 개의 분수대가 3초 간격으로 분출하며 시계방향으로 1회전한다.

❷ 그리고 대각선 방향의 두 개의 분수대가 5초 간격으로 분출하며 반시계 방향으로 1회전한다.

❸ 이어서 서로 인접 한 4 개의 분수대 2쌍이 번갈아가며 2초 간격으로 3회씩 분출한다.

❹ 홀수와 짝수로 나누어진 두 그룹의 분수대가 4초 간격으로 2번씩 번갈아 가며 분출한다.

❺ 마지막으로 8개의 분수대가 동시에 분출하며 10초씩 ON/OFF를 5번 반복한다.

❻ ❶ ~ ❺의 동작을 계속 반복하며 PBS2를 누르면 모두 정지한다.

[2] 프로그램 상황 설명도

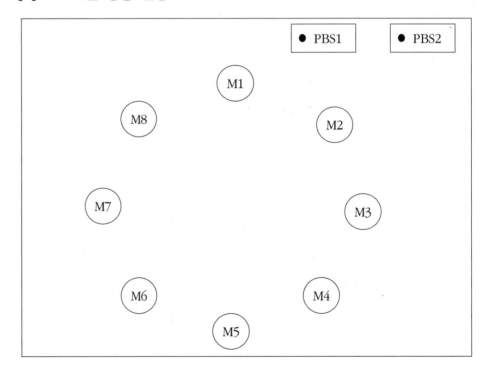

[3] 접점 주소 할당(예)

변수명	XGK 접점	내 용
PBS1	P00000	START 스위치
PBS2	P00001	STOP 스위치
M1	P00021	분수대전동기1
M2	P00022	분수대전동기2
M3	P00023	분수대전동기3
M4	P00024	분수대전동기4
M5	P00025	분수대전동기5
M6	P00026	분수대전동기6
M7	P00027	분수대전동기7
M8	P00028	분수대전동기8
C1 ~ C2	C00001 ~ C00002	카운터1, 2
T1 ~ T5	T00001 ~ T00005	3, 5, 2, 4, 10초 타이머

[4] 시스템 설명도

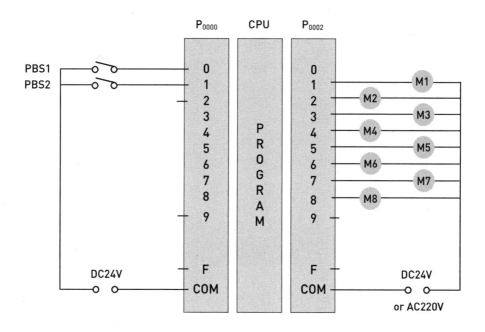

[5] 실험 평가 및 보고서

실험에 대한 평가는 예비보고서, 수업 중 실험평가, 결과보고서를 기준으로 산출한다.

❶ 예비 보고서

본문의 프로그램 상황 설명도를 참조하여 다음 물음에 대한 프로그램을 작성하여 수업 전 예비보고서로 제출하라.

- 먼저 PBS1을 누르면 서로 인접한 두 개의 분수대가 3초 간격으로 분출하며 시계방향으로 1회전한다.
- 그리고 대각선 방향의 두 개의 분수대가 5초 간격으로 분출하며 반시계 방향으로 1회전하면 모든 동작이 끝난다.

❷ 결과 보고서

본 실험에서 얻어진 프로그램을 수업 종료 시 제출하라.

[나만의 프로그램 전략]

실험 제목: 분수대 전동기 제어

학   번: 성   명:

1. 프로그램 구상하기(논리 순서 및 사용될 명령어)

2. 프로그램(LADDER DIAGRAM)

실험 22. 소수점이 있는 숫자(양의 유리수)의 사칙연산

이번 실험에서는 사칙연산에 관한 문제로서 래더 프로그램으로 계산 후 원하는 기억 장소에 저장할 수 있어야한다.

[1] 양의 유리수의 덧셈 문제

❶ 211.356+372.584의 결과를 정수부분은 P0100 ~ P0101에 소수점 이하부분은 P0102 ~ P0103에 출력되도록 프로그램 하시오.

❷ 소숫점 이하가 3자리인 경우 이것을 정수화하면 다음과 같이 된다.

$123.456 \times 10^3 (N=3)$ ==〉 123456

정수를 소숫점 이하가 3자리인 숫자로 바꾸려면 다음과 같이 된다.

$123456 \div 10^3 (N=3)$ =〉 123.456

[2] 양의 유리수의 뺄셈 문제

542.712-163.484의 결과를 정수부분은 P0100 ~ P0101에 소수점 이하부분은 P0102 ~ P0103에 출력되도록 프로그램 하시오.

[3] 양의 유리수의 곱셈 문제

185.34×319.65의 결과를 정수부분은 P0100 ~ P0101에 소수점 이하부분은 P0102 ~ P0103에 출력되도록 프로그램 하시오.

[4] 양의 유리수의 나눗셈 문제

383.71÷25.68의 결과를 정수부분은 P0100 ~ P0101에 소수점 이하부분은 P0102 ~ P0103에 출력되도록 프로그램 하시오.

[5] 실험 평가 및 보고서

실험에 대한 평가는 예비보고서, 수업 중 실험평가, 결과보고서를 기준으로 산출한다.

❶ 예비 보고서

사칙연산에 관한 프로그램을 작성하여 수업 전 예비보고서로 제출하라.

- 165.23+372.86의 결과를 정수부분은 P0100 ~ P0101에 소수점 이하부분은 P0102 ~ P0103에 출력되도록 프로그램 하시오.
- 먼저 두 숫자를 정수화 하여 덧셈을 하고 이 숫자를 소수점이하가 두 자리인 숫자로 변환하여 저장하면 된다.
- 참고로 소숫점 이하가 2자리인 경우 이것을 정수화하면 다음과 같이 된다.

  $123.45 \times 10^2 (N=2) ==\rangle \ 12345$

  그리고 정수를 소숫점 이하가 2자리인 숫자로 바꾸려면 다음과 같이 된다.

  $12345 \div 10^2 (N=2) =\rangle \ 123.45$

❷ 결과 보고서

본 실험에서 얻어진 프로그램을 수업 종료 시 제출하라.

[나만의 프로그램 전략]

실험 제목: 소수점이 있는 숫자(양의 유리수)의 사칙연산

학   번: 성   명:

1. 프로그램 구상하기(논리 순서 및 사용될 명령어)

2. 프로그램(LADDER DIAGRAM)

실험 23. 다수 출력의 ON/OFF 제어

[1] 프로그램 환경 및 요구 조건

❶ PBS0-PBS7까지의 8개 입력을 임의로 ON하면 그 때마다 대응하는 출력 L0-L7의 램프
가 ON/OFF를 반복한다.

❷ PBS0-PBS7에서 입력된 횟수를 누계하여 BCD값으로 표시한다.

❸ 입력된 횟수가 10이 되면 BCD값은 자동으로 Reset되고 이후의 입력된 횟수를
표시한다.

[2] 시스템 설명도

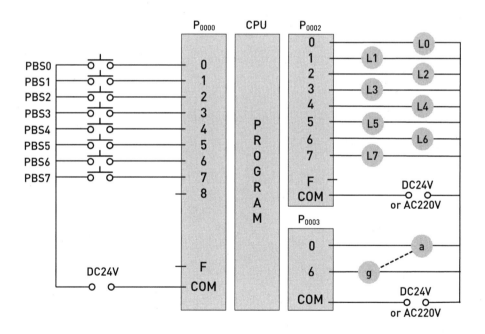

[3] 접점 주소 할당(예)

변수명	XGK 접점	내 용
PBS0 ~ PBS7	P00000 ~ P00007	입력 PBS
L0 ~ L7	P00020 ~ P00027	출력 LAMP
B0 ~ B6	P00030 ~ P00036	BCD 출력

[4] 실험 평가 및 보고서

실험에 대한 평가는 예비보고서, 수업 중 실험평가, 결과보고서를 기준으로 산출한다.

❶ 예비 보고서

본문의 시스템 설명도를 참조하여 다음 물음에 대한 프로그램을 작성하여 수업 전 예비보고서로 제출하라.

- PBS0-PBS7에서 입력된 횟수를 누계하여 BCD값으로 표시한다.
- 입력된 횟수가 10이 되면 BCD값은 자동으로 Reset 되고 이후의 입력된 횟수를 표시한다.

❷ 결과 보고서

본 실험에서 얻어진 프로그램을 수업 종료 시 제출하라.

[나만의 프로그램 전략]

실험 제목: 다수 출력의 ON/OFF 제어

학 번: 성 명:

1. 프로그램 구상하기(논리 순서 및 사용될 명령어)

2. 프로그램(LADDER DIAGRAM)

실험 24. 입력 값에 따른 출력 제어

[1] 프로그램 환경 및 요구 조건

입력 값 증가 버튼(PB0)과 입력 값 감소 버튼(PB1)을 누르면 그 숫자가 가감되어 최종 값이 BCD 숫자로 표시되고, 이들 숫자의 범위에 따라서 해당 램프(L0 ~ L4)를 켜는 장치이다.

❶ UP-DOWN COUNTER를 사용하여 입력 값이 일정 범위 내에 도달하면 해당 램프를 켜도록 제어한다.
❷ 입력 값이 0 ~ 9이면 L0을, 10 ~ 19이면 L1을, 20 ~ 29이면 L2를, 30 ~ 39이면 L3을, 40 ~ 49이면 L4의 램프를 켜고 50이면 자동으로 RESET시킨다(수동으로는 PB2를 누르면 된다).
❸ 입력 값의 증감에 따른 결과 값은 BCD에 표시된다.

[2] 프로그램 상황 설명도

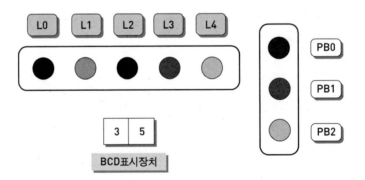

[3] 접점 주소 할당(예)

변수명	XGK 접점	내 용
PB0	P00000	입력 값 증가 버튼
PB1	P00001	입력 값 감소 버튼
PB2	P00002	RESET 버튼
L0	P00020	입력값이 00 ~ 09일 때 ON되는 램프

변수명	XGK 접점	내 용
L1	P00021	입력값이 10 ~ 19일 때 ON되는 램프
L2	P00022	입력값이 20 ~ 29일 때 ON되는 램프
L3	P00023	입력값이 30 ~ 39일 때 ON되는 램프
L4	P00024	입력값이 40 ~ 49일 때 ON되는 램프
B0	P00030	재고 숫자 표시, 7-SEGMENT1
B1	P00031	재고 숫자 표시, 7-SEGMENT1
B2	P00032	재고 숫자 표시, 7-SEGMENT1
B3	P00033	재고 숫자 표시, 7-SEGMENT1
B4	P00034	재고 숫자 표시, 7-SEGMENT1
B5	P00035	재고 숫자 표시, 7-SEGMENT1
B6	P00036	재고 숫자 표시, 7-SEGMENT1
B7	P00037	재고 숫자 표시, 7-SEGMENT2
B8	P00038	재고 숫자 표시, 7-SEGMENT2
B9	P00039	재고 숫자 표시, 7-SEGMENT2
B10	P0003A	재고 숫자 표시, 7-SEGMENT2
B11	P0003B	재고 숫자 표시, 7-SEGMENT2
B12	P0003C	재고 숫자 표시, 7-SEGMENT2
B13	P0003D	재고 숫자 표시, 7-SEGMENT2

[4] 시스템 설명도

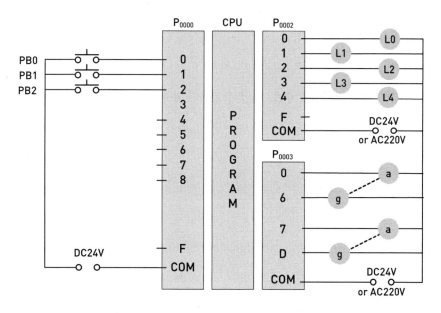

[5] 실험 평가 및 보고서

실험에 대한 평가는 예비보고서, 수업 중 실험평가, 결과보고서를 기준으로 산출한다.

❶ 예비 보고서

아래의 그림을 참조하고 다음 물음에 대한 프로그램을 작성하여 수업 전 예비보고서로
제출하라.

■ 입력 값 증가 버튼, PB0과 입력 값 감소 버튼, PB1을 누르면 그 숫자가 가감되어
  최종 값이 BCD 숫자로 표시되고, 숫자를 지우려면 PB2를 누르면 된다. 그리고 이들
  숫자의 범위에 따라서 해당 램프(L0 ~ L1)를 켜는 장치이다.

■ UP-DOWN COUNTER를 사용하여 입력 값이 일정 범위 내에 도달하면 해당램프를
  켜도록 제어한다.

■ 입력 값이 0 ~ 9이면 L0을, 10 ~ 19이면 L1의 램프를 켜고 20이면 자동으로 RESET시킨다.

■ 입력 값의 증감에 따른 결과 값은 BCD에 표시된다.

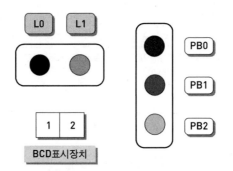

❷ 결과 보고서

본 실험에서 얻어진 프로그램을 수업 종료 시 제출하라.

[나만의 프로그램 전략]

실험 제목: 입력 값에 따른 출력 제어

학   번: 성   명:

1. 프로그램 구상하기(논리 순서 및 사용될 명령어)

2. 프로그램(LADDER DIAGRAM)

실험 25. 창고 재고 제어

[1] 프로그램 환경 및 요구 조건

30개의 제품을 보관할 수 있는 재고 창고를 제어한다.

❶ PH1은 입고숫자 카운트용 센서이고, PH2는 출고숫자 카운트용 센서이다.

❷ S0은 재고숫자 초기화용 스위치이고, S1은 START/STOP 스위치이다.

❸ 재고 숫자는 BCD로 표시되며, 재고 숫자가 30개이면 입고 컨베이어 모터, M1이 즉시 멈추고, 0개이면 출고 컨베이어 모터, M2가 멈춘다.

❹ 재고 숫자가 10개 미만이면 표시램프, H1이 켜진다.

[2] 프로그램 상황 설명도

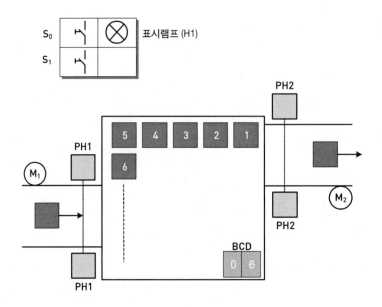

[3] 접점 주소 할당(예)

변수명	XGK 접점	내 용
S0	P00000	재고숫자 초기화용 스위치
S1	P00001	START/STOP 스위치
PH1	P00002	입고감지 광센서1
PH2	P00003	출고감지 광센서2
M1	P00020	입고 컨베이어 모터

변수명	XGK 접점	내 용
M2	P00021	출고 컨베이어 모터
H1	P00022	표시등
B0	P00030	재고 숫자 표시, 7-SEGMENT1
B1	P00031	재고 숫자 표시, 7-SEGMENT1
B2	P00032	재고 숫자 표시, 7-SEGMENT1
B3	P00033	재고 숫자 표시, 7-SEGMENT1
B4	P00034	재고 숫자 표시, 7-SEGMENT1
B5	P00035	재고 숫자 표시, 7-SEGMENT1
B6	P00036	재고 숫자 표시, 7-SEGMENT1
B7	P00037	재고 숫자 표시, 7-SEGMENT2
B8	P00038	재고 숫자 표시, 7-SEGMENT2
B9	P00039	재고 숫자 표시, 7-SEGMENT2
B10	P0003A	재고 숫자 표시, 7-SEGMENT2
B11	P0003B	재고 숫자 표시, 7-SEGMENT2
B12	P0003C	재고 숫자 표시, 7-SEGMENT2
B13	P0003D	재고 숫자 표시, 7-SEGMENT2
C1	C00001	카운터1

[4] 시스템 설명도

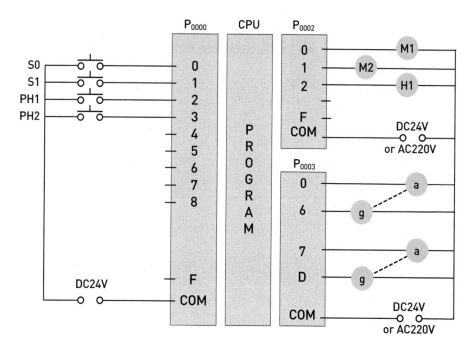

[5] 실험 평가 및 보고서

실험에 대한 평가는 예비보고서, 수업 중 실험평가, 결과보고서를 기준으로 산출한다.

❶ 예비 보고서

아래의 그림을 참조하고 다음 물음에 대한 프로그램을 작성하여 수업 전 예비보고서로
제출하라.

- 아래 그림은 제품 저장창고를 나타내며 PH1은 제품 입고숫자 카운트용 센서이고,
  PH2는 제품 출고숫자 카운트용 센서이다.
- S1은 START/STOP 스위치로서 이것을 누르면 제품의 입출고가 이루어진다.
- 재고 숫자는 현재 창고 내에 존재하는 제품의 개수를 말하며 이것은 그림과 같이 BCD
  로 표시되는데 프로그래머는 이 값의 표시만 해 주면 되고 나머지는 작업자가 알아서
  처리한다.

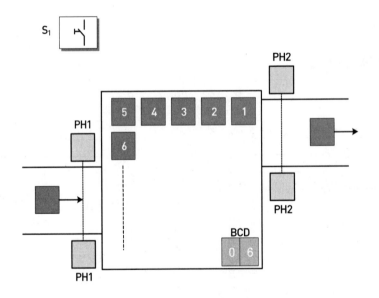

❷ 결과 보고서

  본 실험에서 얻어진 프로그램을 수업 종료 시 제출하라.

[나만의 프로그램 전략]

실험 제목: 창고 재고 제어

학 번: 성 명:

1. 프로그램 구상하기(논리 순서 및 사용될 명령어)

2. 프로그램(LADDER DIAGRAM)

실험 26. 십진수 입력에 따른 4자리 출력 표시 제어

[1] 프로그램 환경 및 요구 조건

12개의 입력 버튼이 있고 그 중 10개는 십진수 입력 버튼이고 나머지 2개는 입력 완료 버튼과 0으로 세팅하는 버튼이다.

❶ 십진수 입력키를 이용하여 0 ~ 9999 사이의 서로 다른 숫자 4자리를 입력한다.
❷ 4자리 숫자를 입력한 후 Enter키를 누르면 입력이 완료되고, 이 값은 4개의 7-Segment 에 출력된다.
❸ 출력 값을 모두 지우려면 Clear 버튼을 누르면 된다.

[2] 시스템 설명도

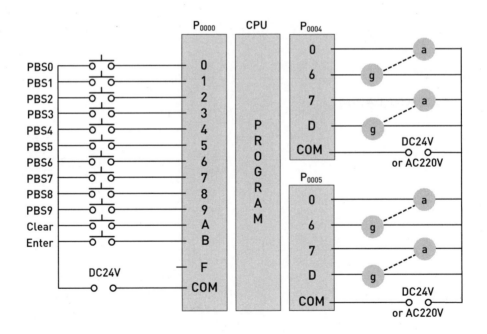

[3] 접점 주소 할당(예)

변수명	XGK 접점	내 용
PBS0	P00000	숫자 0
PBS1	P00001	숫자 1
PBS2	P00002	숫자 2
PBS3	P00003	숫자 3
PBS4	P00004	숫자 4
PBS5	P00005	숫자 5
PBS6	P00006	숫자 6
PBS7	P00007	숫자 7
PBS8	P00008	숫자 8
PBS9	P00009	숫자 9
Clear	P0000A	오류입력 시 수정
Enter	P0000B	입력 값 저장
BCD1	P00040-46	첫 번째 입력숫자 표시(천 자리), 7-SEG.
BCD2	P00047-4D	두 번째 입력숫자 표시(백 자리), 7-SEG.
BCD3	P00050-56	세 번째 입력 숫자 표시(십 자리), 7-SEG.
BCD4	P00057-5D	네 번째 입력 숫자 표시(일 자리), 7-SEG.
C1 ~ C5	C00001 ~ C00005	카운터1 ~ 5

[4] 실험 평가 및 보고서

실험에 대한 평가는 예비보고서, 수업 중 실험평가, 결과보고서를 기준으로 산출한다.

❶ 예비 보고서

본문의 시스템 설명도를 참조하여 다음 물음에 대한 프로그램을 작성하여 수업 전 예비보고서로 제출하라.

- 12개의 입력 버튼이 있고 그 중 10개는 십진수 입력 버튼이고 나머지 2개는 입력 완료 버튼과 0으로 세팅하는 버튼이다.
- 십진수 입력키를 이용하여 0 ~ 99 사이의 서로 다른 숫자 2자리를 입력한다.
- 2자리 숫자를 입력한 후 Enter키를 누르면 입력이 완료되고, 이 값은 2개의 7-Segment 에 출력된다.
- 출력 값을 모두 지우려면 Clear버튼을 누르면 된다.

❷ 결과 보고서

본 실험에서 얻어진 프로그램을 수업 종료 시 제출하라.

[나만의 프로그램 전략]

실험 제목: 십진수 입력에 따른 4자리 출력 표시 제어

학 번: 성 명:

1. 프로그램 구상하기(논리 순서 및 사용될 명령어)

2. 프로그램(LADDER DIAGRAM)

실험 27. 인장시스템 제어_예비 보고서 문제

[1] 프로그램 환경 및 요구 조건

각종 도서들의 도장을 찍는 시스템을 제어한다. 시스템이 동작되기 위한 초기조건은 다음과 같다.

- Pusher(도장 찍는 위치로 도서를 밀어 넣는 실린더)는 후진상태(S5 ON)에 있어야 함
- 도장 찍는 위치에는 도서가 없어야 함.
- Y1(도장 찍는 위치로 도서를 밀어 넣는 실린더 작동 밸브), Y2(도장 찍는 기구를 작동시키는 실린더 구동 밸브)와 Y3(도서를 위로 올리는 실린더 작동 밸브)는 모두 닫혀져 있어야 함(S5는 ON이고 S6, S7, S8은 OFF).

❶ 먼저 작업시작을 위해서 S2를 누른다. 이 때 Pusher가 책을 밀어(CY1 전진(Y1 ON, S5 OFF) 상태) 도장 찍는 위치에 놓으면, S6이 ON이 되므로 CY1이 후진(Y1 OFF, S5 ON)된다. 그리고 도장 찍는 기계가 내려와(CY2 전진(Y2 ON, S7 ON) 상태) 도장을 찍고, 3초 후 상승한다(CY2 후진(Y2 OFF, S7 OFF) 상태).

❷ 도장을 찍은 후 도서 이송기가 도서를 위로 올린(CY3전진(Y3 ON, S8 ON) 상태)후 도서 배출기가 열려(Y4 ON) 도서를 수집통으로 밀어 넣는다.

❸ B1은 수집통으로 들어가는 도서를 감지하며, 도서가 감지된 후에는 Y3, S8이 OFF되고, Y4도 OFF가 된다.

❹ 3개의 공압 표시 실린더는 자동 복귀형을 사용하고 자동운전과 수동운전은 S1, S16을 각각 선택하여 할 수 있다.

❺ 자동 운전중 정지는 S4로써 가능하며, 비상 정지와 비상 해제는 각각 S10, S11로써 가능하다.

❻ 수집통에 50권의 책이 모이고 나서 처리시간 10초 후에 자동 모드 작업을 다시 시작한다.

❼ 수동운전 모드(S16 ON)에서 S3이 ON이면 각 모드의 촌동운전이 가능하다.

[2] 프로그램 상황 설명도

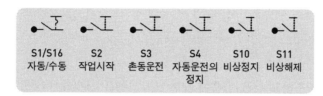

S1/S16	S2	S3	S4	S10	S11
자동/수동	작업시작	촌동운전	자동운전의 정지	비상정지	비상해제

H₁ 수동운전표시

H₂ 자동운전표시

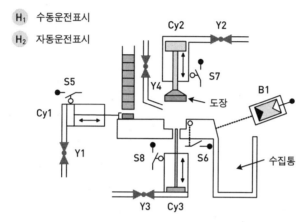

[3] 접점 주소 할당(예)

변수명	XGK 접점	내 용
B1	P00000	배출 도서 숫자 감지 센서
S1	P00001	자동 운전 선택 PBS
S2	P00002	시스템 시작 PBS
S3	P00003	촌동 운전 PBS
S4	P00004	자동 운전 정지 PBS
S5	P00005	CY1 후진 감지 접촉 스위치(L/S)
S6	P00006	도장 찍는 위치에 책 놓임 감지 센서
S7	P00007	CY2 하강 검출 접촉 스위치(L/S)
S8	P00008	CY3 상승 검출 접촉 스위치(L/S)
S10	P00010	비상 정지 PBS
S11	P00011	비상 해제 PBS
S16	P00016	수동 운전 선택 PBS
Y1	P00021	CY1 작동 밸브
Y2	P00022	CY2 작동 밸브
Y3	P00023	CY3 작동 밸브
Y4	P00024	도서 배출기 작동 밸브
H1	P00025	시스템 운전 표시 램프
H2	P00026	자동 운전 표시 램프
C1	C00001	수집통의 도서 권수
T1	T00001	CY1 후진 지연 시간
T2	T00002	CY2 후진 지연 시간
T3	T00003	CY3 후진 지연 시간
T4	T00004	시스템 재시작 지연 시간
그 외		

[4] 실험 평가 및 보고서

실험에 대한 평가는 예비보고서, 수업 중 실험평가, 결과보고서를 기준으로 산출한다.

❶ 예비 보고서

아래의 그림을 참조하고 다음 물음에 대한 프로그램을 작성하여 수업 전 예비보고서로 제출하라.

- 아래의 그림은 수동으로 동작하는 인장시스템이다. 시스템 스위치, S1을 누르면 센서 5, S5가 ON이고 센서6, S6이 OFF인 상태에서 밸브1이 열리고 실린더1(cy1)이 전진하여 책을 오른쪽으로 이동시키며, 밸브1이 닫히면 실린더1은 후진하여 센서5를 ON시킨다.
- 이 때 센서5와 센서6이 ON 되면 밸브2가 열려 실린더2, cy2가 전진하면 센서7, S7이 ON이 되고 도장이 찍힌다. 그리고 밸브2가 닫히면 실린더2가 후진하고 센서7은 OFF 되며 작업자가 책을 수집 통으로 옮기면 한 사이클이 끝난다.
- 다시 센서5 ON, 센서6이 OFF인 상태이므로 밸브1이 열리고 실린더1, cy1이 전진을 시작하는 이미 언급된 순서로 반복된다.

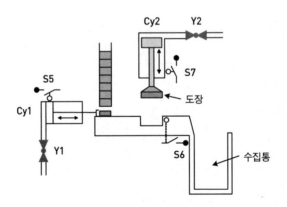

❷ 결과 보고서

본 실험에서 얻어진 프로그램을 수업 종료 시 제출하라.

[나만의 프로그램 전략]

실험 제목: 인장시스템 제어

학   번: 성   명:

1. 프로그램 구상하기(논리 순서 및 사용될 명령어)

2. 프로그램(LADDER DIAGRAM)

실험 28. 4거리 교통신호등 제어

[1] 프로그램 환경 및 요구 조건

❶ 기동 스위치(P00001)를 누르면 남쪽과 북쪽 신호등은 동시에 녹색 → 좌회전 → 황색 → 적색 순으로 가동을 시작하고, 이어서 서쪽과 동쪽 신호등도 동시에 녹색 → 좌회전 → 황색 → 적색 순으로 가동을 계속한다.

❷ 정지 스위치(P00002)를 누르면 어느 때라도 정지한다.

❸ 황색 점멸 스위치(P00003)를 누르면 신호등의 자동 운전은 정지되고 4거리 모든 방향의 황색신호등만 플리커 점등한다(1초 ON/ 1초 OFF).

[2] 프로그램 상황 설명도

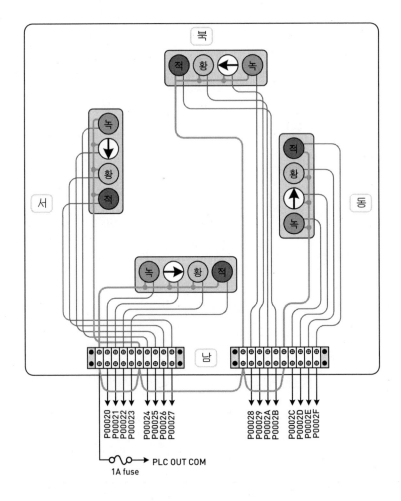

[3] 타임 차트

접점 Coil	신호 위치	남-북			서-동			남-북			황색 점멸 (수동 운전시)
		7초	5초	2초	7초	5초	2초	7초	5초	2초	
P000020, 28	남_녹, 북_녹	■						■			
P000021, 29	남_좌, 북_좌		■								
P000022, 2A	남_황, 북_황			■						■	■ □ ■ □
P000023, 2B	남_적, 북_적				■	■	■				
P000024, 2C	서_녹, 동_녹				■						
P000025, 2D	서_좌, 동_좌					■					
P000026, 2E	서_황, 동_황						■	■			■ □ ■ □
P000027, 2F	서_적, 동_적	■	■	■					■	■	

[4] 접점 주소 할당(예)

변수명	XGK 접점	내 용
START	P00001	신호등 동작 시작 버튼
STOP	P00002	신호등 정지 버튼
FLICKER	P00003	황색 점멸등
남_녹	P00020	남 녹색등
남_좌	P00021	남 좌회전등
남_황	P00022	남 황색등
남_적	P00023	남 적색등
서_녹	P00024	서 녹색등
서_좌	P00025	서 좌회전등
서_황	P00026	서 황색등
서_적	P00027	서 적색등
북_녹	P00028	북 녹색등
북_좌	P00029	북 좌회전등
북_황	P0002A	북 황색등
북_적	P0002B	북 적색등
동_녹	P0002C	동 녹색등
동_좌	P0002D	동 좌회전등
동_황	P0002E	동 황색등
동_적	P0002F	동 적색등
T1	T00001	황색점멸등, 1초 타이머1
T2	T00002	황색점멸등, 1초 타이머2
T3	T00003	7초 타이머1
T4	T00004	5초 타이머1
T5	T00005	2초 타이머1
T6	T00006	7초 타이머2
T7	T00007	5초 타이머2
T8	T00008	2초 타이머2

[5] 실험 평가 및 보고서

실험에 대한 평가는 예비보고서, 수업 중 실험평가, 결과보고서를 기준으로 산출한다.

❶ 예비 보고서

본문의 내용과 아래의 표를 참조하고 다음 물음에 대한 프로그램을 작성하여 수업 전 예비보고서로 제출하라.

■ 기동 스위치(P00001)를 누르면 아래의 표와 같이 남쪽과 북쪽 신호등은 동시에 녹색 → 좌회전 → 황색(이 때 서쪽과 동쪽 신호등은 적색 → 적색 → 적색) 순으로 가동된다. 이 사이클까지의 프로그램을 작성하여라.

접점 Coil	신호 위치	남-북		
		7초	5초	2초
P000020, 28	남_녹, 북_녹	▨		
P000021, 29	남_좌, 북_좌		▨	
P000022, 2A	남_황, 북_황			▨
P000023, 2B	남_적, 북_적			
P000024, 2C	서_녹, 동_녹			
P000025, 2D	서_좌, 동_좌			
P000026, 2E	서_황, 동_황			
P000027, 2F	서_적, 동_적	▨	▨	▨

❷ 결과 보고서

본 실험에서 얻어진 프로그램을 수업 종료 시 제출하라.

[나만의 프로그램 전략]

실험 제목: 4거리 교통신호등 제어

학 번: 성 명:

1. 프로그램 구상하기(논리 순서 및 사용될 명령어)

2. 프로그램(LADDER DIAGRAM)

[저자 소개]

윤상현 두원공과대학 디스플레이공학계열 교수
김광태 두원공과대학 디스플레이공학계열 교수
김외조 두원공과대학 디스플레이공학계열 교수
전준형 두원공과대학 디스플레이공학계열 교수
조순봉 두원공과대학 디스플레이공학계열 교수

XGK로
PLC 프로그램
2배 즐기기

1판 1쇄 발행　　　　　| 2011년 2월 21일
1판 2쇄(개정) 발행 | 2013년 2월 25일

발행인 | 모흥숙
발행처 | 내하출판사

저자 | 윤상현 · 김광태 · 김외조 · 전준형 · 조순봉
편집 | 김효정

등록 | 1999년 5월 21일 제6-330호
주소 | 서울 용산구 후암동 123-1
전화 | 02) 775-3241~5
팩스 | 02) 775-3246

E-mail | naeha@unitel.co.kr
Homepage | www.naeha.co.kr

ISBN | 978-89-5717-314-5
정가 | 25,000원

* 책의 일부 혹은 전체 내용을 무단 복사, 복제, 전제하는 것은 저작권법에 저촉된다.
* 낙장 및 파본은 구입처나 출판사로 문의 주시면 교환해 드리겠습니다.